公共管理系列教材

社区安全教程

（第二版）

任国友　姜艳艳　主　编

朱　伟　岳建伟　周晓峰　王新颖　许素睿　副主编

清华大学出版社

北京

图书在版编目(CIP)数据

社区安全教程/任国友，姜艳艳主编.—2版.—北京：清华大学出版社，2021.1(2025.1重印)
公共管理系列教材
ISBN 978-7-302-55685-5

Ⅰ.①社… Ⅱ.①任… ②姜… Ⅲ.①社区安全—高等学校—教材 Ⅳ.①X956

中国版本图书馆CIP数据核字(2020)第104348号

责任编辑：周　菁
封面设计：傅瑞学
责任校对：王荣静
责任印制：丛怀宇

出版发行：清华大学出版社
网　址：https://www.tup.com.cn，https://www.wqxuetang.com
地　址：北京清华大学学研大厦A座　　邮　编：100084
社 总 机：010-83470000　　邮　购：010-62786544
投稿与读者服务：010-62776969，c-service@tup.tsinghua.edu.cn
质量反馈：010-62772015，zhiliang@tup.tsinghua.edu.cn
印 装 者：三河市铭诚印务有限公司
经　销：全国新华书店
开　本：185mm×230mm　印　张：24.25　字　数：487千字
版　次：2014年3月第1版　2021年1月第2版　印　次：2025年1月第6次印刷
定　价：62.00元

产品编号：085601-03

FOREWORD

2017年10月18日，习近平在党的十九大报告指出，中国特色社会主义进入了新时代。2019年10月31日，中国共产党第十九届中央委员会第四次全体会议通过《中共中央关于坚持和完善中国特色社会主义制度　推进国家治理体系和治理能力现代化若干重大问题的决定》(简称《决定》)指出：坚持和完善共建共治共享的社会治理制度，保持社会稳定、维护国家安全，必须加强和创新社会治理，完善党委领导、政府负责、民主协商、社会协同、公众参与、法治保障、科技支撑的社会治理体系，建设人人有责、人人尽责、人人享有的社会治理共同体；构建统一指挥、专常兼备、反应灵敏、上下联动的应急管理体制，优化国家应急管理能力体系建设，提高防灾减灾救灾能力；健全党组织领导的自治、法治、德治相结合的城乡基层治理体系，健全社区管理和服务机制，推行网格化管理和服务，发挥群团组织、社会组织作用，发挥行业协会商会自律功能，实现政府治理和社会调节、居民自治良性互动，夯实基层社会治理基础。然而，频发的灾难与事故，凸显了中国安全社区建设的紧迫性及开展公共安全教育的必要性。受国际安全社区的启发，2003年，我国大陆地区引入了安全社区理念，着手安全社区创建工作，此举得到国家的高度重视。2011年国务院安委会办公室发出《关于进一步深入推进全国安全社区建设的通知》，对安全社区建设的指导思想、工作目标等提出了明确要求，同时在2011年国家安监总局印发出台的《安全文化建设“十二五”规划》中，规定在“十二五”期间，安全社区将作为一项重点安全文化工程进行建设，在《安全生产“十二五”发展规划》中更加强调了安全社区创建的重要意义与具体规划。在《安全生产“十三五”发展规划》中更加强调了实施城市安全风险源普查，开展城市安全风险评估。2018 年 1 月 7 日，中共中央办公厅、国务院办公厅印发了《关于推进城市安全发展的意见》指出，随着我国城市化进程明显加快，城市人口、功能和规模不断扩大，发展方式、产业结构和区域布局发生了深刻变化，新材料、新能源、新工艺广泛应用，新产业、新业态、新领域大量涌现，城市运行系统日益复杂，安全风险不断增大。2018 年 4 月 13 日，中华人民共和国应急管理部挂牌成立。公共安全、应急技术与管理人才严重缺乏，开展公共安全、应急管理专业教育的时机已成熟。2005 年，河南理工大学在全国第一个开设了公共安全管理/应急管理本科专业；中国劳动关系学院于 2006 年开办了安全工程（公共安全管理方向）专业；太原理工大学和辽宁工程技术大学于 2019 年开设了应急技术与管理本科专业；中国劳动关系学院于 2019 年开办了安全工程（公共安全方向）专业，并开设了“城市与社区安全技术”专业特色课程，以适应公共安全管理/应急管理专业教育的急需，适应政府、社区、企业管理人员对此类教材的迫切需求。在此背景下，《社区安全教程》（第二版）再次列为公共管理系列教材，由两所高等院校和两个研究机构的 7 位专家学者共同编撰，清华大学出版社出版。

本书正是为了适应应急技术与管理、应急管理、公共安全管理、安全工程及职业卫生工程相关专业的教学需要而着手编写的，是公共安全管理、应急管理及安全工程相关专业人才培养的教育内容和知识体系中的核心课程系列教材之一，部分内容来自北京市自然科学基金项目“非常规突发事件社区应急管理评估方法”、2015 年度北京高等学校教育教学改革立项面上项目“公共安全管理紧缺人才培养模式与实践”和 2019 年教育部教育教学改革专项项目—特色项目—学科带头人工作室建设项目“安全韧性城市风险评价基础研究”阶段成果。《社区安全教程》第二版相比第一版，除全面系统地阐述了社区安全的基本知识和技术方法，既保持了理论体系的完整性，又突出了实践应用的重点外，还调整了章节顺序、加入了最新理论与实践成果。本书每章后面所附的“关键术语”“复习思考题”“问题讨论”“阅读材料”“延伸阅读文献”等版块全部更新的最新术语或文献内容，是读者掌握基本知识、深刻理解相关知识点、拓展应用能力和检验学习效果的有益参考与帮手。

全书共分十章，各章内容及其编写者分别为：第 1 章社区安全概论、第 3 章家庭及居民行为安全、第 8 章安全社区建设、第 10 章农村社区安全由中国劳动关系学院任国友编写，第 7 章社区风险评估技术由北京天恒安科集团有限公司姜艳艳、任国友共同编写；第 9 章韧性城市社区安全由北京天恒安科集团有限公司岳建伟、任国友共同编写；第 6 章社区应急避难场所由常州大学王新颖编写；第 4 章大型活动安全由北京市科学技术研究院城市系统工程研究中心朱伟编写；第 5 章城市综合体安全由北京市科学技术研究院城市系统工程研究中心周晓峰编写；第 2 章社区安全管理机构由中国劳动关系学院任国友、许素睿共同编写。全书由中国劳动关系学院任国友统稿、定稿。

社区安全是一门新兴的交叉学科，是安全、减灾、环境、工程和管理科学交叉融合的大安全科学技术学科体系中的新兴领域，但是由于学科体系、理论体系和实践体系仍处于探索、研究和实践中，自 2006 年着手拟纲，至 2010 年形成教学讲义，2014 年由清华大学出版社出版第一版后，又结合社区安全最新理论与实践，经 5 轮教学实践，几易其稿。尽管如此，亦难免有不妥之处，恳请赐正。

在本书的编写过程中，参考和引用了相关专家、学者的研究成果和论著，在此向他们致敬并表示衷心的感谢。同时感谢清华大学出版社周菁主任在教材出版过程中的不断指导和辛勤付出。最后，特别感谢北京天恒安科工程技术有限公司姜艳艳经理、岳建伟副经理、北京市科学技术研究院城市系统工程研究中心朱伟主任、周晓峰和马英楠的大力支持！还要感谢我的研究生王文涛、张天宇、米子龙、李陶和段珂然的文字整理和图片处理以及中国劳动关系学院安全工程学院广大同人的鼎力支持！

编　者

2020 年 7 月

第一版前言

FOREWORD

近几年，频发的灾难与事故，凸显了中国安全社区建设的紧迫性及开展公共安全教育的必要性。受国际安全社区的启发，2003 年我国大陆地区引入了安全社区理念，着手安全社区创建工作，此举得到国家的高度重视。2011 年国务院安委会办公室发出《关于进一步深入推进全国安全社区建设的通知》，对安全社区建设的指导思想、工作目标等提出了明确要求，同时在 2011 年国家安监总局印发出台的《安全文化建设“十二五”规划》中，规定在“十二五”期间，安全社区将作为一项重点安全文化工程进行建设；在《安全生产“十二五”发展规划》中更加强调了安全社区创建的重要意义与具体规划，公共安全管理、应急管理人才极缺，开展公共安全管理专业教育的时机已成熟。2005 年，河南理工大学在全国第一个开设了公共安全管理/应急管理本科专业；中国劳动关系学院于 2006 年开办了安全工程(公共安全管理方向)专业，开设了“社区安全”专业特色课程，以适应公共安全管理/应急管理专业教育的急需。《社区安全教程》列为公共管理系列教材，由三所院校的 5 位专家学者共同编撰，清华大学出版社出版。

本书正是为了适应公共安全管理、应急管理、安全工程(公共安全管理方向)及相关专业的教学需要而着手编写的，是公共安全管理、应急管理及安全工程相关专业人才培养的教育内容和知识体系中的核心课程系列教材之一，其中部分内容来自北京自然科学基金项目“非常规突发事件社区应急管理评估方法”阶段成果。本书全面系统地阐述了社区安全的基本知识，既保持了理论体系的完整性，又突出了实践应用的重点，并在每章后设立“关键术语”“复习思考题”“阅读材料”“问题讨论”“延伸阅读文献”等丰富的相关文献资料,利于读者掌握基本知识、深刻理解相关知识点、拓展应用能力和检验学习效果。

全书共分十章,各章内容及其编写者分别为:第1章社区安全概论、第3章社区风险辨识与基线调查、第7章家庭及居民行为安全、第8章安全社区建设由中国劳动关系学院任国友编写;第4章社区突发事件、第5章社区应急避难场所由常州大学王新颖编写;第6章社区应急预案评价由中国劳动关系学院王起全、任国友共同编写;第9章大型活动安全管理由北京市科学技术研究院城市系统工程中心朱伟编写;第2章社区安全管理与服务、第10章新农村社区安全由中国劳动关系学院任国友、许素睿共同编写。全书由中国劳动关系学院任国友统稿、定稿。

社区安全是一门新兴的交叉学科,是安全、减灾、环境科学交叉融合的大安全科学技术学科体系中的新兴领域,其学科体系、理论体系和实践体系仍处于探索、研究和实践中。自2006年着手拟纲,至2010年形成教学讲义,后经3轮教学实践,几易其稿。尽管如此,亦难免有不妥之处,恳请赐正。

在本书的编写过程中,参考和引用了相关专家、学者的研究成果和论著,在此向他们致敬并表示衷心的感谢。同时感谢清华大学出版社在教材出版过程中的不断指导和辛勤付出。最后,特别感谢北京城市系统工程中心社区研究室的马英楠主任和中国劳动关系学院安全工程系广大同人的鼎力支持。

编　者

2013年7月

目录

CONTENTS

第1章 社区安全概论

CHAPTER 1

1.1 安全、社区与社区安全

1.1.1 什么是安全

我国国家标准《术语工作词汇　第1部分：理论与应用》(GB/T 15237.1—2000)对"概念"的定义是"对特征的独特组合而形成的知识单元"。到目前为止，我国学术界对"安全"的概念还缺乏统一的认识。

1. 学界对"安全"概念的争议

到目前为止，人类对安全的认识还存在很大的局限性。在各种文献资料中，关于"安全"概念有许多不同的定义。这里为了便于认识"安全"的概念，仅列出我国安全科学领域的部分学者作出的几种有代表性的对"安全"概念的定义。

定义1：中国劳动关系学院崔国璋教授认为，安全是指客观事物的危险程度能够为人们普遍接受的状态。[①]

定义2：中国职业安全健康协会刘潜教授认为，安全是指人的身心免受外界因素危害的存在状态(健康状况)及其保障条件。[②]

定义3：中国安全生产科学研究院何学秋教授认为，安全是指人和物在社会生产生活实践中没有或不受或免除了侵害、损伤和威胁的状况。[③]

定义4：首都经济贸易大学毛海峰教授认为，安全是具有特定功能或属性的事物，在

---

① 崔国璋.安全管理[M].北京：海洋出版社，1997.

② 孙华山，吴超，刘潜，吴宗之，杨书宏.再论在《授予博士、硕士学位的学科、专业目录》中设立"安全科学与工程"一级学科[J].中国安全科学学报，2006，16(10)：56-66.

③ 何学秋.安全科学与工程[M].徐州：中国矿业大学出版社，2008.

内部和外部因素及其相互作用下,足以保持其正常的、完好的状态,而免遭非期望损害的现象。①

定义5:国家安全生产监督管理总局发布的《安全社区建设基本要求》(AQ/T 9001—2006)中的定义:安全是指免除了不可接受的事故与伤害风险的状态。

2. 安全的定义

从上述分析可以看出,安全的现象不仅存在于生产安全领域,而且广泛存在于公共安全领域,不同领域的有关问题既然都被冠"安全"二字,则其共同的安全属性应该是存在的。因此,安全科学的范畴应该具有足够的广泛性,能够将各种类型的安全问题包括在内,而不能仅仅"从人体免受外界因素(即事物)危害的角度出发"进行研究和讨论。同样,对"安全"概念的认识也要突破现有的、以人身伤害为依据的思维模式,从更广泛的视角进行把握。只有这样,才能使安全科学摆脱局限于特定安全问题领域的束缚,从而建立在反映普遍安全规律的基础之上,安全科学的根基才能更加深入和牢固。2011年3月8日,国务院学位委员会第二十八次会议通过的《学位授予和人才培养学科目录》,将"安全科学与工程"单列为一级学科(原仅是矿业工程下的二级学科,代码为0837)。这将迎来安全科学跨越式发展的又一个春天。

1.1.2 社区

社区是社会学中的一个基本概念,源于拉丁语,本意为关系密切的伙伴和共同体。②该词源于德国社会学家F.滕尼斯1887年出版的《社区与社会》(中译本书名《共同体和社会》)。美国社会学家罗密斯第一次将该书译成英文,书名为*Fundamental Concept of Society*(《社会学的基础概念》),后来,他再一次修订成*Community and Society*(《社区与社会》)。英文中的"社区"(community)一词由此产生。中文中的"社区"一词是20世纪30年代由费孝通为代表的燕京大学学生从英文community翻译过来的。应该说,"社区"这一译法是很贴切的,最接近西方人对community原本意义的理解。

1. 社区的定义

现在"社区"已成为社会学中的一个通用范畴,但这个词从滕尼斯提出到现在其含义已发生了很大变化。据不完全统计,有关社区的定义有140余种,其中比较有代表性的定义如下:

1887年,德国社会学家滕尼斯(Ferdinand Tonnies)认为,社区是若干亲族血缘关系

① 毛海峰.论"安全"及"安全性"的概念[J].中国安全科学学报,2009,19(4):62-66.

② 娄成武,孙萍.社区管理学(第二版)[M].北京:高等教育出版社,2006.

而结成的社会联合。该定义强调血缘纽带和联合，即共同体。1955 年，美国社会学家乔治·希勒里(G. A. Jr. Hillery)认为，社区是指包括那些具有一个或更多共同性要素以及在同一区域保持社会接触的人群。该定义包含社会互动、地理区域和共同关系三个特征。2000 年 11 月 19 日，中共中央办公厅和国务院办公厅共同转发了《民政部关于在全国推进城市社区建设的意见》(以下简称《意见》)。该《意见》指出："社区是指聚居在一定地域范围内的人们所组成的社会生活共同体。"2004 年，中国学者徐永祥认为，社区是指一定数量居民组成的、具有内在互动关系和文化维系力的地域性的生活共同体。2006 年，《安全社区建设基本要求》中的定义，社区是指聚居在一定地域范围内的人们所组成的社会生活共同体。总之，这是一个在至今众多定义中比较简明、准确的一个定义。

2. 社区的要素

社区作为居民生活的社会共同体，通常包括五个要素：地域、人口、组织结构、文化和公共设施。在这五个要素中，地域是社区的自然地理位置与人文地理的空间载体；人口(或居民)是社区运作与变迁的主体；组织结构是社区活动得以展开的社会组织形式；文化是社区范围内具有特质的精神纽带；公共设施是保障社区居民生存的重要载体。

(1) 地域要素

作为地域性上的社会共同体，社区总是存在于特定的自然地理与人文空间中，有着一定的边界。这里的地域要素包括了两个方面，自然地理条件和人文地理条件。自然地理条件包括所处方位、地貌特征、自然资源、空间形状等，而人文地理条件则包括了人文景观、建筑设施等。相对于一个国家、一个省、一个大中型城市来讲，社区是一个微观的地域社会。现代社会学的社区研究表明，社会服务机构开展的社区工作，一般都是选择某个中小城镇或大中型城市中的某个居民区或农村的某个乡、村落等作为具体的对象。总之，社区的地域界线不能太大，应限制在居民日常生活能够发生互动的范围之内，或者限定在能够满足居民日常生活服务设施、组织机构可以发挥作用的范围之内。对应于我国目前的情况，农村中的一个乡、村落或城市中的一个街道、一个居民小区等，都可以被界定为范围不一的社区。

(2) 人口要素

人是社会的主体，也是社区生活的主体。一定数量的人口是一切社会群体所必需的构成要素，当然也是社区构成的要素。社区构成的人口要素是指居住在本区域内的居民，非居民人口(如商店营业员)应当排除在外，而其他社会群体构成要素的人口划分则是可以跨区域的。

社区人口状况的子要素，主要包括人口的数量与质量、人口的结构、人口的分布与流动状况等。数量状况是指社区内居民人口的多少；质量状况是指社区内居民在素质方面的情况，如身体素质、文化素质、思想素质、道德修养等；人口结构亦称为人口构成，是指社区内各个类型居民人口的数量比例关系,如科学家、教师、工程师等之间的数量构成以及不同性别与不同年龄的比例等;人口分布是指社区内人口密度的大小,也指居民及居民的活动在社区范围内的空间分布状况;人口流动是指社区内居民数量的进出与增减及其在空间分布上的变化。

(3) 组织要素

社区组织结构主要指社区内部各种社会群体、社会组织之间的构成方式及其相互关系。社区内的社会群体和社会组织在不同的历史时期、不同的发展阶段,其种类及其相互关系是不同的。一般而言,在经济与社会发展水平较低的阶段,由于社会分工程度不高,人口的同质性较强,社区内社会群体的种类和功能相对简单,整合社区各种资源的社会组织的门类及功能也就相对简单。反之,经济与社会发展水平越高,社会分工越细,社区内人口的异质性就越强,功能性社会群体的种类也就愈趋多样化。这种情况必然要求整合社区资源的社会组织的门类及其组织功能多样化。一个社区,如果其居住环境舒适安逸、管理有序、居民社区认同感强,则说明该社区有着良性的和完善的社会群体、社会组织及其互动关系,反之,则说明该社区的社群和组织出现了问题。

(4) 文化要素

社区文化是一个较复杂、较难界定的概念,不同的学者对其解释各有差异,甚至大相径庭。一般来讲,社区文化包括历史传统、风俗习惯、村规民约、生活方式、交际语言、精神状态、社区归属与社区认同感等(至于宗教信仰,可以构成一个社区文化的子要素,但不是一个必然的要素)。在现实的社区实践中,社区文化总是有形无形地为社区居民提供比较系统的行为规范,不同程度地约束社区居民的行为方式和道德实践,客观上对居民担负着社会化的功能以及对居民生活的某种心理支持。

社区文化也是区分不同社区的重要特征。由于受到不同历史传统、地理环境和人口构成的影响和作用,社区文化呈现出一定的地域性与特殊性。这种不同的文化,是不同社区的地理环境、人口状况以及居民共同生活的历史与现实的反映。

(5) 设施要素

为了方便居民生活,社区会建立一些服务性的公共设施,如学校、商店、医院、运动场、农贸市场等,开始是自发形成的,以后是自觉地、有意识地建立这些设施为居民服务。电视台、声讯台是现代社区必备的服务设施。社区要发展,社区居民要生活,就必须有一整套相对完备的生活服务设施和其他公共设施。这些设施是保证社区居民生存的必要手段和社区发展的必要前提。如社区的各种商业设施、文化教育设施、娱乐设施、医疗卫生设施、服务行业以及其他社会福利设施等。缺乏服务设施或服务设施不完备,不仅会影响社区居民的生活,也会影响社区的稳定和发展。

公共服务设施的数量和质量是衡量社区发达水平的一个重要因素。现代城市的住宅小区,其服务设施的质与量是招揽业主的重要因素,居民会向服务设施齐全、服务质量高的小区流动。因此,公共服务设施是社区存在和发展的重要条件。

综上所述,地域、人口、组织、文化和设施五个方面是构成社区的基本要素。尽管各个社区类型相别,结构相异,大小不同,各有其特殊性,但是,不论什么样的社区,都必须具备这些基本要素,这就是构成社区的普遍要素。要看到,社区构成的基本要素之间是相互依赖、有机统一的辩证关系。不能将五个要素割裂开片面地理解,而应该从它们的有机联系上综合地加以分析和把握。其中,地域是社区的地理环境要件,人口是社区生活的主体要件,组织与群体是社区居民交往和整合得以实现的客观机制,而文化则是社区居民交往与整合得以实现的精神要件,公共设施是保证社区居民生存的必要手段和社区发展的必要前提,五者紧密相关,缺一不可。还应看到,社区构成的基本要素及其相互关系,其功能与模式的表现形态,在不同的历史背景下往往是不尽相同的,必然呈现出各个阶段的时代特征。

3. 社区的类型

在人类历史的发展中,社区的类型经历了一个从单一化到不断多样化的发展过程,社区生活质量也经历了由低级向高级的演变过程。如今的社区,类型多种多样,从不同的角度、以不同的方式影响着人们的生活。社区类型的划分,可以采取多种角度、多种方法。概括起来,主要有以下三种区分角度和方法。

一是地域型社区(Geographical Community)划分法。这是最常见、最通用的划分法,主要是根据地域条件和特征去比较、划分社区的类型。据此,可划分为农村社区、集镇社区和城市社区三大类型。进一步细分,农村社区又可区分为山村社区、平原社区、高原农村社区、江南农村社区等;城市社区也可细分为沿江沿海带社区、内陆型社区等。

二是功能型社区(Functional Community)划分法。这种方法在第二次世界大战以后欧美一些学者以及目前我国部分学者中比较流行。这种划分方法的主要特点是注重或强调社区的某些功能性特征,如经济功能、社会功能、文化功能,并据此划分为经济型社区、文化型社区、旅游型社区等。进一步细分,又可将经济型社区分为农业型社区、林业型社区、牧业型社区等,将旅游型社区细分为人文景观型社区、自然风光型社区等。

三是虚实型社区(Virtual Community)划分方法。这种划分方法的主要特点是注重或强调社区的实体性和虚拟性特征,如城市社区、虚拟社区等。

本书采用的是第三种方法,主要从虚实型社区划分法的角度,分别叙述和分析现实社区(农村社区、集镇社区、城市社区)和虚拟社区两种社区类型。需要强调的是,无论采用哪种划分方法,并无优劣之分,应当根据研究需求确定。

(1) 现实社区

① 城市社区。城市社区是指人口高度集中,居民以从事非农业生产活动为主,具有综合性社会功能的社会区域共同体。与农村社区、城镇社区相比,城市社区是一种更为

高级的社区形态。

② 农村社区。农村社区是指居民以农业生产活动为主要生活来源的地域性共同体或区域性社会。迄今为止,农村社区一直是人类历史上古老而又十分重要的社会共同体,是最早出现的社区类型。

③ 城镇社区。城镇社区也称集镇社区,是兼具农村社区和城市社区某些成分与特征的社区类型,是农村和城市相互影响的一个中介。费孝通(1999)认为,它是一种比农村社区高一层次的社会实体的存在,这种社会实体是以一批并不从事农业生产劳动的人口为主体组成的社区。无论从地域、人口、经济、环境等因素看,它们既具有与农村社区相异的特点,又都与周围的农村保持着不可缺少的联系。在西方发达国家,由于高度的工业化和信息化,城乡之间的二元结构已基本消除,加之逆城市化的趋势,越来越多的富人和中产阶级将自己的居住地移至郊区和农村的集镇。这种集镇的概念完全不同于我国现阶段的集镇,实际上是高度现代化、生活极其方便、人口规模不大的新兴社区。

(2) 虚拟社区

虚拟社区的产生和发展过程离不开互联网的发展,互联网的出现使虚拟社区迅速发展。虚拟社区的产生可以追溯到万维网出现之前。1984 年 Brand 和 Brilliant 创建了 The Wall(Whole Earth Electronic Link,全球电子讨论链),用以实现"虚拟邻里关系"在讨论链上进行交互式讨论和协商。1990 年,The Wall 引进 cyberspace (赛博空间)这个名称,虚拟社区开始进入人们的视野。虚拟社区最初由 BBS(Bulletin Board System,即电子公告牌)发展而来。用户通过电脑来传播和获取信息,不论身在什么国家,这种方式不受地域的限制,都可以利用电脑向 BBS 发送公告。之后由 BBS 发展到新闻组,人们在兴趣的驱动下通过在线聊天室自由交流,虚拟社区服务器上构建自己的个人主页,分享个人经验、交流心得,随着这种形式的虚拟社区的发展,大规模的网上讨论、聊天以及上传文件等活动开始出现,用户也在这个过程中获得了社会交往意义上的乐趣。1997 年 10 月,网易成为国内第一个创建虚拟社区服务的机构,随后新浪也将虚拟社区作为主攻方向之一,而 1998 年 3 月"西祠胡同"以及 1999 年 6 月 ChinaRen 的创办标志着虚拟社区成规模意义上的出现。

虚拟社区译自英文"Virtual Community",这一概念最早出现在霍华德·里恩戈德 1993 年的著作《虚拟社区》(*Virtual Communities*)中。但是对于虚拟社区的定义并没有一个确定的说法,它是一个不断发展的概念。

最早提出"虚拟社区"这一概念的是一位英国学者 Howard Rheingold,他给虚拟社区下的定义是:以虚拟身份在网络中创立的一个由志趣相投的人们组成的均衡的公共领域。此概念强调了虚拟社区构成的动力,源于人们志趣相投产生的沟通需要。

《管理学大词典》指出,虚拟社区亦称"电子社区""在线社区",原指通过各种通信媒体如电话、新闻简报、电子邮件、因特网社会网络服务或即时通信进行彼此沟通的人群,后逐渐演变为专指通过计算机网络进行沟通而形成的在线人群网络。

1993 年 Howard Rheingold 又在其经典著作《虚拟社区》一书中，对虚拟社区做了如下定义：一群以计算机网络为主要媒介，彼此沟通的人们，彼此有某种程度的认识，分享某种程度的知识信息，相当程度如同对待友人般彼此关怀所形成的团体。这些概念用简单的语言描绘了虚拟社区中人们的基本关系。1995 年，Thompson 和 Femback 为虚拟社区做的定义为：通过既定领域内的不断联系，在虚拟空间中形成的社会关系。2001 年，Mahajan 和 Balasubramanian 对虚拟社区做了如下定义：虚拟社区是具备四大特征的任何实体，即人的集合体、合理的成员、虚拟空间的相互作用和社会交流过程。2004 年，Gupta&Kim 对虚拟社区做了如下定义：虚拟社区指的是具有相同或类似目的的群体通过网络虚拟空间的形式进行信息传播、知识分享、产品交易等活动的平台。

以上诸位虽然对虚拟社区的研究侧重点不同，但是都是在"虚拟空间"范围内来界定虚拟社区的。在国内，各位学者对虚拟社区的定义也未曾给出明确的统一意见，但是绝大多数都是基于"精神共同体"这一概念而展开的。杜俊飞认为：虚拟社区，它并非是一种物理空间的组织形态，而是由具有共同兴趣及需要的人们组成、成员可能散布于各地、以志趣认同的形式作在线聚合的网络共同体。

（3）虚拟社区和现实社区之间的关系

虚拟社区和现实社区并不是完全独立的，它们之间的关系就如同物质和意识之间的关系一样。网络社区来源于现实社区，虚拟社区是现实空间在虚拟空间的"投影"。

首先，虚拟社区提供的服务版块也是根据人们现实的需要而设定的；现实社区中的生活方式、观念和规范会影响到虚拟社区的构建。

其次，虚拟社区所提供的服务是现实社区服务的延伸和提高。传统的利用以纸为媒介的信件传递，发展为 E-mail 传递。虽然两者的介质和速度不同，但是 E-mail 内容格式仍和传统的信函格式相同。脱离现实，虚拟社区是不可能存在的。同时，网络社区也会对现实社区产生影响。网上的公开透明，重视个体等一系列特征将深刻影响社会。从这一点来看，民主不是一句口号，是一种生活方式、生活态度，而网络社区的许多想法正可以用来修正现实社会管理和制度中的某些缺陷。民众易于发表自己的意见，同时政府也可以方便地实现低廉高效的管理。网络之所以风行，在于它提供了自由天堂，在社区中不同意见相互尊重与互不排斥。通过讨论和争鸣解决问题，消除歧见。网络社区赋予每个人充分的话语权。许多政府开通了网上信箱或领导在线解答市民的问题，收到了良好的效果。

总之，网络社区与现实社区是互补互动关系，从根本上是一致的。二者应该各取所长，互相弥补。网络社区使现实社区中不可能的成为可能。网络社区空间开拓了人的思维。从网络社员的观点来看，所谓现实性，无非是从以前的一种可能性发展而来的，二者是互补而非取代的关系。网络社区对现有的生活方式是一种冲击，同时，它也是对现实的社会空间的发展。

4. 社区的功能

社区功能是指社区各部分对社区整体的作用、意义或价值。一般来说,社区具有经济、社会化、社会控制、社会福利保障和社会参与五大基本功能,这五大基本功能是相互关联、相互制约、相互影响。

(1) 经济功能

社区的工厂、商店、宾馆、酒楼、交通、发电站、电影院、信息中心、旅行社等一切企业以及第三产业,为居民提供生产、流通、消费娱乐文化等服务,发挥着经济功能。经济是一个社区发展的基础,没有强大的经济基础,社区的发展是不可能的。从这个意义上讲,社区的经济功能决定了一个社区的发展,也决定着它在同类社区中的地位。所以,各个社区都应当发展自己的特色经济,以显示其特殊功能。

(2) 社会化功能

社区的社会化功能是指它为人的社会化提供场所。社会化是指社会通过各种教育手段,使自然人逐渐学习社会知识、社会规范和生活技能,从而形成自觉遵守与维护社会秩序的价值观念与行为方式,取得社会人资格的成长过程。比如,社区内的家庭、学校和儿童游戏群体是儿童与青少年社会化的主要场所,社区的风俗习惯、伦理道德、观念文化、日常生活活动和环境对青少年乃至成年人会产生较大的影响。

(3) 社会控制功能

社区各类机构与团体在维护社区秩序,保障社区安全等方面发挥着重要作用。在我国,社区内有一套完整的社会控制体系,如社区中的法律咨询机构、居民调解委员会、居委会、妇女组织都发挥着相应的社会控制功能;社区中的派出所是一种社会秩序的强力控制机构。社区的社会控制一方面通过有组织的、正式的制度得以实施,另一方面也通过社区的邻里、伙伴群体等非正式组织和风俗、习惯等非正式制度来约束居民的行为。

(4) 社会福利保障功能

社区的社会福利保障功能表现为社区福利部门、社会团体、政府部门开展的主要面向社区居民的照顾和关怀,社区居民之间的互相帮助、互相支援,社区医院、诊所为居民提供的医疗保健服务等。守望相助、邻里相帮是我国社区居民的一个优良传统,正所谓"远亲不如近邻"。国外的研究也发现,非正式网络在社区照顾中的作用是不可忽视的。社区的社会福利保障功能的发挥情况会影响一个社区的内部安定,乃至整个社会的稳定。

(5) 社会参与功能

社区为居民提供经济、政治、教育、康乐和福利等多方面活动的参与机会,从而促进社区内人们的相互交往与互助,使居民对社区有更多的投入,增强社区的凝聚力,强化居民的归属感和认同感,提高社区的价值整合。不仅如此,开展社区活动还可以发挥居民的潜能，充分挖掘社区的人力资源，促进社区的繁荣与发展。

1.1.3　社区安全的内涵

国内外学者对社区安全的认识存在着较大的差异，通常有狭义与广义之分。

1. 狭义的社区安全

国内外有不少学者主张把社区安全等同于社区治安，这是对社区安全的狭义理解。即加强社区安全管理，采取有效措施预防违法犯罪行为的发生，把各种不安定的因素消灭在萌芽状态，及时调解可能出现的社会矛盾，可以保护公民的人身与财产安全，满足居民的安全需要，保护国家、集体的财产安全，维护社区的正常秩序，确保社区建设的顺利进行。[①]“社区警务”战略、社区治安思想、平安社区创建等都持相似或相近的观点，这与我国当前所处的经济社会发展阶段有很大的关系。由于我国正处于经济快速发展、城市化进程快速推进、社会结构转型、社会建设起步的阶段，我国的城乡差距、地区差距、贫富差距还很大，所以，人们对社区安全的关注点还主要是社区治安问题。

2. 广义的社区安全

世界卫生组织是主张广义“社区安全”的主要代表者。世界卫生组织认为，社区安全包括交通安全、体育运动安全、家居安全、老年人安全、工作场所安全、公共场所安全、涉水安全、儿童安全和学校安全9个方面。[②] 显然，广义“社区安全”的内容远远超出了社区治安的范畴。这表明，发达国家在经济比较发达、社会保障体系比较健全的情况下，违法犯罪特别是一般侵财性违法犯罪问题并不是影响社区安全的主要问题，因此，他们对社区安全的关注已经大大扩展到各类伤害，这代表了社区安全的发展方向和趋势，需要加以关注和借鉴。

综上所述，社区安全的范围应略宽于社区治安，社区安全面临的问题主要包括犯罪行为、治安侵害、安全隐患、意外伤害、矛盾纠纷等多项内容。社区安全就是在政府有关部门的指导和支持下，社区有关组织积极整合社区内外各方面力量和资源，积极采取各种有效措施防范犯罪行为和治安侵害，杜绝安全隐患，防止意外伤害，减少社区成员之间的矛盾纠纷，避免社会断裂等，努力为社区成员创造安定和谐、安全有序、安居乐业的社区环境。

3. 社区安全的基本条件

（1）个人权利和自由，庇护人们免于战争或其他形式的暴力。

（2）保持安全的环境和行为，预防和控制身体损伤或其他伤害发生。

---

① 郑孟望.社区安全管理与服务[M].长沙：湖南大学出版社，2009.

② 吴宗之.安全社区建设指南[M].北京：中国劳动社会保障出版社，2005.

(3) 个体的安全是在物质、心理和生理方面的统一。在生活环境中没有暴力的存在,每个人没有遭受袭击的恐惧,并且不必担心他们的财产被偷或被抢。自杀被认为是自己造成的侵害,是个体和环境不能共存的结果。

(4) 采取有效的预防、控制和恢复措施以确保实现以上三个条件。社区提供资源、计划和服务,以确保以上三个条件存在为目标,降低意外事件造成的伤害,促进受影响的个人和社区的恢复。这些条件并不是全部的,根据应用的领域不同可以增加其他的条件。

1.2 社区中的典型安全问题

在《安全社区建设基本要求》中的 4.5.1 规定:"安全促进项目的重点应针对高危人群、高风险环境和弱势群体,并考虑下列内容:①交通安全;②消防安全;③工作场所安全;④家居安全;⑤老年人安全;⑥儿童安全;⑦学校安全;⑧公共场所安全;⑨体育运动安全;⑩涉水安全;⑪社会治安;⑫防灾减灾与环境安全。"从这一条款规定来看,社区安全主要包括 12 类,而在《WHO 安全社区准则与指标》中仅给出了 9 项,不包括消防安全、社会治安和防灾减灾与环境安全三项指标。本书仅介绍其中重点的几项。

1.2.1 交通安全

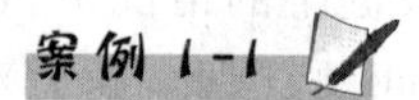

在小区内发生的事故是否属于交通事故

【案情经过】

王女士在小区里驾驶一辆摩托车,虽然车速不快,但是同小区的一位大妈因年纪大、反应慢,还是被摩托车的反光镜刮倒摔伤了,因此王女士被要求索赔医药费用,她想知道本次事故是否属于交通事故,如何赔偿?①

【律师观点】

本次事故是一起意外事故,不属于交通事故。交通事故的发生地点必须在道路上。交通事故中道路的概念要比一般人认识到的"道路"要狭隘,小区中的道路虽然也可以通行,但交通事故必须是发生在公路、城市道路或者虽然在单位管辖范围内但是允许社会车辆通行的场所,比如说大卖场对外开放的停车场。如果是不允许社会车辆通行的单位

① http://china.findlaw.cn/jiaotongshigu/jiaotonganquan/jtaqzs/24560.html.

内道路，比如厂矿内用于厂区物质运送，职工通行的道路就不是交通事故中所指的道路。校园里的道路、农村的机耕路、已建成但尚未验收的公路也不属于交通事故所指的道路。

王女士和大妈之间的事故发生在居民小区中，不属于交通事故中的“道路”，她们之间的人身伤害事故按照普通的侵权事故进行处理。如果公安机关接到报案的，参照交通事故处理。其中，道路交通事故是指车辆在道路上因过错或者意外造成的人身伤亡或者财产损失的事件。这个定义的主要要件为车辆、道路、过错或者意外、后果。这里用“车辆”拟人化，代替人为主体，用“过错”代替当事人的违法行为，还有就是必须在“道路”上，必须是“意外”，具备这几个要件就构成交通事故。交通事故不仅是由于违反交通运输管理法规造成的，也可以是由于地震、台风、山洪、雷击等不可抗拒的自然灾害造成的。

【法律依据】

《中华人民共和国道路交通管理条例》第二条规定：“本条例所称的道路，是指公路、城市街道和胡同(里巷)，以及公共广场、公共停车场等供车辆、行人通行的地方。”《最高人民法院公安部关于处理道路交通事故案件有关问题的通知》第二条：“发生在公路、城市街道和胡同(里巷)以及公共广场、公共停车场等专供车辆、行人通行的地方的交通事故，公安机关应当依照《办法》第五条的规定处理。其中公路是指《中华人民共和国公路管理条例》规定的，经公路主管部门验收认定的城间、城乡间、乡间能行驶汽车的公共道路(包括国道、省道、县道和乡道)。当事人就非道路上发生的与车辆、行人有关的事故引起的损害赔偿纠纷起诉，符合民事诉讼法第一百零八条规定的起诉条件的，人民法院应当受理。”

1. 交通安全

(1) 交通安全的定义

交通安全是指在交通活动过程中，能将人身伤亡或财产损失控制在可接受水平的状态。[①] 交通安全意味着人或物遭受损失的可能性是可以接受的；若这种可能性超过了可接受的水平，即为不安全。道路交通系统作为动态的开放系统，其安全既受系统内部因素的制约，又受系统外部环境的干扰，并与人、车辆及道路环境等因素密切相关。系统内任何因素的不可靠、不平衡、不稳定，都可能导致冲突与矛盾，产生不安全因素或不安全状态。

(2) 交通安全的特点

① 交通安全是在一定危险条件下的状态，并非绝对没有交通事故的发生；

② 交通安全不是瞬间的结果，而是对交通系统在某一时期、某一阶段过程或状态的描述；

③ 交通安全是相对的，绝对的交通安全是不存在的；

---

① 裴玉龙.道路交通安全[M].北京：人民交通出版社，2007.

④ 对于不同的时期和地域,可接受的损失水平是不同的,因而衡量交通系统是否安全的标准也不同。

(3) 交通安全与交通事故的关系

① 交通安全与交通事故是对立的,但事故并不是不安全的全部内容,而是在安全与不安全的矛盾斗争过程中某些瞬间突变结果的外在表现。

② 交通系统处于安全状态,并不一定不发生事故;交通系统处于不安全状态,也未必完全是由事故引起的。

(4) 交通安全的组成要素

交通安全是一门“5E”科学。所谓“5E”是指法规、工程、教育、环境、能源。

① 法规。在我国,法规是指维护交通秩序,保障交通安全的交通规则、交通违章罚则及其他有关交通安全的法律等。交通法规是交通安全的核心,对交通安全起保障作用。交通法规必须具备三大条件:一是科学性;二是严肃性;三是适应性。

② 工程。工程是指交通工程,它包括三个方面的内容:一是研究和处理车辆在街道和公路上的运动,研究其运动规律;二是研究和处理为使车辆到达目的地的方法、手段和设施,包括道路设计、交通管理和信号控制等;三是研究和处理为使车辆安全运行而需要维持车辆与固定物之间的缓冲空间。

③ 教育。教育是指安全教育,包括学校教育与社会教育两种。学校教育是对在校学生进行交通法规、交通安全和交通知识的教育;社会教育是通过报刊、广播、电视及广告等方式,广泛宣传交通安全的意义和交通法规,同时对驾驶员定期进行专业技术知识、守法思想、职业道德及交通安全等方面的教育。

④ 环境。环境是指环境保护。在发达国家,80%以上的噪声污染及废气污染是由汽车运行造成的,因此,保障道路交通安全是道路交通环境保护的重要措施。

⑤ 能源。能源是指燃料消耗。汽油、柴油的大量使用,会造成不可再生资源的大量消耗,给人类发展带来影响。交通事故与能源消耗的关系一直是发达国家研究的热点。

交通工程是交通安全的基础科学,一切交通法规必须以交通工程为科学依据,一切交通安全对策和设施必须以交通工程为理论基础,交通安全教育必须以交通工程为指导,环境保护和降低能耗必须以交通工程为分析依据。这就是交通安全法规、工程、教育、环境和能源之间的关系。

2. 社区交通安全

随着人民群众生活水平的不断提高,交通与社区的关系愈来愈密切。社区交通安全主要包括:汽车驾驶员安全、自行车及三轮车驾驶人安全、行人安全、乘车人安全、安全乘坐地铁、安全乘坐火车、安全乘坐飞机、安全乘坐轮船、道口安全等内容。社区交通管理工作作为社区管理的重要组成部分,主要管理内容包括社区动态交通管理(车辆管理、机动车驾驶员管理、路面安全设施管理、交通安全宣传等)和社区静态交通管理。

(1) 社区动态安全管理

① 机动车行驶秩序原则

右侧通行原则。右侧通行是指机动车在行驶过程中,以道路几何中心线或施画的中心线为界,以行驶方向定左右,一律靠道路右侧通行。

各行其道原则。各行其道是指非机动车、行人以及不同行驶方向、不同速度及不同类型的机动车按划分的车道顺序行驶。

保持安全行车间距原则。机动车在同一方向行驶时前后两车之间必须保持一定的行驶距离,该距离称为安全行车间距,其值大小与车速、驾驶员的反应时间、车辆性能和道路条件有关。车速越高,安全行车间距应越大,驾驶员在行车过程中,必须根据安全行车间距影响因素的变化情况,随时调整车辆行驶速度,保持必要的行车间距,确保行驶安全。

优先通行原则。优先通行原则是指根据机动车性质和行驶目的的不同而采取的对某些机动车赋予优先使用道路通行权的原则。

② 机动车行驶规则

会车规则。会车行驶是指相对方向行驶的机动车在同一地点、同一时间通过的交通现象。该现象暗含着正面碰撞、侧面碰撞等危险,尤其是在路面较窄的路段危险性更大。因此,机动车在会车过程中,除了要求交通参与者具有较强的交通安全意识外,还应按照道路交通法规的有关规定进行会车。

让车规则。此处所指的让车规则是驾驶员在设有交通信号或交通标志控制的交叉路口行车时应遵循的让行规则。

超车规则。超车行驶是指同一方向行驶的机动车辆,后车超越前车的交通现象。车辆行驶过程中,车辆性能差异越大,超车现象越多,交通流中的冲突点也就越多,发生碰撞的可能性越大。

③ 机动车行驶速度的管理

行驶速度又称运行速度,是指车辆行驶路程与有效行车时间之比,其中有效行车时间不包括停车时间与损失时间。行驶速度与运输成本、交通安全有着密切联系,机动车行驶速度的管理就是将行驶速度限制在一定范围内,以获得最大的交通流量、最低的运输成本和最少的交通事故。

④ 机动车装载规定

动车装载质量是根据车辆发动机、牵引力、底盘(钢板、大梁、悬架结构、前后桥)、轮胎负荷四者中最弱部分来核定的,并在行驶证上签注。如果车辆装载超过核定的质量,会引起车辆使用寿命缩短;车辆钢板弹簧负荷过大而断裂;车辆转向沉重,转弯时离心力增大操纵困难;车辆制动效能降低;发动机负荷增大产生过热现象;车辆耗油量增加,并使离合器片因此烧坏而不能行车,车架变形,铆钉松动、折断甚至有可能改变一些总成的相对位置,影响车辆的正常工作。因此机动车装载是机动车行驶秩序管理的重要组成部分。

⑤ 摩托车行驶规定

摩托车行驶轻便,操作简单,速度较快,行驶时路线的选择余地大,而且适合于山岭及坡路;与私人小汽车相比,摩托车所占道路面积及停车面积小、造价低,经济耐用,功能和作用介于汽车和自行车之间,是一种较现代化的交通工具,在我国现有的经济水平和人民生活水平条件下,中小城市以及无摩托车使用限制的地区,摩托车数量的增长十分迅速。

⑥ 非机动车行驶秩序的管理

非机动车是指以人力或者畜力驱动在道路行驶的交通工具,以及虽有动力装置驱动但设计最高时速、空车质量、外形尺寸符合有关国家标准的残疾人机动轮椅车、电动自行车等交通工具。非机动车根据推动力不同,可分为以下几类:一是人力车,指用手推拉的方式驱动的二轮或独轮车;二是三轮车,指人力驱动的有三个车轮的车辆,可分为三轮客车和三轮货车;三是畜力车,指用畜力驱动的车辆;四是残疾人专用车,指专为下肢残疾人使用设计的单人代步车辆,分为人力和机器驱动两种。

目前,非机动车在我国道路交通中占有重要地位,尤其是自行车,由于它经济实用、方便省力、机动灵活、节约能源,无论是在城市还是在农村都是人们不可缺少的交通工具,在我国人口众多、土地资源宝贵的情况下,自行车将会在很长时间内有着较强的生命力。

⑦ 行人和乘车人交通秩序管理

步行和乘坐交通工具出行是人类生活中不可缺少的、重要的交通活动。行人和乘车人能自觉遵守交通法规,文明行走,文明乘车,礼貌相让,令行禁止,既是交通有序状态的具体体现,也反映了交通参与者的文明程度。加强行人和乘车人交通秩序的管理,既可以减少交通事故,又是精神文明建设和法制建设的需要,同时也是社会文明程度的具体体现。

⑧ 车辆及其驾驶员

交通事故已发展成为一个严重的社会问题。交通事故不仅给国家和人民造成严重的损失,也给很多家庭带来痛苦和不幸,同时也影响社会的安定。因此,公安机关交通管理部门通过车辆注册登记,确认上路资格,加强对车辆和驾驶员的资格管理,采取年检、年审,老、旧车及时报废,加强对驾驶员的教育等有效措施,大力预防和减少因车辆和驾驶员原因造成的交通事故,对于保障人民生命财产的安全,促进社会的安定具有重要的意义。社区车辆管理主要是协助公安交通管理部门做好车辆和驾驶员的管理工作,发现无牌无证车辆或其他可疑车辆及时向公安机关、交通管理部门报告。车辆与驾驶员管理可分为机动车辆与驾驶员管理和非机动车辆与驾车人管理两部分。

（2）社区静态交通管理

车辆除了在道路上行驶以外，还有停止状态，而且在一定程度上会影响行车的顺畅。“行车难”与“停车难”是一对连体兄弟。因此，对社区交通秩序管理不仅要考虑车辆在道路上的运行秩序，同时还要注意车辆在停止状态的秩序。因此，重视和加强静态交通秩序即车辆停放秩序的管理，也是社区交通秩序管理的一项重要工作和内容。此外，一些不以交通为目的在道路上设摊、施工而影响原道路通行的人或物的非交通性障碍也属于社区静态交通秩序管理的内容。

① 停车秩序管理

城市中的机动车、非机动车停车场地的设置与合理分布问题，已成为当前城市建设中亟待解决的问题。停车场选址不当，会影响居民的生活、学习和休息环境，诱发治安和交通事故，其分布位置和用地大小的确定，既要从近期着眼，又要为远期发展留有余地，同时停车场的设置地点应结合城市用地功能分区和道路交通组织需要，力求均衡分布，并与城市道路网有机结合。

不同类型的停车场，其服务对象、场地位置、建筑类别和管理方式不尽相同。为了明确各类停车场的使用功能，便于统筹规划、建设和管理，有必要对停车场进行合理分类。

按管理方式分类，可分为免费停车场、收费停车场、限时停车场、限时免费停车场、指定停车场。

按建筑类型分类，可分为地面停车场、地下停车场、地上停车场、多用停车库、机械式停车库。

按车辆类型分类，可以分为机动车停车场和非机动车停车场两种。

按服务对象分类，可分为社会停车场、配建停车场、专用停车场。

按场地位置分类，可分为路上停车场、路边停车场和路外停车场。

一是机动车停车场的规划。车场的设置应结合城市规划布局与道路交通规划的需求来确定，力求分布均衡，并与土地利用及路网分布有机结合。

二是车辆的停放方式。停车场内车辆的停放方式，与停车面积的计算、车位的组合，以及停车场的设计等有关系。车辆的停放按与通道的关系可分为三种类型，即平行式、垂直式和斜放式。

平行式。车辆平行于通行道的方向停放。这种方式的特点是所需停车带较窄，驶出车辆方便、迅速，但占地最长，单位长度内停放的车辆数最少。

垂直式。车辆垂直于车行道停放。此种方式的特点是单位长度内停放的车辆数最多，用地比较紧凑，但停车带占地较宽（需要按大型车的车身长度为标准设计），且在进出停车位时，需要倒车一次，因而要求通道至少有道宽。布置时可两边停车，合用中间一条车道。

斜放式。车辆与车道成角度停放。此种方式一般按 30°、45°、60°三种角度停放。其特点是停车带的宽度随车身长度和停放角度的不同而不同，适宜于场地受限制时采用。以这种方式停放车辆时出入及停车均较方便，故有利于迅速停置和疏散。其缺点是单位停车面积比垂直停放方式要多，特别是30°停放时，用地最贵，故较少采用。

以上三种停放方式各有优缺点，选用何种方式布置为宜，应当根据停车场的性质、疏散要求和用地条件等因素综合考虑。一般当车辆系随来随走，车辆停放、驶离时间均不等时（如大型商店、公园、车站等处的停车场），宜采用垂直式；当车辆系分散来集中走时（如体育场、影剧院等处的停车场），为了节约车场用地，可考虑车辆前后紧靠的平行式停放。

三是机动车停车场管理。机动车停车场的管理是指对路上路边停车或路外停车进行限制与控制，从而提高城市中心商业区或其他停车需求突出的地方的停车位周转率，减少上述地区的交通总量，减少交通拥挤及事故的一种交通管理措施。停车场管理通常具有停车收费和违规罚款权利，这样一来可以增加一些财政收入，用来建造更多的停车场，以解决城市静态交通问题。主要包括：路外停车场管理，路上、路边停车场管理，临时停车场管理。

四是机动车的停放管理。机动车停放管理是指社区管理部门依据有关交通法规，对在道路上停放和欲停放车辆所进行的管理。主要包括：禁止停放的管理；允许停放的管理。

五是非机动车停放的组织与管理。由于自行车体积小，使用灵活，对停放场地的形状和大小要求比较自由，在以自行车为主要交通工具的城市，自行车停车场非常缺乏，特别是在大型公共建筑、影剧院、体育场等附近的自行车停车场，往往不够使用，造成自行车到处停放，侵占市区主要干道和人行道（甚至侵占非机动车道），把行人挤到车行道，既妨碍道路交通，威胁行人安全，又影响市容。因此，在进行自行车管理的同时，首先要有规划设计，如城市规划中设计大型公共建筑时，必须根据具体条件设计合理的自行车停车场。其主要类型包括：固定的、经常性的专用停车场，临时性的停车场，街道边停车场，快慢车停车带上的停车场。

② 非交通性障碍秩序管理

凡不以交通为行为目的且在道路上从事设摊、施工等活动而影响原道路通行的人或物，称为非交通性障碍，对这些障碍实施约束、限制、禁止的管理措施，则称为非交通性障碍秩序管理。按照非交通性障碍的存在形式不同，可分为以下几类：工程性障碍，即因挖掘道路影响车辆和行人的正常通行而引起的交通障碍；占道性障碍，即因临时堆物、搭建、临时或固定摊位等非交通性活动而引起的交通障碍；流动性障碍，即因流动摊贩、移动性施工车辆等非交通性活动引起的交通障碍。

非交通性障碍秩序管理所属机构：公安机关、道路建设管理部门、道路规划管理部门。

非交通性障碍秩序管理的内容：对道路施工的监督，对摊贩的秩序管理，对沿街单位、居民的秩序管理。坐落在街道两侧的工厂、企业、公司、机关、学校等称为沿街单位，固定居住在街道两侧的市民称为沿街居民。

1.2.2　体育运动安全

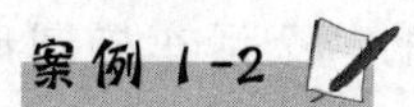

体育课中的两起摔伤事故

【案情经过】

案例一：在小学一年级的一节体育课上，学生在教师的带领下进行活动。在沿着篮球场慢跑两圈后，教师示范并带领学生进行关节操活动。之后，按小组进行不同器材的活动。其中一组小朋友被分到了玩跷跷板，教师讲解了玩的要求，并请学生示范，一边只能坐一个小朋友。但是，教师在讲解其他活动器材时，跷跷板那组的学生早就已经爬满了整个铁杆，左右每边都有三四名学生。其中一个小孩子在上下翘动的过程中摔在了地上。虽然地上铺了橡胶的安全垫，但是毕竟小孩子的骨头比较脆弱。在医院检查之后诊断为骨折，之后进行了手术以及恢复治疗。

案例二：在某学校四年级的体育课上，在上课的最后 6 分钟时间里，教师要求学生放松地走一圈时，一名学生在走的过程中不小心摔了一跤，送往医院检查后诊断地为胯骨脱臼。

【原因分析】

案例一的事故发生的原因是教师组织不得当以及学生课堂常规管理薄弱。如果在平时的课堂中教师的常规管理到位，那么学生分组活动时，就不会出现这种缺乏秩序的结果。摔跤在体育课堂中出现的频率是很高的。但是，这样的摔跤却是不合理的，哪怕这次学生摔了没事，可能还有下一次，不能保证每次运气都那么好。案例二中，学生摔跤最有可能的就是这位学生的体质不太好，在一节课的活动之后，腿有些软，就摔了；或者是由于在走的时候几个人相互嬉闹，导致摔跤。

1. 体育运动安全

参加体育运动是为了增强体质，增进身心健康。在体育锻炼时，没有采取预防措施，可能发生各种的伤害事故。[①] 各项运动都有相应的技术特点，人体各个部位的负荷量也随项目的不同而不同。因此，各运动项目都有它对应的易受伤部位。

（1）运动中身体直接接触球等运动元素项目损伤特点

直接接触运动元素项目有篮球、足球、排球、手球、水球等项目，这类项目共同点是，身体某一部位直接接触运动元素，身体某一部位或全身直接参与外力的缓冲，这样容易

---

① 胡来东，甄子会，郭凡清.从运动安全角度对各项目损伤特点归类研究[J].黑龙江科技信息，2011(16)：176.

造成身体某一部位受伤。其损伤特点：①踝关节损伤，皆因进行身体冲撞和激烈对抗而造成。运动中踝关节损伤是直“接”元素项目最常见的运动损伤，原因是多方面的。首先，大多数是因腾空后脱离自身的中心位置，使得脚在触地时不能与地面水平或落地时踩到别人的脚上所致；其次，是技术动作不规范和身体冲撞造成的。②膝关节是人体中关节面最大、负重较多、保护结构相对较少、结构最复杂、不甚稳定的一个滑车椭圆形关节[①]。急停跳起投篮或跳起抢篮板等动作，或足球快速过人和激烈的抢断，易造成此类损伤。③肩肘部的损伤。原因是在用力击球时，你的“肘关节”超过了“肩关节”，使得肩部肌肉和韧带被过分拉长，出现肌肉拉伤的现象。④腕、指关节的损伤。多数是球撞击所致，主要是接球或断球时手的动作不正确，手指过于紧张造成的。篮、排、手球气过足，也容易使手指挫伤。摔倒时用手臂支撑会造成手腕挫伤和桡骨、尺骨骨折。

（2）运动中身体间接接触球等运动元素项目损伤特点

间接接触球等运动元素是指乒乓球、网球、羽毛球、曲棍球、冰球、高尔夫球、保龄球、桌球等。这类项目的共同点是身体某一部位间接接触运动元素，身体某一部位或全身间接参与外力的缓冲，这样容易造成身体某一部位受伤，受伤的部位常与项目有关。最常见损伤部位有：腰部、肩部、肘部。其损伤特点：①腰部损伤，小球运动的技术特点，要求腰部处于不断地过屈或过伸运动中。在重复做这些动作中，腰很容易受到损伤。②肩部损伤也是在网、羽、乒间接项目中多发的一种损伤，由于在小球、曲棍球、冰球、棒球、垒球运动的各项技术中，无论是正反手击球或劈吊球，都需要臂后引，胸舒展。③肘部损伤其原因是很多控制手指，手腕和前臂运动的肌肉都附着在肘关节周围。在网、羽球技术动作中，屈腕、旋前臂的动作比较多。因此，在网、羽球运动中，加强保护肘关节和预防受伤是十分必要的。

（3）运动中以身体动态来表现的项目损伤特点

动态表现项目有武术套路、体操、游泳、健美操、体育舞蹈、速滑、轮滑、滑雪、形体运动等。其损伤特点为：①软组织损伤，主要症状为表皮剥脱，有少量出血和组织液渗出。如受刀、剑打击而引起的裂伤、刺伤、切伤等。深的切伤可切断大血管、神经、肌腱等组织。这些损伤的特点是有出血和伤口，所以处理时必须进行止血和保护伤口。②挫伤，人体某部位遭受钝性暴力作用而引起该处及其深部组织的闭合性损伤，称为挫伤，又称撞伤。如在单杠练习时，不慎掉杠。③关节的脱位或韧带损伤常常是武术、体操、滑雪运动员因不好的落地姿势或跌倒所导致的损伤。肩关节的脱位较多。肘与手腕次之。膝关节偶发。如武术运动员在做跳跃动作时，落地不慎而引发的脚踝扭伤。④颈椎损伤多发生体操在难度较大的各种下法动作中或武术中的旋子转体 720°等。因此在学习难度较大的动作时，应该采用保险带，专人保护，垫子也应有足够的长度及厚度。

---

① 王步标.人体生理学[M].北京：高等教育出版社，1994.

（4）运动中以身体静态来表现的项目损伤特点

静态表现类有健美、瑜伽、射箭、射击运动等。归结起来，静态表现类项目损伤有肌肉、韧带拉伤、腰肩痛、视疲劳等。其损伤特点为：①肌肉、韧带拉伤，健美、瑜伽项目由于准备活动不当，某部肌肉的生理机能尚未达到适应运动所需的状态；训练水平不够，肌肉的弹性和力量较差；动作过猛或粗暴；气温过低湿度太大，场地或器械的质量不良等都可以引起肌肉、韧带拉伤。②腰肩痛，射箭、射击运动中，长时间拉弓、举枪后静止瞄准然后射击，由于这样的动作对腰椎、肩肘维持静止要求很高，所以容易引起腰肩痛。视觉疲劳是由于长期近距离目视之后出现视模糊、眼胀、干涩、流泪、眼眶酸痛等眼部症状及头痛、眩晕、恶心、烦躁、乏力等全身不适应的一种综合征。射箭、射击运动由于长时间训练瞄准、盯准移动物等，容易产生视觉疲劳。

（5）运动中以身体为击打目标的项目损伤特点

散打、拳击、击剑、跆拳道、柔道、空手道、泰拳等属于此类项目。其损伤特点为：①手部损伤，散打、拳击、跆拳道、柔道、空手道、泰拳比赛时运动员一手握拳在前，后手拳是运动员力量所在，出拳凶猛有力，爆发力强，击打后所承受的反作用力亦大，因此，运动员后手往往更易受伤。②关节急性损伤，腕、肘、肩、膝、踝关节伸屈有一定的程度，如果超出程度范围或急性伸屈，就会造成损伤。③腰椎间盘突，是由于运动造成外伤、长期运动劳累、劳损，用力不协调、姿势不当等原因导致的椎间盘组织退变、纤维环破裂，“髓核”从破裂处突出，压迫相邻的神经根、脊髓，造成周围组织水肿、椎管狭窄、脊柱侧弯等。

2. 常见运动损伤的应急处理

运动损伤多见于年轻人群，他们热爱运动，积极参与各项体育活动，但常常因缺乏一定的运动训练卫生知识和出现运动损伤后的应急措施，这会对受伤者造成不必要的痛苦，严重者甚至导致终生遗憾。

（1）擦伤。即皮肤的表皮擦伤。如果擦伤部位较浅，只需要涂红药水即可；如果擦伤创面较脏或有渗血时，应当用生理盐水清创后再涂上红药水或紫药水。

（2）肌肉拉伤。即肌纤维撕裂而致的损伤。主要是由于运动过度或热身不足造成的，可以根据疼痛程度知道受伤的轻重，一旦出现痛感应立即停止运动，并在痛点敷上冰块或冷毛巾，保持 30 分钟，以使小血管收缩，减少局部充血、水肿。切忌搓揉及热敷。

（3）挫伤。由于身体局部受到钝器打击而引起的组织损伤。轻度损伤不需特殊处理，经冷敷处理 24 小时后可用活血化瘀叮剂，局部可用伤湿止痛膏贴上，在伤后第一天予以冷敷，第二天热敷。约一周后可吸收消失。较重的挫伤可用云南白药加白酒调敷伤处并包扎，隔日换药一次，每日理疗 2～3 次。

（4）扭伤。由于关节部位突然过猛扭转，拧扭了附在关节外面的韧带及肌腱所致。多发生在踝关节、膝关节、腕关节及腰部，不同部位的扭伤，其治疗方法也不同。对急性腰扭伤,可让患者仰卧在垫得较厚的木床上,腰下垫一个枕头,先冷敷,后热敷。对关节扭伤如踝关节、膝关节、腕关节扭伤时,将扭伤部位垫高,先冷敷2～3天后再热敷。如扭伤部位肿胀、皮肤青紫和疼痛,可用陈醋半斤炖热后用毛巾蘸敷伤处,每天2～3次,每次10分钟。

(5) 脱臼。即关节脱位。一旦发生脱臼,应嘱病人保持安静、不要活动,更不可揉搓脱臼部位。如脱臼部位在肩部,可把患者肘部弯成直角,再用三角巾把前臂和肘部托起,挂在颈上,再用一条宽带缠过肩部,在对侧肩作结。如脱臼部位在髋部,则应立即让病人躺在软卧上送往医院。

(6) 骨折。常见骨折分为两种,一种是皮肤不破,没有伤口,断骨不与外界相通,称为闭合性骨折;另一种是骨头的尖端穿过皮肤,有伤口与外界相通,称为开放性骨折。对开放性骨折,不可用手回纳,以免引起骨髓炎,应当用消毒纱布对伤口作初步包扎、止血后,再用平木板固定送医院处理。骨折后肢体不稳定,容易移动,会加重损伤和剧烈疼痛,可找木板、塑料板等将肢体骨折部位的上下两个关节固定起来。如一时找不到外固定的材料,骨折在上肢者,可屈曲肘关节固定于躯干上;骨折在下肢者,可伸直腿足,固定于对侧的肢体上。怀疑脊柱有骨折者,需要卧在门板或担架上,躯干四周用衣服、被单等垫好,不致移动,不能抬伤者头部,这样会引起伤者脊髓损伤或发生截瘫。昏迷者应俯卧,头转向一侧,以免呕吐时将呕吐物吸入肺内。怀疑颈椎骨折时,需要在头颈两侧置一枕头或扶持患者头颈部,不使其在运输途中发生晃动。

1.2.3 家居安全

家居安全主要包括:家庭火灾预防、家庭触电预防、食物中毒预防、煤气中毒预防、室内污染预防、烧伤和烫伤预防、预防中暑、家庭防盗、家庭暴力、急救和逃生、用药安全等内容。

1. 家居安全识别

家居安全识别可以分卧室、客厅、餐厅、浴室、厨房、阳台与楼梯分别进行识别。

2. 自救逃生

2010年上海"11·15"大火之后,国人悲恸、哀悼之余,心中多有不安。人们纷纷自问:如果我所处的高楼发生火灾,该怎么办?在发达国家,要回答这个问题并不困难,你只要参加几次实战演习就可以了。比如在日本,消防演习是从娃娃抓起的。日本的小学,每个学期都会有一次消防演习,校长毫无预警地拉响火灾警报,学生立即跟着老师,采取正确的姿势跑出教室,到操场集合。但是在我国,这样的演习机会非常少,想通过消防演习找到答案似乎并无可能。没有人组织演习,那就只能靠自己:开动你的想象力,假设你所处的大楼突然失火，你该采取何种行动加以应对？

1.2.4　老年人安全

老年人安全主要包括：跌倒预防、老年人交通安全、自杀预防、用电安全、家居安全、病患者关注等内容。当前，在社区中比较典型是老年人跌倒问题。下面以老年人跌倒干预技术为例进行说明。

跌倒是指突发、不自主的、非故意的体位改变，倒在地上或更低的平面上。按照国际疾病分类(ICD-10)对跌倒的分类，跌倒包括以下两类：一是从一个平面至另一个平面的跌落；二是同一平面的跌倒。

跌倒是我国伤害死亡的第四位原因，而在65岁以上的老年人中则为首位。老年人跌倒死亡率随年龄的增加急剧上升。跌倒除了导致老年人死亡外，还导致老年人残疾，并且影响老年人的身心健康。如跌倒后的恐惧心理可以降低老年人的活动能力，使其活动范围受限，生活质量下降。

老年人跌倒的发生并不是一种意外，而是存在潜在的危险因素，老年人跌倒是可以预防和控制的。在西方发达国家，已经在预防老年人跌倒方面进行了积极的干预，大大降低了老年人跌倒的发生频率。本书从公共卫生角度总结了国内外老年人跌倒预防控制的措施和经验，提出了干预措施和方法，以期对从事老年人跌倒预防工作的人员和部门提供技术支持，有效降低老年人跌倒的发生频率。

1. 老年人跌倒流行状况

老年人跌倒发生率高、后果严重，是老年人伤残和死亡的重要原因之一。美国疾病预防控制中心2006年公布的数据显示：美国每年有30%的65岁以上老年人出现跌倒。随着美国老龄化的发展，直接死于跌倒的人数从2003年的13 700人上升到2006年的15 802人。此外，报道还显示：在过去的三个月中，580万65岁以上的老人有过不止一次的跌倒经历。一年中，180万65岁以上老人因跌倒导致活动受限或医院就诊。2006年，我国疾病监测系统死因监测数据显示：我国65岁以上的老年人跌倒死亡率男性为49.56/10万，女性为52.80/10万。

老年人跌倒造成沉重的经济负担。仅2002年，美国老年人因跌倒致死的就有12 800人，每年因跌倒造成的医疗总费用超过200亿美元，估计到2020年因跌倒造成的医疗总费用将超过320亿美元；在澳大利亚，2001年用于老年人跌倒的医疗支出达到0.86亿澳元，估计2021年将达到1.81亿澳元。

如今，我国已进入老龄化社会，65岁及以上老年人已达1.5亿人。如果按30%的发生率估算，每年将有4 000多万老年人至少发生1次跌倒。跌倒严重地威胁着老年人的身心健康、日常活动及独立生活能力,也增加了家庭和社会的负担。

2. 老年人跌倒危险因素

老年人跌倒既有内在的危险因素,也有外在的危险因素,老年人跌倒是多种因素交互作用的结果。

(1) 内在危险因素

① 生理因素。生理因素主要包括以下四个方面。

一是步态和平衡功能。步态的稳定性下降和平衡功能受损是引发老年人跌倒的主要原因。步态的步高、步长、连续性、直线性、平稳性等特征与老年人跌倒危险性之间存在密切的关系。一方面,老年人为弥补其活动能力的下降,可能会更加谨慎地缓慢踱步行走,造成步幅变短、行走不连续、脚不能抬到一个合适的高度,引发跌倒的危险性增加;另一方面,老年人中枢控制能力下降,对比感觉降低,躯干摇摆较大,反应能力下降、反应时间延长,平衡能力、协同运动能力下降,从而导致跌倒的风险因素增加。

二是感觉系统。感觉系统包括视觉、听觉、触觉、前庭及本体感觉,通过影响传入中枢神经系统的信息,影响机体的平衡功能。老年人常表现为视力、视觉分辨率、视觉的空间或深度感及视敏度下降,并且随年龄的增长而急剧下降,从而增加跌倒的危险性;老年性传导性听力损失、老年性耳聋甚至耳垢堆积也会影响听力,有听力问题的老年人很难听到有关跌倒危险的警告声音,听到声音后的反应时间延长,也增加了跌倒的危险性;老年人触觉下降,前庭功能和本体感觉退行性减退,导致老年人平衡能力降低,以上各类情况均增加跌倒的危险性。

三是中枢神经系统。中枢神经系统的退变往往影响智力、肌力、肌张力、感觉、反应能力、反应时间、平衡能力、步态及协同运动能力,使跌倒的危险性增加。例如,随年龄增加,踝关节的躯体震动感和踝反射随拇指的位置感觉一起降低而导致平衡能力下降。

四是骨骼肌肉系统。老年人骨骼、关节、韧带及肌肉的结构、功能损害和退化是引发跌倒的常见原因。骨骼肌肉系统功能退化会影响老年人的活动能力、步态的敏捷性、力量和耐受性,使老年人举步时抬脚不高、行走缓慢、不稳,导致跌倒危险性增加。老年人股四头肌力量的减弱与跌倒之间的关联具有显著性。老年人骨质疏松会使与跌倒相关的骨折危险性增加,尤其是跌倒导致髋部骨折的危险性增加。

② 病理因素。病理因素主要包括:

一是神经系统疾病。卒中、帕金森病、脊椎病、小脑疾病、前庭疾病、外周神经系统病变。

二是心血管疾病。体位性低血压、脑梗死、小血管缺血性病变等。

三是影响视力的眼部疾病。白内障、偏盲、青光眼、黄斑变性。

四是心理及认知因素。痴呆(尤其是 Alzheimer 型),抑郁症。

五是其他。昏厥、眩晕、惊厥、偏瘫、足部疾病及足或脚趾的畸形等都会影响机体的平衡功能、稳定性、协调性，导致神经反射时间延长和步态紊乱。感染、肺炎及其他呼吸道疾病、血氧不足、贫血、脱水以及电解质平衡紊乱均会导致机体的代偿能力不足，常使机体的稳定能力暂时受损。老年人泌尿系统疾病或其他因伴随尿频、尿急、尿失禁等症状而匆忙去洗手间、排尿性晕厥等也会增加跌倒的危险性。

③ 药物因素。研究发现，是否服药、药物的剂量，以及复方药都可能引起跌倒。很多药物可以影响人的神智、精神、视觉、步态、平衡等方面失常进而引起跌倒。可能引起跌倒的药物包括：一是精神类药物：抗抑郁药、抗焦虑药、催眠药、抗惊厥药、安定药。二是心血管药物：抗高血压药、利尿剂、血管扩张药。三是其他药物：降糖药、非甾体类抗炎药、镇痛剂、多巴胺类药物、抗帕金森病药。药物因素与老年人跌倒的关联强度见表1-1。

表1-1　药物因素与老年人跌倒的关联强度表

因　素	关联强度
精神类药	强
抗高血压药	弱
降糖药	弱
使用四种以上的药物	强

④ 心理因素。沮丧、抑郁、焦虑、情绪不佳及其导致的与社会的隔离均增加跌倒的危险。沮丧可能会削弱老年人的注意力，潜在的心理状态混乱也和沮丧相关，都会导致老年人对环境危险因素的感知和反应能力下降。另外，害怕跌倒也使行为能力降低，行动受到限制，从而影响步态和平衡能力而增加跌倒的危险。

（2）外在危险因素

① 环境因素。昏暗的灯光，湿滑、不平坦的路面，在步行途中的障碍物，不合适的家具高度和摆放位置，楼梯台阶，卫生间没有扶栏、把手等都可能增加跌倒的危险，不合适的鞋子和行走辅助工具也与跌倒有关。室外的危险因素包括台阶和人行道缺乏修缮，雨雪天气、拥挤等都可能引起老年人跌倒。

② 社会因素。老年人所受的教育和收入水平、卫生保健水平、享受社会服务和卫生服务的途径、室外环境的安全设计，以及老年人是否独居、与社会的交往和联系程度都会影响其跌倒的发生率。

1.2.5　工作场所安全

工作场所安全的内容主要包括：电气安全、机械安全、火灾、爆炸、特种设备、职业病、办公室安全、建筑安全、危险化学品安全、民工安全等。下面以办公室安全为例进行说明

(表1-2)。

1. 办公环境中潜在的健康、安全隐患

表1-2 办公环境中潜在的健康、安全隐患列表

1. 过度拥挤。	17. 设备未接地。
2. 办公家具和设备摆放不当。	18. 绝缘不彻底。
3. 拖拽的电话线或者电线。	19. 电路负荷太大。
4. 档案柜、橱柜及没有关上抽屉挡住通道。	20. 没有保险板或者保险板松动。
5. 家具或设备有突出的棱角。	21. 设备从桌上掉下来。
6. 楼梯上没有扶手或扶手已被破坏。	22. 抬举重物。
7. 地板打滑。	23. 对已发现的危险的记录不完全。
8. 柜橱顶端的抽屉堆放的东西太多导致其倾倒。	24. 安全出口被阻塞。
9. 站在旋椅上取放东西。	25. 用易燃材料做烟灰缸。
10. 在一个密闭的容器里烧水和倒热水。	26. 当发生火灾的时候,火灾警报或者灭火设备失灵。
11. 在不会操作和没有指导的情况下使用设备。	27. 防火门被锁住、打不开或者平时开着。
12. 清洗液随便放在屋内而且没有封口。	28. 火灾疏散注意事项不完整或者没有。
13. 许多废纸堆放在办公室的一角。	29. 抱着大堆文件行走,视线被阻碍。
14. 器械破损或有危险。	30. 光线不足或者光线刺眼。
15. 电线错综复杂地绕在身边和脚边,插线板上插满插头,有漏电的危险。	31. 窝在昏暗的角落里办公,长时间看电脑,使双眼经常处于疲劳状态。
16. 接线松开或损坏。	

2. 如何排除办公室安全隐患

一是设计安全措施;

二是养成安全的工作习惯;

三是定期检查并及时整改。

1.2.6 公共场所安全

公共场所是指社会成员可以自由往来、停留、涉足,进行共同活动的场所。

公共场所风险主要包括:火灾、食品中毒、拥挤、踩踏、传染病、中暑、自然灾害、公共设施安全、环境安全等内容。目前,在公共场所发生较多的是火灾、食品中毒和踩踏事件。

1. 社区公共场所的种类

依据《公共场所卫生管理条例》第二条的规定,公共场所主要包括下列几类:

(1) 宾馆、饭馆、旅店、招待所、车马店、咖啡馆、酒吧、茶座;

(2) 公共浴室、理发店、美容店;

(3) 影剧院、录像厅(室)、游艺厅(室)、舞厅、音乐厅；

(4) 体育场(馆)、游泳场(馆)、公园；

(5) 展览馆、博物馆、美术馆、图书馆；

(6) 商场(店)、书店；

(7) 候诊室、候车(机、船)室、公共交通工具。

2. 社区公共场所的特点

(1) 复杂性。社区公共场所自身的经营结构、涉足人员和容易出现的治安问题等各方面具有复杂的因素。其主要表现为：经营结构复杂，涉足人员复杂，场所复杂。

(2) 流动性。社区公共场所的流动性表现为：人员流动性大，财物流动性大，信息交流量大、速度快。

(3) 影响社会意识。社区公共场所内的文化、娱乐、体育活动及其变化，对人们的社会意识会产生一定程度的影响，而且在社区公共场所进行各种社会活动的过程中，人们的频繁交往、相互之间的交流和影响也会使人们的社会意识产生微妙的变化。

(4) 涉外性强。经济全球化和旅游业的发展，使国际交往日渐增多，且在广度和深度上均不断扩展。外国人参加社区公共场所的各种活动越来越多，就不可避免地会发生一些涉外的治安问题。对涉外治安问题需要慎重对待和处理，否则往往会形成外交问题。

3. 当前社区公共场所存在的主要问题

当前，社区公共场所呈现面广、量大的新特点，大量社区公共场所的存在促进了社会经济发展，在为人们的生活提供服务和方便的同时，也在客观上产生了不少的治安问题。在部分社区公共场所内治安秩序、消防安全成为社会关注的热点。

4. 社区公共场所安全隐患存在的原因

一是一些场所法人代表过度强调经济效益，忽视消防安全工作，消防法制观念淡薄，个别场所甚至未经消防部门审核同意，擅自违章经营。

二是部分公共娱乐场所建筑结构条件差、疏散通道不畅、消防水源缺乏、可燃装修材料多。

三是近年来利用人防工程作为社区公共场所的现象日渐增多，而此类场所疏散条件差，消防设施不配套，发生火灾后扑救极为困难，易造成大量人员伤亡事故。

四是城市公共消防设施落后且不配套，影响社区公共场所的治安、消防管理。

1.2.7　涉水安全

涉水安全的主要内容包括：游泳安全、天然水域安全、人工湖安全、饮用水安全等内容。在城市社区发生较多是游泳安全和饮用水安全；在农村社区发生较多是天然水域安全事件。

1.2.8 儿童安全

儿童安全的主要内容包括：家居安全、交通安全、户外安全、游泳安全、玩具安全、烟花爆竹安全、家庭暴力等内容。当前，比较典型的儿童安全问题是儿童道路交通伤害和溺水。下面以儿童溺水干预技术为例进行分析。

儿童溺水是指儿童呼吸道淹没或浸泡于液体中，产生呼吸道等损伤的过程。溺水2分钟后，便会失去意识，4～6分钟后神经系统便会遭受不可逆的损伤。溺水的结果分为死亡、病态和非病态。根据国际疾病分类法第10版本(ICD-10)，溺水分为故意性、非故意性和意图不确定三类。故意溺水包括用淹溺和沉没方式故意自害(X71)、用淹溺和沉没方式加害(X92)；非故意性溺水包括意外淹溺和沉没(W65～W74)、自然灾害(X34～X39)和水上运输事故(V90～V92)；意图不确定溺水(Y21)。

在全球范围内，溺水是儿童伤害的第二位死因。在东南亚国家，溺水是儿童伤害死亡的首要原因。全世界每年有17.5万名0～19岁儿童青少年因溺水而死亡，其中，97%的溺水发生在中低收入国家。但死亡并非溺水的唯一结果，2004年全球0～14岁儿童非致死性溺水有200万～300万人，其中，至少5%住院治疗者留有严重神经损伤，并导致终生残疾，给家庭带来情感和经济上的沉重负担。在孟加拉国农村1～4岁的儿童中，非致死性溺水人数占总溺水人数的72.1%。我国统计数据表明，2000—2007年期间，溺水是儿童伤害死亡的首位原因，占儿童伤害死亡的近50%。因此，儿童溺水严重威胁了我国儿童的生命和健康，已成为重要的公共卫生问题之一，儿童溺水的干预已迫在眉睫。

1. 中国儿童溺水流行状况

2005年，全国疾病监测系统死因监测数据显示，我国1～14岁儿童溺水死亡率为10.28/10万人，其中男童为13.89/10万人，女童为6.29/10万人，溺水死亡占该年龄组伤害死亡的44%。儿童溺水死亡率最高的年龄段为1～4岁组，为18.32/10万人，占伤害总死亡的37%。我国儿童溺水死亡率存在明显的地域和城乡差别。高溺水死亡地区主要集中在南方各省，包括四川、重庆、贵州、广西和江西等省的农村地区。农村绝大多数自然水体如池塘、湖、河、水库等无围栏，也无明显的危险标志，这些水体多数距离村庄、学校比较近，是儿童溺死的主要发生地。江西省2005年儿童伤害流行病学调查显示，1～17岁儿童溺水死亡率为36.5/10万人，其中农村儿童溺水死亡率为43.1/10万人，明显高于城市(6.0/10万人)。2001—2005年厦门1～14岁儿童因溺水死亡67人，其中91%为农村儿童，农村和城市儿童溺水死亡率分别为9.5/10万和1.21/10万人。不同年龄组人群溺水地点有所不同，1～4岁主要发生在室内脸盆、水缸及浴池，5～9岁主要发生在水渠、池塘和水库,10 岁以上主要发生在池塘、湖泊和江河中。溺水一年四季均会出现,但多发生于 4—9 月、雨季和较炎热季节,7 月为高峰。这与雨季池塘、河流、湖泊等水平面较高和在炎热季节水上活动较多有关。在我国浙江、广西等南方地区,由于雨季和炎热天气时间持续较长,秋季溺水也较多发。溺水多发生在白天,在厦门市溺水死亡的 1～14 岁农村儿童中,有 62.7%发生于下午 1～6 时,广西同年龄组儿童溺水死亡高峰为上午 11 时到下午 3 时。

我国尚缺乏具有全国代表性的儿童非致死性溺水发生、残疾和疾病负担等情况的数据,仅有一些区域性的数据。据江西省 2005 年调查显示,1～17 岁儿童非致死性溺水的发生率为 26.4/10 万,最高的年龄段为 1～4 岁组 81.4/10 万,5～9 岁、10～14 岁组分别为 17.8/10 万、10.5/10 万;儿童非致死性溺水的发生率同样也存在男性(47.9/10 万)高于女性(22.0/10 万)、农村(43.1/10 万)高于城市(6.0/10 万)的现象。据全球儿童安全网络—中国(SAFEKIDS CHINA)对北京、上海、广州儿童医院 2000—2004 年住院病例调查显示,就诊的儿童溺水者中 36%死亡,51%未痊愈。儿童溺水平均住院时间为 9.3 天,平均花费为 5 614 元。因此,非致死性溺水造成社会和家庭的沉重负担。

2. 儿童溺水相关危险因素

儿童发生溺水的因素复杂,既有环境因素,也有儿童本身的因素、家庭因素,还有社会经济因素。表 1-3 用 Haddon 矩阵从儿童自身因素、作用物、物理环境和社会经济环境四个方面总结了儿童溺水前、溺水时和溺水后的危险因素。

表 1-3　儿童溺水危险因素 Haddon 矩阵

阶段	因素			
	儿童自身因素	作用物	物理环境	社会经济环境
溺水前	发育水平;性别;缺乏水的危险性知识;好奇;冒险;水中嬉戏、捉鱼、酗酒等高危行为;乘坐水上交通工具。	缺乏应对危险的水上安全设备。	缺乏隔离水域的屏障;不熟悉的环境;没有安全的游泳设施。	缺乏监管和看护;无兄姐看护;父母无职业或无文化;家庭人口多;缺乏水安全指导和社区警示。
溺水时	缺乏游泳技术;未穿救生衣等漂浮器具;施救者不会游泳;高估自己的游泳能力;单独游泳;体力不支;遇险时慌乱;缺乏紧急呼救或知识。	深水;江河水湍流;水中寒冷;大浪。	水下深度的变化;缺乏帮助逃生的设施。	缺乏将危险降至最低的信息和资源;呼叫 120 急救系统的通信或基础设施不足;船上缺乏救生衣;缺乏救生员。

续表

阶段	因素			
	儿童自身因素	作用物	物理环境	社会经济环境
溺水后	获救延迟;看护人不知所措;没有用电话或手机呼救救护车。	受害者被水流冲离岸边。	交通不便妨碍救治。	缺乏急救设备;急救和治疗技术不熟练;护理不周;医院内护理和康复服务不到位;受害者及家庭几乎得不到社区支持。

(1) 儿童自身和监护因素

年龄与发育水平。儿童年龄或身心发育水平与溺水的发生密切相关。国内外大部分数据均表明,5岁以下儿童溺水的死亡率最高,其次为青春期儿童。1～4岁儿童溺水高发,一方面与此年龄段儿童的生长发育进程有关,学会走路后的幼童,独立性不断增强,对周围的世界充满了好奇和探索的欲望,好动好跑,爱玩水;另一方面,由于生理发展的限制,幼儿还不能很好地控制和调节自身的行为;同时,由于幼儿的能力有限,缺乏知识和经验,缺乏识别和躲避风险的能力,常常因成人疏于监护而发生溺水。青春期儿童富于尝试和冒险、独立性增强,与开放性水体接触机会增多,增加了溺水事故发生的风险。

性别。无论是发达国家还是发展中国家,儿童溺水的发生和死亡均表现为男性高于女性;世界卫生组织2004年数据表明,1岁以后各年龄段男童溺水危险性均明显高于女童,以15～19岁组差异最明显,男童溺水死亡率是女童的2.4倍。我国2005年全国疾病监测系统死因监测数据也表明男童溺水死亡率为女童的2.2倍。江西省2005年儿童伤害调查显示,溺水死亡率男女之比为2.18∶1,非致死性溺水的发生率男女之比为1.06∶1。这可能与男童较女童生性好动,活动范围广,有更多的机会在水中或水边戏水、游泳有关。

高危行为和同伴影响。有调查表明,中小学男生存在溺水高危行为,这些行为包括:过去1年曾有溺水伤害的发生、无成人陪同曾到非安全游泳区游泳、曾单独去野外开放性水域捉鱼、曾在池塘或游泳池里/周围与同伴打闹、曾在不知深浅的开放性水域跳水或潜水。青春期少年儿童独立性增强,有好奇、冒险心理,经常在课余和假期与同学结伴去江、河、水塘等开放性水体边玩耍或游泳,没有意识到水体的危险性,对自己的游泳能力也没有足够认识,迫于同伴压力或喜欢尝试冒险而发生意外。

游泳能力。统计表明,游泳能力与溺水发生有关。如在孟加拉国发生溺水的4～17岁儿童中,有93%溺水儿童不会游泳;在我国广西农村溺死儿童中,有88.72%儿童不会游泳;厦门溺水儿童也有80.6%不会游泳。国内研究发现,家长或看护人对儿童进行游泳培训和儿童学会游泳是儿童溺水死亡的保护因素，在溺水发生时，会游泳者能够较容易脱险而使死亡的风险降低。有学者建议，应对适当年龄的儿童（通常 5 岁以后）进行游泳培训以提高其游泳技能和应急能力。但游泳能力对降低溺水的效果尚未得到确切的证实。相反，有专家担心，游泳技能较好者可能会有更危险的行为，如去自然水域或无人监管的水域游泳，增加儿童暴露于危险水体的机会，继而导致溺水发生率的上升。

儿童和家长对溺水的认知水平低。研究表明，人们常常低估溺水的危险性。在面临危险时，还浑然不知。全球儿童安全组织（www.safekidschina.org）于 2007 年在北京、南京、上海、杭州、成都和福州 6 城市对 3 462 名 3～6 岁儿童家长进行的溺水预防的认知问卷调查表明，家长对溺水的认知率较低。有近 3 成的家长没有充分认识到家长看护不够是儿童溺水的原因；对于幼儿家中溺水主要危险原因的认识也不足；有近 4 成的家长不知道儿童溺水的正确急救方法。广东连平县农村中小学生非致死性溺水认知和行为调查表明，溺水发生与儿童对溺水认知水平有一定关系，农村中小学生溺水认知水平较低，只有 32.0％的学生认为溺水是青少年伤害的最主要原因；50.4％的学生不知道乘坐汽车掉入水中后该如何逃生；24.3％的学生不知道当同学发生溺水时该如何施救；48.5％的学生不知道当溺水者救上来后应该如何进行急救。

监护缺失或不足。研究显示，监护不当是儿童溺水的最常见原因，婴儿和学龄前儿童溺水的发生与家长看护的连续性有关，十几岁的儿童则与看护质量有关。低龄儿童的溺水多发生在家中或家附近，在英国和其他发达国家的研究表明，婴儿的溺水多发生在家中，学步期儿童多发生在离家近的水域。我国儿童溺水发生和死亡最多的年龄段为 1～4 岁，这些儿童溺水多发生在家中或家附近的水塘，大部分溺死都是由于没有家长看管或家长因事离开，儿童在水边玩耍，在看护人毫无察觉时跌入蓄水容器、粪池和水塘等。厦门调查显示，89.6％的溺水发生在儿童无人看管时。江西调查显示，儿童发生溺水时，一半以上无看护人，有人看护也疏于监管，其中有 50.88％的看护人在家做家务，22.81％在室外劳动或上班，5.26％在聊天。广西农村儿童溺水病例对照研究表明，看护人因素在儿童溺水的各影响因素中占很大比重，儿童在游泳或水边玩耍时，看护人严密的监管和看护人良好的身体健康状况，对预防儿童溺水起到积极作用。而看护人遇儿童溺水时不知所措或不能自己抢救儿童为主要危险因素。由于对溺水认识不足和急救知识缺乏，年幼儿童的兄/姐并不适合作为其监护人，由他们陪伴去游泳并不能降低溺水风险。目前，我国农村儿童因父母外出打工，多数儿童被交给祖辈看护，而看护人体弱多病加之家务活又多，更增加了发生溺水的危险。

（2）环境因素

暴露于自然水体。儿童溺水死亡最重要的危险因素是暴露于“危险”的水体。世界卫生组织于 2008 年发布的《世界儿童伤害报告》指出，大多数的儿童溺水事故发生在居所内或居所附近。在高收入国家，多数溺水事故是发生在家庭游泳池和休闲场所。但在中低收入国家,大多数儿童溺水死亡发生在嬉戏、洗涤等日常活动接触的开放性水体中,甚至发生在儿童涉水上学的路途中。这些水体包括水井、池塘、水库、湖泊、江河等。在墨西哥某地区,环境中有水井可使儿童发生溺水的风险增加7倍;在孟加拉国,12～24个月溺水幼儿多死于沟渠和水塘;在澳大利亚,生活在农场的5岁以下儿童78%的溺水发生在水坝和灌溉的沟渠。我国大多数农村儿童溺水事故发生在居所和学校附近的水井、水渠、池塘等。儿童大多是在水边嬉戏、捉鱼或游泳而溺水的。调查显示,江西1～17岁儿童溺水,有接近一半发生在距离住房20米以内;62.8%的1～4岁儿童的溺水发生在距离住房20米以内。广西61.66%的溺水儿童溺死在离家或学校500米以内。婴幼儿常在成人未留意时自行到水边玩耍,失足落入水中丧生。

家中蓄水容器。居民家中浴缸、水桶、水缸等蓄水容器,是婴幼儿发生溺水的高危场所,溺水往往因使用与婴儿年龄不相称的过大浴盆或浴缸而发生,或家长在给孩子洗澡时因接电话、开门、取物品等,把婴儿单独留在浴盆或浴缸里。在缺水的地区,村民会使用水桶、水缸等容器蓄水,而这些容器没有盖子;有的家庭卫生间的浴缸或水盆盛着用过的水,未及时倾倒,这对低龄儿童来说也具有较大的隐患。

工程设施。粪池、沟渠、水井、窨井、建筑工地蓄水池和石灰池等未加盖,儿童在行走或玩耍时不慎落入其中,成为儿童溺水隐患。

(3) 医疗与救护

世界卫生组织指出,大多数溺水幸存者都是在溺水后立即获救,并现场接受心肺复苏。如果缺乏及时急救处理(包括基础的心肺复苏抢救),即便后续采用先进的生命支持手段,多数溺水者的生命也很难被挽救。国外研究表明,如果淹溺时间超过25分钟,需要持续进行25分钟以上的心肺复苏;如果到达急诊室时已经触不到脉搏,预示着严重的神经系统损伤或死亡。

我国农村儿童溺水约一半以上未被及时发现或抢救,就死于溺水发生地。即使儿童接受急救,受过正规急救培训的人员也不足50%,他们不能在现场进行有效的心肺复苏。在我国有些经济相对落后的地区,医疗卫生服务水平偏低,部分村庄或乡镇设备或人员配备不足,许多人尚未掌握心肺复苏技术;有的村距离乡镇卫生院远,交通不便,一旦发生溺水,常因抢救不及时,失去最佳抢救时机而导致溺水者死亡。

1.2.9 学校安全

学校安全主要包括:学校宿舍安全、食品卫生安全、交通安全、教室安全、实验室安全、体育活动安全、校内(外)集体活动安全、网络交友安全、预防校园吸毒、预防校园暴力、心理健康等内容。当前,学校安全中比较典型的是实验室安全。

1. 实验室安全隐患

实验室安全隐患包括：高等学校实验室多、分散，实验使用种类繁多的化学药品以及多种易燃、易爆、有毒物质甚至剧毒物品；有的实验要在高温度、高压力或者超低温、真空、强磁、微波、辐射、高电压和高转速等特殊环境下或条件下进行；此外，实验过程产生的“三废”（通常指实验过程所产生的一些废气、废液、废渣）物质，过期或失效试剂、药品的处理不当构成环境污染。

（1）硬件方面

① 消防设施配备不足，而现有的消防设施又因陈旧老化不能正常使用，存在较多的火灾隐患。

② 实验室用房紧张，一些利用教学用房或办公用房进行简单改造，一些简陋房内存放大量贵重设备，导致设备的安全操作距离不够。一些需要分开存放的物品（如化学试剂等）不能完全做到分开存放。

③ 环保设施不能满足要求。一些会产生有毒气体的实验室临时采用排气扇通风，一些废水没有进行处理就直接排放。

④ 缺乏应急保障系统，一些重要实验设备使用中突然停电，造成设备损坏甚至报废。发生烧伤、烫伤等意外事故，不能及时施救。

（2）软件方面

① 安全意识淡薄。目前，教学科研工作是学校发展的重中之重，就因此认为只要实验室工作人员注意了就出不了大事，这是实验室管理人员安全意识缺失的重要表现。

② 安全制度不严。随着高校的扩招，实验室紧张，甚至超负荷运转，致使实验室的安全管理制度没有落到实处，现有制度缺乏检查督促。

③ 管理人员业务素质不高。高校招生规模的扩大，也导致高校实验室工作人员缺乏，聘请临时工或请学生到实验室勤工俭学，对聘请的临时工和学生缺乏实验室安全教育和监管，这些都给实验室的安全留下了隐患。

（3）实验室“三废”

由于实验室经费紧张，一些实验室没有废液、废渣处理设施，实验室里随手乱倒废液、废渣的现象非常普遍。实验排放物中有大多含有剧毒的（致畸形、致癌）污染物和酸、碱化合物，这些排放出来的废液、废渣污染物，长时间的积累后就会对周边环境（水环境、大气环境、土壤环境和生态环境）和人体健康、安全造成严重影响。

2. 实验室事故类型及原因

（1）火灾事故

实验室引起火灾的主要原因有：①设备或用电器通电时间过长，温度过高；②操作不慎或使用不当，使火源接触易燃物质；③供电线路老化、超负荷运行，导致线路发热；

④乱扔烟头,接触易燃物质。

(2)爆炸事故

引起爆炸事故的主要原因是:①违反操作规程,引燃易燃物品,进而导致爆炸;②压力容器等实验设备老化,存在故障或缺陷;③易燃易爆物品泄漏,遇火花而引起爆炸。

(3)毒害事故

造成毒害事故的主要原因是:①违反操作规程,将食物带进有毒物的实验室,造成误食中毒;②设备设施老化,存在故障或缺陷,造成有毒物质泄漏或有毒气体排放不出,酿成中毒;③管理不善,造成有毒物品散落流失,引起环境污染;④废水排放管路受阻或失修改道,造成有毒废水未经处理而流出,引起环境污染。

(4)机电伤人事故

机电伤人事故多发生在有高速旋转或冲击运动的机械实验室,或带电作业的电气实验室和一些有高温产生的实验室。事故表现和原因:①操作不当或缺少防护,造成挤压、甩脱和碰撞伤人;②违反操作规程或因设备设施老化而存在故障和缺陷,造成漏电触电和电弧火花伤人;③使用不当造成高温气体、液体对人的伤害。

(5)设备损坏性事故

设备损坏性事故多发生在用电加热的实验室。事故表现和原因:由于线路故障或雷击造成突然停电,致使被加热的介质不能按要求恢复原来状态造成设备损坏。

此外,在《安全社区建设基本要求》中还增加了消防安全、社会治安、防灾减灾与环境安全。

1.3 突发事件概述

1.3.1 突发事件的概念界定

1. 概念争议

"突发"指突然发生、带有异常性质和人们缺乏思想准备的一种情况,"事件"则是指"历史上或社会上发生的不平常的大事情"。所以,"突发事件"的字面意义就是指历史或社会上突然发生的意料之外的不平常的大事情。由于"突发""事件"二词不包含价值判断,所以广义的"突发事件"的外延极其宽泛,所有历史或社会上突然发生的意料之外的不平常的大事情,不分好事、坏事都是"突发事件",这显然与我们日常使用中强调其负面影响的、对给社会造成严重危害损失的"突发事件"意义不同。广义上的"突发事件"的概念仅包含"突然发生"和"重大影响"两个种差,缺少描述事件性质和影响的种差。任何概念的定义都离不开一定的社会背景和使用语境,在人类社会发展历史中,在经历了各种猝不及防的事故后，在遭受了各种巨大的损失后，人们已经赋予"突发事件"概念新的种差—危害严重。[①]

在我国国务院发布的《国家突发公共事件总体应急预案》中，突发事件被定义为"突然发生，造成或者可能造成重大人员伤亡、财产损失、生态环境破坏和严重社会危害，危及公共安全的紧急事件"。

在《英国政府关于鉴别突发事件的意见》中，"突发事件(Emergency)"被定义为"使健康、生命、财产或环境遭受直接危害的情况"。可以看出，包含"突然发生""重大影响"和"危害严重"三个种差的"突发事件"概念对其自身固有特征的表述已经完成。但是，我们在定义"突发事件"这一概念时，不能只看到其自身固有特征，还必须正确认识"突发事件"与人的相互作用。突发事件是灾害中的一种，由于发生突然，情况危急，其反映的问题极端重要，关系社会、组织或个人的安危，必须马上进行有效处理，反应越快、决策越准确，突发事件造成的损失就会越小。因此，突发事件的发生史就是人们面对突发事件的应对史，只有在"突发事件"概念中加入第四个种差——人的紧急处理，才能最精确地对其进行定义。

关于突发事件的诸多定义从不同侧面描述了突发事件的特点。在术语使用上，突发事件有时还被表述为危机、灾难、灾害、紧急状态等术语。

2. 突发事件定义

2007 年 8 月 30 日，第十届全国人民代表大会常务委员会第二十九次会议通过了《中华人民共和国突发事件应对法》(以下简称《突发事件应对法》)，并于当年 11 月 1 日起施行，这是一部里程碑式的法律。根据我国国情和长期实践，2007 年颁布实施的《突发事件应对法》，对突发事件的概念作了如下表述：突发事件是指突然发生，造成或者可能造成严重社会危害，需要采取应急处置措施予以应对的自然灾害、事故灾难、公共卫生事件和社会安全事件。这一定义，明确地界定了突发事件的 4 个要素：

(1) 突发性。事件发生的时间、地点及危害难以预料，往往超乎人们的心理惯性和社会的常态秩序。

(2) 破坏性。事件给公众的生命财产或给国家、社会带来严重的危害。这种危害往往是社会性的，受害对象也往往是群体性的。

(4) 紧迫性。事件发展迅速，需要及时拿出对策，采取非常态措施，以避免损害的进一步扩大。

(5) 不确定性。事件的发展和可能的影响往往根据既有经验和措施难以判断、掌控，处理不当就可能导致事态进一步扩大。

---

① 菅强.中国突发事件报告[M].北京：中国时代经济出版社，2009.

《突发事件应对法》中关于突发事件概念的界定，是在对我国常见突发事件的主要特点进行归纳的基础上，对适用于该法的突发事件的主要形态进行了表述，有效地解决了此前我国有关法律、法规对突发事件界定不统一、应急措施不衔接的问题，为准确地识别突发事件并采取相应措施提供了法律依据。

1.3.2 突发事件的特征与分类

1. 突发事件的基本特征

（1）发生的突然性。突发事件一般在政府机构和广大民众毫无准备的情况下瞬间发生的，给社会和公众带来极大的混乱和惊恐。例如，2008 年的“5·12”汶川地震就是在无明显征兆的情况下突然发生的，震级瞬间达到 8 级，持续 22 秒，使震区人民群众的生命财产遭受了巨大的损失。按照事物发展规律，任何事件的形成通常都有一个由量变到质变的萌芽、形成和发展的过程，人们可以通过观察、实践把握事件的规律，从而预防灾难的发生。应该说，任何事件都具有可知性的必然趋势，但突发事件由量变到质变的过程具有特殊性，它的发生尽管有量变到质变的过程，但突发事件的前因后果不是简单的线性关系，事件不再具体化，所以发生的那一刻，往往是突然的，使人措手不及。这也就是说，突发事件是否发生，于何时、何地、以何种方式爆发，以及爆发的程度等情况，人们都始料未及，难以准确地把握，这加大了突发事件发生后组织有效紧急处理的难度，“突发事件的起因、规模、事件的变化、发展趋势以及事件影响的深度和广度也不能事先描述和确定，是难以预测的”，这使得突发事件预防机制的建立困难重重，这是突发事件本身偶然性和随机性的总体体现，正是由于突发事件的突然性，使它能在瞬间造成巨大损失，并对社会产生巨大的影响和震动。

（2）事件的复杂性。突发事件的前因后果不只是简单的线性关系，所以事件产生的影响常有迟延效应和混合出现的可能，使突发事件变得极其复杂，难以预测和控制。从突发事件的发生原因看，有纯自然因素造成的突发事件，如不可抗拒的自然原因带来的洪涝灾害、台风、沙尘暴、海啸、暴风雪等；有人为因素造成的突发事件，这是指由于设备、工艺、技术、设计和人为操作不当，或者由于经济、公共卫生建设、政治、文化、宗教等因素导致的具有社会性质的突发事件，如军事政变、金融危机、安全生产事故、公共卫生事件、恐怖袭击等；还有自然因素和人为因素共同影响而造成的突发事件，这其中大部分是人为的破坏形成的生态环境失衡而引起的突发事件，如 1998 年的大洪水，既与当时影响全球的厄尔尼诺气候有关，又与人类乱砍滥伐，没有保护好长江上游的植被和水土有关。从突发事件的表现形式上看，复杂性是指两个时期内事物发展纷繁杂乱的状态，薛澜、张强、钟开斌[1]等学者认为，突发事件一般具有以下特征：一是在空间上表现为矛盾错综复杂，处理起来头绪繁多；二是在时间上表现为突发性，而大多突发事件的非常态性以及连锁反应，造成了解决问题的复杂性；三是在本质上表现为困难与风险超乎寻常，其负面影响直接涉及国家与社会的安全、稳定与发展，甚至造成对人民生命财产的重大损害。

(3) 危害的严重性。由于危机事件会突然发生，事件本身又非常复杂，其爆发的时间、地点、方式、种类以及影响的程度常常超出人们的常规思维之外，人们来不及做出第一反应，更难以做出正确的第一反应，容易陷入惊恐、混乱之中，再加上缺乏必要的准备，第一时间的救援条件往往跟不上事件发展，突发事件的发生一般都会给国家和人民生命财产安全造成巨大危害。如汶川地震，全国因地震遇难 69 227 人，受伤 374 643 人，失踪 17 923 人，直接经济损失超过 8 451 亿元人民币。巨大的损失不仅影响了人民的正常生产、生活秩序，而且影响到社会经济发展、政治稳定、民族团结，有极强的危害性。这种危害性不仅体现在人员的伤亡、组织的消失、财产的损失和环境的破坏上，而且还体现在突发事件对社会心理和个人心理所造成的破坏性冲击，并进而渗透到社会生活的各个层面，突发事件越是严重，其危害范围和破坏力就越大，所造成的损失也就越严重。

(4) 事件的关联性。同社会理论中为人们描述的"风险共担"或"风险社会化"图景一样，突发事件表现出极强的关联性，任何个体想要逃避突发事件的影响都是不可能的，在突然发生的灾害面前，种族的、性别的、阶级的、政治的等边界都将被弱化。突发事件一旦发生，往往会形成连锁反应，产生强大的破坏力，即使一个小小的起因，经过连锁反应，也往往会产生难以想象的严重后果。社会系统的复杂多变性，使得每一个突发事件的出现都呈现出不同的表现形式，再加之突发事件的共振性而产生的"多米诺骨牌效应"，不仅给人的生存造成威胁和伤害，还会扩展到经济、政治、社会的各个层面。当风险不能及时得到控制时，它会给整个社会带来相关的一系列连锁反应，这种连锁反应带来的一个直接后果就是突发事件变得复杂化，已经超出纯粹的经济、纯粹的政治和纯粹的文化话题，变成一种含有多项内容的综合性社会危机。如 1994 至 1995 年间的墨西哥金融危机。为了稳定货币，墨西哥政府不得不宣布大幅提高利率，结果导致国内需求减少，企业大量倒闭，失业剧增，引发了一场规模空前的危机。

(5) 处置的紧急性。突发事件是一种对社会系统的基本价值和行为结构产生严重的威胁，并且在时间压力和不确定性很强的情况下必须对其做出关键性决策的事件。突发事件发生时组织所面临的环境达到了一个临界值和既定的阈值，组织急需快速做出决策，并且缺乏必要的训练有素的人员、物质资源和时间；同时突发事件的发生往往会带来重大的人员和财产损失，并造成巨大的社会影响，所以组织必须马上要求做出正确的、有效的应急反应，以减轻突发事件给社会带来的巨大的经济损失和不可估量的政治后果。

---

① 薛澜，张强，钟开斌.危机管理：转型期中国面临的挑战[M].北京：清华大学出版社，2003.

在汶川发生8级大地震后,党和政府高度重视,迅速采取措施,第一时间对震区实施了救援,把人民群众的生命财产损失控制在最小范围,稳定了灾区局势,进一步提高了党和政府的威信,增强了中华民族的凝聚力。

(6) 影响的滞后性。"病来如山倒,病去如抽丝",突发事件也是如此,任何突发事件不会像它突然来临一样而突然消失,突发事件一旦爆发,总会持续一段时间,其带来的影响也是长久的。首先,在突发事件中,人民群众的安全遭受巨大威胁,生命可能瞬间消逝,即使幸存下来,目睹灾难、肢体残疾、亲人逝去所带来的心理上的痛苦和创伤也可能是伴随一生的;其次,突发事件给人民群众的财产带来了巨大的损失,对公共基础设施造成了巨大破坏,人民群众的生活质量将在短期内急剧下降,事后重建恢复工作需要长期进行。另外,突发事件往往会对环境造成危害,带来的水源污染、大气污染和生态失衡,也会对人的可持续发展带来明显影响,需要长期治理。

2. 突发事件的类型划分标准

科学严谨地对突发事件进行分类,有利于明确分工,进而制订相应的应急方案、措施,以便在突发事件袭来之时从容应对,将危机的损失和影响控制在最小范围,其分类标准和类型如下。

(1) 按形成突发事件的原因进行分类。比较有代表性的是美国伊利诺伊大学刑事司法教授戈登·马斯纳提出的"三分法":将其分为因自然灾害造成的突发事件;因工业技术原因引起的突发事件;因社会与政治原因引起的突发事件。国内学者袁辛奋根据事件诱因的不同,将突发事件分为两大类:一是自然性的危机,纯粹由于自然界不可抗拒的力量形成的危机;二是人为性的危机,是由于人为的原因形成的危机,人为危机又因外部、内部原因分为外生型危机、内生型危机和内外共生型危机。

(2) 按突发事件的发生领域进行分类。这一分类法以语境的重要因素以不同的行业领域为划分标准,通常在"突发事件"这一概念中加入一定的限定成分,如突发公共卫生事件。《突发公共卫生事件应急条例》规定:"本条例所称突发公共卫生事件,是指突然发生,造成或者可能造成社会公众健康严重损害的重大传染病疫群体性不明原因疾病、重大食物和职业中毒以及其他严重影响公众健康的事件。"

(3) 按突发事件的规模和程度进行分类。《突发事件应对法》规定:"按照社会危害程度、影响范围等因素,自然灾害、事故灾难、公共卫生事件分为特别重大、重大、较大和一般四级。"袁辛奋教授按照危机形成后果的严重程度不同将危机分成4个基本等级,即大规模恶性突发事件、恶性突发事件、严重突发事件和一般性突发事件。

(4) 按突发事件影响范围进行分类。依据突发事件影响范围的不同,可以将突发事件分为两类:①突发国际事件,如1997—1998年爆发的亚洲金融危机。②突发国内事件,如2008年1月中旬到2月初,我国南方14省遭遇了历史罕见的特大低温雪凝灾害。

(5) 按突发事件发生和终结的速度进行分类。依据不同突发事件的发展进程,罗森塔尔将其分为如下几类。①龙卷风型危机:这类危机来得快,去得也快,如交通运输事故;②腹泻型危机:这类危机问题酝酿时间久,但发生后结束得快,如地震灾害,长时间地壳运动蕴含的巨大地质能在短短的几秒钟或几分钟释放后立即结束;③长投影型危机:这类危机突然爆发,但影响深远,如2003年春,我国的"非典"疫情持续了半年之久;④文火型危机:这类危机问题集聚时间长,爆发突然,影响长久,比如,我国城市由于长期干旱、过量开采地下水、开矿导致地壳形变、地下水水位降低,地面下沉,地面下沉使区域性地面标高降低,常常导致地裂和地面塌陷等突发性自然灾害,带来人员伤亡和经济损失。

(6) 按突发事件中主体在应急中的态度进行分类。由于不同的突发事件中主体的态度不尽相同,斯塔林斯将危机划分为一致性危机和冲性危机两类。在危机中,应急主体的利益相同时,就属于一致性危机,如我国政府和人民在应对汶川大地震时齐心协力、众志成城,就属于此类事件。

现阶段,我国突发事件种类繁多,形态多样。对我国的突发事件进行分类,既要深入分析突发事件发生的原因、机理、过程、性质和危害对象,也要充分考虑我国的自然地理特点、经济社会发展水平,还要兼顾目前我国的应急资源分布和政府组织结构等情况,同时还要根据某些突发事件的关联性、相似性进行必要归纳,力求分类合理,便于应对工作的组织协调。因此,《突发事件应对法》将突发事件分为以下4类。

① 自然灾害。自然灾害本质特征主要是由自然因素直接所致,主要包括水旱灾害、气象灾害、地震灾害、地质灾害、海洋灾害、生物灾害和森林草原火灾等。

② 事故灾难。事故灾难本质特征是由人们无视规则的行为所致,主要包括工矿商贸等企业各类安全事故、公共设施和设备事故、核与辐射事故、环境污染和生态破坏事件等。

③ 公共卫生事件。公共卫生事件本质特征是由自然因素和人为因素共同所致,主要包括传染病疫情、群体性不明原因疾病、食品安全和职业危害、动物疫情以及其他严重影响公众健康和生命安全的事件。

④ 社会安全事件。社会安全事件本质特征主要是由一定的社会问题诱发,主要包括恐怖袭击事件、民族宗教事件、经济安全事件、涉外突发事件和群体性事件等。

需要强调的是,这4类突发事件往往是相互交叉和关联的,某类突发事件可能与其他类别的事件同时发生,或者引发次生、衍生事件,应当具体分析、统筹应对。

3. 突发事件的分级

突发事件究竟如何分级比较合适,需要按照"既要有效控制事态,又要应急措施适当"的原则,根据突发事件的严重程度、可控性、影响范围等因素,做出合理地划分。《突发事件应对法》将突发事件分为4级:Ⅰ级(特别重大)、Ⅱ级(重大)、Ⅲ级(较大)、Ⅳ级(一般)。

究竟哪些突发事件属于特别重大、重大,哪些属于较大、一般级别,需要制定详尽、可操作的分级标准。这方面需要考虑的因素比较复杂,要针对各个类型或者具体领域的突发事件做出规定。《突发事件应对法》规定,我国突发事件的分级标准由国务院或者国务院确定的部门制定。在实际工作中,为了使突发事件监测预警、信息报送、分级处置等工作有据可依,国务院印发的《国家突发公共事件总体应急预案》对特别重大、重大突发事件分级标准作了详细规定,并同时明确,较大和一般突发事件的分级标准由国务院主管部门确定。

4. 突发事件应急管理的原则

我国《突发事件应对法》《国家突发公共事件总体应急预案》等法律、法规和文件,深刻总结突发事件应对工作实践,充分借鉴其他国家的有益经验,体现了我们对于突发事件应急管理的规律性认识,明确了我国突发事件应对的理念原则、组织体系和应对程序。

(1) 以人为本,减少危害。切实履行政府的社会管理和公共服务职能,把保障公众健康生命财产安全作为首要任务,最大限度地减少突发公共事件及其造成的人员伤亡和危害。

(2) 居安思危,预防为主。高度重视公共安全工作,常抓不懈,防患于未然。增强忧患意识,坚持预防与应急相结合,常态与非常态相结合,做好应对突发公共事件的各项准备工作。

(3) 统一领导,分级负责。在党中央、国务院的统一领导下,建立健全分类管理、分级负责、条块结合、属地管理为主的应急管理体制。在各级党委领导下,实行行政领导责任制,充分发挥专业应急指挥机构的作用。

(4) 依法规范,加强管理。依据有关法律和行政法规,加强应急管理,维护公众的合法权益,使应对突发公共事件的工作规范化、制度化、法制化。

(5) 快速反应,协同应对。加强以属地管理为主的应急处置队伍建设,建立协调联动制度,充分动员和发挥乡镇、社区、企事业单位、社会团体和志愿者队伍的作用,依靠公众力量,形成统一指挥、反应灵敏、功能齐全、协调有序、运转高效的应急管理机制。

(6) 依靠科技,提高素质、加强公共安全科学研究和技术开发,采用先进的监测、预测、预警、预防和应急处置技术及设施,充分发挥专家队伍和专业人员的作用,提高应对突发公共事件的科技水平和指挥能力,避免发生次生、衍生事件;加强宣传和培训教育工作,提高公众防范应对各类突发公共事件的综合素质。

5. 社区突发事件的应急管理

社区的安全关系到千家万户和整个社会的稳定与繁荣。社区作为各类灾害承受的主体，是国家应急管理金字塔的底层和基础。在国家应急管理体系中发挥着重要作用，是应对突发事件的前沿阵地，也是应急管理工作的终端。社区的应急管理工作做得好，突发事件就能够在隐患和萌芽阶段被发现，在事件的初始阶段被控制，使损失减少到最小。社区的应急管理工作是整体突发事件应急管理网络的基础，直接影响整体应急工作的落实。社区突发事件的应急管理应包括突发事件发生之前的监测、预防和控制功能；事件发生时减少危害和损失，包括制定应急对策、计划和处理措施；事后通过评价和总结来提高对突发事件的应对能力。

社区突发事件应急管理的任务包括以下几种。

(1) 预测预警。针对各种可能发生的突发公共事件，完善预测预警机制，建立各种有关的信息网络系统，建立监测预警和应急平台，完善应急管理系统。对监测的信息进行分析处理，根据预测分析结果，对可能发生和可以预警的突发公共事件进行预警，制定应急措施方案和准备应急器材物资。

(2) 应急处置。应急处置主要包括：信息报告、先期处置、应急响应、指挥协调、应急结束等环节。通过对事件的快速调查与分析，做出合理判断，制定和实施具体的应急措施，统一指挥，分工负责，协同作战。

(3) 恢复重建。恢复重建主要包括：善后处置、调查与评估、制订恢复重建计划并组织实施等环节。恢复生产、生活，防止突发事件死灰复燃或引发次生灾害。有关管理部门应当对事件进行总结与评价，对应急管理系统进行调整。

(4) 信息发布。事件发生的第一时间向社会发布简要信息，随后发布初步核实情况、政府应对措施和公众防范措施等，并根据事件处置情况做好后续发布工作，及时澄清不实传言和谣言，确保不因虚假信息造成社会公众恐慌。形式主要包括授权发布、新闻稿、组织报道、接受记者采访、举行新闻发布会等。

1.3.3　突发事件的危害

1. 重大的人员伤亡

常言道，水火无情，人的生命在灾难面前是非常脆弱的。在突发事件中，人民群众的安全遭受到巨大威胁，生命可能瞬间消逝，即使幸存下来，身体也可能会受到不同程度的创伤。如 1976 年 7 月 28 日，唐山爆发 7.8 级大地震，共造成 242 469 人死亡，703 600 人受伤，16.4 万多人重伤，15 886 户家庭解体，3 817 人成为截瘫患者，25 061 人肢体残废。

2. 巨大的经济损失

突发事件给人民群众的财产带来了巨大的损失，对公共基础设施造成了巨大的破坏。以自然灾害为例，中华人民共和国成立后，我国每年仅气象、洪水、海洋、地质、地震、农作物病虫害、森林灾害等七大类自然灾害所造成的直接经济损失(折算成1990年价格),在20世纪50年代平均每年约为480亿元,在20世纪60年代平均每年约为570亿元,在20世纪70年代平均每年约为590亿元,在20世纪80年代平均每年约为690亿元,在20世纪90年代前5年平均每年约为1 190亿元。2008年仅汶川地震带来的直接经济损失就有2 000亿元人民币。

3. 严重的心理影响

在突发事件中,目睹灾难、自身或他人肢体残疾、亲人逝去给受灾者心理上带来的痛苦和创伤是长久的,甚至可能是伴随一生的。生理心理学的研究表明,当人面对重大突发事件时,将产生一种应激状态,应激是指人对某种意外的环境刺激所做出的适应性反应,当人们遇到某种意外危险或面临某种突发事件时,人的身心都处于高度的紧张状态,这种高度的紧张状态即为应激状态,“应激”可以简单地描述为“心理的巨大混乱”,面对突发事件,大部分受灾者会经受高强度的压力,从而进入应激状态,个体达到失控、失能的地步,不仅机体免疫系统严重受损,而且整个心理系统也有可能出现严重障碍。

4. 持久的环境破坏

突发事件往往会对环境造成危害,可能会带来水源污染、大气污染和生态失衡。1986年4月26日,切尔诺贝利核电站4号反应堆发生爆炸,8吨多强辐射物质泄漏,外泄的辐射尘随着大气飘散到苏联的西部地区、东欧地区、北欧的斯堪的纳维亚半岛共15万平方公里的地区,那里居住着694.5万人。乌克兰、白俄罗斯、俄罗斯受污染最为严重,由于风向的关系,据估计约有60%的放射性物质落在白俄罗斯的土地上。

1.3.4 突发事件的演化

1. 突发事件诱因增多,形式多元化

在全球化语境中,风险社会成为方兴未艾的理论话题。1986年,德国学者乌尔里希·贝克出版了《风险社会》一书,该书首先使用了“风险社会”的概念来描述当今充满了风险的后工业社会,并提出了风险社会理论。贝克认为,虽然“风险”这个概念从人类文明发源时就已存在,但随着现代科学技术的飞速发展,人们所面临的风险与过去相比,已经发生了本质的变化,现代风险是一种自反性(reflective)现代化的产物,它可以被界定为系统地处理现代化自身引致的危险和不安全感的方式,其实质正是现代化自身发展到一定程度时的产物。现代化和科学技术的发展越快、越成功,风险就越多、越明显,从世界的层面看,虽然和平与发展仍然是时代的主题,战后五十多年,在相对和平的国际环境中,世界经济发展的规模和速度在人类历史上均为罕见,但世界并不太平,各种矛盾错综复杂,新的情况层出不穷:局部战争、恐怖袭击、金融动荡等突发事件和难以预料的全球性自然灾害及社会风险不断增多，加上突发事件在国际间传播速度的不断加快，如禽流感、疯牛病、SARS疫情、新冠疫情等，都使突发事件呈进一步增多的趋势。

当前，我国处于经济转轨和社会转型的关键时期，社会经济成分、组织形式、就业方式、利益关系和分配方式进一步多样化，人们思想活动的独立性、选择性、多变性和差异性进一步增强，社会思想空前活跃，社会价值观呈多样化趋势。在这种情况下，许多深层次的矛盾和问题逐渐地显现，社会矛盾多样化与社会控制力下降之间的矛盾不断激化，可能诱发更多的事件。李季梅、陈安[①]将突发事件的一般机理分为单事件和多事件两个阶段(如图1-1所示)。分析社区的突发事件的内在机理，就可以找到孕育事件的源头，发现事件形成的规律和推动事件发展的动力，以便在应急管理中找到相应的应对策略。

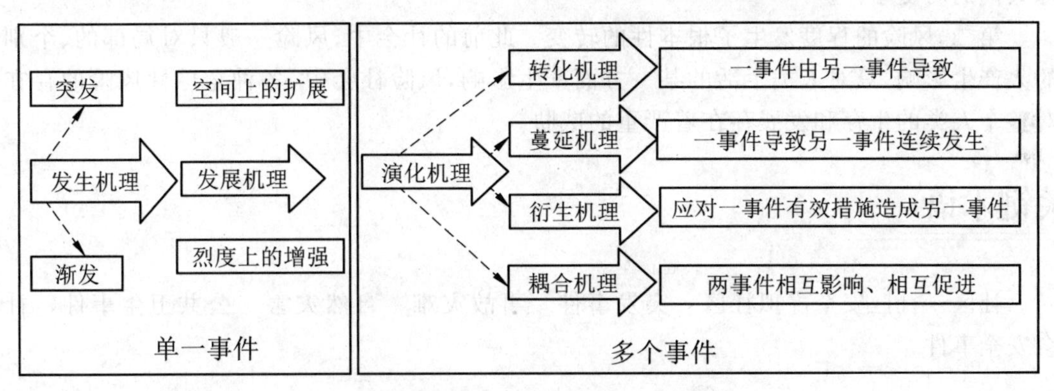

图1-1　突发事件的机理体系示意图

2. 突发事件信息传播的加速化

21世纪，人类进入了信息时代。进入信息时代后，随着现代通信技术、计算机技术、卫星技术、网络技术的广泛应用和迅速普及，传播手段越来越快捷、方便，人类的交流方式、交流途径更加多样，人们获取信息的途径越来越多元化，也更加便捷。人们除了通过电话、电视等传播信息外，还可以通过短信、互联网等将事件的信息迅速传播到各地。特别需要注意的是，在互联网时代，信息传播速度异常迅速，想控制突发事件的消息传播是非常困难的。网络媒体、即时聊天工具、博客、BBS论坛等新型传播形式在引导社会舆论方面产生了巨大冲击，传统的宣传策略和公共沟通方式已不适应新形势和发展的需要，重大突发事件信息的传播带有了越来越强的扩散性，而且危机事件的发生往往涉及社会不同利益群体，敏感性、连带性很强，聚集效应明显，事件可在很短的时间内牵动社会各界公众的“神经”，成为社会舆论关注的焦点和热点。如果不加强对民众的疏导和控制，不用正确的信息去引导，那么，谣言、流言、政治性笑话、未经证实的小道消息，就会通过大

① 李季梅，陈安. 社区突发事件的机理与应对机制[J].现代物业，2008(7)：23-25.

量的人际传播网络,迅速地向各地传播,很容易打破人们生活中相对平衡的心理,引起心理恐慌和行为失常,使突发事件信息进一步放大,影响社会的稳定,如秦火火事件。

3. 突发事件波及范围扩大、危害增加

贝克认为,全球正处于世纪风险社会,与此前的社会相比发生了根本的变化。

第一,风险的规模和范围发生了重大变化。此前的社会是局部的、区域的风险占主导地位的社会,因而一般只对局部的或个别的主体产生影响,风险社会所处历史背景是全球化时代,占据主导地位的是各种全球性风险与危机,风险在全球范围内展开,从而对整个人类共同利益存在着威胁,应对和规避风险就不再是区域的或个别的任务而成为全球共同的历史事件。

第二,风险的程度发生了根本性的转变。此前的社会中,风险一般只对局部的、个别的人产生影响,只对人类生活的某一方面产生影响,风险社会中,各种全球性风险的存在对整个人类的生存和发展存在着严重的威胁。

关键术语

社区　社区安全虚拟社区　突发事件　事故灾难　自然灾害　公共卫生事件　社会安全事件

复习思考题

1. 什么是社区?简述社区具有的基本特征、要素、类型。
2. 如何从广义和狭义角度上定义社区安全的概念?
3. 分析社区安全具体的基本条件。
4. 常见的社区安全有哪些?其基本内容分别包括哪些?
5. 如何认识虚拟社区的内涵与特征?
6. 简述社区突发事件的类型。

阅读材料1-1

城市社区

(1) 地域特征。从城市社会学的视角来看,城市社区的地域特征是指坐落在城市地表上的位置、范围和特点。在一个相对稳定的时间段中,它表示一种静态的区位关系;较长的历史时期内,它表示的是一种动态的地域演化过程。在古代和近代的城市中,由于城市规模不大,内部区域的功能分工不明显,难以形成自身特色明显、界限清晰的社区。工业化以来,城市规模不断扩大,城市内部的地域分化愈来愈明显,不同程度地形成了一些界限明确的工业区、商业区、文化区、住宅区等功能性区域。另外,从城市的外部结构来看,现代城市由于中心区人口集中,地价及相关费用昂贵,出现了逆城市化趋势,从而在城市周围形成了大量的卫星城镇。这些城镇与中心城区紧密联系,成为现代城市社区的重要组成部分。

(2) 人口特征。城市各个社区的人口特征,既受制于整个城市人口的结构,又有本社区的自身特点。前者体现了城市型社区要素的一般特征,具有共性和普遍性的意义;后者则表现为城市型社区的个别特征,具有个性、特殊性的意义。城市人口的结构即城市社区人口的普遍性特征,可以从以下几个方面加以概括:一是人口的数量多而且密度大、这是城市人口不同于农村村落、集镇的最直观的一个特点。二是人口质量普遍高于农村和集镇的人口。城市由于集中了各类大中专学校、科研院所和文化艺术机构,加之各行各业劳动就业的专业技术要求较高,促使城市人口的受教育程度和文化素质明显高于农村和集镇。另外,城市由于医疗卫生保健条件较好,故人口身体素质状况也较好。三是人口的流动性大。城市的人口流动频繁、迅速,这种流动包括垂直流动、水平流动和结构性流动等多种形式。四是人口增长以机械增长为主。由于外来移民总是通过不同途径不断地加盟到城市,故城市人口的增长体现了自然增长与机械增长相结合但是以机械增长为主的特征。五是人口的异质性强且差别性大。由于城市人口来自四面八方,流动性大,从事的职业与所处的社会阶层、社会地位相异,文化程度、技术水平、收入水平与社会名望各不相同,所以相对于农村人口,城市人口的异质性强,差别性极大。

(3) 社群和组织特征。城市社区的社群和组织,是社区居民赖以实现人际社会交往的两类不同的载体。这里首先要明确"城市中的人际关系"和"城市社区中的人际关系"两个不同的概念。"城市中的人际关系",是指城市人口跨社区、匿名性与非个性化明显、以业缘关系为主的社会关系。"城市社区中的人际关系",则是指居住在同一城市社区内的、以共同利益与兴趣爱好为纽带的、以社区内的社群与组织为载体的、具有一定情感交流的人际社会交往关系。作为城市社区内人际关系载体之一的社会群体,具有这样几个特征:主要以地缘和利益为基础;以利益或兴趣爱好等为纽带的社会群体种类,形式愈趋多样化;这些社会群体是居民增进情感交流、抵制人际关系淡化、加强社区凝聚力和归属感的重要载体;在解决居民间的矛盾、纠纷和冲突时,虽不排除情感要素的介入,但主要依赖理性契约和法律的力量。作为城市社区内人际关系另一重要载体的社会组织,具有以下三个特征:一是组织数量众多、类型复杂。由于社会分工精细、人口异质性强,就需要不同的社会组织去整合社区居民的人际关系,化解矛盾和冲突,组织社区发展,提供社区服务。二是组织功能的专业化。与传统社区社会组织稀少、功能未予分化的情况不同,立足市场经济和社会分工愈益细化的现代城市社区,各种组织依分工的原则而实现了功能的分化和专业化,大大提高了社区发展的效能。三是组织结构严密的科层制。科层制是一种具有职业化和专业化功能、严格规章和权力分等的正规社会组织的管理体制。这种制度按照职能分工的原则,将社会组织的权力和业务横向地分科实施以求各司其职;纵向地上下分成层级,分级管理,每一层都有自己的权力和业务范围。总之,类型结构复杂化、组织功能专业化、组织结构科层化是现代城市社区组织的三大特征。

(4) 文化特征。社区文化是一种特有的文化现象,既包括社区意识、社区心理、社区风尚、社区公德、社区教育、社区艺术活动、社区生活方式等精神层面的要素,也包括社区文艺活动场所、公益广告、艺术雕塑、标志性建筑以及环境绿化等物质层面的要素。与农村社区文化和集镇社区文化相比,城市社区文化有以下几个特征:第一,具有城市文化的一般特质。城市社区文化是整个城市文化系统的一个组成部分,必然受到城市文化的普遍性和共性的制约。因此,它同样具有理性化和多元化等城市文化的一些基本特征。第二,具有城市社区文化自身的特征。尽管城市社区文化不可避免地打上了城市文化一般特征的烙印,但由于社区人口构成的差异、宗教与种族的差别及社会分层等历史与现实因素的不同,各个社区之间必然会产生"文化差异",形成各自不同特色的社区文化。各个社区文化特色不仅可以从社区文化的精神层面表现出来,而且在社区的住宅风格、公共设施的状况等社区文化的物质层面,也有明显的区别。第三,城市社区居民从"住所认同"到"社区认同",前提条件是社区环境与质量的状况。一般来说,农村居民由于土地的束缚和血缘的联系,其"住所认同"和"社区认同"是一致的。在城市,当居民居住在一个环境优美、整洁卫生、管理到位、服务上乘、自由舒适的家园之时,其文化上的社区认同感必然提升,并催发其强烈的社区归属感和社区参与意识;反之,则会产生"社区冷漠"的文化现象。可见,与农村的社区认同相比,城市的社区认同是一种更高层次的文化认同。

阅读材料1-2

农村社区

(1) 地域特征。最能表现农村社区地域特征的,主要有以下三个方面:一是土地,即农村社区居民赖以生息繁衍的基本资源。土地的多寡、肥沃与贫瘠等自然资源,直接影响到社区居民的生活水平和发展前景。二是地理位置,亦即农村社区功能实现程度大小的重要条件。其自然地理条件的优劣、交通条件的好坏及其与经济、文化中心距离的远近,直接制约着本社区的经济发展水平以及本社区与外社区的交往。三是地域范围。直接制约着社区规模的大小和容量。凡是地理条件较优越的地方,社区的范围和人口规模就有较大的张力;反之,则必然局限在狭小的范围之内,限制居民交往的空间。

(2) 人口特征。由于自然地理条件和生产技术的限制,加之农民对土地极强的依附性,农村社区人口的数量与密度要远低于城市社区。这种规模意义上的数量与密度,使得农村社区又可分为散村社区与集村社区两种类型。那种在人烟稀少地区由十来户家庭形成的小村落就是散村社区,而由一个或数个规模较大、人口较多的村庄组成的社区,则称之为集村社区。由于依赖土地为生,不需要发达的社会分工,故农村社区人口的同质性高,异质性低,人口流动性远低于城镇,人际交往范围也就比较狭小。所有这些,一方面使得人际关系简单亲密,重感情,民风比较朴实;另一方面,必然影响、制约居民观念的更新和文化素质的提高,从而直接或间接地影响着农村经济与社会的进步。

(3) 组织特征。农村社区由于社会分工不发达、人口同质性高、异质性低及流动性小等特点,决定了整合居民人际交往的社会群体与组织在数量上和结构上的简单化。其中,家庭是社区群体或组织的最基本单位,承担着生产、消费和保障等多种社会功能。家庭成员间和邻里间的交往是农村社区居民最重要的交往渠道与交往模式。此种情况,决定了农村社区社会群体和组织种类简单化。

(4) 文化特征。农村社区由于其特殊的地域状况、人口状况和组织状况,使得居民的文化素质、心理状态、思维模式、生活习惯等,明显地区别于城镇社区。传统的农业生产方式是较低层次的经验型的生产方式,人们凭借传统的日常经验即可保持原有的生活方式,因而维护和延续传统的经验自然成为农村社区文化规范的重要任务。注重家庭邻里关系、注重血缘与宗族关系、排外与保守型的心理、情感与行为方式,等等,无不体现了农村社区文化的特征及其维护传统的文化本质。不过,农村社区文化并不是一成不变的。在通信、广播、电视等传媒高度发达的今天,城乡和世界各地新的思想、先进的文化等必然对农村社区产生这样或那样的冲击。而人多地少,劳动力富余的农村地区,在传媒等各种因素的影响下,新的观念和行为方式也影响着、更新着农村社区的文化体系。

阅读材料1-3

城镇社区

(1) 地域要素和特征。对此,可以从两个方面考察,一是集镇社区所处的自然地理位置和生态状况,决定了其特有的类型特征,如沿海集镇、内地集镇、边远集镇等;二是通过与城市和农村位置相比较而获得的地缘区位。与城市社区和农村社区相比,集镇社区因其独立的形态,其范围较易辨别。此外,集镇社区由于位于农村社区与城市的中间地带,其生态环境的条件和质量一般要优于城市社区。

(2) 人口要素和特征。从人口的规模及密度来讲,集镇社区明显大于和高于农村社区,明显小于和低于城市社区。从人口的质量来讲,集镇社区居民受教育程度和文化素质，明显优于农村而弱于城市居民；而身体素质则难以定出优劣，关键在于当地的医疗卫生保健体系水平。从人口结构来讲，由于分工程度不同，集镇社区从事不同职业的居民数量及比例关系，比之农村社区要复杂得多，比之城市社区则较简单化。从人口流动情况来讲，其流动数量和节奏要远远大于农村社区。随着市场经济的发展和农村剩余劳动力的转移，集镇社区的人口流动必定会进一步加大，人口的异质性也会增强。

(3) 组织要素和特征。与农村社区相比，集镇社区的社会群体和组织结构具有较新的内涵及构成。就社会群体来讲，除了家庭和邻里，还出现了因职业相同和爱好相同而组成的如朋友圈等形式的社会群体。家庭和邻里，在集镇社区和农村社区的关系及表现形式也不尽相同。农村社区一般较看重家族、宗族和血缘关系，家庭成员之间和邻里之间的关系较为密切，不平等特征也较为明显。而集镇社区的家庭和邻里关系主要以地缘为基础，基本上摆脱了血缘与宗族关系的支配性，故比较讲究交往的平等性。就组织结构来讲，集镇社区由于经济发展水平和社会分工程度要高于农村社区，居民之间异质性互动明显，因而就需要一系列与经济发展相适应的政治、经济、社会、教育、文化等组织和团体及规章制度，凭借它们来有效整合居民及其社会群体的交往关系。

(4) 文化要素和特征。集镇社区文化实际上是该类社区的地域状况、人口状况、社会群体和组织结构状况以及经济、政治等历史与现实的综合性反映。通过同农村社区文化和城市社区文化的对照、比较，集镇社区文化主要有三个方面的双重性特征：一是其价值体系，往往是感性成分与理性成分并存。当感性和理性发生碰撞和冲突时，理性的力量就会弱于和让位于感性的力量。二是其内容构成，既有现代城市文明及整个世界现代文化形态对其的影响，又保留了许多传统的东西，体现了现代性与传统性的交融和冲突。三是其社会心理的构成，呈现了开放性与保守性兼容的态势。在现代城市文明的冲击下，集镇居民模仿、学习和消化城市文明、现代文化的积极性大大提高，新事物、新观念越来越容易被居民所接受。同时，由于集镇社区的地理位置、居民的主体与农村有着天然的、紧密的联系，落后的小农意识和思维方式总是这样或那样地影响着集镇居民的社会心理，因而用保守狭隘的价值尺度去衡量国内外、城乡间的新人新事新风尚，往往又构成了集镇社区文化的一个特点。

资料来源：蔡禾.社区概论[M].北京：高等教育出版社，2005.

问题讨论

1. 如何科学界定三类现实社区的基本特征？
2. 简述实体社区与虚拟社区的区别与联系表现在哪些方面。
3. 在策划和组织实施三类实体社区建设时应注意哪些问题？

本章延伸阅读文献 

[1]　瞿奕霏.大数据治理：城市社区公共安全治理的新视角[J].劳动保障世界，2018(35)：80-81.
[2]　唐茹萍.城市社区公共体育设施安全管理存在的问题与对策分析[D].湖南师范大学，2018.
[3]　何继新，贾慧.城市社区安全韧性的内涵特征、学理因由与基本原理[J].学习与实践，2018(9)：84-94.
[4]　胡尚全.新兴风险下的城市社区公共安全治理研究[J].探索，2019(2)：126-133.
[5]　李钢，卢艳强.虚拟社区知识共享的"囚徒困境"博弈分析——基于完全信息静态与重复博弈[J].图书馆，2019(2)：92-96.
[6]　王兴兰.大学生虚拟学习社区用户生成行为实证研究[J].图书馆学研究，2019(6)：73-80.

第2章 社区安全管理机构

CHAPTER 2

2.1 社区安全管理的基础

2.1.1 什么是社区安全管理

所谓社区安全管理，是指各类社区安全管理组织通过建立、健全安全防范制度，采取一系列安全管理措施，从各个方面抑制、减少和消除产生违法行为和治安灾害事故的原因和条件，预防和减少违法犯罪行为和治安灾害事故的发生，维护社区正常秩序的一系列活动。

在这里，各类社区安全管理组织应当包括政府及其职能部门以及依靠社区居民的力量组建的各类群众性的安全防范组织。社区内的企业安全、家庭安全、社会治安、消防安全等应当作为社区安全管理的重点，在措施上应当包括行政、法制、经济、文化等多种。

2.1.2 社区安全管理的特点

1. 区域性

不同的社区存在人口密度、人口素质、职业结构、生活方式、居住条件、地理位置、地理环境、生产布局、商业分布、交通运输、民风民俗等方面的差异，因而不同的社区有其不同的区域特点。这种不同社区的区域特点，要求其安全管理应当根据不同社区的特点，采取不同的安全管理模式。

2. 群众性

社区安全是一个复杂的社会问题，仅仅依靠政府职能部门是行不通的，需要全社会力量的共同参与和支持。社区安全管理的群众性就是指社区安全管理工作对群众强烈的依赖性。从整体来说，群众既是社区安全管理的客体，又是社区安全管理的主体。要搞好社区安全管理，永远离不开社区内各个成员的积极参与。

3. 综合性

社区安全管理的综合性是指社区管理机构在辖区内为发挥安全管理功能的整体合力和效应而实施的综合治理措施。社区安全管理涉及面广，必须在各级政府的领导下，动员和促进社区各方齐抓共管，进行综合治理，创造一个稳定和谐的社区环境。对社区安全管理要采取综合措施，主要包括建立社区组织，制订社区工作计划；按照政府的社区政策，实施社区的自治管理，维护社区成员的利益；提出解决问题的方法，实施综合治理。

4. 长期性

社区安全管理不是一个短暂的社区治理过程，而是一个长期治理工程。只要社会上还存在着犯罪分子和各种违法现象，社区安全管理就有存在的必要性。社区居民的治安防范意识与能力也各不相同，对各种可能发生的治安事件在防范上还存在诸多漏洞，因而难于避免治安灾害事故的发生。因此，社区安全管理应是一项常抓不懈的工作。

2.1.3　社区安全管理的原则

社区安全管理的原则是社区各项安全管理工作必须遵循的准则，主要包括自治原则、“谁主管，谁负责”原则、预防为主原则和专门机关管理与依靠群众相结合原则。

1. 自治原则

现代行政学理论认为，政府是一个有限政府，政府的能力是有限的，对社区公共事务要实现政府与社会的共同治理，政府管理的范围只限于提供公共产品与服务。就社区安全而言，政府提供的只是维护社会正常生活所必需的公共治安秩序，对超过社会一般水平的公共安全需求，想获得较高程度的安全服务的社区，超出部分的安全需求只能由自己提供。因而社区安全管理应包括两大块：一是政府提供的用于满足社区一般水平的公共安全需求的安全服务；二是由社区自行提供的超过一般水平的公共安全需求的安全服务。

从以上分析可知，要维护社区的安全，应当由政府与社区的共同治理，社区也应自行组织社区安全服务的供给。从法律规定来看，社区自行组建的安全管理组织具有自治性。《宪法》第 111 条规定：“村(居)民委员会设立的治保会、调解委员会是群众性的自治组织，负责办理居住地区的公共事务和公益事业，调解民间纠纷，协助维护社会治安，并且向人民政府反映群众意见、要求和提出建议。”

作为自治性的社区安全管理组织，其如何开展社区安全管理工作，应当由社区组织自主决定。社区安全管理组织的成员来自社区，对社区情况比较熟悉，又是社区管理的直接受益者，对社区安全最关心，因此能对社区中存在的各种影响社区安全的因素与问题采取有效措施,从根本上解决问题。当然,有的社区安全管理组织的自治能力比较差,其安全管理知识不足,安全防范能力差。对此,作为社会公共安全主管机关的公安机关,有责任对其进行教育与培训,帮助其提高管理能力,但不能因此否定其自治性,而由公安机关代其决策。公安机关应当把自己承担的维护公共治安秩序的责任与由社区安全管理组织承担的维护社区的安全与秩序的责任有机结合起来,加强与社区的协商与沟通,把公安机关的目标融入社区中,共同商量确定社区安全管理的目标和方法,做到既尊重其自治权,又达成自身的目标。

2. "谁主管,谁负责"原则

构成社区的对象是多方面的,既有居民住宅小区,又有公共场所、特种行业、企事业单位。"谁主管,谁负责"原则,就是要分清居民住宅小区、公共场所、特种行业、企事业单位的安全管理层次,明确各自的职责范围。对一些具体单位的问题,应主要依靠自身主管部门来进行,抓住其法定责任人,要求其依法履行法定职责,制定安全防范制度,建立健全分工负责制、岗位责任制、治安承包制,一级一级地把各项安全管理措施落实到具体人,落实到日常的工作中,把安全管理作为其工作责任的重要组成部分。作为公共安全的主管机关,其主要职责是管理、监督、检查有关单位和部门,做好安全防范工作,发现问题,及时提出整改建议。要协助公共场所、特种行业、企事业单位制定安全防范制度,并加强监督检查,对不遵守社区安全管理规定,屡教不改的单位与部门,要及时查处,并依法追究领导和直接责任人的法律责任。

3. 预防为主原则

社区安全管理的目的就是要减少入室盗窃、入室抢劫、盗抢机动车等可防性案件和治安灾害事故的发生。要实现这一目标,必须贯彻预防为主的原则。只有坚持预防为主,才能减少案件、事故的发生,达到保障安全的日的。社区安全管理不仅要解决已经发生和存在的问题,而且还要周密掌控全局,做到及时发现问题,堵塞漏洞,避免现实危害。这就要求我们在社区安全管理工作中要有预见性,把工作做在前头,要善于分析问题,估计形势,预测未来,做到见微知著,月晕知风;要深入调查研究,抓苗头,查隐患,根据存在的问题采取针对性措施,防患于未然,从而掌握社区安全工作的主动权。要运用各种技术的、社会的手段和方法,动员社区各种资源和力量,科学地预测社区内各种灾害发生的可能性,从而事先采取各种有力措施,尽量减少社区中各种可能导致灾害的因素,将其消灭在萌芽状态,防止各种灾害的发生,做到防患于未然。从社会效果来看,只有做到预防为主,才能减轻违法犯罪和治安灾害事故造成的损失,维护社区居民的合法权益,减少物质损失,避免因此造成的身心损害与社会恐慌,维护社区的安宁。

社区安全管理中,打击是为预防服务的。所谓"打击",是指各级政法机关利用国家赋予的权力,通过刑事司法程序来揭露、证实、惩治各类犯罪的执法活动。打击犯罪的过程可以起到震慑犯罪分子的作用。近年来，社区内的各类案件总体上有一定程度的上升，面对这一情况，很多地区在打击、破案方面不断投入大量的力量，却忽略了对违法犯罪的预防工作，只治标不治本，结果往往事与愿违，导致社区违法犯罪案件有增无减。很多地区的实践表明，案件的高发不是因为打击不力，而是防范不严，如基础工作薄弱，情报信息不灵，危险人物失控，隐患漏洞未补。

因此，在社区安全管理中，虽然在特定的时期和特定的地区，各级政法机关必须集中人力、物力采取专项斗争等集中打击形式，但这种打击形式并不能取代防范的作用。打击只能收到一时之效，防范和管理才能具有长期的效果。

为此，一方面要注意加强社区安全的硬件设施的建设，增强社区的防范能力。如通过物力防范、技术防范措施，减少案件的发生，增强群众的安全感。另一方面要搞好社区的安全防范组织的建设，并通过制定居民公约，健全各种安全制度，增强居民的安全防范意识。除了要对社区内的犯罪嫌疑人员、暂住人口、境外人员进行管理之外，还要注意调动居民群众参与社区预防的积极性。通过宣传，把预防违法犯罪与预防治安灾害事故的相关知识与技能传授给社区居民，使他们了解社区违法犯罪与治安灾害事故的现状及其所造成的危害，意识到其潜在威胁，学会识破常见违法犯罪的伎俩和预防治安灾害事故的方法，积极参与社区安全管理。

4. 专门机关管理与依靠群众相结合原则

专门机关管理与依靠群众相结合是指在维护社区安全与治安秩序稳定方面，要把公安机关的职能作用与广大人民群众的主动性结合起来，做好各项安全防范工作。

专门机关管理是指依靠具有国家赋予特殊执法权的公安机关在其职责范围内工作。公安机关之所以为专门机关，是因为它隶属于行政机关，又不同于一般的行政机关。它拥有国家赋予的侦察、拘留、逮捕、惩罚等特殊权力和强制手段。它可以利用国家赋予它的权力和手段直接干预社会生活，调节社会关系，维护国家安全与社会稳定。它不仅在打击违法犯罪分子时使用暴力和强制手段，在社区安全管理上也是最终行使强制性手段的机关。近年来，社区中的犯罪活动越来越猖獗，尤其是犯罪的集团化、暴力化程度加剧，青少年犯罪日趋严重，侵犯财产犯罪、有组织犯罪不断增多，毒品犯罪蔓延发展，流动犯罪和外来人口犯罪率居高不下，给居民的生命财产安全造成了极大的威胁。对此，作为维护社区安全的职能机关，必须履行职能，严厉打击犯罪行为，以维护治安秩序的稳定。

依靠群众是指在社区安全管理中贯彻群众路线，一切为了社区群众，一切依靠群众，把社区安全管理的目标变成社区群众的自觉行动。人民群众是社区安全管理的依靠力量与基础，也是我们的服务对象，社区安全管理工作必须依靠人民群众，经常与群众保持密切的联系，倾听群众的意见，接受群众的监督。

社区安全管理工作的任务繁重而艰巨,各项工作都与社区群众发生联系,因此仅仅依靠专门机关管理是不够的,还需要依靠群众搞好社区安全管理,依靠群众力量可以解决政府在社区安全防范上投入不足的问题,特别是人员不足的问题。实践证明,只有依靠群众,才能搞好社区防范,才能维护社区良好稳定的秩序。与世界上其他许多国家、地区相比,我国的警察配备比率是比较低的。在每1万人中德国警察人数是25人,美国为30人,英国、法国各为40人,在每万人中我国台湾地区的警察人数为30人,中国香港地区为67人,内地为14人。所以仅仅依靠公安机关进行管理,在安全管理的力量投入上是远远不够的。因此,要有"警力有限,民力无穷"的思想,认识到群众的力量是无穷的,要采取有效措施把人民群众的力量发挥出来。特别是在市场经济的条件下,要构建与市场经济相适应的群防群治新模式,发动好、组织好群众力量。

2.2 社区安全管理与服务组织

2.2.1 社区安全政府组织

1. 人民政府街道办事处

(1) 组织设置

街道办事处[①]是我国城市政府行政管理的最基层的单位。根据宪法规定,我国地方行政管理最基本的层级为省(自治区、直辖市)、设区的市、县(市)三级。在县以下,农村再设乡(镇)一级,城市分若干街道设政府办事处。

街道办事处的主要任务包括以下几点:

一是办理市、市辖区的人民委员会有关居民工作的交办事项;

二是指导居民委员会的工作;

三是向上一级反映居民的意见和要求。

(2) 街道办事处在社区安全管理中的任务

根据有关法律法规、政策规定和工作实践,街道办事处在社区安全管理中的主要任务有以下几方面。

一是贯彻实施法律、法规有关社区安全管理的规定,执行或承办所属政府交办的有关社区安全管理具体事项,如婚姻登记、暂住人口管理、普法宣传、社会治安综合治

---

① 2009年6月27日,第十一届全国人民代表大会常务委员会第九次会议通过《全国人民代表大会常务委员会关于废止部分法律的决定》,与此同时《城市街道办事处组织条例》(1954年12月31日第一届全国人民代表大会常务委员会第四次会议通过)废止。

理等。

二是协助上级政府派驻本辖区的有关机关开展有关社区安全管理的工作，特别是协助公安派出所的治安管理工作。

三是指导和支持辖区内各社区居民委员会等居民自治组织的安全管理工作，协调社区居民委员会与辖区内有关单位的关系。

2. 公安机关

（1）社区派出所

公安机关是维护社区安全的重要行政机关，按照《人民警察法》（2012 年修订）的规定，人民警察的任务是维护国家安全，维护社会治安秩序，保护公民的人身安全、人身自由和合法财产，保护公共财产，预防、制止和惩治违法犯罪活动。公安机关的人民警察按照职责分工，应当依法履行下列职责：

（一）预防、制止和侦查违法犯罪活动；

（二）维护社会治安秩序，制止危害社会治安秩序的行为；

（三）维护交通安全和交通秩序，处理交通事故；

（四）组织、实施消防工作，实行消防监督；

（五）管理枪支弹药、管制刀具和易燃易爆、剧毒、放射性等危险物品；

（六）对法律、法规规定的特种行业进行管理；

（七）警卫国家规定的特定人员，守卫重要的场所和设施；

（八）管理集会、游行、示威活动；

（九）管理户政、国籍、入境出境事务和外国人在中国境内居留、旅行的有关事务；

（十）维护国（边）境地区的治安秩序；

（十一）对被判处拘役、剥夺政治权利的罪犯执行刑罚；

（十二）监督管理计算机信息系统的安全保护工作；

（十三）指导和监督国家机关、社会团体、企业事业组织和重点建设工程的治安保卫工作，指导治安保卫委员会等群众性组织的治安防范工作；

（十四）法律、法规规定的其他职责。

人民警察的这些职责都与维护社区的安全有着密切的关系。公安机关是防范和打击违法犯罪、维护社会治安秩序的专门机关。公安机关派驻社区的机构作为公安机关的基层机构，一方面具有公安机关的基本职能，另一方面又直接植根于社区，直接面对社区公众，因此可以说，公安机关是社区安全管理工作的主体。公安机关派驻社区的机构，主要是公安派出所，另外还包括刑事侦查、交通巡逻警察部门派驻社区的机构或警员。公安机关的社区安全管理工作主要是通过公安派出所来进行的，公安派出所是公安机关依法派驻一定区域在规定的权限内履行公安机关职责的基层组织。

(2) 社区公安派出所的职责

公安派出所[①]是公安机关和公安工作的机构,是同违法犯罪作斗争的骨干力量,是公安工作贯彻群众路线,动员群众、依靠群众的基础,是巩固国家基层政权的支柱。

公安派出所的主要职责有以下几个方面。

一是对辖区内各地段、各部位实行治安管理;协助大中型单位搞好保卫工作。

二是开展以治保会为主体和多层次的群防群治工作。

三是管理户口和居民身份证。

四是协助侦破涉及辖区内发生的刑事案件。

公安派出所的主要职权有主要有以下几个方面:

治安行政管理权;治安管理处罚权;治安案件和一般刑事案件调查权;执行社会监督改造、监督考察权;治安行政强制权;使用秘密手段权和使用武器、警械权。

2.2.2 社区安全自治组织

社区安全管理的重要指导思想之一就是社区成员共同参与。社区成员共同参与,包括发挥社区居民自治组织和居民志愿或义务安全管理组织的作用。社区居民自治管理组织,在城市主要是社区居民委员会,在农村则是村民委员会。

1. 社区居民委员会

(1) 组织设置

居民委员会是根据《中华人民共和国城市居民委员会组织法》建立的居民自我管理、自我教育、自我服务的基层群众性自治组织。社区居委会是由社区成员代表大会依法选举产生,在国家宪法、法律和政府的法令、法规范围内开展和实行民主管理、民主决策、民主选举、民主监督。根据现行的《中华人民共和国城市居民委员会组织法》的规定,居民委员会由主任、副主任和委员共 5~9 人组成。居民委员会主任、副主任和委员,由本居住地区全体有选举权的居民或者由每户派代表选举产生;根据居民意见,也可以由每个居民小组选举代表 2~3 人组成。居民委员会每届任期 3 年,其成员可以连选。

居民委员会根据需要设人民调解、治安保卫、公共卫生等委员会。居民委员会可以分设若干居民小组,小组长由居民小组推选。

居民委员会的经费来源主要有三个方面:一是政府拨款,用于行政开支;二是向本社区居民和单位筹集,用于公益事业;三是居民委员会兴办的服务事业收入。

---

① 2009 年 6 月 27 日第十一届全国人民代表大会常务委员会第九次会议通过《全国人民代表大会常务委员会关于废止部分法律的决定》,其中《公安派出所组织条例》(1954 年 12 月 31 日第一届全国人民代表大会常务委员会第四次会议通过)废止。

（2）社区居民委员会的任务

依据《中华人民共和国城市居民委员会组织法》的规定，居民委员会有以下任务。

一是宣传宪法、法律、法规和国家的政策，维护居民的合法权益，教育居民履行依法应尽的义务，爱护公共财产，开展多种形式的社会主义精神文明建设活动；

二是办理本居住地区居民的公共事务和公益事业；

三是调解民间纠纷；

四是协助维护社会治安；

五是协助人民政府或者其派出机关做好与居民利益有关的公共卫生、计划生育、优抚救济、青少年教育等项工作；

六是向人民政府或者其派出机构反映居民的意见、要求和提出建议。

（3）社区居民委员会的安全管理职责

从居民委员会的性质和基本职能可以看出，社区居民委员会在社区安全管理中具有十分重要的核心基础作用。

一是整合社区成员。即宣传宪法、法律、法规和国家的政策，维护居民的合法权益，教育居民履行依法应尽的义务，爱护公共财产，维护社会秩序。

二是协助政府机关工作。即协助人民政府或者其派出机构做好有关社区的安全管理工作。

三是协调各种关系。包括直辖市社区及社区成员与政府之间的关系，社区及社区成员与其他单位之间的关系，社区成员之间的关系，社区成员家庭内部关系等，其中调解民间纠纷是重要的工作之一。

四是维护社区治安稳定。《中华人民共和国城市居民委员会组织法》规定，居民委员会的基本任务之一是协助维护社会治安；同时规定，居民委员会下设治安保卫委员会。在新形势下，社区居民委员会应该从社区建设和管理的要求出发，将居民、业主委员会、物业公司、居民委员会四方面的资源整合起来，形成综合力量，共同管理社区各项事务。

2. 社区治安保卫委员会

治安保卫委员会（简称治保会）自1952年建立以来，在配合公安机关进行社会管理，维护社会治安，打击违法犯罪的斗争中以它自身的突出业绩充分显示了它在配合公安机关工作中的重要地位和积极作用。治保会在调解民间纠纷，协助维护社会治安与其在治安管理中的地位和作用是整个公安机关在履行职能中的共性与个性的关系，即大含义与小概念之间的关系，以这个定义为基础，以治保会工作为手段，以治安管理为目的，那么，治保会工作全面而有成效地开展也就是全面而有成效地贯彻落实治安管理工作的一个有利条件。

（1）组织设置

治安保卫委员会，是设置在基层单位、不脱产并协助党和政府动员组织群众维护社会治安的基层群众性组织，是公安机关联系群众的桥梁和纽带，是团结和带领群众搞好治安保卫工作的骨干，是协助公安机关完成维护社会治安任务的得力助手。一直以来，治保会对维护社会治安秩序，确保社会和单位内部的安全发挥了积极的作用。治安保卫委员会是居民委员会和村民委员会下设的群众性的治安保卫组织，在基层政府和公安保卫机关的领导下工作。

治安保卫委员会的建立，城市一般以机关、工厂、企业、学校、街道为单位，农村以行政村为单位，其委员名额，应视各单位人数的多少及具体情况而定，一般由3～11人组成，设主任1人，并可设副主任1～2人。

（2）社区治安保卫委员会的任务

治保会的基本任务是协助和配合公安机关维护社会治安。根据国家有关规定，结合近年来的各地实践，社区治安保卫委员会一般有以下职责：

一是宣传国家的有关治安管理的法律法规，努力提高社区成员的法制观念。

二是做好防盗、防特、防火、防治安灾害事故的教育，提高社区成员的防范意识，保障居民合法权益。

三是组织居民开展群防群治，配合户籍警搞好警务室建设，形成专群结合的防控网络，进行邻里互助、门栋关照，定期检查值班巡逻情况，落实居民楼院及社区单位的看护人员。

四是动员社区居民和单位落实技防措施，抓好小区大门、围墙、自行车库、单元电子对讲门、住宅防盗门、楼道亮化等硬件设施建设和运行管理。

五是搞好社区治安服务站，面向社区内的单位及成员提供法律服务、民事纠纷调解和治安有偿服务，推进社会治安服务产业化。

六是教育居民协助政府检举揭发各种违法犯罪活动，劝阻和制止其他违反治安管理法规的行为，发现现行犯罪分子立即扭送公安机关。

七是协助政府和公安保卫机关，依法对被管制、假释、缓刑、监外执行和被剥夺政治权利的罪犯以及监视居住、取保候审的被告人进行监视、考察和教育。

八是对有轻微违法犯罪行为的人进行帮助教育，做好挽救工作。

九是向居民宣传户口管理政策和有关规定，及时掌握和了解居民家中外来人员的情况，做到居民区人口底数清、情况明。落实社区内流动人口和暂住人口及出租房的管理，配合户籍警搞好暂住人口的教育、发证。

十是对辖内不安全因素要有整改的措施，发现案情时要立即保护现场，迅速报案，并积极协助保卫部门工作。

十一是对因人民内部的矛盾激化，可能引起严重危害社会治安后果的情况要及时向有关部门反映，同时做好教育疏导工作，预防恶性事件的发生。

十二是向公安、保卫部门及时反映居民对治安工作的意见，提出建议和要求。

3. 社区人民调解委员会

（1）组织设置

人民调解委员会是村民委员会和居民委员会下设的调解民间纠纷的群众性组织，在基层人民政府和基层人民法院指导下进行工作。人民调解员是经群众选举或者接受聘任，在人民调解委员会领导下，从事人民调解工作的人员。

根据有关规定，人民调解委员会由委员三人以上组成，设主任一人，必要时可以设副主任。乡镇、街道人民调解委员会委员由下列人员担任：一是本乡镇、街道辖区内设立的村民委员会、居民委员会、企业事业单位的人民调解委员会主任；二是本乡镇、街道的司法助理员；三是在本乡镇、街道辖区内居住的懂法律、有专长、热心人民调解工作的社会志愿人员。

人民调解员除由村民委员会成员、居民委员会成员或者企业事业单位有关负责人兼任的以外，一般由本村民区、居民区或者企业事业单位的群众选举产生，也可以由村民委员会、居民委员会或者企业事业单位聘任。人民调解员任期三年，每三年改选或者聘任一次，可以连选连任或者续聘。

（2）社区人民调解委员会的任务

人民调解委员会的主要职责主要有以下几个方面。

一是调解民间纠纷。这是人民调解委员会的首要任务。所谓“民间”，是指公民之间，如夫妻、父子、兄弟等家庭成员之间，职工、居民、村民等社会成员之间。所谓“民间纠纷”，是指公民之间发生的以民事法律关系、社会道德关系为内容的争议或争执。公民之间发生了纠纷，可由人民调解委员会进行调解。

二是通过调解工作宣传国家法律、法规、规章和政策，教育公民遵纪守法，尊重社会公德。调解哪一类纠纷就宣传哪方面的法律、法规，做到以案释法，以事议法，通过宣传，既能调解纠纷、化解矛盾，又能增强群众的法律意识，提高群众的道德水平，从根本上预防和减少纠纷的发生。

三是向村（居）民委员会、基层人民政府反映民间纠纷和调解工作的情况及建议。人民调解委员会是在村（居）民委员会领导下，在基层人民政府指导下进行工作的群众性组织，为此，应及时将辖区内民间纠纷的发生、发展情况和调解工作情况及建议向村（居）民委员会和基层人民政府汇报，以便于取得村（居）民委员会和基层人民政府对调解工作的重视和支持。

4. 社区非营利组织

（1）组织设置

本书中涉及的“非营利组织（Non-Profit Organizations，NPO）”一词有民间组织、人民团体、非政府组织（Non-Government Organization，NGO）、志愿组织、慈善组织、公民社会、第三部门等多种不同的概念与语义,在本书中统一使用"非营利组织"(NPO)。

(2)非营利组织的特征

① 组织性。作为一个非营利组织,必须是一种机构性实体。因此,这个组织必须有一个组织章程、组织运行规则、工作人员或其他一些相对持久的指标。正如作为营利组织的公司在设立时必须有公司章程、固定经营场所、最低限额的注册资金等一样。

② 独立性(自治性)。非营利组织一般是独立于政府部门之外的自我管理和控制自身活动的组织,不是政府的下属机构,一般不受政府控制,有自己的董事会,独立地完成组织的使命。

③ 自愿性。这种组织使命的完成通常是团体成员(会员)自愿参与的结果,特别是一些公益服务组织,其会员、成员从事服务时,通常是义务的、无偿的、自觉的。

④ 不分配利润。非营利组织并不意味着组织不能靠自己的经营行为创造收入、创造利润,而是不能把利润分配给那些管理和经营这个行业的成员或会员。事实上,在很多国家,从提供服务获得的收入是非营利组织最重要的收入来源。这个收入占总资金来源比例在美国是52%,英国是48%,意大利是53%。也就是说,非营利意味着不为业主或管理者个人谋利,而是把多余的收入也用在完成组织的使命上。

非营利组织的上述特点,决定非营利组织十分需要公共关系。因为对于非营利组织来说,通过有效的公共关系,可以达到下列目的:

① 使组织的使命得到认可,如学术团体旨在促进学术交流,工会旨在维护工人利益,消费者组织就是为保护消费者利益而组建的;

② 建立起与组织公众沟通的渠道;

③ 创造和保持筹集组织活动经费的有利环境;

④ 推动有利于组织使命的公共政策的制定和施行;

⑤ 告知和动员组织的关键成员(如雇员、志愿者、委托人)。

社区非营利组织是非营利组织的一种特殊形式,是指以社区成员为主体、以社区地域为活动场所,以联系和动员社区成员参与社会活动、支持社区发展为主要目标,遵守国家法律法规,尊重社会公德,以满足社区居民的不同需求为目的,由社区居民自主成立或参加,以便更好地进行自我管理、自我教育和自我娱乐而自发形成的介于社区主体组织和居民个体之间群众团体。社区非营利组织除了具有非营利组织的共性特点之外,还有一些属于自己的特点,主要有:①活动范围的社区性,即组织的成员是居住在本社区的居民,组织的活动范围限于社区。②产生的本土性,即社区非营利组织土生土长,根植于本社区,致力于社区和发展建设。

(3)著名的海内外NPO组织

① 国际红十字会与红新月会联合会

国际红十字会与红新月会联合会(International Federation of Red Cross and Red

Crescent Societies)是独立的、非政府的人道主义团体。它是各国红十字会和红新月会的国际性联合组织,总部设在日内瓦。

② 国际红十字会

红十字国际委员会坚持公正和不偏不倚的立场,在世界各地工作,以帮助那些受武装冲突或国家内部动乱影响的人们。红十字国际委员会是一个人道组织,其总部设在日内瓦。它的使命是由整个国际社会所赋予的,即落实国际人道法规则的监督者。它是国际红十字与红新月运动的创始机构。

红十字国际委员会与国家始终保持对话,但它在任何时候又保持自己的独立性。红十字国际委员会只有能独立于任何政府和权威以外,才能为武装冲突的受害者的利益工作,服务于战争受害者是人道工作的核心。

③ 世界自然保护联盟

世界自然保护联盟(IUCN)成立于 1948 年,总部设在瑞士,是世界上成立最早、规模最大的世界性自然保护组织。其宗旨是:利用科学途径促进自然资源的利用和保护,以便为人类目前和未来的利益服务;保护潜在的再生自然资源,维护生态平衡;保护未被特殊保护的土地或管辖的海域,使其自然资源得以保护;使众多的动植物品种和数量得以保持在适当的数量范围内;保护幸存的、有代表性的或特殊性的动植物群体的土地和新鲜海域;制订特殊措施以保证植物和动物群体品种不受伤害或灭绝。

④ 国际绿色和平组织

绿色和平是一个非营利性的组织,在 40 个地方设有分部,遍布欧美、亚洲及太平洋等地。

绿色和平独立于任何政府、组织和个人的影响,不接受政府、财团或政治团体的资助。所有费用全赖于热心市民和独立基金的直接捐助,以维持独立性。作为一个国际环保组织,绿色和平组织致力于阻止任何威胁地球环境和生物多样性的活动,并发起了一系列的环保运动,如制止气候变暖,保护原始森林,停止海洋污染,阻止捕鲸,反对基因工程,停止核威胁,减少有毒物质和促进可持续贸易等。

⑤ 野生动物保护组织

野生动物保护组织(WCS)是一个保护野生动物为宗旨的公益组织。他们通过教育,建立世界上最大的城市动物园等行动,改变人们对自然的态度,让人们意识到动物和人类一样拥有同样的生存权利。

⑥ 世界自然基金会

世界自然基金会(WWF)是世界最大的、经验最丰富的独立性非政府环境保护机构。在全球拥有 470 万支持者以及一个在 96 个国家活跃着的网络。从 1961 年成立以来,世界自然基金会在 6 大洲的 153 个国家发起或完成了12 000 个环保项目。目前,世界自然基金会通过一个由 27 个国家级会员、21 个项目办公室及 5 个附属会员组织组成的全球性的网络在北美洲、欧洲、亚太地区及非洲开展工作。

⑦ 国际爱护动物基金会

国际爱护动物基金会(IFAW)致力于在全球范围内通过减少商业剥削和野生动物交易,保护动物栖息地及救助陷于危机和苦难中的动物来提高野生与伴侣动物的福利。国际爱护动物基金会积极寻求途径,唤起公众参与意识,制止对动物的残酷虐待行为,推动政府机构制订使人与动物和谐共处的动物福利和保护政策。

国际爱护动物基金会以宣扬公平,仁慈对待一切动物为宗旨。改善动物的生存环境,保护濒临灭绝的种群,杜绝对动物的残暴虐待,倡导对所有生命的尊重和爱护。

⑧ 中华慈善总会

中华慈善总会(CCF)是经中国政府批准的民间慈善机构,全国性社团法人,现在全国各地已经拥有 79 个团体会员,它们均为地方慈善组织。

⑨ 中国福利会

中国福利会由孙中山夫人宋庆龄于 1938 年 6 月 14 日在香港创建。其前身是保卫中国同盟,1945 年改名为中国福利基金会,1950 年 8 月 15 日,改名为中国福利会。中国福利会的工作方针是:在妇幼保健卫生、儿童文化教育方面进行实验性、示范性工作,加强科学研究,同时进行国际交往和合作。

⑩ 中国儿童少年基金会

中国儿童少年基金会于 1981 年 7 月 28 日成立,是我国第一个以募集资金的形式,为儿童少年教育福利事业服务的全国性社会团体,是一个具有独立法人资格的非营利性的社会公益组织。中国儿童少年基金会的宗旨是:为抚育、培养、教育儿童少年,辅助国家发展儿童少年教育福利事业,特别是贫困地区少数民族地区的儿童少年教育福利事业。

2.2.3 市场化社区安全服务组织

1. 物业管理公司

(1) 组织设置

物业管理是指业主通过选聘物业服务企业,由业主和物业服务企业按照物业服务合同约定,对房屋及配套的设施设备和相关场地进行维修、养护、管理,维护物业管理区域内的环境卫生和相关秩序的活动。物业管理的主要对象是房地产综合开发的小区或社区,当然也可以是建筑本体。它包括社区的环境、场地、附属设施的管理,辖区环卫、绿化、治安、交通、消防等管理,还开展人际关系调整活动,为保证业主和使用者的工作、居住环境提供全方位、多层次的服务,创造良好的工作、生活环境。社区物业管理一个很重要的方面就是社区内治安、消防和交通安全的管理。社区的物业管理,一般以住宅小区为单位,由一个物业管理企业进行管理。国务院颁布的《物业管理条例》(2016 年修订)第

33 条规定："一个物业管理区域由一个物业管理企业实施物业管理。"

物业管理企业应当具有独立的法人资格。国家对从事物业管理活动的企业实行资质管理制度。从事物业管理的人员应当按照国家有关规定，取得职业资格证书。物业管理企业，必须由全体业主自主选择，任何单位和个人不得干预或指定。

（2）物业管理公司的任务

《物业管理条例》（2016 年修订）第 35 条规定："物业服务企业应当按照物业服务合同的约定，提供相应的服务。物业服务企业未能履行物业服务合同的约定，导致业主人身、财产安全受到损害的，应当依法承担相应的法律责任。"因此，物业管理企业对社区安全提供的服务，是按照合同规定实施的，是合同约定的物业管理公司的义务。但由于小区具体情况不同，业主与物业管理企业签订的合同中对物业管理企业应承担的安全方面的职责规定得不尽相同，由此，物业管理企业的社区安全保卫方面的作用也有所区别。但《物业管理条例》（2016 修订）也规定了物业管理企业必须履行的安全方面的责任，如发现本区域内违反有关治安等方面法律、法规规定的行为，应当制止，并及时向有关行政管理部门报告；协助做好物业管理区域内的安全防范工作；发生安全事故时，物业管理企业在采取应急措施的同时，应当及时向有关行政管理部门报告，协助做好救助工作。

物业管理企业根据合同约定履行安全方面职责时，必须遵守法律、法规的有关规定，不得侵犯公民的合法权益。

物业管理企业根据合同约定履行安全方面职责，可以聘请保安公司和保安人员实施安全管理，维护本区内的公共秩序。物业管理专业化是当前物业管理发展的一个重要趋势。如美国的物业管理公司一般只负责整个住宅小区的整体管理，具体业务则聘请专业的服务公司承担。物业管理公司接盘后将管理内容细化后再发包给专业单位。特别是小区的安全保卫，一般委托专业保安公司负责派人承担。目前，国内有些公司，如陆家嘴物业管理公司也在试行专业管理与专业服务相分离的做法。

2. 保安服务公司

我国保安服务业自 1984 年诞生以来，保安服务公司已从 1987 年的 99 家发展到 2002 年 3 月的近 1 400 家，保安员从 1987 年的 1.3 万人发展至 1999 年的 29 万余人，2001 年又迅猛增加到了 46.3 万余人。近几年，不少保安服务公司从向客户提供单纯的人力安全守护服务，逐步向提供安全技术防范、电子保安、数字保安、金融守护押运等方面的服务发展，一些领域的服务与管理水平已经接近或达到了世界先进水平。

（1）组织设置

在我国，保安服务公司是在公安机关的主管和指导下，为客户承担保安服务和提供安全防范咨询业务的服务型企业。保安服务公司经营内容主要包括三类：一是为客户提供门卫、守护、巡逻、押运等安全劳务服务；二是为客户提供安全技术防范设备的设计、安装、维修和咨询等技术服务;三是经销各类保安器材。保安服务公司服务对象很广泛,包括为单位提供固定的保安服务,为家庭、个人以及社区提供保卫服务,为文体、展览等大型群体活动提供现场保卫服务等。为社区安全提供安全服务,也是保安服务公司的重要业务。

(2)在社区安全管理中的作用

保安服务公司为社区提供安全服务,有两种形式:一是直接受雇于社区,为社区履行保安任务;二是由负责社区物业管理的公司聘用保安公司实施保安活动。

保安服务公司作为一种专业性的保安服务机构,在安全保卫方面具备专门的经验和手段,因而在维护社区安全方面有着独特的重要作用。

2.3 社区安全管理与服务措施

维护社区的安全,要有多种方法与措施,从维护社区安全管理与服务的方法上分析,可以把维护社区安全的措施分为人力和物力、技术安全管理与服务措施。从人力和物力、技术安全管理与服务措施的关系上分析,人力安全管理与服务措施起着主要作用,因为物力、技术安全管理与服务措施不会主动预防违法犯罪,对各种违法犯罪的预防和突发情况的处置,主要靠人力安全管理与服务措施这一重要的响应力量。

2.3.1 社区人力措施

1. 社区门卫与巡逻

门卫、巡逻是各社区普遍采用的一种人力安全管理与服务措施。门卫作为社区安全管理与服务的主要工作内容之一,处于社区安全管理与服务的第一线,对整个社区安全管理与服务工作有着极其重要的作用。同时,社区门卫工作也是展示一个社区良好风貌的重要窗口。

门卫,顾名思义即大门或门口的守卫,是指社区安全管理组织派出保卫人员,依据国家法律、法规和社区内部的规章制度,对指定的大门严格把守,对进出的车辆、人员、物品进行检查、验证和登记的一系列工作过程。门卫的主要任务是依据国家的有关法律、法规、政策和社区内部的规章制度对出入大门的人员、车辆、物资进行严格检查、验证和登记,防止物资丢失,防止不法人员混入内部,以维护社区的治安秩序,保证社区人、财、物的安全。具体来讲其任务包括以下几个方面:对进出人员的控制;对出入物品的检查;对进出口秩序的管理;对可疑情况进行处置。关于社区门卫工作的基本要求,一般认为,作为门卫要做到以下几个方面。

“两查”：一是查验进出人员的有关证件；二是查验出入物资的证明及对实物的核对。

“两快”：一是反映情况快；二是解决问题快。

“四勤”：一是眼勤；二是手勤；三是脑勤；四是腿勤。

“四要”：一是执行制度要严格；二是查验人、物要细致；三是处理问题要灵活；四是上岗执勤要文明。

“五好”：一是情况记录好；二是执行制度好；三是交通指挥好；四是事情处理好；五是团结互助好。

“八看与八对”：一看证件对姓名；二看相貌对年龄；三看举止对职业；四看原籍对口音；五看言行对学历；六看衣着对身份；七看物品对来由；八看同伴对关系。

巡逻是社会治安防控体系中的重要组成部分，是社会治安防范工作的一种重要形式，也是社区安全管理工作中的一种常用手段。对治安环境复杂的单位、场所、地段和生活区域进行有效巡逻是一种维护其秩序十分有效的措施。社区安全管理人员在巡逻中的观察与识别包括以下几点。

一是社区巡逻中的观察。巡逻中的观察既要有一定的知识准备，又要有恰当的方法手段。主要包括直接观察法和间接观察法。

二是社区巡逻中的识别。识别主要是通过对客体对象外在形态的判别去把握它的内在实情。在这里，外在形态主要包括：神态表情、言谈举止、衣着打扮、痕迹物品。

2. 社区安全防范宣传教育

（1）社区安全防范宣传教育的原则

① 理论联系实际的原则。社区安全防范宣传教育的目的是提高社区居民的安全防范意识和安全防范知识。因此，社区安全防范知识的宣传教育要与实际问题或实际活动挂钩，防止空洞说教，即为宣传而宣传的形式主义。

② 民主平等的原则。社区安全管理人员在组织社区安全防范宣传教育活动中应采取平等的态度，不能板起面孔训人，只能说服，不能压服，要充分相信社区群众有能力管好自己，从而达到自我教育的目的。

③ 提高思想认识与解决实际问题相结合的原则。社区安全防范宣传教育中，要善于听取社区群众对社区安全防范工作与宣传教育工作的意见，了解社区群众的需求，为社区群众解决实际问题。在实践中应结合社区安全管理的具体工作去做宣传教育工作，这样能使宣传教育工作落到实处。

④ 正面引导与反面教育相结合的原则。这是提高社区安全防范宣传教育工作有效性的重要一环。通过正面引导，可普及社区安全防范的知识和技能，提高社区群众的安全防范意识、知识和技能。通过反面教育，可以有力促进社区群众搞好安全防范工作，提高其主动性、积极性。

(2) 社区安全防范宣传教育的内容

① 道德宣传教育。道德是人们共同生活及其行为的准则和规范。一般说来,一个道德品质高尚的人是不会走向违法犯罪道路的。违法犯罪率上升,治安秩序混乱,遇到违法犯罪的人或事,充耳不闻,视而不见,这是社会道德水准低下或下降的表现。因此,进行道德教育,是社区安全防范宣传教育的一项重要任务,是预防违法犯罪的第一道防线。

② 法制宣传教育。法制宣传教育是增强社区群众法律意识和法制观念的重要手段,是预防和减少违法犯罪的有力武器。结合普法教育,利用典型案例,用活生生的事实对全体社区居民进行深入广泛的法制教育。通过教育,使广大社区群众明确社会主义法律的本质,明确公民的权利和义务,明确罪与非罪的界限,明确道德、纪律和法律的关系,并自觉用法律这一武器来维护国家利益和个人的合法权益,用法律武器来同各种违法犯罪进行斗争。

③ 安全防范知识技能的宣传教育。根据社区的实际状况,针对社区内违法犯罪的特点、规律和社会治安形势,不失时机地做好社区群众的安全防范知识技能教育。安全防范知识技能教育的内容,不仅包括防违法犯罪方面的,还包括防治安灾害事故方面的,不仅要告诉社区群众防什么,而且还要告诉他们怎样防,根据社会治安的形势和社区的实际情况,每个时期都有不同的内容和要求。但总的来讲,是要教育社区群众提高警惕,贯彻落实"预防为主"的安全防范工作方针。

(3) 社区安全防范宣传教育方法

① 开展报告宣讲。常采用以下两种报告形式:形势报告、辅导报告。形势报告即在敌情、社情发生某些变化时,及时向群众讲明当前的治安状况及其新特点,引导群众正确认识,并采取相应的防范对策,确保社区内治安秩序的稳定。辅导报告即为群众学习法律常识和安全防范知识所作的辅导报告。

② 运用宣传媒介。宣传媒介主要包括以下几种形式:平面媒体如墙报、黑板报、宣传橱窗;影像媒体即通过播放影像作品向社区群众进行安全防范宣传教育;广播技术如无线电收音机和有线广播喇叭;现代网络技术。利用互联网技术进行安全防范知识宣传教育今后必将成为主要的工作手段之一。

③ 发公开信。定期将社区内违法犯罪的活动情况、活动的规律和特点,治安灾害事故发生情况及防范对策、要求等以公开信的形式发送到每一户居民家中,提高其安全防范意识和能力。在通信技术迅速发展的今天,一些地方通过在节假日前夕给手机用户发送有关安全防范知识的短消息,提醒公众注意安全问题,这对提高其安全防范的意识也有一定的好处。

④ 设立公告栏。根据不同社区的不同治安特点,对一定时期内(如一个月)违法犯罪活动的情况及其呈现的规律与特点,定期向社区居民通报;并针对比较突出的问题,提出安全防范建议,以"治安提醒栏""治安通报栏"等不同的形式,在各个单位、各个居民住宅

小区、各社区居民委员会门口等醒目位置进行张贴。

⑤ 安全防范建议书。对发生在社区内的每一起可防性案件、各类治安灾害事故，认真加以分析研究，找出相关单位和居民住宅小区安全防范措施和制度上存在的漏洞和隐患，并以安全防范建议书的书面形式告知涉案单位和个人，提醒其注意，并按要求进行整改。这种针对性非常强的事后补救措施，能起到教育发案单位相关人员，堵塞漏洞，避免类似案件再次发生的作用。

⑥ 制定安全文明公约。与群众共同制订以"四防"为主要内容的安全文明公约，并张贴于醒目处，时刻提醒群众搞好安全防范工作，自觉遵守安全文明公约，并按公约要求参加到邻里守望、看楼护院、巡逻值班等安全防范工作中来。

⑦ 组织应急演练。火灾扑救、火灾疏散等知识，可以通过在社区举行的灭火演练、安全疏散演练等形式，使社区群众在演练中增强对火灾的感性认识，更加深刻地掌握灭火、组织疏散、逃生自救等消防安全知识与技能。

此外，还有发放公共安全知识图册、手册、应急箱等公益手段。

3. 社区安全检查

社区安全检查是社区安全管理参与者为了及时发现和消除社区内的不安全因素，防止发生治安灾害事故，而对社区内的场所及相关区域的安全措施进行定期或不定期的检查和监督活动。社区安全检查是发现社区内不安全因素，及时采取措施，加强预防，把案件和事故消除在萌芽状态的有效方法。

（1）社区安全检查的主要内容

① 查思想。查思想即查社区内各单位和社区群众对安全防范工作是否重视，查安全保卫人员和社区群众在安全防范工作中是否存有麻痹大意思想。社区群众有无麻痹思想的基本表现是看其对规章制度是否认真自觉地贯彻执行。

② 查制度。查制度即查社区内各项安全防范工作的规章制度是否健全，责任是否明确，执行是否认真。社区安全防范工作参与者对安全防范工作是否重视的一个基本标志，就是看社区内对安全防范工作有无切实可行的对策和比较健全的规章制度。

③ 查隐患。隐患即检查安全防范工作中是否存在隐患漏洞，社区的各个方面是否存在不安全因素。社区安全检查既要肯定成绩，总结正面经验，更要发现问题，吸取反面教训。

④ 查措施。查措施即检查各种安全防范措施和整改措施是否严密周到和贯彻落实到位。社区保卫工作的好坏关键在措施，而措施的关键在落实。

（2）社区安全检查的主要形式

① 各社区单位进行自查和互查。一般由各社区单位定期或不定期地对自身安全状况进行检查，必要时可以由各单位相互检查，取长补短，相互监督。

② 主管部门进行安全检查。一般由行政主管部门组织所属基层单位的治保专职人员组成安全检查组，对所属的社区单位进行全面的安全检查。

③ 治安、消防机关的安全检查。即治安管理部门和消防监督部门以属地管辖原则组织的检查。对发现的不安全因素要逐条登记，提出整改意见并限期解决。在紧急情况下，有权责令其危险部门停止使用或停业整顿。

④ 全地区性的安全大检查。一般由各级人民政府，或者由安全委员会、消防委员会组织有关部门，以政府的名义对全地区进行安全大检查。

（3）社区安全检查的基本方法

① 定期全面检查。定期全面检查，也叫定期普查，它是规定在某一时间段对社区内的安全保卫工作情况进行普遍的检查。这种检查一般是在“五一”“十一”、春节等重大节日前夕或重大活动之前进行。定期全面检查一般由党政主管部门组织或牵头，参加的部门比较多，声势和影响比较大，因此，各单位比较重视，有一定的督促作用，也确能解决一部分难题，因而这种方法被长期且普遍采用。

② 不定期局部检查。不定期局部检查，也叫抽查。它是在不告诉被检查对象的情况下，对局部地区或个别部位所进行的检查。不定期局部检查属于“不宣而战”，从某种程度上带有很大的“突然性”，被调查对象没有思想准备或准备不够充分，因而检查的结果一般比较客观真实，安全防范、基础工作的好坏一目了然。这是安全检查中经常使用的一种有效的方法。

③ 专项检查。专项检查是根据安全工作的某种需要，对某一部位或某一工作专门场所进行的检查。专项检查有较强的针对性和目的性，一般有同行专家或工程技术人员参加，大多有较为严格的程序和标准，因此，该项检查确能查出优劣，确能发现问题和解决问题，具有较强的权威性和说服力。

2.3.2 社区物力与技术防范

社区物力与技术防范手段与社区人力防范措施的同时采用，可以在社区形成立体化、多层次、全方位、科学防范违法犯罪和预防灾害事故的强大网络体系，从而减少社区安全管理中人为因素造成的盲区及漏洞。

1. 社区物力防范设施

物力防范设施是针对犯罪分子采取破门、撬锁、爬墙、越窗等非法手法入室作案的特点，通过改善居民住宅门窗、围墙、阳台等设施，预防和减少室内案件发生的重要措施。社区内常用的物力防范设施主要有楼宇对讲电控门、防盗门、防盗窗、防攀爬设施、围墙等几种。

① 楼宇对讲电控门。楼宇对讲电控门就是安装在社区居民楼各单元门外的防盗门和对讲系统，可以实现访客与住户对讲，由户主来控制防盗门的开、关，从而有效地防止非法人员进入住宅楼内。一般由对讲（可视对讲）系统、控制系统、电源系统、电控防盗安全门四部分组成。

② 防盗门、防盗窗。门、铁窗、铁栅栏是传统型安全防范手段，它在保障社会治安方面发挥了巨大的作用。依据我国国情，在相当长时间内，居民住宅依靠防盗的铁门窗、铁栅栏也不失为一种安防办法，城市目前这种方法占90%以上。这种防范设施价格不是很贵，对居民心理上有相当大的习惯性认可和安抚作用。

③ 防攀爬设施。有些居民住宅由于设施不科学，雨棚、下水管、避雷线紧靠窗户、阳台，为犯罪分子攀登潜入楼上居民室内作案留下了隐患。为此，要在这些接合部安装带刺的铁丝网或者有尖头的铁栅栏，或者在阳台上安装铁丝网罩，也可以把阳台改造成封闭式，以此阻挡不法分子攀登入室。

④ 围墙。围墙是围绕住宅设置的护卫建筑物。围墙可以用于阻断住宅与外界的通路，防止无关人员随意出入住宅区，从而维护住宅区的正常秩序。

⑤ 家用保险箱。家用保险箱虽然坚固，但体积小，如果将其嵌砌在墙内存放贵重财物，并且用其他物品掩盖其外露部分，那么，犯罪分子即使潜入室内也难以发现，更难以打开窃物。

⑥ 车棚。在社区内搭建自行车寄存棚，帮助居民解决存车难的问题，努力减少停放在户外的自行车、摩托车失窃的发生。

总之，加强物防，不断完善基础防护设施，是当今社区安全防范中最传统的措施，也是技术防范措施的有效补充。

2. 社区防盗报警系统

随着人民生活水平的不断提高，如何有效地防范不法分子的盗窃行为，将是人们普遍关心的问题。仅靠人力和物力来保护人民生命财产的安全还是不够，借助现代化高科技的电子、红外线、超声波、微波、光电成像和精密机械等技术来辅助人们进行安全防范是一种最为理想的方法。

（1）防盗报警系统的分类

按探测器的工作方式分类，主要包括：主动式报警器、被动式报警器。

按探测范围分类，主要包括：点控制式报警器、线控制式报警器、面控制式报警器、空间控制式报警器。

按信号传输方式分类，主要包括：有线报警器、无线报警器。

按入侵探测器的种类分类，主要包括：开关报警器、感应报警器、声控报警器、振动报警器、玻璃破碎报警器、主动和被动红外线报警器、微波报警器、超声波报警器、双技术报警器、视频报警器、激光报警器、电缆周围入侵报警器等。

(2) 防盗报警系统的组成

防盗报警系统负责建筑内外各个点、线、面和区域的探测任务,一般由探测器、控制器和报警控制中心三个部分组成。最底层是探测和执行设备,它们负责探测人员的非法入侵,有异常情况时发出声光报警,同时向控制器发送信息。控制器负责下层设备的管理,同时向控制中心传送自己所负责区域内的报警情况。一个控制器和一些探测器、声光报警设备等就可以组成一个简单的防盗报警系统。

(3) 防盗报警系统在社区安全管理与服务中的应用

防盗报警器发展到今天已有许多种类型,选择什么样的报警器才能保证防盗报警系统工作的安全性和可靠性,是十分重要的。其安全性是指在警戒状态下报警系统要保证正常的工作,不受或少受外界因素的干扰。可靠性是指报警系统正常工作时,入侵者无论以何种方式、何种途径进入预定的防范区域,都应及时报警,且应减少误报和漏报率,主要考虑二个方面的问题。

① 报警器的选择。各种防盗报警器由于工作原理和技术性能的不同,往往仅适用于某种类型的防范场所和防范部位,因此需按适用的防范场所和防范部位的不同对防盗报警器进行分类。

② 布防准备工作。在正确选择了防盗报警器之后,报警系统发生误报的原因则主要是布防规划不当。因此,正确合理的布防规划是使报警系统工作稳定可靠,满足防范要求的重要保证。现场勘察是布防规划的第一步,按报警防范现场的不同,可分为室内防范和室外防范。室内防范即指建筑物内部特定区域或部位(如银行的金库、博物馆的珍宝室等)及特殊目标(如金柜、贵重文物等)的点型、线型、面型、空间型的警戒。室外防范包括大面积特定范围和独立建筑物的周围警戒。

室内现场勘察的内容主要包括:建筑物结构、建筑材料、环境因素、工作条件及室内布局。

室外现场勘察的内容主要包括:防范区域的地形、地貌(平地、丘陵、山地、河流、湖泊),防范周界状况(是平地还是丘陵或是山地),植被情况(是否有草、树等植物),气候情况(包括气温、风、雪、雷、雨、雾、冰、雹等)和土质情况。还应注意周围有无小动物及马类的活动,有否被磁干扰(广播发射机及各种高频设备)。

(4) 防盗报警系统布防模式

根据防范场所、防范对象及防范要求的不同,现场布防可分为周界防护、空间防护和复合防护三种模式。

① 周界防护模式。周界防越报警系统是为防止不法之徒通过小区非正常出入口闯入而设立的,以此建立封闭式小区,防范闲杂人员出入,同时防范非法人员翻越围墙或围栏。通常,在小区的围墙四周设置红外多束对射探测器,一旦有人非法入侵,就会触发相关装置,并立即发出报警信号到周界控制器,通过网络传输线发送至管理中心,并在小区

中心电子地图上显示报警点位置，以利于保安人员及时准确地出警，同时联动现场的声光报警器（白天使用）或强光灯（夜间用），及时威慑和阻止不法之徒入侵，同时提醒有关人员注意，做到群防群，拒敌于小区之外，真正起到防范作用。

② 空间防护模式。住宅防盗报警系统的核心部分是家庭智能控制器，该控制器采用模块化设计，由CPU、总线接口、无线防区模块、语音模块、电话模块、多表采集模块、有线防区模块、显示电路、小键盘以及控制接口等组成。防护时的探测器所防范的范围是一个特定的空间，当探测到防范空间内有入侵者侵入时就发出报警信号。

③ 复合防护模式。复合防护模式是指在防范区域采用不同类型的探测器进行布防，使用多种探测器或对重点部位作综合性警戒，当防范区内有入侵者进入或活动时，就会引起两个以上的探测器陆续报警。

3. 社区消防报警灭火系统

火灾是发生频率较高的灾害，无论电器设备、装修材料，还是内部陈设，都可能引发楼宇火灾，导致人员伤亡和财产损失。而火灾最容易发生在人群稠密和物资集中的地方，其损失尤以高层和超高层建筑最大。所以，社区的消防报警灭火系统的应用越来越突显其重要性。

（1）火灾自动报警系统的组成

火灾自动报警系统，通常是由触发装置、火灾报警控制器以及消防联动控制装置等组成。火灾发生时，触发装置将火灾信号（烟雾、高温、光辐射）转换成电信号，传递给火灾报警控制器，再由火灾报警控制器将信号传输到消防联动控制装置。

（2）自动灭火系统的组成

自动灭火系统由电控制与自动控制两类组成：一是电控制。火灾探测器探测到火灾信号后，向火灾控制器发出信号，火灾控制器又向喷头发出控制信号。二是自动控制。温度上升到一定数值时，闭锁机构自动打开。有易熔件喷头、玻璃泡喷头两种。自动灭火系统主要有自动喷水灭火系统、卤代烷灭火系统、二氧化碳灭火系统、干粉灭火系统、泡沫灭火系统等。

4. 社区图像监控系统

随着国民经济的发展和科学技术的不断提高，计算机技术、电视技术已经用于社会生活的各个方面，图像监控系统作为一种先进的、防范能力极强的综合系统，已经广泛应用于社区安全领域，成为保护社区安全的重要手段。它通过遥控前端摄像机及其辅助设备（镜头、云台等）直接观看被监视场所的一切情况，通过对图像分析处理，进行图像报警，以防止偷窃，预防火灾的发生。同时，图像监控系统可以把被监控场所的图像全部或部分地记录下来，为日后对某些事件的处理提供了重要依据。

（1）社区图像监控系统的组成

社区图像监控系统依功能可以分为摄像、传输、控制以及显示与记录四个部分。一是摄像部分。摄像部分是安装在现场的用于摄取现场情况的设备,主要包括摄像机、镜头、防护罩、支架和电动云台,它的任务是对被摄体进行摄像并将其转换成电信号。二是传输部分。传输部分的任务是把现场摄像机发出的电信号传送到控制中心,主要包括线缆、调制与解调设备、线路驱动设备等。三是控制部分是社区图像监控系统中的核心设备,由总控制台组成,系统内各设备的控制信号均是从这里发出和控制的。控制台由视频分配放大器、视频矩阵转换器、控制键盘、圆面分割器、长延时录像机等设备组合而成,主要完成视频信号放大与分配、校正与补偿、图像信号的切换、图像信号的记录、摄像机及辅助部件的控制等。四是显示与记录部分。显示与记录部分把从现场传来的电信号转换成图像在监视设备上显示。如果有必要,就用录像机录下来。

(2) 社区图像监控系统的安装与使用

社区图像监控系统主要安装在社区的主要出入口、主干道、主要路口、周界围墙或护栏、停车场出入口、电梯轿厢、设备机房及其他重要区域。

社区图像监控系统的安装与使用可以提高社区安全管理水平,有助于社区管理者充分了解社区的动态,实现对整个社区的实时监控和记录。当发生异常情况时,与周界防盗报警系统及住宅室内报警系统联动的图像监控系统还能自动弹出异常情况发生区域的画面,并进行记录,从而实现对社区的重要区域进行全方位的监视,提高防范效果。

2.3.3 智慧社区简介

1. 智慧社区的定义与内涵

(1) 智慧社区的定义

美国迪比克市认为,智慧社区是指采用一系列新技术,将社区的所有资源都连接起来,监测、分析和整合各种数据,并智能化地做出响应。而日本在理解智慧社区的过程中,更多强调节能减排、新生能源等为智慧社区的要素。国外智慧社区的建设实践涉及智能能源、电、水、气等基本设施提供更长久、可持续的能源动力。国内则更多的是将智慧社区作为一个智慧城市建设的最小建筑、健康照护、智慧安防、教育与文化、养老、专门人群服务的实施单元,关注社区各类资源的整合与信息系统的构建,并强调电子政务等各个方面的内容。

2014 年 5 月 4 日,住房和城乡建设部发布《智慧社区建设指南(试行)》中,将智慧社区定义为通过综合运用现代科学技术,整合区域人、地、物、情、事、组织和房屋等信息,统筹公共管理、公共服务和商业服务等资源,以智慧社区综合信息服务平台为支撑,依托适度领先的基础设施建设,提升社区治理和小区管理现代化,促进公共服务和便民利民服务智能化的一种社区管理和服务的创新模式。

(2) 智慧社区的发展原则

① 以人为本,需求导向。把实现社区居民的利益作为智慧社区建设的根本出发点和落脚点,以居民最迫切的现实需求为导向,把社区居民满意程度作为重要考核标准,确保

智慧社区建设不偏离服务于民的根本目标。

② 统筹规划,资源整合。要充分结合社区现有资源,统筹规划,合理布局,最大限度地降低社会成本,避免资源浪费。鼓励以智慧城市公共信息平台和基础数据库为依托,搭建市级或区级统一的智慧社区综合信息服务平台,整合社区治理、小区管理、公共便民服务等专项应用,促进社区管理和服务向集约化的方向发展。

③ 政府引导,社会参与。在各级党委政府领导下,充分发挥政府在规划、政策、法规及标准制定、资金投入和监督管理等方面的引导作用,鼓励和支持社会组织、企事业单位、社区居民共同参与智慧社区建设、管理和运行,充分发挥市场在资源配置中的决定性作用,探索低成本、高实效的智慧社区发展模式。

④ 因地制宜,分类指导。坚持从实际出发,充分结合当地经济社会发展的现状和趋势,在把握智慧社区建设基本要求的前提下,分类指导,突出重点,分步实施,避免脱离实际的"摊大饼式"建设。

(3) 智慧社区评价原则与指标体系

制定智慧社区评价指标体系的目的在于通过量化的科学评测体系,引导智慧社区规划、建设和运行,评价智慧社区建设的效果,发挥指引方向和量化评估作用。指标体系编制遵循三个原则:一是前瞻性,指标能代表智慧社区各领域的最新发展水平;二是可操作性,指标的选择要充分考虑数据采集的科学性和便利度;三是扩展性,可根据实际情况对指标体系进行补充、完善和修订。

智慧社区指标体系涉及保障体系、基础设施与建筑环境、社区治理与公共服务、小区管理、便民服务和主题社区等六个领域,包括 6 个一级指标、23 个二级指标、87 个三级指标。结合我国社区发展现状,将三级指标归纳为 26 个控制项、43 个一般项和 18 个优选项,控制项是智慧社区建设必须完成的指标,一般项则是在此基础上扩展的指标,优选项是智慧社区探索性和创新性的指标。

2. 智能建筑简介

智能建筑的概念,在 20 世纪末诞生于美国。第一幢智能大厦于 1984 年在美国哈特福德(Hartford)市建成。中国智能建筑于 20 世纪 90 年代才起步,但迅猛发展势头令世人瞩目。智能建筑是信息时代的必然产物,建筑物智能化程度随科学技术的发展而逐步提高。当今世界科学技术发展的主要标志是 4C 技术(即 Computer 计算机技术、Control 控制技术、Communication 通信技术、CRT 图形显示技术)。将 4C 技术综合应用于建筑物之中,在建筑物内建立一个计算机综合网络,使建筑物智能化。智能建筑是集现代科学技术之大成的产物。其技术基础主要由现代建筑技术、现代计算机技术、现代通讯信技术和现代控制技术所组成。

(1) 什么是智能建筑

修订版的国家标准《智能建筑设计标准》(GB/T 50314—2006)对智能建筑定义为"以

建筑物为平台,兼备信息设施系统、信息化应用系统、建筑设备管理系统、公共安全系统等,集结构、系统、服务、管理及其优化组合为一体,向人们提供安全、高效、便捷、节能、环保、健康的建筑环境”。

原国家标准《智能建筑设计标准》(GB/T 50314—2000)对智能建筑定义为以建筑为平台,兼备建筑自动化设备BA、办公自动化OA及通信网络系统CA,集结构、系统、服务、管理及它们之间的最优化组合,向人们提供一个安全、高效、舒适、便利的建筑环境。

(2)智能建筑系统集成

智能建筑系统集成(Intelligent Building System Integration,IBSI),指以搭建建筑主体内的建筑智能化管理系统为目的,利用综合布线技术、楼宇自控技术、通信技术、网络互联技术、多媒体应用技术、安全防范技术等将相关设备、软件进行集成设计、安装调试、界面定制开发和应用支持。

智能建筑系统集成实施的子系统包括综合布线、楼宇自控、电话交换机、机房工程、监控系统、防盗报警、公共广播、门禁系统、楼宇对讲、一卡通、停车管理、消防系统、多媒体显示系统、远程会议系统。对于功能近似、统一管理的多幢住宅楼的智能建筑系统集成,又称为智能小区系统集成。

(3)智能建筑的基本要素

结构:建筑环境结构。它涵盖了建筑物内外的土建、装饰、建材、空间分割与承载。

系统:实现建筑物功能所必备的机电设施。如给水排水、暖通、空调、电梯、照明、通信、办公自动化、综合布线等。

管理:是对人、财、物及信息资源的全面管理,体现高效、节能和环保等要求。

服务:提供给客户或住户居住生活、娱乐、工作所需要的服务,使用户获得到优良的生活和工作的质量。

关键术语

安全管理　社区安全管理非营利组织(NPO)　社区安全检查　智慧社区　智能建筑

复习思考题

1. 什么是社区安全管理?
2. 简述社区安全管理的特点、原则。
3. 简述常见的社区安全管理组织及其基本职责。

4. 简述社区安全管理与服务的基本人力和物力措施。
5. 什么是智慧社区？
6. 简述智慧社区的发展原则与评价指标。
7. 什么是智能建筑？
8. 简述智能建筑的基本要素。

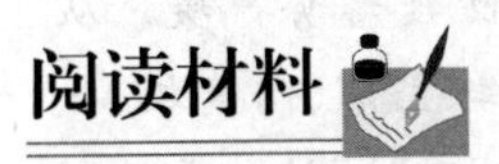

新冠肺炎重大疫情社区防控的有效性分析

2020 年初新冠肺炎疫情是对我国治理体系和能力的一次大考，也是对基层治理体系和治理能力的一次大考。由于重大传染病疫情防控涉及全面的社会动员和管制，因此必须依靠最基层的社区来守住最重要的社会防线。2020 年 1 月 24 日，国务院发出《关于加强新型冠状病毒感染的肺炎疫情社区防控工作的通知》，将社区作为疫情防控的主要阵地，社区防控成为这场战役的“治本”之策。

一、筑牢社区疫情防控第一道防线

新冠肺炎疫情暴发以来，社区是防控下沉的重要环节。社区是中国社会治理的基本单元，是执政党与政府联系群众、服务群众的“最后一公里”。中国城乡基层社区在“外防输入、内防扩散”方面发挥着不可替代的作用。总体上看，这次抗疫中社区彰显了疫情防控的最后一道“防护网”的保障作用。但是，城乡社区抗疫中也频发治理失效的典型案例，包括社区的居民隐瞒个人行程、病情、密切接触人群，社区管理方式粗暴，居民阻碍和干扰破坏正常防疫管理，抗疫治理形式主义严重等现象。如何实现社区治理的“善治”目标，特别是重大危机情形下的有效治理，无论是在理论研究还是实践探索都有着深远意义。

习近平总书记在北京市调研指导新型冠状病毒肺炎疫情防控工作时强调：“全国都要充分发挥社区在疫情防控中的阻击作用，把防控力量向社区下沉，加强社区各项防控措施的落实，使所有社区成为疫情防控的坚强堡垒。”新冠肺炎疫情是提高国家治理体系和治理能力现代化水平特别是社区治理的重要契机，在这场全民“战疫”中，村/居委会的工作人员、网格员、基层政权自治组织成员、街道(乡镇)干部、小区的物业公司、社区党员和志愿者、扶贫工作队，站在了基层治理和社区疫情防控的前沿，无论是疫情期间的防控还是复工复产后防扩散，后疫情时代社会治理，探寻“非常规时态”社区治理模式有效性路径，彰显政府提供公共产品的能力、效率和效益尤为重要。

二、疫情防控中社区治理模式有效性考察

疫情防控期间，社区的封闭式管理概念有明确的空间划分(网格化)，疫情宣传、排查、防控及上报责任也是落实到社区这一最小治理单元。城乡社区作为社会治理的基本单元,其治理效果直接关系到党和国家大政方针政策能否落实,关系居民群众的切身利益能否得到满足,以及城乡基层的社会和谐稳定发展大局。突如其来的新冠肺炎疫情对人民生活和经济社会造成了重大影响和损失,经过全国人民共同努力疫情得到了良好控制,通过对江西省若干城乡社区的实地调研,发现在这场全民"战疫"中许多社区表现突出,一直保持零确诊、零疑似的好成绩,但也有社区出现了确诊病例,防疫形势严峻。从已有的理论和调研社区治理实践的观察来看,我们试图通过实例从参与主体、制度机制、资源配置三个维度分析抗疫社区治理模式的有效性。包括规制政策、体制机制在内的制度环境会影响社区治理的效果,多元主体的参与程度、社区资源配置能力也会影响社区治理的有效性。

1. 主体参与的有效性

首先是政府的主导。事实证明,在突发公共卫生事件的影响下,政府的作用是关键的,尤其是在危机中社会群体心理混乱的状态下,城乡基层政府在疫情管控政策制定、信息提供、社区公共产品服务等方面扮演着十分重要的作用。在调研中发现M村在出现了确诊病例后,村民自治组织几近瘫痪,随后乡政府强力介入农村社区才实现了秩序的重新构建。在很短的时间内,完成了防疫工作方面的部署,并且让其运转起来,防止社区居民出现不理智的行动,并且提供了一系列的便民公共服务,稳住了社区的局势,取得了良好的抗疫效果。L村和N村、S街道的H和W社区都在省防疫指挥中心统一指导、各级地方政府的统一部署安排下,第一时间成立了疫情防控小组,采取了封闭式管理、地毯式排查等防控措施,均取得了零确诊、零疑似的好成绩,防疫效果显著。

其次是基层党组织和党员的先锋模范作用。面对疫情,全国各级党组织和广大党员干部主动请战,连日来坚守在救治患者最前线,坚守在联防联控第一线,坚守在各自的工作岗位,让党旗高高地飘扬在了"抗疫"的一线。此次调研的若干城乡社区第一时间发挥了党支部和党员的先锋模范作用,积极参与到人员排查登记、测量体温、宣传引导、卡点值守等一系列抗疫工作中的党员,N村有26名(占全部党员的72.2%)、L村有18名(占全部党员的46.2%)、M村有15名(占全部党员的41.7%)。通过坚守在抗疫最前线,发挥党的领导作用,引领更多的社会群众参与到社区治理的过程当中,提升了社区主体参与性。

最后是社区居民(村民)的主人翁参与。政府与社区居民及其组成的社区自治组织的关系,关乎多元协商治理的质量。王浦劬认为:"从我国协商治理的实践经验来看,从意见协调、利益整合到共识达成、矛盾化解,尤其需要以信任为核心的社会资本和以理性协商为基础的公共精神,社会资本和公共理性构成协商治理的文化基础。"只有社区自治组织参与主体秉持着理性负责的态度来参与社区治理,才能多方一起形成合力,助力完成社区的有效治理。本次调研的多个社区就充分发挥了各方的作用,比如N街道D社区有防疫志愿者50人,而且大多为老年人,年纪最大的70岁;S街道W社区充分发挥社工事务所的作用,社工事务所有10名成员作为志愿者参与社区疫情防控;L村委会有32位村民主动参与到本次疫情防控;县M村委会有村民30多人志愿扛起"抗疫"责任,由此可见,以上社区充分发挥了居民(村民)自治作用,为此次防疫工作良好效果的取得 发挥了重要作用。

2. 制度机制的有效性

首先,全国性法规与机制。本次新冠肺炎疫情暴发后,国家引导公民加强对《中华人民共和国传染病防治法》《中华人民共和国野生动物保护法》《中华人民共和国传染病防治法实施办法》《中华人民共和国突发事件应对法》《中华人民共和国动物防疫法》《中华人民共和国食品安全法》《中华人民共和国刑法》《中华人民共和国治安管理处罚法》等相关法律法规的学习,提高公民法律意识,遵纪守法,共同度过疫情难关。同时依据《中华人民共和国突发事件应对法》和《国家突发公共事件总体应急预案》,全国31个省区市迅速启动突发公共卫生事件一级响应机制,尤其是疫情严重的湖北省不仅启动了突发公共卫生事件一级响应机制,还针对性发布了《湖北省人民政府关于加强新型冠状病毒感染的肺炎防控工作的通告》《省人民政府办公厅关于印发湖北省防控新型冠状病毒感染肺炎疫情财税支持政策的通知》《省人民政府办公厅关于印发应对新型冠状病毒肺炎疫情支持中小微企业共渡难关有关政策措施的通知》等疫情相关通知条例,助力抗疫战争早日取得胜利。国家层面的法律保障和机制保障,为抗疫社区的有效治理提供了强力支撑。

其次,地方性法规与机制。为做好疫情防控工作,结合江西当前疫情防控形势,省政府决定启动 江西省突发公共卫生事件一级响应机制。深化全省人民对《江西省突发公共卫生事件应急办法》《江西省突发事件应对条例》《江西省动物防疫条例》等法律条例的学习。同时江西省第一时间成立联防联控机制,通过联防联控相关部门通力合作,各项工作依法科学、有序有效开展,包括《关于切实做好新型冠状病毒感染的肺炎疫情防控工作应急预案》《江西省人民政府印发关于有效应对疫情稳定经济增长20条政策措施的通知》《关于加强疫情科学防控推进全省企业复工复产的通知》《江西省中小学2020年寒假及春季学期延期开学期间线上教育教学实施方案》等针对性很强的政策。调研发现,疫情发生后,各社区都在严格落实疫情防控措施,加强对流动人口的管理,实施交通卫生检疫,开展群防群治。地方性法规的完善与机制的建立为社区抗议取得良好成果发挥着不可替代的作用。

最后,社区机制。社区内部的机制建设对于社区治理起着至关重要的作用,社区内部的沟通机制建设更是重中之重,尤其是城市社区中异常明显,甚至直接影响着社区治理质量。调研发现,本次疫情发生之后,各社区迅速成立疫情防控工作小组,由地方行政管理部门主要负责人挂帅,调集所有资源投入到防疫攻坚战当中,社区干部通过以往的沟通机制比如社区议事会、微信群,使社区各部门、各主体协调好拧成一股绳。对于社区人员进出管理,大量社区通过机制创新,实现了在完成防疫要求下,最低程度影响居民的正常生活。由于社区是直接面对大众,掌握的实际情况比上级政府更多,因此其内部针对本社区实际情况制定的规章和机制有利于实现更有效的治理。

3. 资源配置的有效性

首先,社区治理"硬"资源的使用。社区的很多问题在科技帮助下,可更好更有效地解决,比如社区微信群、QQ群、社区信息采集、社区大数据、视频监控技术、智慧机器人等新技术可以完美解决。在本次疫情防控过程中,一些社区采用新技术为社区的有效治理提供必要的技术保障,比如南昌市N街道,所有社区各卡口均有高清摄像头,通过"一屏全控"系统,监控室可直接查看是否有人员聚集。若有聚集,可以快速发现,同时借助城警联勤综治云平台,该平台包括城管、治安、街道干部和社区干部。社区自行购买了30台步话机,每卡口和每社区分配一台步话机,另外街道负责成员每人一台,可实现问题的快速有效处理,同时减少了社区人员工作量和感染风险,为疫情时期社区的有效治理提供了技术保障。社区管理中不再使用一张纸、一支笔的传统登记方式,而是通过扫描二维码、微信小程序等方式进行实时录入汇总,最大限度避免近距离接触而产生的交叉感染风险。宜春市袁州区L村委会通过社区微信群及时发布疫情动态,让多数村民能够第一时间把握疫情情况,及时做好防护,避免恐慌。特殊时期,通过一系列的技术手段,大大提高了社区治理的有效性。

其次,社区治理"软"资源的使用。人的作用是关键性的,硬件的良好运行,需要优质的软件作为支撑,现代社区治理体系需要重视人力资源建设。社区管理人员不仅要处理社区的日常事务,还要调节社区内居民关系,处理突发事件,社区管理人员的能力越强,社区工作开展也会越顺利。在此次调研中发现,大多数社区管理人员政治意识强,应急反应快,人员调度合理,为社区疫情防控取得良好的效果提供了保证。比如L村委会村书记在疫情发生后的第一时间,严格按照乡政府部署执行了封闭式村庄管理的决定,村民反对意见很大,逆反心理比较强烈,甚至出现部分过激行为,但是经过村书记的耐心解释和劝导,最终村民都理解和支持特殊时期的这一做法。村委会书记带头,坚持卡点值守、上门排查、体温测量、劝散聚众等疫情防控管理,为L村取得零感染的好成绩作出了重要贡献。可见社区管理人员良好的素质对于社区治理有效性有很大的影响。这次疫情中,城乡网格员发挥了特殊的作用,其中,城区网格员在采集录入人口、出行等基础信息,及时排查安全隐患动态信息,开展疫情防控宣传,医疗物资及生活用品保障服务,帮助空巢老人、孤寡老人、残疾人、留守妇女儿童等特殊群体等方面完成了大量的疫情管控和协助管理等工作。农村网格员克服居住分散、排查难度大、信息变化快、人手有限的诸多困难，在疫情信息收集、流动人员管理、卡点值守人员召集等公共服务方面积极作为，努力付出。

资料来源：易外庚，方芳，程秀敏.重大疫情防控中社区治理有效性观察与思考[J].江西社会科学，2020，40(3)：16-24.

问题讨论

1. 为什么说社区是此次新冠肺炎重大疫情防控的第一道防线？
2. 请对比分析 2003 年 SARS 和 2020 年的新冠肺炎在社区防控机制异同。
3. 结合案例，试述新型肺炎重大疫情社区防控的实际效果。

本章延伸阅读文献

[1]　张丹媚，周福亮.智慧社区管理[M].重庆：重庆大学出版社，2019.
[2]　郭琳琳，游茂.社区卫生服务机构信息安全策略思考[J].中国卫生信息管理杂志，2014，11(3)：273-277.
[3]　李朝伟.城市社区治安管理研究[J].湖北经济学院学报(人文社会科学版)，2018，15(8)：10-12.
[4]　温坤，孔令毅.非政府组织(NGO)在公共危机管理中的作用分析[J].管理观察，2018(6)：35-36.
[5]　李徐铭."互联网＋"背景下微信在社区治安防控中的应用初探[J].新闻世界，2019(3)：87-91.
[6]　罗祥.基于城市独居老人的智慧社区服务系统设计研究[J].设计，2019(19)：25-27.
[7]　刘公博.智慧城市背景下智慧社区养老模式研究[J].中国集体经济，2019(29)：3-4.
[8]　孙星峰.智慧社区视频监控系统建设[J].有线电视技术，2019(9)：72-73.

第3章 家庭及居民行为安全

CHAPTER 3

3.1 家居安全

3.1.1 家居安全

1. 社区的人口学特征

社区伤害的预防和控制是针对个体社区居民的,具有普遍性。根据我国社区居民构成特点,从人口学角度将社区居民分为两种:重点人群和普通人群。

(1) 重点人群

重点人群主要是指伤害事件发生频率较高的人群。社区伤害事件的统计表明,高风险人员以及脆弱群体更容易发生伤害事件,并且容易造成更大的损失。因此,对于重点人群需要采取特殊措施进行重点管理和保护;而对于普通人群只需进行通常化管理。

根据北京社区居民构成的特点又将重点人群分为高危人群、弱势群体和流动人口。主要因为这三个群体在应对社区伤害事件中所具有的能力不同,在评价体系中应赋予不同的权重。

高危人群主要是指从事高风险行业的人员以及经常接触高风险环境的相关人员。主要包括:社区的物业管理人员、消防队员、居委会人员和司机等,他们从事的职业往往面临着更高的伤害危险或者经常参与、接触高风险环境。同时,下岗失业人员在某种程度上也属于高危人群。

弱势群体主要指因身体、心理、年龄等因素而对伤害缺乏预防及处理能力的人群。包括:老人(60 岁及以上)、儿童(14 岁及以下)、残障人员等。老人由于年龄大,视力和听力下降,体弱多病,行动不便,活动量减少,免疫功能减退,日益突出的"空巢"现象,造成独居老年人逐渐增多,家庭对老年人缺乏照顾等,使老年人成为易受伤害的人群。儿童发育尚未成熟,动作不协调,好奇心强,回避反应迟缓,缺乏自我保护意识和常识,辨别伤害能力弱,在监护人疏忽的时候容易发生伤害。残障人员由于身体的缺陷使他们也成为伤害的易发人群。

流动人口主要是指非长期居住固定社区的人员。北京城市社区不同于国外，社区居民的流动性比较大，有的社区可能很大一部分居民都是外来的流动人口。流动人口的不稳定性以及人员构成的复杂性决定了他们也是伤害事件的高发人群。

(2) 普通人群

其他即普通人群，社区伤害事件的预防和处理同样需要他们的参与。

2. 家居安全类别

家居安全是公共安全领域的一个重要方面，借鉴生产安全领域的分析方法，可以从人—机—环—管四个方面分析，家居安全主要可分为人的安全、物的安全、环境的安全和管理的安全。具体包括：

(1) 用电安全

不要移动正在运行的家用电器，如电视机、电风扇、洗衣机等。如需搬动，应当关上开关，并拔去插头。

不要徒手修理家中带电的线路或设备。

使用频繁的电器，如电热淋浴器、电风扇、洗衣机等，应经常用验电笔测试金属外壳是否带电，如果损坏应请专业人员维修。

使用的家用电器因不慎浸水，首先应当切断电源开关，防止电器绝缘损坏，再次使用前，应当请专业人员进行检测。

进行电气工作前，需先验明确实无电；湿手不要接触或操作电气设备。

电器设备应保持良好的接地。

灯头、插座、开关、导线等接触电器的带电部分绝对不能外露，需用绝缘带缠紧包实。

如果发现有人触电应立即切断电源，或用干木棍、竹竿等绝缘体挑开电线。

教育未成年孩子不要玩弄电器设备，为避免家庭电器设备安装埋下事故隐患。

(2) 防火安全

不要让孩子接触火、电、气源，在儿童房间不要使用蜡烛等明火照明，不要在儿童蚊帐附近安放蚊香。

不可随意将烟蒂、火柴杆扔废纸篓内或可燃杂物上，不要躺在床上或沙发上吸烟。

不私接乱接电线，插座上不要使用过多的用电设备，电线老化应及时更换，不用铜、铁、铝丝等代替刀闸形状保险丝。离家或入睡前，应对用电器具开关进行检查，用电设备长期不使用时，应切断开关或拔下插销。

不要在楼梯间、公共楼道内动火或存放可燃物品，不要在棚厦内动火、存放易燃易爆物品，不要在棚厦禁火地点吸烟、动火。

使用液化气，要先开气阀再点火。使用完毕，要先关气阀再关炉具。不要随意倾倒液化气、石油气残液。燃气泄漏，要迅速关闭气源阀门，开窗通风，切勿触动电器开关、使用明火、拨打电话。

炉灶周围不要堆放可燃物。使用炉灶应当做到人离火灭。入冬前要仔细检查火炕、火墙、烟囱的烟道。

农村草垛要远离住房,周围有可靠水源。

(3) 燃气安全

使用前,要认真阅读使用说明书和燃气公司提供的《燃气安全使用手册》,使用时保持室内通风。

每次使用后,除关闭灶具自身的开关外,还必须关闭管路上的灶前阀门。如长期不使用,一定要关闭表前阀门。

使用中要注意检查连接软管的状况,严防出现挤压、烫坏、裂纹等缺陷。连接灶具的软管长度不要超过 2 米。

使用燃气时,务必看到灶具点燃后再从事炊事活动,并且不要远离。

用户不得自行拆、装、改造燃气管道。

(4) 煤气安全

使用煤气时,一定要有人在灶前看管。每天临出门或临睡前要检查煤气阀门是否关好。

煤气用具要选用正规厂家的合格产品,并请专业队伍进行规范安装。使用煤气热水器时,一定要保持室内通风良好。

在进行室内装修时,不得擅自拆、迁、改造、遮挡或封闭煤气管道设施,不得将煤气表、煤气管道等安装在密闭的橱柜内。

使用管道煤气的燃具不能和使用其他气体的燃具互相代替,不要在管道上悬挂物品,也不要在管道煤气设备周围堆放杂物和易燃品。

有煤气或液化气的家庭最好安装可燃气体泄漏报警器。

(5) 家具安全

鱼缸不要放在电话桌旁和离厕所、厨房门近的地方,以防着急或潮湿滑倒,撞碎鱼缸。

花瓶和吊兰也常被人们放在陈列柜的高处,应当给吊兰做个半人高的架子,或把盆景放在阳台或窗台上。如果家里有孩子,最好把易碎的东西放到带门的柜子里。

如果有大块玻璃或玻璃门,一定要在眼睛平视的方位挂个颜色鲜明的装饰物。

地砖一定要选防滑的,拖鞋最好买塑胶底的,防滑垫要表面干净、四角平整,放在干燥的地面,以免人滑倒。

家中最好用固定在墙上的插座,少用接线板;家电不要过于集中于某个区域,最好分散放置,并用固定插座;家电各自的功率不超过接线板所能容纳的最大功率;长电线不要相互缠绕;电线不可暴露过多,建议用埋线管将其包裹起来,并放在角落里;收拾电源线时，手要干，以防触电。

一人高以内的家具，最好选圆角的，以免易被撞伤；如果家具是直角的，千万别放在狭小的空间、门的旁边，以免因空间狭窄而撞到；如果家中有孩子和老人，可用软布将四角包起来。

一定要把水果刀套上刀鞘，并放进刀架上，不要横着摆在桌上；指甲刀和镊子等放进抽屉；家里最好不要用金属架子，如果有的话，也要在墙面等地方固定好，或将金属制品放入带盖的收纳盒。

（6）防雷安全

发生雷击时，不能停留在楼（屋）顶上；要注意关闭门窗；在室内，电视机或收音机（尤其是使用室外天线的）应当停止收看、收听；要切断电源，并将室外天线与电视机脱离而与地线连接，电灯和其他电器最好暂停使用，也不要打电话。

发生雷击时，如发现电器设备被雷电烧坏时，应当尽快地切断电源，并通知电工来检查修理；不宜接近室内裸露的金属物，如门、窗、水管、暖气管、煤气管等，更应远离专门的避雷针引下线。

发生雷击时，坐在干燥的可作为绝缘材料的物质上面，弯腰低头、抱膝抵胸，脚要离开地面，四肢并拢，不要用手触地，那样可能会传导雷电。

（7）厨房安全

① 蔬菜灭火法。当油锅因温度过高，引起油面起火时，此时请不要慌张，可将备炒的蔬菜及时投入锅内，锅内油火随之就会熄灭。使用这种方法，要防止烫伤或油火溅出。

② 锅盖灭火法。当油锅火焰不大，油面上又没有油炸的食品时，可用锅盖将锅盖紧，然后熄灭炉火，稍等一会儿，火就会自行熄灭，这是一种较为理想的窒息灭火方法。但要注意，油锅起火千万不能用水灭火，水遇油会将油炸溅锅外，使火势蔓延。

③ 干粉灭火法。平时厨房中准备一小袋干粉灭火剂，放在便于取用的地方，一旦遇到煤气或液化石油气的开关处漏气起火时，可迅速抓起一把干粉灭火剂，对准起火点用力投放，火就会随之熄灭。这时可及时关闭总开关。除气源开关外，其他部位漏气或起火，应立即关闭总开关阀，火就会自动熄灭。当然厨房内配备个小型灭火器，效果会更好。

（8）食物中毒的预防与急救

① 防止食品被细菌污染。首先应该加强对食品企业的卫生管理，特别加强对屠宰厂宰前、宰后的检验和管理，禁止食用病死禽畜肉。食品加工、销售部门及食品饮食行业、集体食堂的操作人员应当严格遵守食品卫生法，严格遵守操作规程，做到生熟分开，特别是制作冷荤熟肉时更应该严格注意。从业人员应该进行健康检验合格后方能上岗，如发现肠道传染病及带菌者应及时调离。

② 控制细菌繁殖。主要措施是冷藏、冷冻。温度控制在2℃～8℃，可抑制大部分细菌的繁殖。熟食品在冷藏中做到避光、断氧、不重复被污染，其冷藏效果更好。动物食品

食前应彻底加热煮透,隔餐剩莱食前也应充分加热。腌腊罐头食品,食前应煮沸 6～10 分钟。

③ 高温杀菌。食品在食用前进行高温杀菌是一种可靠的方法,其效果与温度高低、加热时间、细菌种类、污染量及被加工的食品性状等因素有关,根据具体情况而定。

(9) 用药安全

① 急性腹痛忌用止痛药,以免掩盖病情,延误诊断,应尽快去医院查诊。

② 腹部受外伤内脏脱出后忌立即复位。脱出的内脏须经医生彻底消毒处理后再复位,以防止感染而造成严重后果。

③ 使用止血带结扎忌时间过长。止血带应每隔 1 小时放松 15 分钟,并做好记录,防止因结扎肢体过长造成远端肢体缺血坏死。

④ 昏迷病人忌仰卧。应使其侧卧,防止口腔分泌物、呕吐物吸入呼吸道引起窒息,更不能给昏迷病人进食、进水。

⑤ 心源性哮喘病人忌平卧。因为平卧会增加肺脏瘀血及心脏负担,使气喘加重,危及生命,应取半卧位使下肢下垂。

⑥ 脑出血病人忌随意搬动。如有在活动中突然跌倒昏迷或患过脑出血的瘫痪者,很可能有脑出血,随意搬动会使出血更加重,应平卧,抬高头部,即刻送医院。

⑦ 小而深的伤口忌马虎包扎。若被锐器刺伤后马虎包扎,会使伤口缺氧,导致破伤风杆菌等厌氧菌生长,应清创消毒后再包扎,并注射破伤风抗毒素。

⑧ 腹泻病人忌乱服止泻药。在未消炎之前乱用止泻药,会使毒素难以排出,肠道炎症加剧,应当在使用消炎药之后再用止泻药。

(10) 儿童铅安全

① 注意自来水管道的铅污染。早晨经水龙头放出的自来水含铅较多,应待水放出 3～5 分钟后再使用。如果以前装修使用的是 PVC 水管,有条件的可以更换 PPR 管,也可以在管道上安装除铅的过滤器。

② 注意临街房屋的汽车污染。临街的住宅在装修时要注意门窗的密封,适当地进行室内通风换气。孕妇和儿童应尽量少在公路旁边逗留,孕妇在孕期前后尽量不要开车。

③ 注意儿童家具的选择。为了防止长牙的宝宝啃东西,婴儿床的所有表面必须漆有防止龟裂的保护层,床缘的双边横杆必须装上保护套,婴儿床的油漆绝对不能含有铅等对孩子身体有害的元素。

④ 注意采用室内空气净化措施,因为室内空气中的铅等重金属物质一般会与悬浮颗粒物结合。选用质量可靠的空气净化器,降低室内的悬浮颗粒物,是减少室内环境中铅尘的有效途径。

⑤ 利用植物进行室内环境湿度调节,也可以降低室内环境中的铅尘。儿童使用的房间和家具一般喜欢选用鲜艳的颜色,更容易造成房间空气里的铅污染,因此一定要注意

选择无铅的油漆或者涂料。此外,五颜六色的儿童玩具也容易含有铅,一定要经常清洗。

(11)电梯安全

一旦被困电梯中,不必惊慌。因为电梯的轿厢上有很多条安全绳,它的安全系数很高。电梯装有防坠安全装置,即使停电了,电灯熄灭了,安全装置也不会失灵,电梯会牢牢夹住电梯槽两旁的钢轨,使电梯不至于掉下去。即使电梯上的安全绳断了(这种情况极少发生),在电梯槽的底部会有缓冲器,可以降低掉下来时的冲击速度,电梯内的人是不会受到身体的伤害的。

电梯内若有司机,一定要听从他的指挥。他们都是受过专业训练的,都有处理这种情况的办法。如是没有司机,应该采取以下措施:用电梯内的电话或对讲机求救,必要时按下标盘上的警铃;拍门大声叫喊,或脱下鞋子,用鞋拍门,以引起梯外人注意。

千万不要强行扒开电梯门或试图从电梯轿厢上的安全窗跳出,这样做非常危险。因为电梯如果突然启动,人就会失去平衡。在漆黑的电梯槽里,可能会被缆索绊倒,或踩着油垢滑倒,从电梯顶上掉下去。

3. 家居安全识别

调查显示,2000年以来,70%以上的火灾事故都发生在家庭,消防安全重点将从人员密集场所向家庭延伸。公安部等8部门联合下发了《全民消防安全宣传教育纲要(2011—2015)》,提倡家庭制定应急疏散预案并进行演练,表明家庭消防安全成为社会关注的焦点。开展家居安全自我管理,其主要路径是运用科学方法进行家居安全问题识别与改进,具体步骤包括:

第一步:家居安全自查

如表3-1所示,可用检查表法来识别。

表3-1 家居消防安全自查表

序号	检查内容	评分项		
		是	否	不确定
1	家里每个房间是否都计划了不同的火灾逃生线路?			
2	家里的火灾逃生路线是否始终畅通无阻?			
3	一旦发生火灾,全家都知道如何正确、快速地拨打119火警电话吗?			
4	你是否养成了不把孩子置于无人看护状态的习惯?			
5	全家是否都清楚逃生第一准则——所有人尽快撤离火场,不再返回?			
6	你是否向孩子的看护人讲解了正确的火灾逃生路线及报警方法?			
7	你的家里是否严格禁止卧床吸烟?			
8	在你丢掉烟头,处理烟嘴、烟缸之前是否确定香烟已经熄灭?			
9	火柴是否远离每个孩子?			

续表

序号	检查内容	评分项		
		是	否	不确定
10	如果你的家里有移动式加热器,它们摆放在安全的位置吗?			
11	窗帘和其他可燃物是否远离电加热器等热源?			
12	做饭时,你衣服的袖子扎好了吗?			
13	你能安全地扑灭油锅火灾吗?			
14	当炉灶有火时,总有大人留在厨房吗?			
15	你确定家里的电线没破损,没有电源延长线从地毯下面穿过吗?			
16	家里电线每个回路上的保险或断路器与线路负荷匹配吗?			
17	你家里的电视机通风情况良好吗?			
18	你把垃圾、废物及时从卧室、储藏室、厨房、车库清理出去了吗?			
19	你把易燃易爆液体、气体放置在远离热源和孩子的安全的地方了吗?			
20	家中备有灭火器或其他灭火工具吗?			

第二步:制定家庭防火应急预案

(1) 头脑里要有一张清单,列出家里房间的一切可能逃生的出口,例如门、窗、天窗、阳台等。应该想到每间卧室至少有两个出口,就是说,除了门外,窗户能作为紧急出口使用。知道几条逃生路线,就可以在主要通道被堵时,走别的路线求生。

(2) 平时要让你的家庭成员,尤其是儿童了解门锁结构和怎样开窗户,一个被钢丝钉固定的纱窗就会使窗户不能成为紧急出口。因此,无论什么门窗,都应该是容易开关的。要让儿童知道,在危急关头,可以用椅子或其他坚硬的东西砸碎窗户玻璃。

(3) 绘一张住宅平面图,用特殊标志标明所有的门窗,画出每一条逃生路线,注明每一条路线上可能遇到的障碍,画出住宅的外部特征,标明逃生后家庭成员的集合地点。

(4) 让家庭成员牢记下列逃生规则:

① 睡觉时把卧室门关好,这样可以抵御热浪和浓烟的侵入、延缓火势的蔓延。假如你必须从这个房间跑到另一个房间方能逃生,到另一个房间后应随手关门。

② 在开门之前先摸一下门,如果门已发热或者有烟从门缝中渗透进来,切不可开门,而应当准备走第二条逃生路线。假如门不热,也只能小心翼翼地打开少许并迅速通过,通过后立即重新关上。因为门大开时会跑进许多氧气,这样即使是快要熄的火也会骤然重新猛烈地燃烧起来。

③ 假如出口通道被浓烟堵住,并且没有其他路线可走,要贴近地面的"安全带"。匍匐前进通过浓烟弥漫的走廊和房间,千万不可站着走动。

④ 不要为穿衣服和取贵重物品而浪费时间,没有任何东西值得冒生命危险。

⑤ 如果你的衣服着火了，应当立即脱掉或躺下就地打滚。如果有人带着火惊慌失措地乱跑，应当将其放倒让他滚来滚去，直至火焰熄灭。

⑥ 一旦到达家庭集合地点，要马上清点人数，看看还有谁滞留在屋内。同时，不要让任何人重返屋内，寻找和救援工作最好由专业消防人员去做。

（5）要把住宅平面图和逃生规则贴在家中显眼的地方，使所有家庭成员都能经常看到。不仅如此，至少每半年要进行一次家庭消防演习，让每个人都把逃生方案和原则熟悉一遍，并按既定的逃生路线走一遍，反复训练是从火灾中脱险的关键。

上述方案的制订和实施，在一些公民消防意识较强的国家，是家庭各种计划中必不可少的内容。虽然麻烦点，但请你记住：只有这样，你的生命才能在火灾中延续。

第三步：绘制家庭逃生图

（1）画一幅家庭的平面图。在印有网格的稿纸或者图纸背面画出您家的平面图，如果您的房子超过一层，记得每层都画一个平面图。

（2）在图 3-1 上标出所有可能的逃生出口。记得一定要把家里所有的房门、窗户、楼梯都标注在图上，这样能够让您和您的家人对紧急情况下家里的逃生路线一目了然。同时，请别忘记标注房屋附近的疏散楼梯，因为城市居民大多住在多层和高层住宅里面。

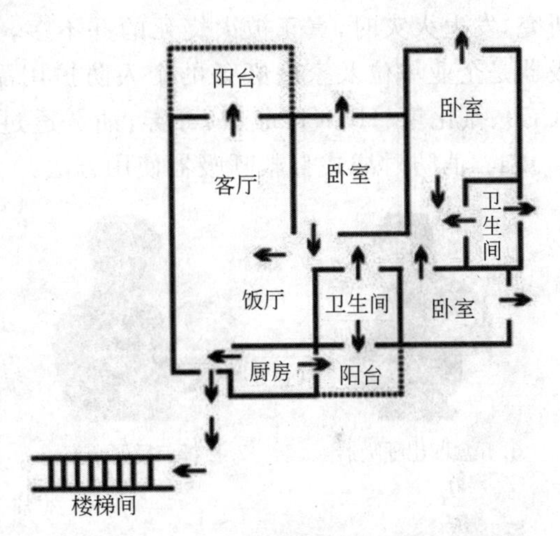

图 3-1　居民楼火灾家庭逃生计划示意图

（3）如果可能，尽量为每个房间画出两条逃生路线，房门当然是每个房间的主要逃生出口。但是，如果房门被大火和浓烟封堵，您就需要另外一个逃生出口，例如窗户。所以，您一定要确保家里的窗户能够自如开启，并且家里的每个人都清楚地知道逃生的路线。如果窗户安装了防盗锁，那么一定记得在家里准备锤子等应急工具。

（4）重点关注火灾发生时家里其他需要帮助的成员。制订家庭火灾逃生计划一定要提前考虑到紧急情况下家里需要帮助的小朋友、老年人，甚至您心爱的宠物。事先的规划能够帮助您在紧急情况下争取到关键的几分钟，甚至几秒钟！此外，火灾逃生时，请顺便大力敲一下您邻居的房门，并关上自家的大门，以帮助邻居逃生和避免自家大火短时间殃及近邻。

（5）在户外确定一个会合点。在您的住家外面确定一个家里所有人都知道的逃生会合点，一棵树、一个公交站台、一座报亭都是不错的选择！一旦火灾发生，家庭成员都直接到会合地点集中,这样能够很快确定所有家庭成员是否全部成功逃生。

(6) 在户外给消防队打电话报警。千万不要将宝贵的逃生时间在家里浪费在给消防队打电话报警上!一旦您已安全逃生,就用手机或者公共电话给消防队报警。

(7) 一定记得演练您的火灾逃生计划。家里的每个成员都要熟悉火灾逃生计划,全体家庭成员应当尝试从每个房间徒步走向逃生出口,这样可以确定所有的逃生出口是否可以正常使用。家庭最好每年做1~2次这样的演练,一旦发生火灾,家庭成员就能够在烟、火封堵逃生路线前准确、快速地疏散逃生。

第四步:配备必要的应急器材

(1) 过滤式自救呼吸器

消防过滤式自救呼吸器是绝大多数室内场所发生火灾时最佳的逃生用品之一。经研究,发生火灾时,真正被火烧死的并不多,大多数都死于烟熏中毒,消防过滤式自救呼吸器是企业单位及家庭必备的个人防护用品。过滤式自救呼吸器防护对象:一氧化碳(CO)、氰化氢(HCN)、毒烟、毒雾,油雾透过系数<5%,吸气阻力<800Pa,呼气阻力<300Pa。消防过滤式自救呼吸器使用方法:

1. 开盒取出呼吸器

2. 拔掉前后两个塞子

3. 将呼吸器戴于头上

4. 从侧面拉紧系带

照片 3-1

消防过滤式自救呼吸器使用注意事项:一是自救式呼吸器只可一次性使用,仅供个人逃生,不可用于工作防护;二是应放置于干燥通风、无腐蚀物质处;备用状态时不可撕开真空包装袋,否则将失效。

(2) 救生缓降器

当高层建筑发生火灾,浓烟烈火、封闭疏散通道的危急情况下,被困人员可以利用救生缓降器安全、迅速地从天而降脱离险境。缓降器使用方法如下。

① 将调速器用安全钩挂在预先安装好的挂钩板上或用安全钩连接用钢丝绳将其挂在坚固的支撑物上(暖气管道,上、下水管道,楼梯栏杆等处),对已安装了安装箱的用户,可在紧急情况发生时打碎玻璃取出调速器。

② 将钢丝绳盘顺着室外墙面投向地面,且保证钢丝绳顺利展开至地面。

③ 被救人系好安全带,将带夹调整适度。

④ 被救人站在窗台上拉动钢丝绳长端,使其短端处于绷紧状态。

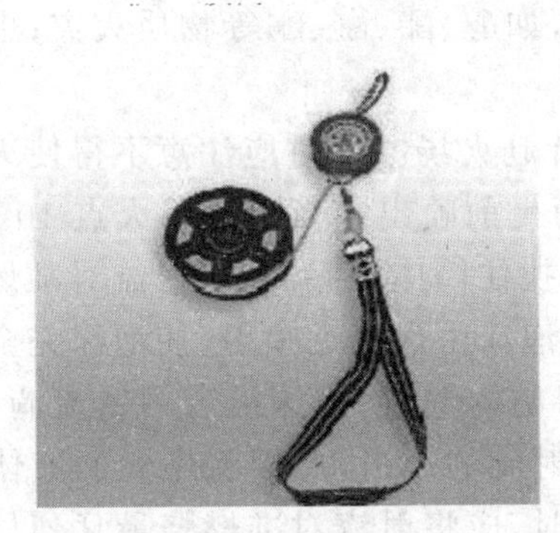

照片　3-2

⑤ 被救人双手扶住窗框，将身体悬于窗外，松开双手，开始匀速下降。下降过程中，面朝墙，双手轻扶墙面，双脚蹬墙，以免擦伤。

⑥ 被救人安全落地后，摘下安全带迅速离开现场。

（3）强光手电筒

强光手电筒，又称 LED 强光手电筒，是以发光二极管作为光源的一种新型照明工具，它具有省电、耐用、亮度强等优点。使用方法：

首次使用之前，先充电5~8小时。

开关的使用：按一次强光，两次特强光，三次闪光警示，四次关灯。

如果不常使用，三个月补充电一次，否则会降低电池寿命。

照片　3-3

建议在第一次使用之前，先充电 5～8 小时，以保证发挥最佳性能。

在使用时，第一次按下开关为强光，第二次为特强光，第三次为闪光警示，第四次为关灯。在使用过程中，当灯泡亮度暗淡时，电池趋于完全放电状态，此时，为保护电池，应当停止使用，并及时充电。手电筒应经常充电使用。如果不经常使用，请每存放三个月内补充电一次约 10 个小时以上，否则会降低电池寿命。

（4）灭火器

① 手提式泡沫灭火器适应火灾及使用方法。

适用于扑救一般 B 类火灾，如油制品、油脂等火灾，也可适用于 A 类火灾，但不能扑救B类火灾中的水溶性可燃、易燃液体的火灾,如醇、酯、醚、酮等物质火灾;也不能扑救带电设备及C类和D类火灾。

使用方法:可手提筒体上部的提环,迅速奔赴火场。这时应注意不得使灭火器过分倾斜,更不可横拿或颠倒,以免两种药剂混合而提前喷出。当距离着火点10米左右,即可将筒体颠倒过来,一只手紧握提环,另一只手扶住筒体的底圈,将射流对准燃烧物。在扑救可燃液体火灾时,如已呈流淌状燃烧,则将泡沫由远而近喷射,使泡沫完全覆盖在燃烧液面上;如在容器内燃烧,应将泡沫射向容器的内壁,使泡沫沿着内壁流淌,逐步覆盖着火液面。切忌直接对准液面喷射,以免由于射流的冲击,反而将燃烧的液体冲散或冲出容器,扩大燃烧范围。在扑救固体物质火灾时,应将射流对准燃烧最猛烈处。灭火时随着有效喷射距离的缩短,使用者应逐渐向燃烧区靠近,并始终将泡沫喷在燃烧物上,直到扑灭。使用时,灭火器应始终保持倒置状态,否则会中断喷射。

泡沫灭火器存放应选择干燥、阴凉、通风并取用方便之处,不可靠近高温或可能受到曝晒的地方,以防止碳酸分解而失效;冬季要采取防冻措施,以防止冻结;并应当经常擦除灰尘、疏通喷嘴,使之保持通畅。

② 二氧化碳灭火器的使用方法。

灭火时,只要将灭火器提到或扛到火场,在距燃烧物5米左右,放下灭火器拔出保险销,一手握住喇叭筒根部的手柄,另一只手紧握启闭阀的压把。对没有喷射软管的二氧化碳灭火器,应把喇叭筒往上扳70～90°。使用时,不能直接用手抓住喇叭筒外壁或金属连线管,防止手被冻伤。灭火时,当可燃液体呈流淌状燃烧时,使用者将二氧化碳灭火剂的喷流由近而远向火焰喷射。如果可燃液体在容器内燃烧时,使用者应将喇叭筒提起,从容器的一侧上部向燃烧的容器中喷射,但不能将二氧化碳射流直接冲击可燃液面,以防止将可燃液体冲出容器而扩大火势,造成灭火困难。

推车式二氧化碳灭火器一般由两人操作,使用时两人一起将灭火器推或拉到燃烧处,在离燃烧物10米左右处停下,一人快速取下喇叭筒并展开喷射软管后,握住喇叭筒根部的手柄,另一人快速按逆时针方向旋动手轮,并开到最大位置。灭火方法与手提式的方法一样。

工作原理:让可燃物的温度迅速降低,并与空气隔离。

好处:灭火时不会留下任何痕迹使物品损坏,因此可以用来扑灭书籍、档案、贵重设备和精密仪器等的火灾。

注意事项:使用二氧化碳灭火器时,在室外使用的,应选择在上风方向喷射,并且手要放在钢瓶的木柄上,防止冻伤。在室内窄小空间使用的,灭火后操作者应迅速离开,以防窒息。

(5)灭火毯

灭火毯具有难燃、耐高温、遇火不延燃、耐腐蚀、抗虫蛀的特性,可有效减少火灾隐

石棉被

灭火毯

照片　3-4

患，增加逃生机会，减小人员伤亡，维护人民的生命和财产安全。采用难燃性纤维织物，经特殊工艺处理后加工而成，具有紧密的组织结构和耐高温性，能很好地阻止燃烧或隔离燃烧。

石棉被是用优质的石棉纱交织而成。适用于各种热设备和热流道系统作保温，隔热材或加工成其他石棉制品。石棉被的主要用途，除了制造各种耐热、防腐、耐酸、耐碱等材料外，还利用它做化工过滤材料及电解工业电解槽上的隔膜材料以及锅炉、气包、机件的保温隔热材料，在特殊场合用它做防火幕，还可直接用于各种热设备和热传导系统做包扎保温材料。

灭火毯使用方法及用途：

火场逃生。将灭火毯披裹在身上并戴上防烟面罩，迅速脱离火场。灭火毯可以隔绝火焰、降低火场高温。

工业安全。炼钢厂、电弧焊加工、锅炉房及化学实验室等有火花、易引起火灾的场合，能够抵挡火花、熔渣、烧焊飞溅，起到隔离工作场所、分隔工作层、杜绝焊接工作中可能引起的火灾危险的作用。

初期灭火。在起火初期，将灭火毯直接覆盖在火源或着火的物体上，可迅速在短时间内扑灭火源。

地震逃生。将灭火毯折叠后顶在头上，利用其厚实、有弹性的结构，减轻落物的撞击。

3.1.2　社区消防安全的主体和宣教任务

1. 家庭、基层社区及宣教

(1) 家庭成员应学习掌握安全用火、用电、用气、用油和火灾报警、初起火灾扑救、逃生自救常识，经常查找、消除家庭火灾隐患；教育未成年人不玩火；教育家庭成员自觉遵守消防安全管理规定，不圈占、埋压、损坏、挪用消防设施、器材，不占用消防车通道、防火间距,保持疏散通道畅通;提倡家庭制定应急疏散预案并进行演练。

(2)社区居民委员会、住宅小区业主委员会应当建立消防安全宣传教育制度,制定居民防火公约,在重要防火时期、"119消防日"活动期间组织居民参加消防科普教育活动和消防安全自查、互查及灭火、逃生演练;发动社区老年协会、物业管理公司职工、消防志愿者、义务消防队员参与消防安全宣传教育工作,与社区老弱病残、鳏寡孤居家庭结成帮扶对子,上门进行消防安全宣传教育,帮助查找消除火灾隐患,遇险情时帮助疏散逃生;为每栋住宅指定专兼职消防宣传员,绘制、张贴住宅楼疏散逃生示意图,开展楼内消防巡查,确保疏散通道畅通、防火门常闭、消防设施器材和标志标识完好。

(3)社区居民委员会、住宅小区业主委员会应当在社区、住宅小区因地制宜地设置消防宣传牌(栏)、橱窗等,适时更新内容;小区楼宇电视、户外显示屏、广播等应经常播放消防安全常识。

(4)街道办事处、乡镇政府等应引导城镇居民家庭和有条件的农村家庭配备必要的报警、灭火、照明、逃生自救等消防器材,其他农村家庭应储备灭火用水、沙土,配备简易灭火器材,并掌握正确的使用方法。

(5)街道办事处、乡镇政府等应将家庭消防安全宣传教育工作纳入"平安社区""文明社区""防灾社区"等创建、评定内容。

(6)各级党校、行政学院应当将消防安全教育纳入领导干部培训内容。

2. 学校及宣教

(1)学校应落实相关学科课程中消防安全教育内容,针对不同年龄段学生分类开展消防安全教育;每学年组织师生开展疏散逃生演练、消防知识竞赛、消防趣味运动会等活动;有条件的学校应组织学生在校期间至少参观一次消防科普教育场馆。

(2)学校应利用"全国中小学生安全教育日""防灾减灾日""科技活动周""119消防日"等集中开展消防宣传教育活动。

(3)小学、初级中学每学年应布置一次由学生与家长共同完成的消防安全家庭作业;普通高中、中等职业学校、高等学校应鼓励学生参加消防安全志愿服务活动,将学生参与消防安全活动纳入校外社会实践、志愿活动考核体系,每名学生在校期间参加消防安全志愿活动应不少于4小时。

(4)校园电视、广播、网站、报刊、电子显示屏、板报等,应经常播、刊、发消防安全内容,每月不少于一次;有条件的学校应建立消防安全宣传教育场所,配置必要的消防设备、宣传资料。

(5)学校教室、行政办公楼、宿舍及图书馆、实验室、餐厅、礼堂等,应在醒目位置设置疏散逃生标志等消防安全提示。

3. 农村及宣教

(1)乡镇政府、村民委员会应当制定、完善消防安全宣传教育工作制度和村民防火公约，明确职责任务；指导村民建立健全自治联防制度，轮流进行消防安全提示和巡查，及时发现、消除火灾隐患。

(2) 在人员相对集中的场所建立固定消防安全宣传教育阵地，教育村民安全用火、用电、用油、用气，引导村民开展消防安全隐患自查、自改行动；教育村民掌握火灾报警、初起火灾扑救和逃生自救的方法。

(3) 农忙时节、火灾多发季节以及节庆、民俗活动期间，乡镇、村应当集中开展有针对性的消防安全宣传教育活动。

(4) 乡镇政府应在农村集市、场镇等场所设置消防宣传栏（牌）、橱窗等，并及时更新内容；举办群众喜闻乐见的消防文艺演出；督促乡镇企业开展消防安全宣传教育工作。

(5) 乡镇、村应设专兼职消防宣传员，鼓励农村基干民兵、村镇干部和村民加入义务消防队、消防志愿者队伍，与弱势群体人员结成帮扶对子，上门宣传消防安全知识、查找隐患，遇险时协助逃生自救。

4. 人员密集场所及宣教

(1) 人员密集场所应当在安全出口、疏散通道和消防设施等位置设置消防安全提示；结合本场所情况，向顾客提示场所火灾危险性、疏散出口和路线、灭火和逃生设备器材位置及使用方法。

(2) 人员密集场所应当定期开展全员消防安全培训，落实从业人员上岗前消防安全培训制度；组织全体从业人员参加灭火、疏散、逃生演练，到消防教育场馆参观体验，确保人人具备检查消除火灾隐患的能力、扑救初起火灾的能力、组织人员疏散逃生的能力。

(3) 文化娱乐场所、商场市场、宾馆饭店以及大型活动现场应通过电子显示屏、广播或主持人提示等形式向顾客告知安全出口位置和消防安全注意事项。

(4) 公共交通工具的候车（机、船）场所、站台等应在醒目位置设置消防安全提示，宣传消防安全常识；电子显示屏、车（机、船）载视频和广播系统应经常播放消防安全知识。

5. 企事业单位及宣教

(1) 机关、团体、企业、事业单位应当建立本单位消防安全宣传教育制度，健全机构，落实人员，明确责任，定期组织开展消防安全宣传教育活动。

(2) 机关、团体、企业、事业单位应制定灭火和应急疏散预案，张贴逃生疏散路线图。消防安全重点单位至少每半年、其他单位至少每年组织一次灭火、逃生疏散演练。

(3) 机关、团体、企业、事业单位应定期开展全员消防安全培训，确保全体人员懂基本消防常识，掌握消防设施器材使用方法和逃生自救技能，会查找火灾隐患、扑救初起火灾和组织人员疏散逃生。

(4) 机关、团体、企业、事业单位应设置消防宣传阵地，配备消防安全宣传教育资料，经常开展消防安全宣传教育活动;单位广播、闭路电视、电子屏幕、局域网等应经常宣传消防安全知识。

3.2 居民安全行为

3.2.1 人的不安全行为

1. 基本概念

(1) 人的不安全行为

当前,国内外学术界还没有提出关于不安全行为的统一定义,现介绍几种主要的定义表述。

国家质量监督检验检疫总局于1994年发布的《职业安全卫生术语》中对"不安全行为"(unsafe behavior)的定义是职工在职业活动过程中,违反劳动纪律、操作程序和方法等具有危险性的做法。但在国家质量监督检验检疫总局于2008年发布的《职业安全卫生术语》中没有定义。

陈红(2006)[①]从事故学角度界定了不安全行为的概念,认为人的不安全行为是在生产过程中发生的,直接导致事故的失误行为,含缺陷设计、故意违章、管理失误。

海因里希在《工业事故预防》中就使用了人的不安全行为这一概念,并认为人的不安全行为是导致事故的直接原因。

青岛贤司曾经指出,从发生事故的结果看,确实已经造成了伤害事故的行为是不安全的,或者说可能造成伤害事故的行为是不安全的。然而,如何在事故发生之前判断人的行为是否是不安全行为,则往往很困难,人们只能根据以往的事故经验总结归纳出某些类型的行为是不安全行为,供安全管理工作参考。

博德从实用的角度出发,定义不安全行为是可能引起事故的、违反安全规程的行为。这样的定义给日常安全管理带来很大方便,即以是否违反安全规程作为判断不安全行为的标准。但是,不安全行为的种类很多,安全规程不可能把所有的事情都包括进去,只能限制那些经常出现、后果较严重的不安全行为,因而按这样的定义可能会漏掉许多不安全的行为。

(2) 安全行为

安全是人类基本的权利,是社区持续发展的前提和基础。安全是指威胁社区和个人

---

① 陈红.中国煤矿重大事故中的不安全行为研究[M].北京:科学出版社,2006.

健康舒适的危害因素和导致生理、心理或物质的伤害条件被控制的一种状态，是个人和社区实现各种愿望的基础。安全被看作是已知环境中不同元素之间建立的一种动态平衡，是人类和生活的环境之间相互作用的结果。这里的环境并不单指自然环境，还包括社会环境，如文化、技术、政治、经济和组织等。安全是相对的，危险是绝对的。人处在某些危险环境下是可以保持警觉的状态，从而起到预防事故发生的作用。人的安全行为是指那些不会引起事故的人的行为。

总之，在社区管理中，居民的安全行为能力主要是指居民预防和处理伤害的能力，主要体现在两个方面：一是预防伤害发生的能力；二是伤害发生时的处理能力。

2. 人的不安全行为分类

为了准确地找出不安全行为产生的原因，以便采取恰当的措施防止不安全行为的产生，就要对不安全行为进行分类。对不安全行为的分类方法很多，笔者介绍以下三种分类方法。

(1) 按不安全行为的表现形式分类。我国政府于 1986 年发布的《企业职工伤亡事故分类》中将不安全行为分为 13 种(见表 3-2)，这种划分与美国(见表 3-3)和日本(见表 3-4)的不安全行为划分有所不同。我国的划分分别是：操作错误、忽视安全、忽视警告；造成安全装置失效；使用不安全设备；手代替工具操作；物品存放不当；冒险进入危险场所；攀、坐不安全位置；在起吊物下作业、停留；机器运转时加油、修理、检查、调整、焊接、清扫等工作；有分散注意力行为；在必须使用个人防护用品、用具的作业或场所中，忽视其使用；不安全装束；对易燃、易爆等危险物品处理错误。

表 3-2　GB 6441—1986 规定的不安全行为

1. 操作错误、忽视安全、忽视警告
2. 造成安全装置失效
3. 使用不安全设备
4. 手代替工具操作
5. 物体存放不当
6. 冒险进入危险场所
7. 攀、坐不安全位置
8. 在起吊物下作业、停留
9. 机器运转时加油、修理、检查、调整、焊接、清扫等
10. 有分散注意力行为
11. 在必须使用个人防护用品、用具的作业或场所中，忽视其使用
12. 不安全装束
13. 对易燃易爆等危险品处理错误

表 3-3 美国 ANSIZ16.2—1962 规定的不安全行为

1. 未经允许操作
2. 不报警、不防护
3. 用不适当的、不合规定的速度操作
4. 使安全防护装置失效
5. 使用有毛病的设备
6. 使用设备不当
7. 没有使用个人防护用品
8. 装载不当、放置不当
9. 提升、吊起不当
10. 姿势不对、位置不正确
11. 在设备开动时维护设备
12. 恶作剧
13. 喝酒、吸毒

表 3-4 日本劳动省规定的不安全行为

1. 使用安全装置无效
2. 不执行安全措施
3. 不安全放置
4. 造成危险状态
5. 不按规定使用机械装置
6. 机械、装置运转时清扫、注油、修理、点检等
7. 防护用具、服装缺陷
8. 接近其他危险场所
9. 其他不安全、不卫生行为
10. 运转失效
11. 错误动作
12. 其他

(2) 按其行为后果,可分为三种:一是引发事故的不安全行为;二是扩大事故损失的不安全行为;三是没有造成事故的不安全行为。

(3) 按其产生的根源,可分为有意识不安全行为(简称为有意不安全行为)和无意识不安全行为(简称无意不安全行为)。有意识不安全行为是在有意识的冒险动机支配下产生的行为。无意识不安全行为是指行为者不知道行为的危险性,或者不具备作业安全知识和技能,或者由于受到外界干扰,或者由于生理及心理状况欠佳而出现危险性操作等。

3. 不安全行为的特性

(1) 相对性。从不安全行为的定义可以看出,不安全行为不是绝对的,它与安全行为之间是相对的关系,是相对于某个特定的时空环境而言的。同样一种行为在某种环境中就是安全行为,而在另一种环境中就是不安全行为。例如,戴手套,在从事电焊作业时,戴防护手套就是安全行为，而在操作车床时戴手套就是不安全行为。

(2) 难预测性。不安全行为的相对性决定了它很难预测，由于不安全行为与安全行为之间没有严格的界限，所以在事故发生之前是很难判断人的行为是否安全。在实际工作中，人们对不安全行为的判断是根据以往的事故经验以及由此总结出来的安全行为进行判断。某些行为只能等行为结束后，看是否发生事故或造成损失，才能做出判断。

(3) 普遍性。不安全行为伴随着生产作业的全过程，只要有生产作业行为就随时有可能发生不安全行为，每个行为者都有做出不安全行为的可能性。不安全行为是普遍存在的，有相当数量的不安全行为并未引发风险事故。根据事故法则，无伤害事故、轻微伤、严重伤害的事故比例分别为300∶29∶1。这一比例说明，某行为者在受到伤害之前已经历了数百次没有造成伤害的事故，而在数百次无伤害事故中每一次事故在发生之前已经反复出现了不安全行为。因此，这些不安全行为虽然违章，但未造成事故或损失，这容易让人们产生麻痹思想和侥幸心理，从而忽视了不安全行为的存在。

4. 不安全行为产生的原因

产生不安全行为的原因较多，情况也非常复杂，一般认为不安全行为的产生主要有以下几个方面的原因。

(1) 态度不端正，忽视安全甚至采取冒险的行动。这种情况是行为者具备应有的安全知识、安全技能，也明知其行为的危险性，但是往往由于过分追求行为后果，或过高地估计自己行为能力，从而忽视安全，抱着侥幸心理甚至采取冒险行动。行为者为获得丰厚报酬而图省事、贪方便，也会违反规章制度冒险蛮干，产生一些不安全的行为。

(2) 教育、培训不够。由于对行为者没有进行必要的安全教育、培训，使行为者缺乏必备的安全知识和安全技能。不懂操作规程、不具备安全行为的能力，在作业中，经常处于盲目状态。凭借自己想象的方法蛮干，就必然会出现各种违章行为。

(3) 行为者的生理和心理有缺陷。每一项作业对行为者的生理和心理状况都有一定的要求，特别是有些情况复杂、危险性较大的作业对行为者的生理和心理状况还有一些特殊的要求。如果不能满足这些要求，就会造成行为判断失误和动作失误。如果行为者体形、体能不符合要求，如视力、听力有缺陷，反应迟钝，有高血压、心脏病、神经性疾病等生理缺陷或者过度疲劳、情绪波动、恐慌、焦虑、忧伤等不稳定心理状态，都会产生不安全行为。

(4) 作业环境不良。行为者的每项行为都是在一定的环境中进行的。生产作业环境因素的好坏，直接影响人的作业行为。过强的噪声会使人的听觉灵敏度降低，使人烦恼甚至无法安心工作；过暗或过强的照明会使人视觉疲劳，容易接收错误的信息；过分狭窄的场所会使人难以按安全规程正常的作业；过高或过低温度会使人产生疲劳，引起动作失误;有毒、有害气体会使人由于中毒而产生动作失调。作业环境恶劣既增加了劳动强度使人产生疲劳,又会使人感到心烦意乱、注意力不集中、自我控制力降低,因此作业环境不良是产生不安全行为的一个重要因素。

(5) 人机界面缺陷,系统技术落后。绝大部分的作业行为是通过各种机械设备、工器具来完成的,如果行为者接触的机械设备或使用的工器具有缺陷或者整个系统设计不合理等,就会使行为者的行为达不到预期的目的,为了达到目的就必须采取一些不规范的动作,也就导致了不安全行为的产生。

5. 控制不安全行为的 3E 对策

事故发生的直接原因是人的不安全行为和物的不安全状态,其基本原因可以归结为技术、教育、身体和管理四个方面。针对这四个方面的原因,企业可以采取以下 3 种基本对策。

(1) **Engineering**——技术对策,即运用工程技术的手段,消除生产设备和作业环境存在的不安全因素;

(2) **Education**——教育对策,即提供各个层次各种形式的教育和训练,使全体员工掌握安全生产的基本知识和技能,树立安全的基本观念;

(3) **Enforcement**——法治对策,即利用法律、规程、标准和制度等一系列的强制手段约束人们的行为,避免事故的发生。

3.2.2 居民安全行为的定义及分类

1. 什么是安全行为能力

关于"安全行为能力"这个概念,至今还缺乏比较系统权威的定义。肖振峰(2006)① 对其进行定义和分析。将安全行为能力分为采取有效的预防、控制和恢复措施降低伤害事件的发生和损失的可能性。如图 3-2 所示,在社区管理中,居民的安全行为能力主要是指居民预防和处理伤害的能力,体现为两方面：一是预防伤害事故发生的能力;二是伤害发生时的处理能力。同时,每个方面还包括两种情况。预防伤害发生的能力包括：一是预判伤害发生的能力,即能够对伤害发生前的各种征兆有所识别的能力;二是减少伤害发生的能力,即能够采取相应的措施降低伤害发生可能性的能力。伤害发生时的处理能力包括：一是自我保护能力,即在伤害事件发生时,能够采取有效的措施降低伤害事故的能力;二是控制局面、减少伤害损失的能力,即伤害事件发生时,能够采取相应的措施,减少伤害损失,控制伤害事件蔓延的能力。

---

① 肖振峰.北京城市社区居民安全行为能力评价指标体系研究[D].北京：北京化工大学,2008.

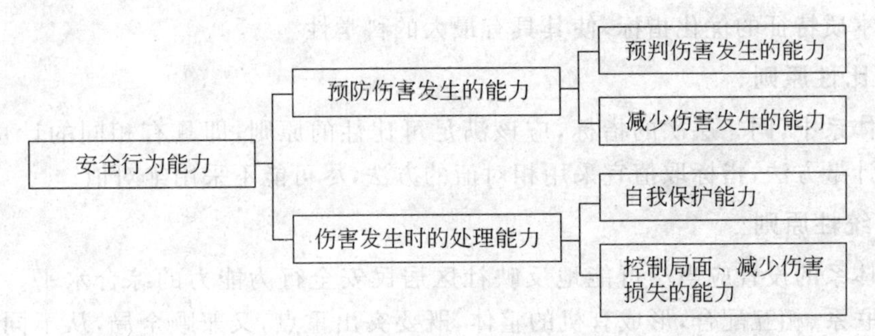

图 3-2　居民安全行为能力的构成

2. 居民安全行为能力分类

(1) 预判伤害发生的能力,即能够对伤害发生前的各种征兆有所识别的能力。伤害事件发生前往往有征兆,如果及时发现,就能采取措施,避免伤害发生以及减少伤害损失。

(2) 减少伤害发生的能力,即能够采取相应措施,降低伤害发生可能性的能力。社区中,不仅要能够及时地发现事故隐患,还要能够采取有效的措施阻止伤害的发生。比如,发现事故隐患能够依靠自身能力阻止伤害事件发生或者能够迅速报告有关职责部门及时处理,等等。

(3) 自我保护能力,即在伤害事件发生时,能够采取有效的措施降低伤害的能力。当伤害事件发生后,社区居民能否针对事件类型、特点采取合适的方式、方法来自己避免或者减小伤害。自救是人的本能,伤害发生时社区居民应该能够保证自身的安全。

(4) 控制局面、减少伤害损失的能力。即伤害事件发生后,事件参与人员是否可以有效组织协调、控制局面,协同各个方面最大限度地较少伤害损失的能力。

3.3　居民安全行为能力评价

3.3.1　评价指标选取原则

1. 科学性原则

科学性是制定评价指标体系的最基本原则。根据这一原则,评价指标体系既要能揭示居民安全行为的本质特征,又要反映出社区居民安全行为能力建设的内在要求。因此,在选取具体的评价指标时,一方面要考虑体系的完整性,大的方面不能有遗漏;另一方面又要考虑指标的代表性,通过层层筛选,从众多的指标中遴选出最能代表居民安全行为能力本质特征的优化指标,使其具有最大的科学性。

2. 可比性原则

指标体系中,同一层次的指标,应该满足可比性的原则,即具有相同的计量范围、计量口径和计量方法,指标取值宜采用相对值的方法,尽可能不采用绝对值。

3. 系统性原则

指标体系的设置应当尽可能地反映社区居民安全行为能力的综合水平。各指标之间要相互联系、相互配合,形成有机的整体,既要突出重点,又兼顾全局,从不同角度客观反映出社区居民安全行为能力的实际水平。具体包括:

相关性,是指要运用系统论的相关性原理不断地分析,组合设计指标体系。

层次性,是指标体系要形成阶层性的功能群,层次之间要相互适应并具有一致性,要具有与其相适应的导向作用,即每项上层指标都要有相应的下层指标与其相适应。

整体性,是指不仅要注意指标体系整体的内在联系,而且要注意整体的功能和目的。

综合性,是指标体系要综合考虑多方面因素,这样才能更为客观和全面。

4. 可操作性原则

指标应当明确地反映系统与指标间的相互关系,确定的指标力求简练,含义界定清晰明确,便于应用操作,具有实用性,并且要尽量保证量化指标的可度量性,即可定量指标的计算方法的操作性应当较强,数据来源比较易获得。

3.3.2 建立评价指标体系的步骤

如图 3-3 所示,评价指标体系的构造是一个“具体—抽象—具体”的辩证逻辑思维过程,是人们对对象特征认识的逐步深化、逐步求精、逐步完善、逐步系统化的过程。一般来说,这个过程可以大致分为以下四个环节:理论准备、评价指标初选、指标体系完整、指标体系试用。

1. 理论准备

在设计评价指标及指标体系前,应当对安全行为的有关基础理论有一定的了解,全面地掌握该领域描述指标体系的研究概况,同时还应当掌握一定的数理统计方法。

2. 评价指标初选

在具备了一定的理论和方法之后,可以采用一定的方法——主要是系统分析法来构造评价指标体系的框架。这是认知逐步深入的过程,是“先粗后细、逐步求精”的过程。

3. 评价指标体系完善

作为综合评价指标体系,显然有许多要求。初选的结果并不一定是合理的或必要

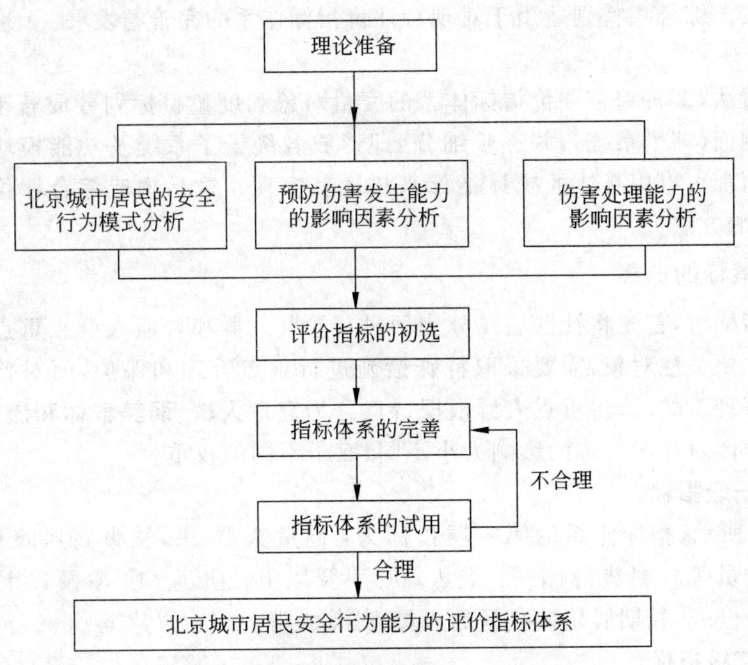

图 3-3　建立评价指标体系的流程图

的，可能有重复，也可能有遗漏甚至错误。这就要对初选指标进行精选（筛选）、测验，从而使之臻于完善，对于所选指标体系的结构进行优化。

4. 评价指标体系试用

这是评价指标体系的实践过程。实践是检验真理的唯一标准，也是评价指标体系设计的最终目的。评价指标体系需要在实践中逐步完善。通过实例的计算，分析输出结果的合理性，寻找导致评价结论不合理的原因，并随时修改指标体系。

3.3.3　评价指标的初选

1. 评价指标的初选方法

评价指标体系的初选方法有分析法、综合法、交叉法、指标属性分组法等多种方法。这里主要介绍综合法和分析法。

（1）综合法

所谓综合法，是指对已存在的一些指标按一定的标准进行归类，使之系统化的一种构造指标体系的方法。例如，西方许多国家的社会评价指标体系设计，常常是在一些公共研究机构拟定的指标体系基础之上，作进一步的归类整理，使之条理化之后而形成的，这就是综合法。综合法特别适用于对现行评价指标体系的完善与发展。

(2) 分析法

所谓分析法,即将综合评价指标体系的度量对象和度量目标划分成若干个不同组成部分或不同侧面(即子系统),并逐步细分(即形成各级子子系统及功能模块),直到每一个部分和侧面都可以用具体的统计指标来描述和实现。这是构造综合评价指标体系最基本、最常用的方法。

2. 评价指标的选择

在选取指标时,首先将社区居民分为两种:重点人群和普通人群。重点人群是伤害事件发生的主要关注对象,需要采取特殊措施进行重点管理和保护,而对普通人群只需进行通用化管理。然后,将重点人群根据特点分为**高危人群、弱势群体和流动人口**,主要因为这三个群体对社区伤害的影响大小不同,赋予不同的权重。

1) 建立一级指标

如图 3-4 所示,指标体系的第一层指标为:高危人群——从事高风险行业人员(司机、保安、消防员等);弱势群体——老人(60 岁及以上)、儿童(14 岁及以下)、残障人员等;流动人口——非长期居住该社区的人员;其他人群。

2) 建立二级指标

前文对居民安全行为能力的范围进行了界定,将其分为四方面的内容,这四方面也构成了指标体系的第二层指标(见图 3-5),即预判伤害发生的能力、减少伤害发生的能力、自我保护能力、控制局面与减少伤害损失的能力。

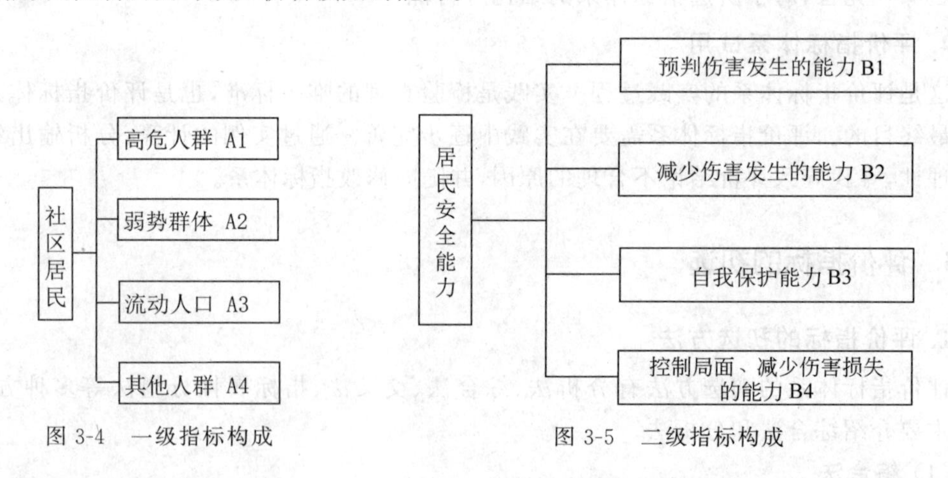

图 3-4 一级指标构成　　　图 3-5 二级指标构成

3) 建立三级指标

通过对人的安全行为模式和安全行为影响因素分析,并结合社区居民伤害统计的特征,得到安全行为能力的影响因素,如表 3-5 所示。

表 3-5　安全行为能力的影响因素

安全行为能力	影 响 因 素
预判伤害发生的能力	经验、安全意识、分析判断能力、观察能力等因素
减少伤害发生的能力	预断伤害发生的能力、健康和体力状况、反应能力、相关技能知识、责任感等因素
自我保护能力	自救知识、健康和体力状况、反应能力、心理素质等因素
控制局面、减少伤害损失的能力	自我保护能力、专业知识、大局观、责任感、应急能力、协调能力、控制能力等因素

由此建立第三层指标，具体内容论述为如下。

（1）预判伤害发生的能力

预判伤害发生的能力，即能够对伤害发生前的各种征兆有所识别的能力。伤害事件发生前往往有所征兆，如果能够及时发现，就能够采取措施，避免伤害发生以及减少伤害损失。主要包含 4 项指标：经验、安全意识、分析判断能力、观察能力。

① 经验。经验主要指常识性的知识，对一般伤害事件的了解程度，对伤害发生前兆的了解程度。比如，对于火灾发生前的种种迹象的了解程度等。居民的经验主要取决于居民自身知识水平、日常生活常识的积累、生活阅历、专业知识的水平等。经验在预判伤害发生中占有重要的地位，社区中很多伤害事件的发生往往是由于作业人员或者当事人经验不足，没有及时采取相应的措施。同时，正是因为有经验丰富的专业人员以及社区年长者的积极参与，某些潜在的伤害事件才没有发生。

② 安全意识。安全意识是人们对生产、生活中所有可能伤害自己或他人的客观事物的警觉和戒备的心理状态。影响安全意识的因素，一般应当包括心理素质、思想素质、业务素质 3 个方面的因素。在社区管理中，居民委员会成员、保安、物业人员比社区内的普通居民的安全意识相对要高。按年龄来说，老年人比中青年的安全意识要高，儿童的安全意识最低。

③ 判断能力。判断能力是指对信息加工处理的能力。能否对信息准确、及时地做出判断，往往影响到伤害事件的发生以及造成伤害的程度。主要体现为信息的阅读能力、对信息的处理能力。

④ 分析能力。分析能力是指对所得到的信息区分、辨别的能力。从外界获取信息后，能够从众多的信息中提取有用的、关键的信息，进行总结判断的能力。

⑤ 观察能力。社区伤害事件统计显示，有许多伤害的发生是因为人们没有能够及时地发现事故隐患，对一些伤害前兆丝毫没有感知，即缺乏观察能力。观察能力是指善于观察事物和环境的细微变化及其特点的能力。这里主要指对事故隐患的发现能力，对周围环境变化的感知能力和细心程度。

(2) 减少伤害发生的能力

减少伤害发生的能力,即能够采取相应的措施降低伤害发生的可能性的能力,社区安全不仅要求居民能够及时地发现事故隐患,还要能够采取有效的措施阻止伤害的发生。减少伤害发生的能力主要包括5项指标:健康、体力状况;反应能力;相关技能知识;责任感;组织报告能力。

① 健康、体力状况,即指居民的身体条件。社区居民的身体是否健康,行动是否方便直接影响到伤害事件的发生。如果能及时发现伤害隐患,又有良好的体力健康状况,就可以有效地减少伤害的发生。健康、体力状况主要包括:健康水平、是否有足够的体力以及行动是否方便等。

② 反应能力。反应是指机体对外界环境的改变或刺激产生的对应变化。反应能力是指发现伤害隐患时能否及时地做出反应,比如自己采取措施消除事故隐患,或者及时上报有关管理部门。

③ 责任感。社区管理中,责任感能够充分体现社区居民对社区事务的关注程度,对社区建设的支持和参与程度。现在,很多社区在开展"社区是我家"等活动,这些都是在培养社区居民的责任感,将"为社区服务,也是为自己服务"的观念植入居民心中,从而使社区安全建设更加顺利地进行。

④ 相关技能知识。相关技能知识是指那些能够用来采取正确措施消除事故隐患的知识。当发现伤害隐患时,可以根据自己掌握的知识技能,采取措施在第一时间消除事故隐患,这样可以免去上报有关部门的时间耽搁,从而最大限度地减少伤害发生。相关技能知识主要包括简单的通用技巧和一部分专业的知识等。

⑤ 组织报告能力。组织报告能力是指当发现隐患自己不能及时处理时,能准确及时地上报相应的部门进行处理,最大可能地减少伤害事件的发生的能力。组织报告能力不仅仅是能够上报,而且要及时准确地上报到主管部门。组织报告能力主要包括:对相应部门联系方式的熟悉程度、对相关部门职责的熟悉程度以及语言组织表达能力等。

(3) 自我保护能力

自我保护能力,即在伤害事件发生时,能够采取有效的措施降低自身伤害的能力。也就是说,当伤害事件发生后,社区居民能否针对事件类型、特点采取合适的方式、方法来使自己避免或者减小伤害。自我保护能力主要包括5项指标:自救知识、健康状况、心理素质、应变能力、对周边环境的熟悉程度。

① 自救知识。自救知识指应对一般伤害事件的自我保护知识,比如说,当发生烧烫伤时,在去医院处理前自己能够处理伤口,防止伤口恶化。自救知识主要包括:对常见突发疾病的紧急处理常识、对一般伤害事件的临时处理能力、基本的逃生知识等。

② 健康状况。健康状况即身体状况,这里主要指是否有足够的体力和能力来躲避伤害,逃离伤害发生区域,保护自身安全。健康状况主要包括:健康水平、是否有足够的体

力以及行动是否方便等。

③ 心理素质。心理素质是指个体在心理过程、个性心理等方面所具有的基本特征和品质。它是人类在长期社会生活中形成的心理活动在个体身上的积淀，是一个人在思想和行为表现出来的比较稳定的心理倾向、特征和能动性。这里主要指面对伤害能否保持镇定的心态进行自我保护。

④ 应变能力。应变能力是指随情况的变化灵活机动的处理能力。伤害事件发生后，居民面临的变化和压力迅速增大，能否根据情况的变化及时采取自我保护措施，直接反映了该居民的应变能力。

⑤ 对周边环境的熟悉程度。对周边环境的熟悉程度是指对周边环境是否熟悉，能否迅速选择合适的自救路线，确保自己能够及时躲避伤害。主要包括：对紧急疏散通道的熟悉程度、对社区内紧急避难场所的熟悉程度以及相对安全场所的辨别能力等。

(4) 控制局面、减少伤害损失的能力

控制局面、减少伤害损失的能力是指伤害事件发生后，参与人员是否可以有效地组织协调和控制局面，协同各个方面最大限度的较少伤害损失。主要包括10项指标：专业知识、大局观、决断能力、领导能力、责任感、影响力、应急能力、组织协调能力、控制能力和心理素质。

① 专业知识。专业知识是指应对不同伤害的特有知识，比如与火灾相关的专业知识，不同起火原因应该选择何种方法灭火。主要包括：常规伤害的一般性特征、不同特征的不同应对措施、人员疏散、救治的基本常识等。

② 大局观。大局观是指对整个局面的了解和控制能力，即全面了解伤害事件的产因后果，掌控全局的能力。大局观主要是对社区管理人员以及相关职责部门的领导人员的要求，当伤害事件发生后，需要他们能够统筹大局、全面地分析事态、合理地分配资源等。主要包括：统筹能力、分析能力以及观察能力等。

③ 决断能力。决断能力是指面对突发事件能够迅速、正确地做出判断的能力，即及时、准确地采取措施，应对已经发生的伤害事件的能力。

④ 领导能力。领导能力是指用自身的权力去命令其他人，带领他人积极工作的能力。即在伤害事件的处理中，组织相关人员进行抢救，减少伤害损失的能力。

⑤ 责任感。责任感是指应该做(或承担)的事情勇于面对，值得做的事情(或承担)和有必要做(或承担)但可以不做(或承担)的事情也视为自己应该做(或承担)的事。社区管理中，责任感能够充分体现社区居民对社区事务的关注程度。现在很多社区在开展"社区是我家"等活动，这些都是在培养社区居民的责任感。身为社区的一员，特别是社区的管理人员或者伤害事件的处理人员，应当具有责任感，是自己的责任要勇于承担，要采取积极的态度去应对伤害。

⑥ 影响力。影响力是指用自身的魅力去影响他人的思想，感化他们的工作态度，带

领他们去积极地工作的能力。主要包括感召力、人格魅力等。

⑦ 应急能力。应急能力是指对突发状况的反应处理能力,也就是指面对突发事件能否及时迅速的做出判断,并采取恰当的措施应对伤害,从而较少伤害损失的能力。主要包括应变能力、分析辨别能力以及各部门紧急协作能力等。

⑧ 组织协调能力。组织协调能力是指根据工作任务的需要,对资源进行分配,同时控制、激励和协调群体活动,使之相互配合,从而实现组织目标的能力。这里主要是指面对伤害事件能否组织协调各有关部门,使其能够协调合作,最大限度地减少损失的能力。主要包括沟通能力、表达能力及领导魅力等。

⑨ 控制能力。控制能力是指防止事故蔓延、事态恶化的能力。伤害事件发生后,相关人员良好的控制能力能够有效地遏制事件的扩大,节约人力、物力,把伤害损失控制到最小的程度。控制能力主要包括:执行力、领导气质、威慑力等。

⑩ 心理素质。心理素质是指个体在心理过程、个性心理等方面所具有的基本特征和品质。它是人类在长期社会生活中形成的心理活动在个体身上的积淀,是一个人在思想和行为上表现出来的比较稳定的心理倾向、特征和能动性。这里主要指,面对伤害事件,能否从容指挥,合理地安排资源,采取有效的措施,最大限度地减少伤害损失的能力。

3.3.4 评价指标体系的建立

1. 指标简化的原则

评价指标体系是一个系统工程,指标简化是这个系统工程中一个不可缺少的部分。同时,它又与其他过程、其他方面有机联系,因此在指标简化中要注意各方面的关系。

(1) 完整性与指标简化的平衡。指标的完整性是指标系统不遗漏任何重要指标,同一子系统的指标个体反映它的上一级指标的整体,同一层次结构的指标全体反映指标的整体。完整性考虑的是指标的全面与信息的充分,而指标的简化是着眼于指标的精简与操作的易行,往往会损失一部分信息,在简化指标时,要考虑这两者间的度。

(2) 相关性的把握。评价指标系统由许多指标组成,指标系统内的指标最好是不相关的,即同一级内的各个指标互不重叠。如果指标相关,说明有冗余指标存在,不但加大了评估工作量,而且影响了指标体系及评价结论的科学性。但另一方面,为了尽量提高评价的可信性,人们用相关的两个或多个指标去评价同一事物,这也是允许的,关键是把握好对相关性处理的度。

(3) 抽象与具体的平衡。指标系统中的指标,应是一些具体的、可以行为化的内容。但也要清醒地认识到,有时具体的东西并不就是需要评价的东西,而只是与要评价的对象有关联的某种效应。因而,在完善指标时要注意,不能因过分强调这种具体化而丧失了指标效应与被评估客体的一致性。

2. 指标简化的方式

指标体系的简化主要有两种方式：一是指标个数的减少；二是组合方式的简化。对指标简化的各个依据作判断是我们要做的主要工作之一，但不是最终目的。目的是依据对判据的判断，对指标作各种处理，从而简化并完善指标体系。在对指标的具体处理过程中，往往遇到以下几种情况：合并指标、删除指标、添加指标、替代指标、指标重组及类型转换等方式。

(1) 指标合并。对相关的或重要性不够的几个指标变量，分析其共同因素，合并成一个指标，使其涵盖这几个指标所要表达的内容。指标合并既有效地减少了指标个数，又保留了原来的信息。

(2) 指标删除。对经判据判断存在问题的指标，方法之一是将其摒弃。摒弃一个指标变量后，既清除了所引起的问题，也简化了指标体系。但要注意，删除指标必须有充分的理由，否则简化后的指标体系很可能得不到普遍认可。

(3) 指标添加。指标简化不排斥指标增加。由于初始指标体系的不完善，或简化过程中有关内容的删除，增加一些遗漏的重要指标是必要的。

(4) 指标替代。对于具有问题，不但不能删除，又不容易合并到其他变量中的指标，应用一个新的指标来代替它。新的指标应当重点反映指标中的特殊信息，又避免存在的问题。

(5) 指标重组。指标重组是增加指标效度、简化指标的另一种方法。

(6) 指标类型转换。类型转换不能使指标个数减少，却改变了指标体系的性质，简化了评价过程，同样也是一种有效的指标简化方法。

3. 评价指标体系的简化

通过对初选指标的分析，完成了对评价指标体系的简化，具体包括以下几个方面。

(1) 预判伤害发生的判断能力和分析能力两个指标含有很多共同因素，因此，将其合并为分析、判断的能力。

(2) 控制局面、减少伤害损失能力中的决断能力包含于控制能力之中，因此，删除决断能力指标。

(3) 领导能力涵盖的内容较多，可以包括组织协调能力、控制能力和影响力，其中任何一个能力的缺乏都会导致领导能力的减弱，为了很好反映社区居民的控制局面、减少伤害损失的能力，需要分别考察居民的组织协调能力、控制能力和影响力，故删除领导能力指标。

4. 评价指标体系的建立

通过对社区居民安全行为能力评价指标体系的初选和简化工作，建立了城市社区居民安全行为能力评价指标体系，如图 3-6 所示。

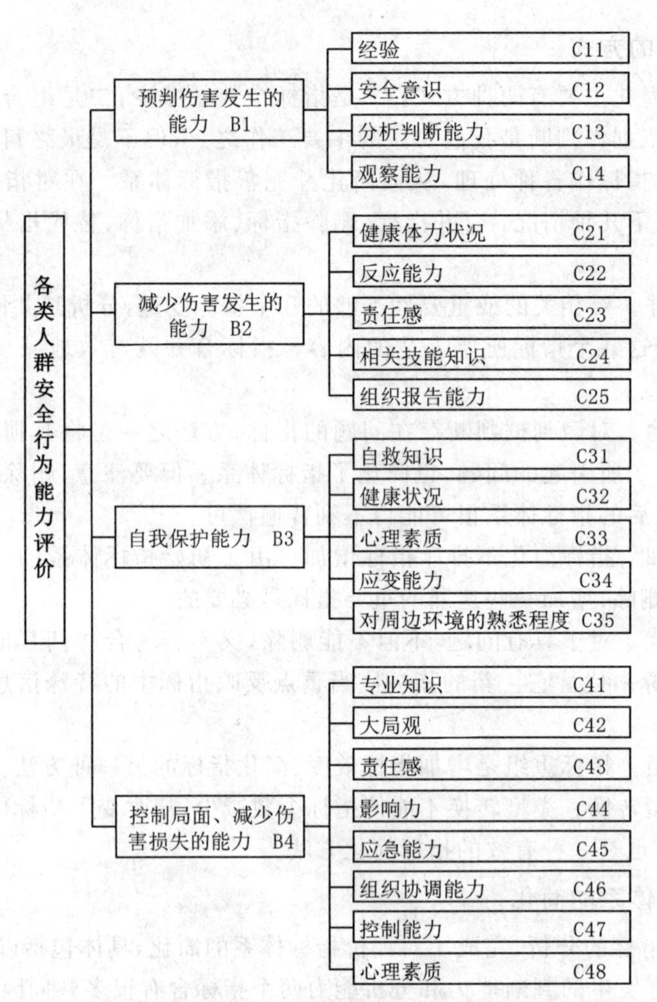

图 3-6 城市居民安全行为能力评价指标体系

3.3.5 建立综合评价模型

1. 评价方法的确定

目前,国内外关于综合评价的方法很多,如灰色综合评价法、层次分析法、多元统计分析法、模糊综合评价法、神经网络评价法等。由于各种评价方法的适用条件以及效果各异,因此,科学地选择评价方法尤为重要。对于社区居民安全行为能力的评价而言,评价指标众多且权重各异,而且大量的评价指标难以量化,只能用“好”“差”等等级概念来评述,具有较强的模糊性。模糊评价在处理定性指标较多的评价问题时具有良好的适应性，对带有主观评价因素的指标适用性较强，可适用于类型识别系统、专家评价系统、带有评语集的多目标社会评价系统。因此，采用“模糊综合评价法”对居民安全行为能力进行综合评价。

2. 综合评价模型的确定

建立综合评价模型时，主要工作是因素集合（指标体系）的建立、各因素权重的获取、评价集合的建立、隶属度的确定和模糊算子的选择。

3. 模型验证

以现实社区为例，通过实地问卷调查或网络调查的基本方式进行数据收集，综合评价该社区居民应对伤害事件的安全行为能力水平及差异，进而对上述评价指标体系和综合评价模型进行验证。

关键术语

重点人群　高危人群　弱势群体　普通人群　人员密集场所　家居安全　人的不安全行为　居民安全行为能力　评价指标　综合评价模型

复习思考题

1. 如何划分重点人群类型？
2. 简述高危人群的内涵和组成。
3. 什么是社区居民的安全行为能力？
4. 简述企业员工和社区居民安全行为能力的异同。
5. 简述家居安全的类型和划分标准。
6. 建立居民安全行为能力评价指标体系需要注意哪些问题？
7. 简述设置居民安全行为能力评价指标体系的基本步骤。
8. 如何构建校园安全评价指标体系？

阅读材料

网络调查：一种全新的调查方式

信息时代网络作为一种新型的社情民意表达渠道，网络调查应运而生，不但拓宽了民众社会政治参与的表达方法和渠道，而且成为汇集民意的巨大舆情源，得到了广泛关注。网络调查民意信息量大、参与面广、反应灵敏、成本低廉、统计方便，在一定程度上弥补了传统调查方式的不足，通过发挥网络调查便捷、快速的特点和优势整合民众的智慧，使网络调查在服务政府和社会方面凸显的作用愈加突出。

民心调查作为民心网的民意搜集平台之一，主要以调查民意、了解民愿、收集民情、民智为主要工作。通过网上开展调查，收集样本，科学分析，客观地就社会热点问题及为各部门和行业开展有针对性的调查工作。如就社会热点问题广泛地征集民意，就部门的某项工作了解群众需求，就窗口单位的服务情况了解群众的满意度，就某一项政策或举措的出台了解群众的意见和建议等。调查以第三方形式开展，以客观的立场了解群众的意见，收集群众的智慧，并将调查结论作为帮助部门改进工作、提供决策的依据。

目前，民心网已经形成了一批固定的网友群和调友群，不仅拥有一支普通的社会网友群队伍，还拥有省、市直机关业务处室政策 1 321 名专家组成的专家队伍，以及省、市、县三级部门 1 500 多名民心网联网点信息员，民心网开展的网络调查参与人群更多，地域覆盖面更广。调查结论按照科学的分析与综合方法及相关模式形成调查分析报告，使网络调查更具有代表性和决策参考性，并在工作运行中逐渐形成了调查发布—网友参与—综合分析—传递部门—反馈网友的互动机制和具有自身特色的调查服务体系。

民心调查致力于协助部门和行业掌握真实的民情民意，提供有利于提升部门和行业管理服务水平的调查报告，有益于促进服务型政府建设，树立部门和行业的良好形象，使百姓的声音和民众的智慧成为滋养政府部门的丰厚土壤。拥有信息技术含量、互动特色以及广泛的群众基础的民心调查，在汇集民意方面的功能与做法值得借鉴。

资料来源：天下信息网，http://www.txxx9.com/Demand/view.aspx? ID=939.

问题讨论

1. 如何开展网络调查？与问卷调查相比，其优点体现在哪些方面？

2. 虚拟社区的“网民”和现实社区中的“居民”有什么异同？结合案例，试从社区安全的视角进行分析。

本章延伸阅读文献

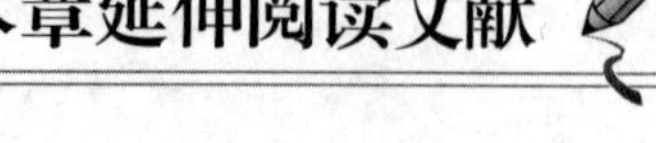

［1］ 杨桂英，杜文.社区及家庭公共安全管理实务［M］.北京：化学工业出版社，2006.

［2］ 肖振峰.北京城市社区居民安全行为能力评价指标体系研究［D］.北京：北京化工大学，2008.

［3］ 刘敏.北京市海淀区城市社区居民对体育服务的满意度分析［D］.北京：首都体育学院，2008.

［4］ 曾春姣.湘潭市居民安全用药常识和用药行为调查［J］.世界最新医学信息文摘，2017，17(33)：

174,241.

[5]　钟笛.城市居民安全饮用水知识态度行为调查分析[D].长春：吉林大学,2015.

[6]　黄焕炤,袁晓梅.农村居民食品安全知识、态度、行为及影响因素[J].医疗装备,2019,32(01)：41-42.

[7]　库婷,刘永峰,解少勇,高婷.陕西省韩城市城区居民食品安全问卷调查分析[J].食品工程,2019(03)：57-61.

[8]　陆明,张岩,刘晓霞,白梓锋.社区公共空间安全视角下城市居民安全心理感知研究[J].现代城市研究,2019(08)：125-130.

第4章 大型活动安全

CHAPTER 4

4.1 大型活动安全管理概述

近几年,随着我国社会文化事业的快速发展,那些既能活跃人民文化生活,又能促进经济发展的各类大型活动越办越多。2008年北京奥运会、2010年上海第41届世界博览会、2010年广州第16届亚运会、2019年中国北京世界园艺博览会的顺利举办,对提升我国国家形象、展现经济社会发展成就发挥了重要作用。我国大型活动数量逐年增多,规模不断扩大,国际化程度不断提高,商业性活动所占比例不断加大。大型活动已经成为人民美好生活中不可缺少且分量越来越重的组成部分。但同时,大型活动又具有人群密集、流动性大、环境复杂、设施多样等特点,风险因素众多。大型活动期间,往往是安全管理的关键时间点,大型活动场所也是安全管理的空间焦点。

4.1.1 基本概念

1. 大型活动的定义与内涵

大型活动(也称重大事件,可译为 Mega-event、large event、major event、major activities),不同的学者和组织对"大型活动"的内涵都有相似但并不统一的界定。

加拿大旅游组织认为,大型活动划分和表现特征标准为:①对公众开放;②主要目的是庆祝或展示一个特定主题;③一年举办一次或者举办频率更低;④有事先确定的开幕和闭幕日期;⑤没有永久性的组织机构;⑥包括多个单独的活动;⑦所有的活动都在同一区域举行。

万斌在《大型活动项目管理指导手册》中给出的定义为:大型活动是一项有目的、有计划、有步骤地组织众多人参与的社会协调活动。

约翰尼·艾伦(Johnny Allen)指出:大型活动经过计划而举办的某种仪式、演讲、表演和庆典,大型活动标志着某个特殊场合要达到的特定目标。

里奇提出了大型活动的定义：从长远或短期目的出发，举办一次性或重复性举办延续时间较短、主要目的在于加强外界对旅游目的地的认同、增加其吸引力、提高其经济收入的活动。要使其获得成功，主要依赖其独特性的地位、具有创造公众兴趣并吸引人们注意的时代意义。霍尔(Hall)对这一定义作了进一步的补充，他提出大型活动的举办需要公共资金投入和公众支持，以建立硬件设施建设和目的地形象再塑的机制。

尽管人们对大型活动的定义目前没有统一的认识，不同的学者或组织有不同的看法，但一般来说，可从以下三个方面入手理解大型社会性活动的内涵。

第一是“大型”。大型旨在说明活动的规模，涉及的人、财、物和部门、组织多，结构及关系复杂。

第二是“活动(activities)”。活动在《辞海》中的解释是“人对于外部事件的一种特殊的对待方式，是由主体心理成分参与的积极主动的运动形式”。汉语语境下“活动”的近义词为“事件(event)”。如旅游业将“活动(activities)”归为“事件(event)”，认为“事件是短时发生的一系列‘活动项目(activity program)’的总和；同时，事件也是其发生时间内环境/设施(setting)、管理(management)和人员(people)的独特组合”。

第三是大型活动应当具有“社会性”。大型活动是面向公众的，不能脱离社会而孤立地生存。人的社会性主要包括这样一些特性，如利他性、服从性、依赖性以及更加高级的自觉性等。人类的社会性活动是特定的集体活动，其特征是充分体现了个体的社会属性。

2. 大型活动的外延

国内大型活动的行业或者地方主管部门，从活动管理者的角度对大型活动的对象、内容和范围做出了阐释，构成了不同大型活动的外延，下面列举几则具有代表性的国内有关管理规定。

《大型群众性活动安全管理条例》(2007)中的定义：大型群众性活动(简称大型活动)，是指法人或者其他组织面向社会公众举办的每场次预计参加人数达到 1 000 人以上的下列活动，包括：①体育比赛活动；②演唱会、音乐会等文艺演出活动；③展览、展销等活动；④游园、灯会、庙会、花会、焰火晚会等活动；⑤人才招聘会、现场开奖的彩票销售等活动。影剧院、音乐厅、公园、娱乐场所等在其日常业务范围内举办的活动，不适用本条例的规定。

《北京市大型群众性活动安全管理条例》(2005 制定、2010 修订)中的定义大型群众性活动(简称大型活动)，是指租用、借用或者以其他形式临时占用场所、场地，面向社会公众举办的文艺演出、体育比赛、展览展销、招聘会、庙会、灯会、游园会等群体性活动。

《山西省大型群众性活动安全管理办法》(2010)中规定大型群众性活动，是指法人或者其他组织面向社会公众举办的每场次预计参加人数达到 1 000 人以上的下列活动：

①体育比赛活动;②演唱会、音乐会等文艺演出活动;③展览、展销等活动;④游园、灯会、庙会、花会、焰火晚会等活动;⑤人才招聘会、彩票销售等活动;⑥其他影响公共安全的大型群众性活动。

《辽宁省大型社会性活动安全保卫办法》(2005)规定,公民、法人和其他组织在公共场所举办下列活动称之为大型社会性活动:①人数在 200 人以上的比赛、表演、游园、灯会、民间竞技等群众性文化体育活动;②人员流量每日 5 000 人以上或者单场参加人数 1 000 人以上的开放性展销会、展览会、交易会等商贸活动和招聘会、庆典集会等其他活动。

《浙江省公安机关大型活动治安管理工作规范》(2006)中规定,大型活动是指依法必须经公安机关实施安全许可后方可举办的群众性文化体育活动,以及其他无须安全许可、但活动规模较大、参与人数较多,涉及公共安全或可能影响社会治安、交通秩序,公安机关依照国家有关规定应当进行安全监督的重大活动。

2016 年发布的国家标准《大型活动安全要求》(GB/T 33170—2016)中,对大型活动的定义如下:“法人或者其他社会组织面向社会公众举办的非日常性的文艺演出、体育比赛、展览展销、招聘会、庙会、灯会、游园会等群体性活动,以及政府组织举办的有特定需求的重要群体性活动。”

3. 大型活动与日常活动对比

可以看出,不同学者、不同行政管理主体、不同行业对大型活动(有的规定里也称大型社会活动或大型群众性活动)的定义虽有差别,但一致的地方在于大型活动是一种“非日常性”的群众参与的社会活动,它与日常性活动有很大的区别,见表 4-1。

表 4-1　大型活动与日常活动的对比

类　别	大型活动	日常活动
性质	当地的重要活动	日常工作生活中的活动
发生频率	少,不经常发生	多,经常发生
参加人数	临时聚集	常规性
社会影响力	大	小
专门组织机构	有,且组织健全、结构严密	无,多为自发
规模场面	大	小
涉及面	大	小

对大型活动内涵与外延的理解,应当包括其参与人员规模、社会性、组织机构、非日常性活动 4 个方面。

(1) 人员规模。对于大型社会性活动的人员规模,各类规定、标准界定不一。例如《北京大型社会活动安全管理条例》(2010 修订)以 1 000 人为界,对 1 000 人以上的大型活动实行安全许可，具体包括：①拟印制、发售门票 1 000 张的；②组织参加人数 1 000 以上的；③其他预计参加人数 1 000 以上的。

(2) 社会性。社会性主要体现为对公众开放，不包括那些单位场所内举办或虽在公共场所举办但参加者均为本单位(系统)人员的各类内部活动，同时也不包括那些只允许特定人员参加的高层会议(宗教活动除外)。

(3) 组织机构。大型活动应当具有组织机构，而群众自发的活动不属于大型活动。

(4) 非日常性活动。大型活动范围不包括像公园或公共娱乐场所、商店、物资交流中心日常开展的群众性游览及物资交流活动，影剧院、音乐厅、公园、娱乐场所等在其日常业务范围内举办的看电影、音乐会的管理也不能归为大型活动管理。

4.1.2　大型活动的类型及划分依据

1. 按活动内容分类

按照大型活动的目的或内容进行划分是最常见的分类方法。Getz 把大型活动按其内容分为几个大类。

(1) 文化庆典。包括庆典活动、狂欢节、宗教活动、大型展演、历史纪念活动。

(2) 文艺娱乐事件。包括音乐会、其他表演、文艺展览、授奖仪式。

(3) 商贸及会展。包括展览会/展销会、博览会、会议、广告促销、募捐及筹资活动。

(4) 体育赛事。包括职业比赛、业余竞赛。

(5) 教育科学事件。包括研讨班、专题学术会议、学术讨论会，学术大会，教科发布会。

(6) 休闲事件。包括游戏和趣味体育、娱乐事件。

(7) 政治或政府事件。包括就职典礼、授职或授勋仪式。

(8) 私人事件。包括个人庆典、宗教礼拜、节庆、同学及亲友联欢会。

2. 按活动规模分类

约翰·艾伦著的《大型社会性活动项目管理》一书根据大型社会性活动规模表现出的不同特点，将大型社会性活动划分为特大活动、特点活动、重要活动。

特大活动是指那些规模庞大以至于影响世界经济，并在全球媒体中引起反响的活动。它包括奥林匹克运动会和世界展览会，但是很多其他活动很难归入这一类。Getz 对特大活动的定义为：特大活动的容量超过 100 万观众，资金成本超过 5 亿美元，从规模和重要性来看，特大活动是能为东道主创造极高层次的旅游、媒体报道、声望以及经济影响的活动。另一位活动和旅游领域的研究者 Hall 给出了如下定义：特大活动，例如世界展览会、世界杯足球总决赛，或奥林匹克运动会，是指以国际旅游市场为明确目标的活动，从它们出席人数、目标市场、公共影响、电视报道程度、设施建设以及对东道主的经济和社会结构所造成的影响,规模上应该称为“特大”的。

Ritchie 给特大活动以下定义:有一定持续时间的一次性或重复发生的重要活动,它主要是为了提高某一旅游点的知名度、吸引力和收益而举办的。这类活动的成功依赖于独特性、地位和适时的重要性来引发兴趣和吸引注意力,比如现在各地举办的“啤酒节”“草莓节”。

从范围和媒体关注的程度来说,重要活动就是那些能吸引大量观众、媒体报道和获取巨大经济利益的活动。很多重要国际体育锦标赛、足球联赛等都属于这一类活动。

3. 按活动场地分类

按活动举办的场地可以将大型活动分为开放空间类活动及受限空间类活动,也可分为露天场所及室内场所活动。开放空间类是指商业街、集贸市场、公园、广场等举办的大型活动;受限空间类是指高层建筑、地下商场、室内体育馆等举办的大型活动。

4. 按活动性质分类

大型活动的其他分类方法还包括根据活动性质分为政治类、经济类、文化类活动;也可依据活动的具体内容多少划分为综合性大型活动和单一型大型性活动。

(1) 政府类活动主要指政府牵头、有关部门承办、非营利性质的政治或社会方面的活动。

(2) 商业类活动主要指承办者以盈利为目的组织的各种大型商业活动。

(3) 文艺类活动主要指庆祝有关重大节日的文艺类活动及有关大型的国内、外文艺团体的专场演出或文艺交流活动。

(4) 体育类活动主要有关的重大体育赛事如足球联赛、篮球联赛等。

(5) 群众类活动主要指各种以大众参与型行为为主的活动,如游园会、花灯会、庙会、山会等。

4.1.3 大型活动的事故特征与安全管理特点

1. 大型活动事故统计分析

根据诱因不同,大型活动事故常见有如下几种:突变的自然天气使群众受惊引起的伤亡事故;由火灾爆炸、高空坠物、搭建物倒塌等引起的伤亡事故;因为恐怖袭击、谣言散布引起人群骚乱造成的伤亡事故;危险化学品中毒事故。下面对近百年来国内外发生的部分较有影响、资料较为完整的拥挤踩踏事故(国内事故 56 例,国外事故 89 例)进行分析。

(1) 活动类型分析

对国内 56 起和国外 89 起大型社会性活动事故案例类型统计分析,如表 4-2 和表 4-3 所示。

表 4-2　国内 56 例事故按照活动类型统计

活动类型	数量	活动类型	数量
文艺活动	1	游览活动	1
体育活动	2	节日庆典	7
宗教活动	1	政治活动	1
校园活动	30	生产活动	0
商业活动	13	其他	0

表 4-3　国外 86 例事故按照活动类型统计

活动类型	数量	活动类型	数量
文艺活动	20	游览活动	2
体育活动	29	节日庆典	4
宗教活动	15	政治活动	2
校园活动	4	生产活动	3
商业活动	3	其他	7

(2) 事故死亡人数分析

现将国内外发生的 100 多起大型社会性活动事故人员死亡数据按照安全生产事故等级进行统计分析，见表 4-4 所示。

表 4-4　大型社会性活动事故案例死亡人数分析表

大型社会性活动	死亡人数(人)				
	0	1～2	3～9	10～29	30 人以上
国内 56 起案例	25	10	7	7	7
国外 89 起案例	5	6	20	19	39
共计	30	16	27	26	46

(3) 事故类型分析

把引起上述大型社会性活动的事故案例的直接原因进行统计分析归类，见表 4-5。

表 4-5　大型社会性活动案例事故诱因类型分析表

大型社会性活动	事故诱因类型				
	自然灾害	事故灾难	公共卫生事件	社会安全事件	
国内 56 起案例	2	54	0	0	
国外 89 起案例	4	80	0	5	
共计	6	134	0	5	

表 4-5 统计结果表明,在 145 起国内外大型活动案例中,有 92.4%的事故灾难。通过对拥挤事故深层次的原因挖掘分析,汇总见表 4-6。

表 4-6 导致拥挤事故发生的原因汇总表

<table>
<tr><th>序号</th><th colspan="2">事故原因</th><th>表现形式</th></tr>
<tr><td rowspan="11">1</td><td rowspan="11">人的因素</td><td rowspan="2">过度拥挤</td><td>区域内的人数远远超过安全容量</td></tr>
<tr><td>由于某种原因(如商场促销活动、文艺演出等活动,或存在狭窄出入口等瓶颈部位等)造成的局部拥挤</td></tr>
<tr><td rowspan="4">秩序混乱</td><td>由于长时间等候,或行走速度过慢等原因,使人群失去耐心,烦躁情绪使人群产生躁动,拥挤人群相互推挤</td></tr>
<tr><td>多人在拥挤人群中乱窜,或在楼梯、斜坡等地面不平坦的地方快走或奔跑</td></tr>
<tr><td>两股相向运动的人流相遇,挤撞</td></tr>
<tr><td>两股相对运动的人流相遇,挤撞</td></tr>
<tr><td rowspan="4">人自身的不安全行为</td><td>为了达到观看文艺演出等目的,有人攀爬墙头、广告牌等物体</td></tr>
<tr><td>有人在拥挤人群中做出嬉闹、燃放爆竹等扰乱人群秩序的行为</td></tr>
<tr><td>有人在拥挤人群中突然做出弯腰、蹲下等动作</td></tr>
<tr><td>在拥挤人群中,有人不小心跌倒</td></tr>
<tr><td>人群构成</td><td>妇女、儿童、残疾人等弱势群体的人数偏多</td></tr>
<tr><td rowspan="5">2</td><td rowspan="5">物的因素</td><td rowspan="3">建构筑物倒塌</td><td>为促销等活动所临时搭建的台子突然坍塌</td></tr>
<tr><td>人群所占据的位置(如看台、地面等)突然坍塌</td></tr>
<tr><td>门、楼梯护栏、墙壁、广告牌等被人群挤倒</td></tr>
<tr><td rowspan="2">路状不佳</td><td>路面不平,有明显的凹凸不平的现象,如井盖缺失、路面有大坑等</td></tr>
<tr><td>路面有障碍物,如隔离墩、电源线、自行车等</td></tr>
<tr><td rowspan="6">3</td><td rowspan="6">环境因素</td><td>自然灾害</td><td>暴雨、冰雹、大风、大雪等</td></tr>
<tr><td rowspan="2">光线不足</td><td>灯光不亮</td></tr>
<tr><td>突然停电</td></tr>
<tr><td rowspan="3">社会治安事件</td><td>恐怖活动、恐吓活动</td></tr>
<tr><td>谣言的传播</td></tr>
<tr><td>打架斗殴、偷盗等</td></tr>
</table>

续表

序号	事故原因		表现形式
4	管理因素	管理失误	疏散指示标志缺失，如紧急出口没有明显标志等
			缺乏人员应急疏散方案
			管理措施失败，如为了让拥挤人群变得有秩序而鸣枪，这将会加速人群的失控速度与失控程度
			安全出口不通畅

2. 大型活动的事故特征

大型活动是一个涵盖公众人文和工程技术的综合行为。大型活动的规模越大，投资越大，人流密集程度越高，不确定性越突出，任何的疏忽都可能造成无可挽回的损失，具有不同于工业重大事故的特征。

(1) 发生时空不定。大型活动事故在各种活动场所各个区域、各个时段都有可能发生，如建筑物的出入口、走廊、楼梯或广场等。聚集人群的密度越大，此类事故发生的可能性就越大。

(2) 诱发因素众多。由活动过程中其他扰动引发的突发事件众多，如天气突然变化、设备设施突然故障等可能引发人群拥挤踩踏事故。

(3) 发展迅速难以控制。一旦发生事故，在极短的时间内(几秒钟至数分钟)就会波及大量的人员，造成伤亡，且场面难以控制。

(4) 群死群伤，危害巨大。大型活动通常人群高度聚集，由于诱因较多、发生突然、宣传与教育欠缺，公众在事故中往往无所适从，而产生从众心理和盲目恐慌，致使事故难以控制，造成大量的人员伤亡和心理上的创伤。

3. 大型活动的安全管理难点

大型活动呈现参与人数增多、活动时间增长、频次增加、规模增大等发展趋势，随之而来的是大型活动安全管理的难度增大，主要表现为：

(1) 场地临时。大型活动的场地大多是被临时占用的，为了满足活动的需求，经常会有一些临建设施，有时还可能会改变固有场地的使用性质。这些新增的临建设施，从安装、使用到拆除，大多没有经过全过程系统的安全检验，容易形成物的不安全状态。

(2) 人群聚集。大型活动本身目的就是吸引更多的人参与、关注。参与人数在特定的时间段内高度密集，使活动场地处在饱和状态。在这种人员饱和状态下一旦有矛盾摩擦，很容易激化，轻则造成大型活动秩序的混乱，重则造成人员挤压伤亡事故。这些人群中的大部分人都不熟悉所在场地环境的安全情况，不了解活动中应注意哪些安全事项。人们对活动安全知识的缺乏很容易导致一些不安全行为，尤其在高密度人群聚集环境中,最容易因突发事件引起人群慌乱而导致拥挤踩踏事故。

(3) 多方参与。举办大型活动涉及多个相关方,包括主办方、承办方、协助方、场地提供方、活动赞助商等。同时,大型活动的安全运行还涉及多个行政职能部门,如果缺乏有效的协调和沟通,容易出现安全管理盲点和死角。在组织大型活动的过程中,一旦由于事先未考虑到的突发状况或者人为疏忽造成事故,往往后果严重。大型活动的组织需要考虑到各种可能发生的事情,严格组织,周密实施才能保证大型活动的顺利举行。

4.2 大型活动安全风险评估方法

风险评估由计划和准备、风险识别、风险分析(风险可能性分析、风险后果严重性分析、风险承受能力和控制能力分析)、风险评定(确定风险等级)、风险预警控制等几个步骤组成。以下对大型活动安全风险分析中的识别、分析和预警这几个关键环节进行介绍。

4.2.1 大型活动安全风险识别

1. 风险识别的原则

大型活动安全风险识别应遵循以下几个原则。

(1) 科学性。进行风险因素的识别时,必须以安全科学理论作指导,使之能真正揭示整个活动过程中风险因素存在的部位、存在的方式、事故发生的途径及其变化的规律,并予以准确描述,以定性、定量的概念清楚地表示出来。

(2) 系统性。风险因素存在于活动的准备、召开、结束的各个方面。要对整个活动过程进行全面、详细的剖析,研究系统和系统及子系统之间的相互关系,分清主要风险因素及其相关的次要风险因素。

(3) 全面性。识别风险因素不得发生遗漏,以免留下隐患。要从活动场馆,活动的规模、性质、活动参加的人群特点、参加人员数量、活动涉及的设备设施、活动临时搭建的建筑、活动周围环境、安全管理制度等各方面进行分析、识别;不仅要分析正常情况下存在的风险因素,还应分析、识别出现突发事故情况下的风险因素。

为了有序、方便地进行分析,防止遗漏,应当按照活动人的因素、物的因素、环境因素、管理因素等几个方面分别分析其存在的风险因素,列表登记,综合归纳。对导致事故发生的直接原因、诱导原因进行重点分析,从而为确定风险评估目标、评估重点、划分评估单元、选择合适的评估方法和采取控制措施计划提供依据。

2. 风险识别方法和所需信息

选用哪种风险识别方法是根据分析对象的性质、特点、不同阶段和分析人员的知识、经验和习惯来确定的。常用的风险因素识别方法有直观经验分析方法、专家意见法、文档分析、面谈、现场检查、环境分析法等。在大型活动中,由于风险因素的复杂性,没有任何单一的工具和技术完全适用,较好的途径就是把几种工具和技术组合起来,采用多种方法,动态地进行风险因素识别工作,以随时掌握所有可能产生新风险因素的变化和进展。

风险因素识别的第一步就是获得尽量多的关于大型群众性活动相关方的安全信息,包括收集背景信息和情报,能够进行场所管理和风险评估,以建立/修正计划。需要收集的信息包括:

(1) 人群的情况。人群的情况包括三个方面,第一,可能到来的人数。对于售票的场所可以根据售票情况进行确定;对于不售票的场所,可以根据相似的场所中或者活动中参加的人数,以前类似活动的情况,停车场中车辆的多少,对公交车辆的需求情况,对长途汽车的需求情况,此外,还应根据天气状况、季节、节假日等特殊情况,对可能到达的人数进行调整。第二,可能到来的人群类型及可能的行为。场所的类型(如演出/庆典、体育场等),场所中以前的情况或者相似活动中出现的情况、季节、时间段(早晨、中午或晚上)。第三,人群对场所或者所举办活动的熟悉程度。

(2) 场所及设备设施的信息。包括:场所的出入口、紧急出口的位置,公用设施的位置(如厕所、售货店/饭店和酒吧等)以及场所中不同功能区的布局(如场所中的路径、等候区、售票厅、舞台、商店等);场所的结构和特征(楼梯、电梯、坡道、桥、隧道、护栏、匝道、瓶颈、不同区域的梯度等);水电气热的安全检查情况;导向标识系统设置情况等。

(3) 周边环境信息。周边环境的地理特征(附近交通场所,停车场的位置,附近主要道路及其去向,附近单位的入口等);场所的维护和构建工作(可能引起场所暂时关闭,场所中主要路段临时封闭、堵塞,或者场所中某些与人群密切相关的设施停止使用);活动中安排的交通方式及时间表;活动持续时间;临近场所中的情况(临近场所中活动的起止时间,是否暂时关闭等);可能引起场所中人群滞留的道路的状况(如因工程原因导致的火车晚点,会使车站人群滞留)。

(4) 活动管理相关信息。包括大型群众性活动的基本情况、大型群众性活动主办方的经验、资格、活动安全工作方案等,活动安保人员配置、活动的管理制度、应急措施等基本情况。

对于规定的场所和常规性的活动,其信息的收集工作比较容易,但一定要注意识别场所的现状与过去之间的变化,或者将要举办的活动与以前活动的不同,以确定以前的计划是否仍然适用。此外,还应该从以往事故中获取信息,并借鉴其经验教训。

3. 风险识别的过程

事故的直接原因是人的不安全行为和物的不安全状态,间接原因是管理的缺陷导致的。从这个角度对大型活动安全风险进行识别。物的不安全状态可以从活动的选址、建(构)筑物和临时建(构)筑物、设备设施等方面进行识别。人的不安全行为可以从人群密度、参与者的心理、受教育程度、对安全的认知度、行为等多个角度进行识别。管理上的缺陷可以从活动组织机构、管理制度、事故应急救援预案、日常安全管理等方面进行识别。

大型活动的风险因素有很多,在这些因素中有些因素是独立的,有些是相互制约的,这些因素对大型群众性活动的影响程度也是各不相同的。按照活动本身特性、人、物、环境和管理的过程,对大型活动的安全风险进行识别。

(1) 活动本身特性的识别

大型活动本身特性包括活动的类型、规模、时间、地点、周期、性质等。大型活动类型不同,所面临的风险具有较大差别。例如,竞技性活动往往具有较强的对抗性,可造成竞技人员的人身伤害,同时竞技活动中观众往往被区分为两个或几个对立的群体,现场气氛、群体的责任感等很可能引起观众的不安全行为。当出现裁判偏袒、误判,或者运动员动作过于粗野、情绪失去控制等突发事件的时候,很容易导致观众情绪和行为失控或发生骚乱事件。音乐会等高雅的社会活动的煽动性低,对观众的情绪波动影响较小,相对于竞技性的活动,人群骚乱事件发生的概率低。

活动规模涉及资金投入、参与人员、媒体覆盖面。活动的规模对包括安全工作在内的各项工作有着重要的影响,规模越大,不确定的风险因素越多,承受的风险越高。

活动的时间和周期对大型群众性活动的安全性也具有影响。在观众便利的时间内举行活动,可以吸引更多的人员参与,例如,周末、节假日期间;活动举办周期越长,对场馆方的设备设施的性能、主办方的组织能力和安全保卫能力以及对各职能部门的协调配合能力的要求越高,暴露出的风险因素越多。

活动性质是大型活动一个重要的风险因素。其中活动的政治影响、受大众的关注程度、参加活动要人的影响力、公益性或营利性和同类活动的频率直接影响观众参与的积极性和现场的情绪,并且活动的性质不同,主办方和各职能部门的重视程度也不同。

(2) 人的因素识别

保障人的安全是大型活动安全工作的重要目标。对于活动的举办方,往往希望参加活动的观众越多越好,能够带来更大的声望、经济收益或者其他效益。但同时带来的影响是人群对活动带来的危险有害因素,包括:

① 人群过度拥挤(人员密度过大)。

人群过度拥挤一般表现在两个方面:活动场所里的总人数超过安全容量和活动场地

中局部密度过大。人员的过度拥挤可使原本能正常运行的设备、运营场所不能正常工作，甚至对原有的场所、秩序、设备造成破坏。人员的局部密集，当超过建筑物的承载能力时，有可能破坏原有建筑的结构引发事故，或者由于某些设施不能满足现有游人的正常使用，造成部分游人违反正常游览参观秩序，造成事故。人员密度过大容易在进出口、楼梯处、狭窄通道出现长时间的瓶颈现象，人群容易争抢、相互挤推，一些微小的扰动，如某人跌倒，都能导致人流的无序、混乱，最终导致踩踏事故。

② 秩序混乱、人自身的不安全行为。

秩序混乱、人自身的不安全行为容易导致对周围可能存在的危险缺乏正确估计和判断。此外，一些活动的观众群具有很强的流动性，对系统安全性产生动态的影响。例如，人流突然转向、由低速流向高速流变化造成集群中出现异向流、异质流，最终导致拥挤踩踏事故。

③ 人群构成。

大型活动参与人员构成复杂，参与者既有青年、老年，也有儿童，对风险的认知、防护知识及能力有很大不同。此外，活动参与者的职业、社会层面、兴趣、爱好、性格和气质、健康和疲劳状况、心理素质等差异较大，群体习惯和文化理念不同，在活动期间可能遇到的安全问题不尽一致。从以往事故案例中分析可知，在拥挤踩踏事故中，老年人、妇女、儿童、残障人是易受伤害的弱势群体。高风险人群的比重是群体安全水平的一个重要考核指标。

(3) 物的因素识别

设备设施、建(构)筑物安全水平直接影响活动安全、顺利的举行。活动场地的设备设施和建(构)筑物的安全水平可分为固有设备设施、建(构)筑物安全水平和临建设备设施。另外，活动场馆的规划安全布局，也是事故预防与控制的基本要求，而应急资源有效配备对减缓突发事件的影响程度发挥极大的作用。因此，对物的因素的分析可从固有设备设施、建(构)筑物、临建设备设施、规划布局和应急资源配备四个方面进行分析。

① 固有设备设施、建(构)筑物。

有些活动场地本身就存在许多安全隐患，使得群众面临伤害的风险，加上众多的参与者在活动举办过程中的不安全行为，可能会引发一些建筑结构安全方面的事故，例如，场馆的顶棚坍塌砸伤观众、看台栏杆断裂发生坠落等。

固有设备设施、建(构)筑物的危险有害因素识别主要集中在场馆本身的各方面因素，包括建(构)筑物、公用工程、安全保障设备设施及其他设备设施的安全。这就要求在识别过程中首先对场馆进行危险有害因素辨识。

场地的危险有害因素主要有：建(构)筑物的布局是否合理、建(构)筑物的疏散能力是否足够、建(构)筑物的主要出口是否打开、建(构)筑物的疏散标志是否齐全、建(构)筑物的建筑是否安全、建（构）筑物内建设是否符合活动要求、建（构）筑物内的设施包括看台栏杆，顶棚等是否安全。除此之外还需要对建筑内的供水系统、供电系统以及供暖、供气设施和通风设施进行辨识。需要检查供水设施的安全性能，电路是否老化、是否满足活动用电需要，供暖设备、通风实施是否运转正常。

对建（构）筑物内的危险有害因素的识别还应包括对场馆内原有设备的识别，包括机械加工设备、化工设备、电气设备、特种机械设备的辨识。这些设备的辨识同工业中危险、有害因素的辨识大致相同。

大型活动多为人员密集的活动，活动中的安防技术系统检查也是风险因素识别的一个重点。场地出租、出借方需配合安全防范技术评估单位进行安全技术防范系统检查。安全防范技术评估单位出具检查结果。安全系统检查主要包括防盗报警系统、电视监控系统、出入口控制及门禁系统、停车场管理系统、系统集成五部分。

② 临建设备设施、建（构）筑物。

大型活动中往往需要搭建部分临时建筑，由于施工设计原因、工期原因往往造成临时建筑安全隐患突出，是大型活动安全防范中需要解决的一个重要问题。

对于那些改变场地使用性质的大型活动，临时设施的安全性更是一个重要问题。例如在体育场内举办娱乐活动，无论在电气线路的布置上，还是在消防设施的安装和安全疏散的布置上仅满足于体育活动的要求，而娱乐活动的举办又往往要重新搭台和连接大功率的线路，这样在不同程度上影响了场馆原有的设施条件，必然存在许多隐患和问题。大型文艺活动和演唱会往往需要在体育场馆内搭建大型的舞台，而为了满足观众的需要在体育场馆内又要布置大量的观众席，这样对整个（体育）场馆来说原有的布局被破坏，而且大量的观众席所侵占的往往是疏散通道。

活动现场宣传广告设施众多，包括利用公共用地、人行道、广场、绿地独立架设、安装以及附着在建筑物或构筑物上的各类霓虹灯、灯箱、电子显示牌（屏）和其他各类广告宣传，以及利用空间临时悬挂横幅、飘放宣传气球等广告。同时，繁多的广告设施也可能会给大型活动带来一定的风险，造成火灾、机械伤害、物体打击、车辆伤害等。

新增的设备设施、临时搭建的建（构）筑物，活动中使用的物品为活动引入新的风险，直接影响观众和演职人员的安全性，如临时搭建的舞台设计存在缺陷，会导致演职人员在使用过程中出现伤害事故；使用质量不合格材料搭建舞台或展台，会导致舞台坍塌；使用易燃的装饰材料，会引起火灾。活动现场使用的大量移动转播器材也是关键的危险、有害因素。

③ 规划布局。

在众多的活动事故中，不少事故是由于场地整体规划布局不合理造成的。例如，展台之间的安全距离不够，会引起参观的人员发生拥挤或与运输的电瓶车之间发生剐蹭。疏散通道的数量、形状、长度、宽度及防火与防烟性能会对人员疏散时间有明显的影响。

人员通过平直的、宽的走道所用的疏散时间少些，通过窄的、多弯的和台阶走道时所用的疏散时间多些；外廊式的疏散通道排烟性能和采光性好，便于人员疏散；内廊式的疏散通道则较之差。活动区域的出入口设置门槛、台阶，会妨碍疏散；出入口设置的门帘、屏风会成为影响疏散的遮挡物。对停车场的布局也非常重要，这影响人员疏导、人流控制、车辆控制和场馆周边的交通，并不利于紧急情况下使用。避难场所的设置应当满足紧急疏散的需求。

④ 应急资源配置。

大型活动配备的应急物资应当保障在应急使用中的有效性。一旦配置的安全资源失效就会导致应急救援失败。例如，为活动配备的救护器材发生故障，无法进行紧急救护。灭火器等消防器材存放的位置不能保障及时、快捷地处理事故，会扩大事故的影响。

(4) 环境因素识别

大型活动的举办势必受到环境的影响，本书对环境因素进行分析时主要从自然环境、社会环境和周边环境三个方面着手。

① 自然环境。

暴雨沥涝、高温热浪、雷电和雷雨大风、地震等自然灾害，可直接造成人员伤亡和财产损失，如雷电引起场馆火灾，暴雨大风导致建筑损坏，高温导致参加人员中暑等。自然灾害是原发事故灾害，除了自身造成的灾害外，还会引发的次生灾害，如地震引发的火灾、恶劣天气引发的人群挤踏灾害等。自然灾害虽然发生概率很小，但一旦发生，后果严重，并且影响范围比较广泛。

② 当期社会环境。

当期的社会环境对活动的安全性有很大的影响，例如，在传染病疫情严重的时期举办大型群众性活动，大量的观众将成为病菌的受体或传播者，会进一步扩大疫情。

③ 场馆周边环境。

周边环境指活动场馆周边存在工业危险源、周边人群密集场所、交通环境等。

工业危险源也是危险源聚集场所，往往存在各类危险物质的存储和生产，可能构成重大危险源。一旦发生事故，波及面大。尤其是化学泄漏事故，其影响范围甚至可达数公里。若在大型活动举办时发生周边工业危险源事故，势必对活动的安全举办造成重大影响。

人群密集场所主要指学校、商场、热点游览区、休闲广场、其他临时聚集场所等。若大型群众性活动举办地周边涉及以上人群密集场所，将会加剧人群聚集程度，造成交通事故及人群事故等。悉尼奥运会期间并未发生交通堵塞，主要原因是奥运会赛场附近没有学校，而且政府鼓励居民在奥运会期间外出休假。

活动场所周边交通环境对于人群流动、疏散起到重要作用。大型活动举办场所由于瞬时人群、车辆的集中，可能导致周边交通不畅，甚至交通堵塞，对交通正常疏散造成很大的影响。在遇到突发事件时，如果交通容量不够，还会发生人员不能及时疏散出去而导致伤亡事件。

(5) 管理因素识别

管理中的安全因素可以从管理组织机构、管理制度、事故应急救援预案、特种作业人员培训、日常安全管理等方面进行识别,主要包括活动主办方对活动中的消防、供水、供电、供气、供暖等管理方法;对活动中保安、安全工作人员的培训、安排等。

管理制度不健全、执行力度不够,管理责任主体混乱、职责不清这些管理缺陷是导致事故的主要原因之一。大部分危险、有害因素完全依靠技术控制既不经济也不现实,只能通过完善安全的管理工作,对人群、物和环境中重要的危险、有害因素进行控制,提高对大型活动的人群、工作人员、设备设施运行、活动组织、相关方、突发事件和隐患等方面的管理水平,对事故进行有效的预防和控制。

4.2.2 大型活动安全风险分析与评定

1. 风险分析方法

(1) 常用方法比较

风险分析方法是进行定性、定量或定性定量相结合的工具。目的和对象不同,内容和指标也不同。目前,分析方法有很多种,每种方法都有其使用范围和应用条件,在进行风险分析时,应根据评估的对象和评价目的,选择适用的方法。

常规分析方法包括安全检查表、预先危险性分析、故障假设分析方法、事故树分析方法等。大型活动风险分析方法分为定量和定性两种。每种方法适用范围和应用条件不同,应用于大型活动安全各有优缺点。由于大型群众性活动评估的方法有很多,以下介绍一些常用的方法并进行比较,见表4-7。

表4-7 各种分析方法优缺点比较一览表

评价方法	定性定量	方法特点	适用范围	应用条件	优缺点
类比法	定性	利用类比各类大型活动事故统计分析资料类推	活动主办方、活动场地方、活动参与者	类比大型群众性活动具有可比性	简便易行,可能造成对活动自身安全重点的忽略
安全检查表	定性定量	按事先编制的有标准要求的检查表逐项检查	活动主办方、活动场地方	有事先编制的各类检查表	简便、易于掌握、编制检查表难度及工作量大

续表

评价方法	定性定量	方法特点	适用范围	应用条件	优缺点
预先危险性分析(PHA)	定性	讨论分析系统存在的危险、有害因素、触发条件、事故类型,评定危险性等级	活动主办方、活动场地方、活动参与者	分析人员熟悉各类活动的特点,有丰富的知识和实践经验	简便易行,受分析人员主观因素影响
故障类型和影响分析(FMEA)	定性	列表、分析大型群众性活动可能的故障类型、故障原因、故障影响评定影响程序等级	活动主办方、活动场地方、活动参与者	同上,有根据分析要求编制的表格	较复杂、详尽,受分析人员主观因素影响
事件树(ETA)	定性定量	归纳法,由初始事件判断系统事故原因及条件内各事件概率计算系统事故概率	活动场地方	熟悉系统、元素间的因果关系、有各事件发生概率数据	简便、易行,受分析人员主观因素影响
事故树(FTA)	定性定量	演绎法,由事故和基本事件逻辑推断事故原因,由基本事件概率计算事故概率	活动场地方	熟练掌握方法和事故、基本事件间的联系,有基本事件概率数据	复杂、工作量大、精确 事故树编制有误易失真

总的来说,上述的几种方法都可以用于大型活动的风险分析。但是,由于每种方法都有其适用的条件和范围,而且一种方法是满足不了大型群众性活动的风险评估的要求的,需要多种方法结合在一起才能取得较好的效果。

经过多次实践可知,安全检查表法、预先危险性分析法、故障假设分析、故障假设分析/检查表分析方法、计算机模拟技术是大型活动风险评估中比较常用的方法,而故障树法、事件树法、人员可靠性分析则只用于分析大型活动中的一些特别重要的关键部位时才使用到,如大型活动场所内的加油加气站、危化品等。风险评价指数法由于缺乏合理实际的风险评价指数,目前此种方法很少用到。

(2) 常用分析方法应用

① 安全检查表方法。

为了查找大型活动中各种设备设施、物料、工件、操作、管理和组织措施中的危险、有害因素,事先把检查对象加以分解,将大系统分割成若干小的子系统,以提问或打分的形式,将检查项目列表逐项检查,避免遗漏,这种表称为安全检查表。

如根据《北京市大型群众性活动安全管理条例》对大型活动安全提出的要求,制定的大型群众性活动安全管理方面的安全检查表,见表 4-8。安全检查表往往受到相关法律法规不够健全的限制,有一定的局限性,但在大型活动场地安全、管理制度完善等方面可以广泛使用。

表 4-8　安全检查表举例 1(参考《北京市大型群众性活动安全管理条例》)

	《条例》第七条	实际情况
主办方是否履行安全职责	进行安全风险预测或者评估,制定安全工作方案和处置突发事件应急预案	
	配备与大型活动安全工作需要相适应的专职保安等专业安全工作人员	
	为大型活动的安全工作提供必需的物质保障	
	组织实施现场安全工作,开展安全检查,发现安全隐患及时消除	
	对参加大型活动的人员进行安全宣传和教育,及时劝阻和制止妨碍大型活动秩序的行为,发现违法犯罪行为及时向公安机关报告	
	接受公安等政府有关部门的指导、监督和检查,及时消除隐患	
	大型活动有承办者的,主办者应当与承办者签订安全协议	
	《条例》第八条	实际情况
大型活动场所提供者是否履行安全职责	保证大型活动场所、设施符合国家安全标准和消防安全规范	
	向主办者提供场所人员和核定容量、安全通道、出入口以及供电系统等涉及场所使用安全的资料、证明	
	安全出入口和安全通道设置明显的指示标识,并保证畅通	
	根据安全要求设立安全缓进通道和必要的安全检查设备、设施	
	配备应急广播、照明设施,并确保完好、有效	
	对停车设施不得挤占、挪用,并维护安全秩序	
	保证安全防范设施与大型活动安全要求相适应	
	《条例》第十三条	实际情况
大型活动安全工作方案内容	安全工作的组织系统	
	举办日期、时间、地点、人数和内容	
	场所建筑和设施的消防安全措施	
	车辆停放、疏导措施	
	票证的印制、查验等措施	
	现场秩序维护、人员疏导措施	

续表

	《条例》第二十二条	实际情况
现场安全工作人员应急能力	掌握安全保卫工作方案和处置突发事件应急预案的全部内容	
	能够熟练使用应急广播和指挥系统	
	能够熟练使用消防器材、熟知安全出口和疏散通道位置，理解本岗位应急救援措施	
	《条例》第二十条	实际情况
大型活动主办者是否能履行要求	不得将大型活动转让他人举办	
	按照安全许可的日期、时间、地点和内容举办大型活动	
	不得超过公安机关核准的安全容量印制、发放、出售票证	
	公开售票的、采取票证防伪、现场验票等安全措施	
	根据安全需在场所入口设置安全、有效的机读验票设施、设备	
	保证临时搭建、安装、悬挂的设施、设备的安全	
	《条例》第十五、十六条	实际情况
大型活动安全许可条件	大型活动主办者具有合法身份	
	大型活动内容符合法律、法规的规定	
	大型活动场所、设施符合安全要求	
	安全责任明确、措施有效	
	不危害国家安全和社会公共利益	
	不影响国事、外交、军事或者其他重大活动	
	不会严重妨碍道路交通安全秩序和社会公共秩序	

② 故障假设分析方法。

故障假设分析方法应用于大型活动风险评估中，使用该方法的人员通过提问（故障假设）来发现大型群众性活动中可能的潜在的事故隐患（实际上是假想系统中一旦发生严重的事故，找出促成事故的有潜在因素，在最坏的条件下，这些导致事故的可能性）。

故障假设分析方法一般要求分析人员用“What...if”作为开头对有关问题进行考虑，任何与大型活动安全有关的问题，即使它与之不太相关也可提出加以讨论，其主要问题如下。

- 活动场所周围的加油站发生爆炸，如何处理？
- 如果在活动入场和散场时，造成交通拥堵怎么办？
- 如果活动期间突然停电，怎么办？
- 如果活动场所突然发现一只死鸟，怎么处理？

下面就活动期间如何保证运输和停车展开讨论。

运输和停车这两个问题确实应当给予足够的重视。因为不少活动之所以推延开始的时间或者活动的质量受到影响，就是因为车辆迟到、找不到卸货地点以及卸货速度太慢而造成的。另一个与运输有关、需要考虑的问题是，卡车和其他车辆行走路线的审批。在某些管辖区，如北京市三环以内，对于卡车和大型运输工具的出入有着严格的规定。一些大型活动场地也许位于或者毗邻重点警卫和防范的地区或建筑，因此车辆和人员安全、快速进出这些地带就成为重点考虑的问题。有围栏和照明充足的地方是最理想的停车地点，但首先要考虑的是，选择尽可能靠近活动场地或场所卸货区的停车地点。

③ 故障树分析方法。

故障树(Fault Tree)是一种描述事故因果关系的有方向的“树”，是安全系统工程中的重要的分析方法之一。故障树分析方法作为风险评估和事故预测的一种先进的科学方法，已得到国内外的公认和广泛采用。下面以大型活动踩踏事故为例，介绍故障树分析方法在大型活动危险有害因素识别中的应用，见图 4-1。

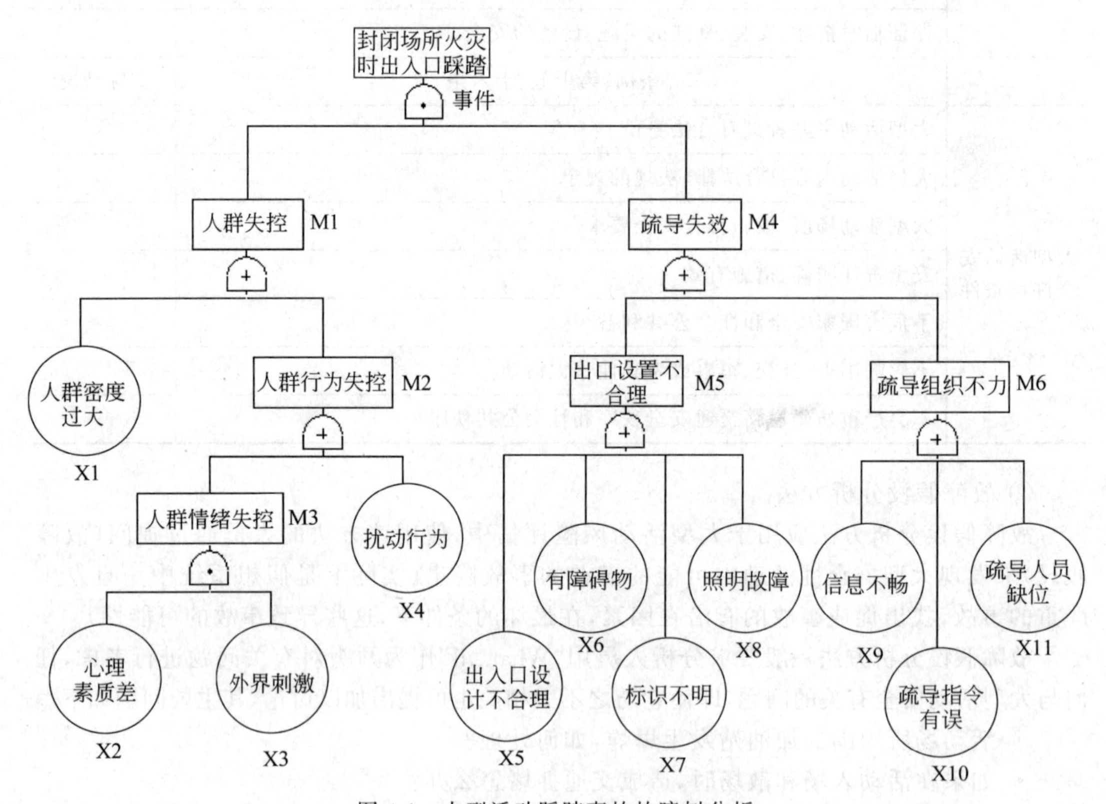

图 4-1　大型活动踩踏事故故障树分析

此故障树的最小割集是：

X2,X5,X3　事件的名称是：心理素质差,出入口设计不合理,外界刺激；

X1,X5　事件的名称是：人群密度过大,出入口设计不合理；

X2,X9,X3　事件的名称是：心理素质差,信息不畅,外界刺激；

X1,X9　事件的名称是：人群密度过大,信息不畅；

X4,X9　事件的名称是：扰动行为,信息不畅；

X2,X10,X3　事件的名称是：心理素质差,疏导指令有误,外界刺激；

X2,X11,X3　事件的名称是：心理素质差,疏导人员缺位,外界刺激；

X1,X10　事件的名称是：人群密度过大,疏导指令有误；

X1,X11　事件的名称是：人群密度过大,疏导人员缺位；

X4,X10　事件的名称是：扰动行为,疏导指令有误；

X4,X11　事件的名称是：扰动行为,疏导人员缺位；

X4,X5　事件的名称是：扰动行为,出入口设计不合理；

X2,X6,X3　事件的名称是：心理素质差,有障碍物,外界刺激；

X2,X7,X3　事件的名称是：心理素质差,标识不明,外界刺激；

X2,X8,X3　事件的名称是：心理素质差,照明故障,外界刺激；

X1,X6　事件的名称是：人群密度过大,有障碍物；

X1,X7　事件的名称是：人群密度过大,标识不明；

X1,X8　事件的名称是：人群密度过大,照明故障；

X4,X6　事件的名称是：扰动行为,有障碍物；

X4,X7　事件的名称是：扰动行为,标识不明；

X4,X8　事件的名称是：扰动行为,照明故障。

此事故树的最小径集是：

X2,X1,X4　事件名称是：心理素质差,人群密度过大,扰动行为；

X5,X9,X10,X11,X6,X7,X8　事件名称是：出入口设计不合理,信息不畅,疏导指令有误,疏导人员缺位,有障碍物,标识不明,照明故障；

X3,X1,X4　事件名称是：外界刺激,人群密度过大,扰动行为。

此事故树的最小径集是：

X2,X1,X4　事件名称是：心理素质差,人群密度过大,扰动行为；

X5,X9,X10,X11,X6,X7,X8　事件名称是：出入口设计不合理,信息不畅,疏导指令有误,疏导人员缺位,有障碍物,标识不明,照明故障；

X3,X1,X4　事件名称是：外界刺激,人群密度过大,扰动行为。

此故障树的结构重要度是：

I(2)=0.111111111111

心理素质差的结构重要度是：0.111111111111

I(5)=0.063492063492

出入口设计不合理的结构重要度是：0.063492063492

I(3)=0.111111111111

外界刺激的结构重要度是：0.111111111111

I(1)=0.166666666667

人群密度过大的结构重要度是：0.166666666667

I(9)=0.063492063492

信息不畅的结构重要度是：0.063492063492

I(4)=0.166666666667

扰动行为的结构重要度是：0.166666666667

I(10)=0.063492063492

疏导指令有误的结构重要度是：0.063492063492

I(11)=0.063492063492

疏导人员缺位的结构重要度是：0.063492063492

I(6)=0.063492063492

有障碍物的结构重要度是：0.063492063492

I(7)=0.063492063492

标识不明的结构重要度是：0.063492063492

I(8)=0.063492063492

照明故障的结构重要度是：0.063492063492

结构重要度顺序为：

I(1)=I(4)>I(2)=I(3)>I(9)=I(5)=I(10)=I(11)=I(6)=I(7)=I(8)

因而得到对应的事件排序是：人群密度过大=扰动行为>心理素质差=外界刺激>信息不畅=出入口设计不合理=疏导指令有误=疏导人员缺位=有障碍物=标识不明=照明故障

2. 风险分析单元划分

分析单元就是根据目标和方法的需要，将系统分为有限的、确定范围的分析单元。针对大型活动识别的危险、有害因素，应根据目标的需要及可能存在的事故类别划分分析单元，并使用相应的分析方法进行分析。合理、正确地划分分析单元，是成功开展风险分析工作的重要环节。

根据前面所进行的大型活动安全风险的识别，可将分析单元划分为：

① 静态因素。大型活动静态因素主要是指固定场所与场地，是以大型活动场所没有游人时的状态为基准，包括活动场地的建(构)筑物与运营设备设施等。

② 动态因素。主要包括公共活动、活动人群以及新增的设备设施等。

③ 外部环境因素。主要是指自然灾难、交通环境、周边环境影响等因素。

④ 安全管理方面因素。主要包括安全管理人员的素质、规章制度的建立、突发应急能力等方面。

(1) 静态分析单元

静态单元主要包括固定的场所与场地，是指大型活动场所建成且没有游人时的状态。主要包括：

① 总平面布置单元。

② 建筑单元：a. 建筑施工单元(结构安全、质量安全、建筑电气、雷电安全等)；b. 建成后建筑物；c. 基础设施单元[热力、电力、燃气、管网、供水、通信、大型公共活动场所架空线(动力线)等]。

④ 消防单元。

⑤ 特种设备单元(包括游乐设施)。

⑥ 危险化学品单元。

⑦ 重大危险源单元。

(2) 动态分析单元

动态单元主要包括运动的人群、移动的车辆、临时新增危险源等。主要包括：

① 重大社会公共活动单元(活动人群)；

② 活动场地内的交通运输单元(运动车辆)；

③ 新增危险因素。

(3) 外部环境分析单元

外部环境单元主要包括自然灾害、活动场地周围的交通环境状态等。

(4) 安全管理分析单元

安全管理单元主要包括规章制度、管控方案等。主要包括：

① 合同商管理单元；

② 管控方案单元；

③ 应急体系单元。

分析单元的划分既考虑了大型活动运行前的，也考虑了运行中的主要危险因素，将两者结合起来确定为上述的分析单元。这样可使分析过程逻辑清晰、重点突出、结构完整。分析单元的数量可以根据实际需要进行适当的增减。

3. 风险分析的内容

风险分析由事件发生的可能性和后果的严重性两部分组成，因而分析工作也由相应的两部分组成。

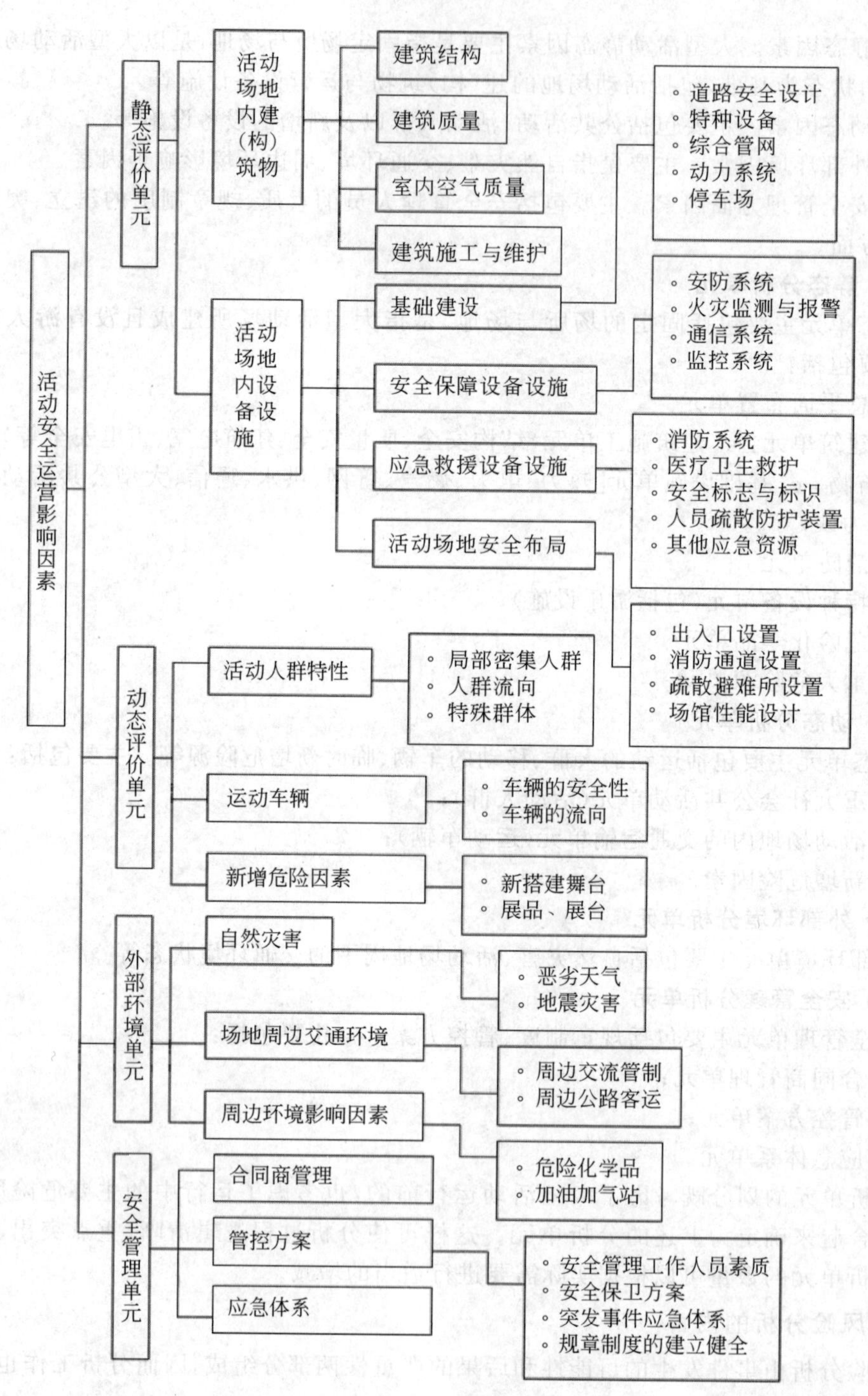

图 4-2　大型群众性活动评估单元划分

(1) 可能性的分析

可能性的分析一般是总结以往的事故案例和其他同类事件的情况，从概率的角度分析其可能性水平。在大型活动安全风险分析中对于事故发生的可能性和后果的严重性的描述，是以分析的结果，按照定性为主的基本原则，通过风险矩阵排列区域，确定风险程度。一般来说可能性分为 5 个等级(见表 4-9)：

表 4-9　风险可能性分级标准

不可能	很小	偶尔	可能	经常
A	B	C	D	E
没有发生的理由	在特殊情况下才会发生	有理由说明将来会发生	在一定条件下会发生	难以避免它的发生

发生可能性分为：经常、可能、偶尔、很小、不可能 5 个等级。

经常：指该事件在本次活动中可能重复发生，并在以往的活动中经常发生，也包括在活动内的一个条件而极易触发的状况。

可能：指该事件在本次活动中可能独立发生的事件，并在以往的活动中曾经发生过，它也可能在已经具备的威胁源和薄弱点的某个或极少数几个条件共同作用下发生。

偶尔：指该事件在本次活动中有时可能发生，并在以往的活动中曾经发生过，或在具备多个的危险源和薄弱点的条件共同作用下发生。

很小：指该事件不太可能发生，并在以往的活动中极少发生过，或在具备多个的危险源和薄弱点的条件共同作用下，强制性突然攻击所发生。

不可能：指该事件在本次活动中不会发生，并在以往的活动中不曾发生过。

(2) 后果严重性的分析

分析风险可能导致后果的严重性时，要了解后果发生的背景。与上面类似，也将严重性分为 5 个等级。严重性可以从多个角度进行描述，如人员伤亡、财产损失、社会影响、政治影响等，在实际评估中要根据委托方的目标和需求进行综合考虑。严重性等级分为用高度、较高、中度、较低、低度 5 个等级表述。

极高：表示除非有某种特定原因，活动不能取消，应当再次组织严密的防范措施，否则将采取措施停办或调整事件、地点、规模。

高：表示非常有必要立即制定加强对危险源阻止和薄弱点防范，采取更加严密的措施，对于不可改变的活动计划继续实施活动，但对可改变的活动计划，且计划的改变不会造成重大国际影响和社会影响、经济损失的，应当采取延缓或停止活动的实施计划。

中度：表示需要采取一定系统措施，防止事件(事故)的发生，对于不可改变的活动计划继续实施活动，但对可改变活动计划，且计划的改变不会造成重大国际影响和社会影响、经济损失的，应当采取延缓活动的实施计划。

较低：表示通过局部的、个别的计划、方案、防范（预案）制定、细化、修补措施，不需要改变活动计划实施。

低：指此项事件发生，是一般性枝节问题，只会给整体活动带来轻微的经济损失与社会声誉影响，若采取常规措施，就可满足防范要求，活动可按期实施。

4. 风险评定

前两项工作的结果可以根据风险矩阵来确定风险的等级。表 4-10 提供了一种对可能性、严重性和风险等级的分类方法：

风险等级＝可能性×严重性

表 4-10　定性风险分析矩阵——风险等级

		后果严重性				
		1	2	3	4	5
可能性	A	低	低	低	中	高
	B	低	低	中	高	极高
	C	低	中	高	极高	极高
	D	中	高	高	极高	极高
	E	高	高	极高	极高	极高

4.2.3　大型活动安全风险控制

1. 风险控制的原则

风险控制包括确定控制风险的措施范围，评估这些措施，准备风险处置计划和实施计划。风险控制的原则是根据不同风险可能性和严重性的特点采取承受风险、风险控制、避免风险和风险转移四种策略，由于这四个词的英文首字母都为 T，所以也称之为“4T 策略”。对不同的风险可采用不同的处置方法，对一个大型活动所面临的各种风险，也可以综合运用各种方法进行处理。图 4-3 就反映了不同风险评估结果对应的风险策略原则。

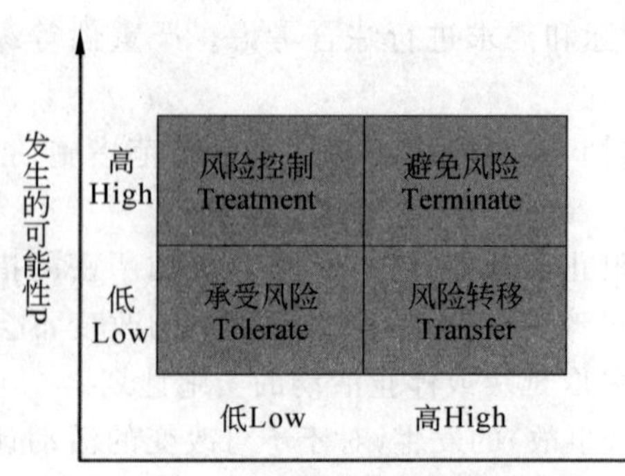

图 4-3　风险控制原则

（1）承受风险。承受风险是由活动管理方自行准备资金以承担风险损失的风险处置方法，活动管理方在对突发公共事件风险进行预测、识别、评估和分析的基础上，明确突发公共事件风险的性质及其后果，认为主动承担这些风险比其他处置方式更好。

（2）风险控制。风险控制是为了最大限度地降低风险事故发生的概率和减小损失幅度而采取的风险处置技术。比如在易发生拥挤的活动场地，配置醒目的安全色、安全标志、报警器等。加强各部门的风险控制能力，做好救护受损人、物的准备等。

（3）风险转移。风险转移是指活动管理方将风险有意识地转给与其有相互经济利益关系的另一方承担的风险处置方式。风险转移的方式有保险转移和非保险型转移。非保险转移方式是指将风险可能导致的损失通过合同或协议的形式转移给另一方，如安全协议。通过转移方式处置风险，风险本身并没有减少，只是风险承担者发生了变化。

（4）避免风险。避免风险是在考虑到活动突发事件风险及其所致损失都很大时，主动放弃或终止活动举办以避免损失的一种处置风险的方式，它是一种最彻底的风险处置技术。2004 年 10 月 7 日由于天气原因“法兰西巡逻兵”飞行表演队在北京的首场特技飞行表演被迫取消，正是由于当时天空能见度只有 1 000 米左右，达不到法国方面特技飞行表演的最低气象要求，因此取消了飞行表演。避免风险虽可彻底消除实施该项目可能造成的损失和可能产生的恐惧心理，但它是一种消极的风险处置方法。

以一次展览会的风险控制为例，结合风险矩阵评估方法，得出的风险等级如表 4-11 所示。

表 4-11 展览会安全风险矩阵评估结果

序号	存在问题	可能性	严重性	风险
1	只有部分进行现场表演的展台采取了增加水槽和三面围挡的措施，但对金属切屑火花的控制效果不佳，火花仍能溅到参观人员身上和地板上。只有少数展台在地板上设置了防火毯或钢板	经常	低	较高
2	设有疏散标识的门与现场打开的门对应不上，容易误导参观者	可能	低	中度
3	安检效果不佳。虽然各展馆入口均设有安检门，但是安检人员未履行职责，形同虚设	经常	低	较高
4	部分保安人员对场馆环境不了解，不知道出口位置。保安人员的培训不到位	可能	中	中度
5	1 号馆的噪声过大，已经掩盖了正常广播的声音，可能出现掩盖应急广播声音的情况	经常	中	高

根据风险等级的高低，考虑到经济因素的影响，按照高、较高、中度、较低、低的顺序，优先解决风险等级高的风险，其次是风险等级较高的风险，以此类推。

依据评估结果，此展览会应优先控制顺序以及简单的控制措施建议见表 4-12。

表 4-12　展览会安全风险控制顺序

优先顺序	控　制　点	建议采取的控制措施示例
1	1号馆的噪声过大	对1号馆和其他馆的展商进行调整
2	金属切屑火花	所有现场表演必须增加水槽和三面围挡的措施,并且必须采用防火毯
3	安检效果不佳	加强对安检人员的责任心教育
4	疏散标识与疏散门不对应	立即调整
5	保安人员的培训不到位	加强对保安人员的培训,尽量选用熟悉国展中心的保安人员出勤

2. 风险的预测预警

在风险评估的基础上,确定了风险控制措施,就要对大型活动在举办前进行必要的风险预测预警,达到监测其变化,并针对变化提前警示的作用。

(1) 对人群容量安全风险预测预警

包括对活动参加人员的数量、人群年龄结构、观众情绪等因素的分析预测,考虑这些因素对大型活动安全的影响性。要保证一个大型活动的安全性,就需要预测参加本次活动的人群类型、特征,分析其心理行为特征,然后根据活动场地的实际情况,预测人员的最大安全容量。人员最大安全容量可通过计算机仿真模拟计算,人员容量的变化情况则要通过视频监控和客流计数系统。

(2) 周边环境安全风险预测预警

包括对场地开放程度、周边地理环境、道路、水域、涵洞的安全性等周边环境的特性和周边环境的危险因素进行分析,制定科学预测预警措施。对一个大型活动场所的周边环境分析,了解周边道路的危险化学品运输车辆状况,预测危险化学品事件,预警运输车辆发生事故,例如危险化学品泄漏,预测泄漏会对活动造成的影响程度,预警人员的安全疏散。

(3) 设备设施安全风险预测预警

包括安全通道、消防设施、投放设施、各种标志以及水、电、气、热等重点部位当前的安全状况。对大型活动火灾的预测,就需要预警用电、用气安全,预测活动的火灾负荷,预警消防设施的完整性。2000年9月,悉尼奥运会开幕式彩排时,不少烟花因风飘落到新闻中心屋顶和奥林匹克主体育场附近草地,草地上多处被点着,事故发生后消防人员迅速赶到,避免了事故的发生。由此可见,如果预测奥运期间发生火灾事件,就需要预警奥运会各种可能导致火灾的危险因素。近年来,美国、英国等国家出现大面积停电,给社会生活造成了极大的混乱。因此预测一个活动可能发生停电事件,就要预警供电设施损坏的安全性,预警某一供电设施损坏会波及多大的停电影响范围,从而预警这个活动的安全举办。

(4) 临时建筑预测预警

包括临时搭建设施、展品贵重程度等因素。预测活动中有建筑坍塌事件,就要预警临建设施的安全性,预测事件可能会造成的影响,预警施工工程质量。

(5) 自然灾害风险预测预警

包括预测天气等自然灾害对活动安全造成的影响,需要特别关注由于自然灾害的二次影响对活动安全造成的影响。以某一活动对大风灾害的预测为例,就要分析大风会对这些活动场所的哪些地方带来较大的危害,就要预警这些重点影响区域。分析由于大风灾害这些重点影响区域内可能出现的各种险情,然后预警危险源,例如广告牌,每年都会出现因为大风刮落广告牌而砸伤甚至砸死人的事件。预测暴雨灾害,就需要分析暴雨会给那些活动区域造成危害,预测这些重点区域内可能发生的各种事故,预测造成事故的危险因素,例如排水系统与井盖。

(6) 恐怖事件的预测预警

预测大型活动现场可能发生的爆炸、枪击、投毒等突发恐怖事件,预警恐怖分子可能使用的各类"武器",各种实施恐怖的方式。保障城市公共安全需要加强对社会安全事件的有力防范,特别针对人群高度密集的场所安全问题进行研究。重点对活动场地的关键部位和元素的安全性预测预警,如对非武器、低技术的预警,对看不透物体的预警,对易获得制造恐慌的小化学品的预警,对容易制造的危险物的预警。大型社会活动还需要预测参加活动的人群类型,人群结构,预警活动场所的人员最大安全容量。预测活动期间可能发生的突发事件,例如恐怖袭击,预警目标人群,采用人脸识别等高科技技术。

(7) 当期大环境安全与预测预警

大型活动除了要考虑本身环境安全的预测预警,还要考虑在当前大环境下的安全性。例如,在黄金周举办的大型活动要预测整个黄金周的各种因素对大型活动安全的影响,并根据预测结果做出合理的预警。根据当前食品安全和流行病的特点,对大型活动的公共卫生风险进行预测预警。重点对活动举办中消费量较大的一些食品安全问题等进行了分析测试评估,将食品分析测试与预测预警结合。在活动举办期间,就需要预测预警流行病可能对活动产生的影响。在禽流感警戒时期,就需要预警禽流感可能传染的方式,例如发现不明原因死亡坠落的鸟类就需要引起高度的警戒。

3. 反馈与更新

对做过的评估进行回顾和修正,通常是一年一次,或当场所设计、管理方式、环境等发生重大改变时进行。风险评估不是一步到位的工作,必要时应当复查,如果评估对象有变化时,评估结果不再有效时还要进行修正完善。如:①发生了重大变化,如场地、游人、管理程序、外界影响(附近的活动、复活的恐怖袭击)。②重大事件的发生。③潜藏一个严重疏漏。

不管是在什么情况下,最好的办法就是定期复查评估结果,并对做过的所有修改进行记录。即使一切都没有发生改变,做复查也是非常必要的。如果评估过程中正好是一个事件的进行中,那么当这个事件结束后,就应当马上进行复查。因为事件可能会带来新的问题,人们也需要认识它。

4.3 大型活动安全管理的内容

4.3.1 大型活动人群安全管理

大型群众性活动的最大特点也是安全要点就是人群短暂性的高密度聚集,一旦发生突发事件,最重要的问题之一就是如何在最短的时间内把人群安全地疏散出去。因此,人群管理是活动事故预防与控制的重点研究内容。

1. 大型活动人群组成及行为特征

(1) 人群组成分析

大型活动参与人员构成复杂,参与者既有青年、老人,也有儿童,他们对风险的认知、防护知识及能力有很大不同。此外,活动参与者的职业、社会层面、兴趣、爱好等差异较大,群体习惯和文化理念不同;在活动期间可能遇到的安全问题不尽相同。主体的复杂性使得个体与群体之间存在诸多潜在矛盾,导致了活动安全隐患的多来源性,同时个体对风险等事物的反应特征也呈现多样性,这些因素致使可能的安全问题增多。人群的主要目标是参与活动,如观看比赛、参与游园等,因此其行为及需求具有一定的趋同性。活动形式、内容越复杂,参与者的目标越容易分散,趋同性越弱。一方面趋同性增加了活动场所服务设施等的负荷,同时在一定程度上也缓解了安全管理的压力,管理者可针对不同人群采取更有针对性的控制措施。另外,参与人员的相异性。参与主体共同的外在表现形态下,不同的参与者也是怀着不同的目的和心态来参加活动的。例如,对于演唱会来说,绝大部分观众的目的是欣赏好听的音乐,与喜欢的歌手近距离接触,但也不能完全否定少数极端分子的存在,这样,可能导致群体目标与个人目标发生冲突,继而造成可能的群体动荡。

大型活动人群分为妇女、儿童、老人、残障人以及正常男性,其行为特征如表 4-13。为避免事件后果的扩大,减少伤亡程度,必须对人群的心理和行为特征进行分析,以准确把握其客观规律,采取有效的应对措施。

表 4-13　不同层次人员特征分析表

层次	心理和行为特征
老年人	控制能力差，判断力差，注意力不集中，易受无关因素的干扰；行为缓慢、迟钝，平衡能力、灵敏度差
正常男性	能根据自己所处的客观环境来调节自己的情绪恶化情感，能独立进行观察和思维，具备独立解决问题的能力；行动迅速、果断，平衡能力、灵敏度好，体力充沛
妇女	能根据自己所处的环境进行判断，但是容易恐慌，行动上没有正常男性来得迅速有力，平衡能力较差，体力不够
儿童	心理稳定性差，不知道如何应对紧急事件，行动不知所措，平衡能力差，不会自我保护，需要别人帮助
残障人士	控制能力差，行为不便，容易影响别人的通行，也容易受到伤害，需要别人帮助

（2）人的意识行为分析

人的意识行为非常重要，人的决策决定他采取什么样的行动。而在紧急情况下，人的决策过程受以往经验、教育程度、个性、身体特点、可利用的疏散通道、其他人的决策行为的影响。大型活动的人群在紧急事件中，个人在确定或评价所处的危险环境时，一般经历 6 个环节，见下图 4-4。

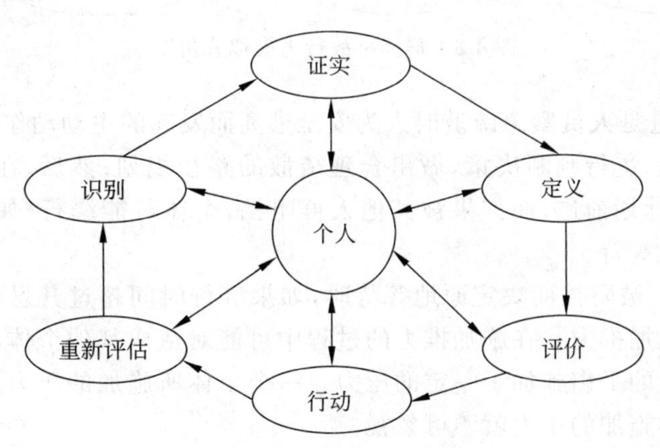

图 4-4　人的意识行为分析图

① 识别。当某人感觉到危险发生的迹象时，就会产生识别。识别的迹象可能是模糊的，也可能是清晰的，这与人的敏感度、经验等相关。

② 证实。证实是个人决定危险迹象严重程度的行为过程，在这个过程中，人们通常自我安慰。当危险迹象非常模糊时，人们去获得其他信息，即某人意识到发生了什么事，但又不能肯定，于是他有可能去询问附近其他人员。

③ 定义。定义是人们企图了解与危险有关的诸多变量，如危险的性质、大小以及当

前状态。在弄清这些情况前,人们的紧张和焦虑是最严重的。

④ 评价。评价是个人对危险的认识和心理反应的过程。在紧急事件发生的情况下,评价是人们决定进行如何采取行动的过程。根据事件的性质、规模、可能的后果,人们的这个过程需要在几秒内完成。这时,个人对于他人的行为是很敏感的,因此可能模仿他人的行为,最后导致群体的适应性和非适应性行为,而并非个性化的行为。

⑤ 行动。指个人为了完成在评价阶段制订的计划而采取行动的机理。

⑥ 重新评估。在前面的努力失败后,人们将立即进行下一个重新评估和行动的过程,接下来的行动将更加努力,随着一次又一次的努力,人群情绪越来越激动甚至失控。

(3) 紧急情况下群集事故的行为分析

在紧急疏散过程中,尤其在人群密度过大,人员相互拥挤踩踏时,人的行为模拟见图 4-5。

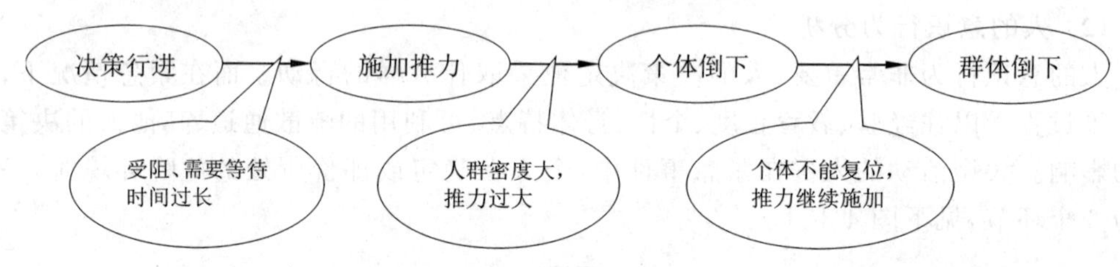

图 4-5　群体事故行为模拟分析图

① 行进。行进是人员紧急疏散时人为安全逃离而发起的主动动作。首先,个体会基于当前的位置环境,进行判断决策,做出合理疏散的路径规划;然后,在没有其他人阻挡的情况下,个体按计划前进;而如果被其他人群阻挡,个体可能绕行(如果代价不是很大的话),也可能原地等待。

② 施加推力。被阻挡而决定原地等待时,如果等待时间超过其忍耐极限,个体将向周围的其他人群施加推力。在施加推力的过程中可能对造成其他个体的位置移动,更重要的是对其他个人的平衡施加了一定的压力。一个个体所施加的压力可能不大,但是一个群体对周围人群施加的压力就不可忽视。

③ 个体倒下。某些个体(尤其是老人、妇女、儿童)受到推力过大而失去平衡时,处于倒地状态。

④ 群体倒下。某些个体的倒下使得平衡更加失控,后面人群在不知情的情况下继续施加压力,倒下的人数增加。

采取措施使这四个环节遭到破坏,就不容易发生群死群伤的踩踏事故。

通过对典型人群聚集场所进行直接观察,摄影跟踪等数据采集措施,测量聚集人群流动速度、密度、流量,辨认冲突、干扰以及跟踪观察聚集人流中的特殊移动等,深入挖掘正常状态下聚集人群的动力学特征,运动规律,建立正常状态聚集人群的模型。

在大型活动中人群容易形成如下现象,如果不加以有效控制容易发生事故。

① 成拱现象。群体自宽敞的空间向较狭窄的出入口、楼梯移动时,除了正面的人流外,往往有许多人从两侧挤入,阻碍正面的流动,使群人群密度增加,形成拱形人群,谁也不能通过。这种情形可能会持续一段时间,当拱形群集密度达到13人/平方米以上时,由于某一侧的力量过强而使成拱崩溃,一部分人突然进入到出口中,同时,由于出入口之外的群集密度比较低,前面的人很容易失去平衡摔倒,后面的人很容易被绊倒。尤其在下台阶或者楼梯的场合,更加容易摔倒,遭到后面人群踩踏。图4-6为成拱及拱崩溃的过程示意图。

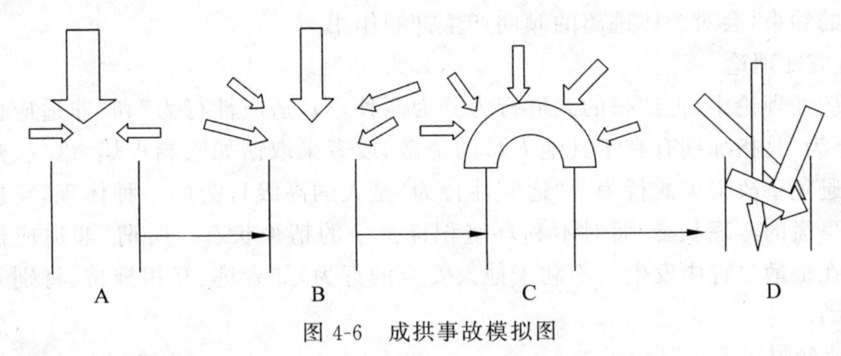

图4-6　成拱事故模拟图

② 异向群集流。来自不同方向的群集流成为异向群集流。十字路口、交叉路口处来自不同方向的群集相互冲突、相互阻塞、前进的群集受到折返回来的群集的阻塞、拥挤,也有相对前进的两股人流狭路相逢的情况。异向群集流之间的相互冲突,很容易引发相互踩踏伤害的事故。

③ 异质群集流。当群集中的每个人都以相同的步速向相同的方向前进时,群集的流动是稳定的流动。但是通常的情况下,组成群集的人们有不同的体质,往往包括老、弱、病、残,有走得快的人,也有走得慢的人。每个人都想按自己认为的最短路线前进,都想以最短的时间出去。走得快的人就总想绕到前面去,如果许多人都这样想,则会发生相互拥挤、碰撞或者流动的停滞。走得慢的人容易受到走得快的人从后面推拥,侧面挤靠,很容易跌倒,导致一连串的跌倒和践踏,酿成严重的伤害事故。

(4) 人群拥挤行为特征分析

大型活动中人群的心理状态和行为特征等将人群拥挤事故分为两类。

① 逃避灾害型

如1994年发生的克拉玛依火灾和1988年尼泊尔“亚洲山谷”国家体育馆事件。在这种类型的人群拥挤事故中,人群的拥挤是为了逃避突发的灾害事件。

② “争抢”型

如2002年孟加拉国戈伊班达斋月施舍活动、1979年美国辛辛那提音乐会事件和

1989 年谢菲尔德足球场事件。这种类型的人群拥挤是为了“争抢”某种物品,或者只是想一睹明星风采,或者仅仅是想先离开拥挤的人群。

目前有关人群拥挤行为的理论主要有陷入理论、适应性理论和“社会附属关系”理论。

① 陷入理论

陷入理论认为,当面对拥挤危险时,人群的典型响应是自我保护式的进攻或者逃离。突然发生的危险情况使具有不同目的的人汇集为人群,并表现出恐慌。一般来说,人们会向着一个安全的方向,通常是远离危险的方向逃离。严格的管辖、严格的领导和其他社会道德的约束,会对个体逃离的倾向产生抑制作用。

② 适应性理论

在适应性理论中,把拥挤的人群行为分为两种,即“适应性行为”和“非适应性行为”。“适应性行为”是指那些有利于其他人员的疏散,或者采取诸如限制火焰、烟气、热量蔓延以及其他避免事故损失的行为。“适应性行为”是人的高级行为的一种体现,它反映了人们摆脱了恐慌的心理状态,面对不利环境积极抗争的精神状态。所谓“非适应性行为”,是指人员在疏散过程中发生的不利于他人安全的行为,如奔逃、互相推挤、将别人撞倒以及互相踩踏。

③ “社会附属关系”理论

该理论认为,人们在拥挤恐慌中并没有失去人性,也没有放弃与他人的关系。相反,人们在极度危险的情况下继续扮演着他们在社会结构中的角色,并继续关心他人的命运,常会使自己的生命陷入危难中,这种行为也被称为“利他”行为。互助是人群在逃生过程中的一种常见行为,并且是人与人之间关系的主导行为。

上述三个理论都从一个方面描述了人群在拥挤恐慌状态下的行为表现,在某些方面是相互补充的。恐慌人群既有歇斯底里、竞争、人性丧失的一面,也有互助、协作的一面。不同属性的人在恐慌状态下表现出的行为是不同的。研究结果表明,在互助、协作关系占主导的恐慌疏散中,人员伤亡远低于竞争、人性丧失的情况。大部分死难者都是由于人群的“非适应性”行为而丧命的,而并非完全是灾难本身(如火灾)的原因。竞争、不合作的行为会加剧人群的恐慌,不利于人群的疏散,其最终后果是造成严重的人员伤亡。

(5) 骚乱者心理及行为分析

根据大型活动事故的统计,因人群中的骚乱行为导致的拥挤踩踏事故占全部事故的18%。骚乱行为是由于宗教、社会、种族、经济冲突或者成果竞争中可能发生的一种暴力行为。在大型活动人群聚集场所,骚乱行为可能增加现场的紧张气氛,使场所的秩序混乱。小型的骚乱行为通常不会造成人群恐慌,也不会酿成拥挤踩踏事故,但在很多情况下,它会成为事故发生的导火索。根据研究,因人群骚乱导致拥挤踩踏事故发生的场所主要有体育场馆、宗教场所,在演出场所或者政治游行场所也时有发生。骚乱行为的理论研究主要有刺激需求理论、FORCE 理论两种，下面对这两种理论进行简要介绍。

① 刺激需求理论

刺激需求理论认为：现代社会中随着经济的发展，人们的生活水平提高，空闲时间增多，人们对生活的期望更高了。同时，他们也正经历着高失业率的压力，冒险的机会减少的现实。人们对现实生活有厌倦情绪，希望能够充满激情地生活，人们为弥补这种不快乐状态会刻意去做些刺激的行为，这些行为会产生严重的个人风险。在采取冒险行为时，他们会建立一种保护的尺度，以判断自己是否安全，是否会遭受伤害。当然也会错误地判断行为的安全性，此时就会引发人群骚乱。

② FORCE 理论

该理论是 1989 年 Mann 在对体育骚乱事件进行分类时提出的，FORCE 分别代表挫折（Frustration）、非法的（Outlawry）、抗议（Remonstrance）、面对面冲突（Confrontation）和宣泄式的冲突（Expressive）。每一个字母代表一种骚乱类型，其英文单词的第一个字母构成了“FORCE”。

2. 大型活动人群安全管理对策

（1）大型活动人群安全事故成因

大型活动人群安全事故主要是由以下几种原因单独或共同促成的。

① 没有有效控制参与人数。大型活动往往人数众多，成分复杂，许多人初到现场，发生事故时容易因惊恐且不熟悉现场状况，致使场面失控，人群推挤，进而出现人员伤亡。

② 没有对活动场所及设施进行安全评估，且场所布局不合理。大型活动场地往往比较大，不易管理，如果事前未进行查勘并因地制宜采取防范措施，或使用劣质器材甚至危险品，则出现事故的概率会大增；活动场地布局的合理性也对人员流动的速度和密度产生很大的影响，如果布局不合理，就有可能造成人流疏密不均，从而人员流动事故的发生概率就会大大增加。

③ 人员疏散组织不力。由于大多数人员流动事故发生在人员疏散过程中，所以人员疏散的组织引导是非常重要的。一般而言，在人员拥挤、推搡等剧烈的人身接触时，如果对人员的疏散不能做到科学、合理的控制引导，就有可能在疏散环节发生人员流动事故。

④ 没有从系统的角度考虑人员聚集的管理。人员聚集的管理直接关系到后来的人员流动的密度和速度。所以，根据人员疏散的要求和活动场所的特点管理人员聚集是非常必要的，如果只考虑人员聚集的管理，就很有可能造成人员疏散引导的困难。

⑤ 应急能力不强。一方面表现为紧急预案不完善，如果没有一套完整合理的紧急预案就有可能增加人员流动事故所带来的损失。另一方面表现为应急资源不足，大型活动因参与人员众多，突发事件难免，如有伤、病、意外的事故发生，而现场又没有合格且足额的医护人员及设施，则后果堪忧。

⑥ 其他原因。除以上原因外,比如虚假信息的谣传、突发事件等都有可能导致人员流动事故。

(2) 大型活动常态下的客流预测、引导和控制

大型活动中的人流量预测工作关系到大型活动的交通配套设施、活动场地的布局设施、活动安排等工作能否顺利展开,应该从系统的角度,根据活动场地布局特点和人员疏散的要求,对大型活动中人员流动在时间和空间上加以引导和控制。如何平衡各个时间段和各个区域人流的分布,让整个大型活动期间的人流更加有序,会直接影响大型活动举办的效率。由此可见,常态下的人流预测、引导和控制是影响大型群众性活动人流问题的一个最基本方面。

常态下的人流预测、引导和控制可以有很多的措施。例如,在2006年中国沈阳世界园艺博览会中,采用通过统计允许到达沈阳世博园的交通工具(公共汽车、铁路交通等)的情况,并结合园区内可容纳人的有效面积,来预测出沈阳世博园内可能的最大的日流量和最大瞬间容量;通过合理规划世博园内人流通行路线,并在通行能力较差的路段采取合理的疏导措施,还要制订合理的活动方案,以平衡园区内人员流动速度和密度;同时,通过对天气的好坏、是否为节假日等信息的分析,并结合当日的人流情况,来预测次日的人员流动数量和时间、空间分布状况,从而提供次日的设备和服务人员的配备预案等。综上所述,可以通过建立预测模型和各种方法措施来预测、引导和控制大型活动中的人员流动,从而尽可能地减少人员拥挤现象的发生,进而最大可能地保障大型活动上的人员安全。

(3) 活动场地的布局的合理性

大型活动场地的布局对人员流动能够产生重大影响,如果活动场地内的道路布局、配套设施的配备没有从系统的角度充分考虑人员疏散的要求和人员聚集的特点,就会影响到人员流动的高效、安全和舒适。同样,在配套设施的配备方面也要考虑人员流动的特点,如活动场地内的厕所的类型、数量和分布情况都会影响到人员流动的速度与密度。

(4) 人员容量管理

《大型群众性活动安全管理条例》第六条明确规定:举办大型群众性活动,承办者应当制订大型群众性活动安全工作方案,其中一项重要的内容是活动场所可容纳的人员数量以及活动预计参加人数。

大型活动整个场所及部分关键部位的人员容量问题是活动安全的一个重要指标。一旦人员容量超过大型活动的整体或局部的硬件环境的支持能力和管理指挥的承受能力,将会产生高风险。而活动容量与活动的硬件设施、指挥决策、管理队伍本身有很大的关系,因此,在一定的条件下,科学合理地规定活动的人员容量,即正常景观容量和大型活动场所最大允许容量,并按照这两个容量,实行分级预警管理,是保证大型群众性活动安全、顺利举办的前提条件。近年来,将计算机模拟技术应用在特定活动场地的人员最大安全容量计算和对人员应急疏散的演练等，对保障活动的安全举办起了重要的促进作用，并依据此实行分级预警管理。

第一等级（蓝色）：正常景观容量以下。

第二等级（黄色）：超过正常景观容量，但未达到峰值容量，需要进入警戒状态。在这种情况下有可能要对人群、人流进行疏导。

第三等级（橙色）：达到峰值容量，需要采取限制，在出入口需施行应急措施。

第四等级（红色）：出现紧急状况，需要采取撤离行动。

针对不同的级别确定可接受风险和不可接受风险分别进行管控。

（5）人员紧急疏散与关键部位的快速通行

由于大型活动期间会出现大量活动参与者涌入活动场地的状况，因此，一旦场地内发生火灾、人员拥堵等紧急事故，活动管理人员能够组织活动参与者沿着合理的疏散路线进行疏散，制订合理的疏散路线是大型活动的主办者关心的问题。

在进行合理的疏散路线的制定前，需要做好如下的工作。

① 合理设置具有配套设施的紧急避难场和避风避雨场所。同时，紧急避难场所应配备自来水管、电线等设施，能够满足临时性的生存需要。如果在活动举办期是多雨季节，则应该在人员密集区域附近设置可供避风避雨的设施，从而避免因突发暴风暴雨天气时，人群慌张避风避雨导致的各种事故。

② 保证疏散通道的合理和顺畅。疏散通道的形状、长度、宽度及防火与防烟性能会对人员疏散时间有明显的影响。人员通过平直的、宽的走道所用的疏散时间少些，通过窄的、多弯的和台阶走道时所用的疏散时间多些；外廊式的疏散通道排烟性能和采光性好，便于人员疏散；内廊式的疏散通道则较之差；而且，在人员的安全疏散过程中，楼梯也是一个重要的影响因素。

③ 保证疏散出口顺畅。疏散出口不应设置门槛、台阶，疏散门应向疏散方向开启，展馆大门不应采用卷帘门、转门、吊门和侧拉门，门口不应设置门帘、屏风等影响疏散的遮挡物。

④ 提高活动参与人员的安全意识和素质，如疏散人员的心理素质、文化背景、生活习惯等，这些会影响人在紧急情况下的疏散行为。

以上工作的顺利实施，是保证在大型活动发生突发事件或过度拥挤时，人员紧急有效、安全、顺利疏散的前提条件，然后用计算机仿真模拟的方法，模拟不同疏散场景，分析影响疏散顺利进行的影响因素，可以找出可能出现的最不利位置、疏散过程中的瓶颈位置从而优化疏散路线。

在整个疏散过程中最有可能发生拥堵的部位就是疏散过程中的关键部位。这里需要通过采用计算机模拟技术，确定出人员疏散过程中的瓶颈位置，并分析这些位置的人群流向及人群通行能力，并制订相应的管控方案。以2006年中国沈阳世界园艺博览会人群安全管理为例，管理部门应用计算机模拟技术，确定人员疏散过程中拥堵位置绘出示意图,如图 4-7 所示。

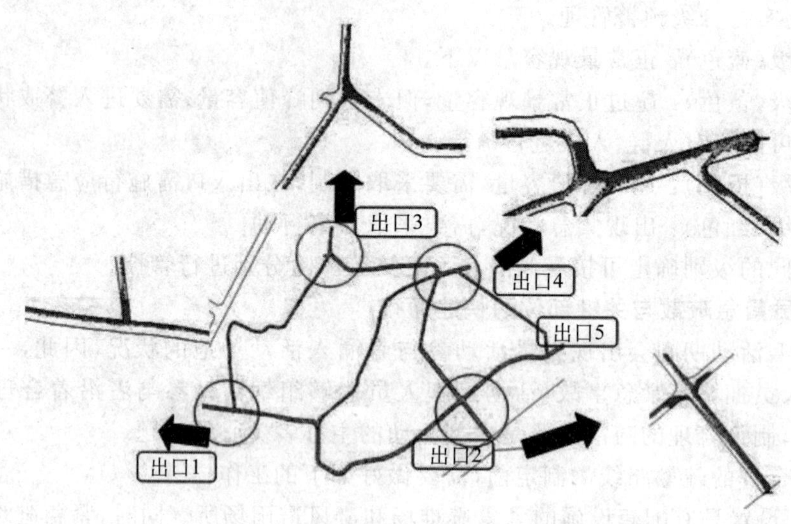

图 4-7 人群安全管理关键部位图(深颜色代表拥堵部位)

根据这个模拟结果,就知道在什么位置加派安保人员,从而制订更加切实可行的管控方案。

一般来说,大型活动关键部位主要包括以下区域:①场所入口;②场所出口;③观众和嘉宾座椅区入口;④路线交叉口;⑤道路转弯处;⑥上下台阶和障碍物易撞头撞手撞脚处;⑦其他重要人流吸引点处。

另外,需要提出的是,活动中的安全管理人员同时也是突发事件发生的“第一响应者”,他们在紧急疏散过程中,具有组织疏导人群安全疏散的责任。在紧急疏散过程中,有效的广播系统也是非常重要的,它能够缩短人员反应时间,并能把有用的信息及时地传递给人群,这些都对人群的紧急疏散产生积极的影响。

4.3.2 大型活动场地安全管理

大型活动的地理基础是公共场所,在公共场所举行大量人群聚集的活动时,应对场所进行评估。了解场所的地址、整体设计和周围环境,应有足够的进出口,提供到达场所的通道,包括人行道,停车场和标志,提供应急设施的场地等众多因素。

1. 大型活动场地选址

(1) 大型活动场地分类

从不同的角度对大型活动场地进行分类如下:

① 按人口在空间分布层次划分

受限空间类：如高层建筑、地下商场、室内体育馆等。

开放空间类：如商业街、集贸市场等。

受限类场所最大特点就是安全出口有限，紧急情况下人群疏散困难，此类公共场所中，最大的安全隐患是火灾，一旦发生火灾，直接烧死的人很少，绝大多数是因为无法及时逃生而被火灾的烟气毒死或窒息而死，还有人群急于逃命而造成挤踩或从高处坠落造成的伤亡。

② 按人群聚集时间（人口密度在时间上的分布）层次划分

长期存在：如影院、体育馆、游乐场、车站等。

暂时性存在：如临时搭建的广场舞台等。

③ 按其服务功能划分

住宿场所：如旅馆、宾馆、饭店等。

文化娱乐场所：如影剧院、歌舞厅、夜总会、录像厅、卡拉 OK 厅、音乐茶座、游乐厅、网吧、保龄球馆、桑拿浴室。

体育和游乐场所：如体育场馆、游乐场、公园。

文化交流场所：如展览馆、博物馆、美术馆、图书馆、礼堂、演播室、大中专院校、中小学校和幼儿园。

商业活动场所：如商场（店）、书店、超市、集贸市场。

就诊和交通场所：如医院候诊室、候车（机、航）室、公共交通工具。

（2）周边环境要素

公共场所举行大量人群聚集的活动时，需要了解场所及其周围的相关信息包括：场所中出入口、紧急出口的位置，公用设施的位置（如厕所、售货店/饭店和酒吧等）以及场所中不同功能区的布局（如场所中的路径、等候区、售票厅、舞台、商店等），场所的结构和特征（楼梯、电梯、坡道、桥、隧道、护栏、匝道、瓶颈、不同区域的梯度等），周边环境的地理特征（附近交通场所、停车场的位置、附近主要道路及其去向、附近单位的入口等），场所的维护和构建工作（可能引起场所暂时关闭，场所中主要路段临时封闭、堵塞，或者场所中某些与人群密切相关的设施停止使用）等，以及参加活动的对象在通常情况下表现出来的一些行为信息，如人们到达或离开的时间，活动中安排的交通方式及时间表，活动持续时间，临近场所中的情况（临近场所中活动的起止时间，是否暂时关闭等），可能引起场所中人群滞留的道路的状况（如因工程原因导致的火车晚点，会使车站人群滞留）等。

对于规定的场所和常规性的活动，其信息的收集工作比较容易，但一定要注意识别场所的现状与过去之间的变化，或者将要举办的活动与以前活动的不同，以确定以前的计划是否仍然适用。此外，还应该从以往事故中获取信息，并借鉴其经验教训。

大型活动的场所选择,应该根据活动群众的规模、持续时间等多方面因素来选择合适的公共场所。一般来说,应当遵循以下原则。

① 大型活动场所宜选择位于城市主要道路的公共场所(为方便人群疏散),尽量避免建在城市中心地区(商场除外)。所选择的公共场所应有不少于两个面的出入口与城市道路相邻接,或基地内应有不少于1/4的周边总长度和建筑物不少于两个出入口与一边城市道路相邻接。

② 该公共场所不宜设在有甲、乙类火灾危险性厂房、仓库和易燃、可燃材料堆场附近,如因土地条件有限,其安全距离应符合建筑防火有关规定。

③ 该公共场所建筑耐火等级和建筑之间的防火间距应符合相关规定。其中,重要公共建筑的耐火等级不应低于二级。商店、学校等人员密集场所的耐火等级不宜低于二级。

④ 如果是公共娱乐活动,则场所不宜选择在文物古建筑和博物馆、图书馆建筑内,不得毗连重要仓库或者危险物品仓库。

⑤ 如果选择室外场地,就需要考虑该场地与电力设备、危险物储存生产区域的距离。

(3) 交通状况要素

在开展大型活动时,极有可能会遇到交通问题,可以通过加强交通管理来解决:

① 采取限制交通措施(限制车辆种类,实行限时交通,限制行车方向等)。

② 实行交通分流措施。

③ 建立完善的步行系统。

2. 场地规划

(1) 总体分区

要想对活动场地进行合理的规划,必须认真考察场所的地形图纸。一般地,要对场所的地形图纸进行以下内容的考察:

① 是否标明了所有出入口及所有柱子、服务/设施连接线的位置;

② 是否标明了防火安全设施的位置以及防火间距是否满足《建筑设计防火规范》等相关规范的有关规定;

③ 场所附近的停车场,公交站,地铁站(所处位置)是否合理;

④ 场所内各项设施、道路等是否考虑残疾人、老人、小孩需求;

⑤ 场所的出入口、洗手间的设计是否合理;

⑥ 场所中各应急出口等问题,逃生路线,标志是否在设计中体现。

(2) 缓冲区的设计

在参加活动的人群到达活动场所时,一般都不会直接进入活动场所的中心地带,而是会在边缘地带逗留。根据对参加大规模群体性活动人员的相关调查结果,可以知道绝大多数人并不是直接进入活动场所的核心地带，尤其是那些事先并不了解该场所环境的参加者们，都会选在一个合适的过渡区域来逐渐了解活动场所的环境。因此，对活动场所进行设计和规划时，必须考虑这样一个空间——该空间可以接纳一部分或全部的活动参与者，属于活动场所的一部分，或者是能够提供部分活动场所中心地带给参与者的服务——缓冲区。

缓冲区的设定，需要根据活动的规模、内容以及参加者的数量等方面进行综合考虑，例如可以将活动的中心展台放在整个房间的中间而不是靠着某一堵墙，可以将活动场所外围的绿地当作一种过渡，或者将活动分成不同的时段来降低活动可能要面对的人群荷载，等等。

（3）出入口

对于公共场所的出入口，一定要保证参与活动的群众能够有效、有序地进出和疏散。活动场所宜选择在城市主要道路的适宜位置（为人群疏散），应有不少于两个面的出入口与城市道路相邻接，或基地内应有不少于 1/4 的周边总长度和建筑物不少于两个出入口与一边城市道路相邻接。场所以及场所内的各公共场所主要出入口前，按当地规划部门要求，应备有适当的集散场地。

场所内的影剧院、游乐场、体育馆、展览馆、大型商场等有大量人流、车流集散的多、低层建筑（含高层建筑），其面临城市道路的主要出入口后退道路规划红线的距离，除经批准的详细规划另有规定外，不得小于 8 米，并应留临时停车或回车的场地。

在考虑到活动进行时，活动组织部门的工作人员、国内外记者、参与者和游客在出入时，必须要通过证件管理和安全可靠的出入控制，在必要的时候，需要按通畅、安全的要求，根据不同的风险采用适当的特征识别技术，构成各种实用的出入管理系统。

（4）楼梯

室内楼梯通常需要遵循一定的规范，才能让人看得舒畅，走得顺畅。设计规范的楼梯在大型群众活动场所中的作用是显而易见的。因此，在进行活动场所选择时，需要考虑该活动场所中的楼梯是否设计得合适、规范。例如室内楼梯的斜度一般为 30 度左右最为舒适，室内楼梯宽度一般为 90 厘米，既省空间又让人行走舒适。

（5）停车场

随着经济发展和社会的进步，市民出行的工具逐步被轿车所取代，城市的车辆越来越多。尤其是近几年，私家车数量猛增，这不但给城市带来了巨大的交通压力，也为城市带来了不小的停车压力。因此，在进行大型活动时，必须考虑到这一点。参加群体中拥有私家车的可能与比例、活动场所的地形所在与活动的时间段、周围交通路线是否发达，周围是否有学校、医院、商场这样人员密集程度高的场所等因素，都会对大型活动的场址选择有不同的影响。

3. 导向标识

导向标识不仅是对人们行动的提示,同时也是寻找目标、提示公共安全的重要途径。人群是大型活动的服务主体,如何让人们在最方便、快速、舒适而明确的情况下达到他们的目的,导向标识系统起着非常重要的作用,它的设计需要遵循“以人为本”和“功能明确”的宗旨。在设计导向标识中,客流控制是标识设置研究的主要着眼点,在对人的行为模式及行为心理的分析、认知和尊重的基础上进行的综合性系统性的规划设计导向标识系统。活动场所的导向标识设置除了要考虑引导路线的功能外,更重要的是要把人群疏散和标识有效设计有机结合,以满足活动安全运行的需要,实现对日常和高峰期间客流安全合理控制和引导,避免在某些时段或某些部位出现人群骤增或者高度集中现象,保障人群在日常和高峰时期的安全。

(1) 活动导向标识的组成

在人群密集场所,人们对动态信息的需求越来越大,需要更及时、快速获取准确、有效的瞬时信息,可以将活动导向标识系统分为静态标识系统和动态标识系统两大块。

静态标识系统主要是指识别性标识、引导性标识、方位性标识、说明性标识和管制性标识这五类。活动场所的总平面图和各个需求点的分布示图等都是识别性标识的范畴。引导性标识一般出现在两个或多个空间相互转换或交叉的地方,为人群指路。方位性标识是提示人群所处位置的标识。说明性标识通过文字说明起到引导人群行为的作用。管制性标识多以明示、告知、劝说、指令、警告、禁止等为特征,起到规范行为、预防事故、教育社会、保护设备设施等作用。

动态标识系统主要指动态信息牌、广播系统和疏导人员。动态信息牌能够实时反映活动的现状,包括重要通知、通告等。例如,日本迪士尼公园在每个景点前设置了动态信息牌,能够及时告诉游客游玩这个项目需要等待多久的时间,便于游客更好地安排行程。广播系统可以实时广播重要信息的内容,例如,在活动结束散场的时候,很多主办方采用广播通知的形式,分批安排人群散场,保障人群疏散的安全。动态导向标识更重要的是在发生突发事件的时候,能够起到通知和疏导游客的作用。疏导工作人员一般都安排在各个重要的节点上。当某个节点的游客数量超过最大安全容量时,疏导人员应该采取相应的管理措施进行游客分流,当发生突发事件时,疏导人员需尽快引导游客从最近的疏散路线安全离开。

(2) 导向标识设计的原则

一般来说,在导向标识设置规划中要遵循直接、简单、连续的基本原则。除此之外还需要满足可注意性,可读性及可理解性原则。

① 可注意性。指标识本身设置的位置,应显而易见,从环境中分离出来,进而引起注意。

② 可读性。指图、文、数字、符号等易分辨，有赖于笔画粗细、字体形式、色彩对比，以及照明等条件来实现。

③ 可理解性。指文字图形等相关信息通俗易懂。

(3) 导向标识的安全性能分析

导向标识系统的安全功能包括以下几个方面。

① 对危险的警示

警示标识是一种按照国家标准或者社会公认的图案、标志组成的统一标识，具有特定的含义，以告诫、提示人们对某些不安全因素高度注意和警惕。安全警示标识的作用是警示，提醒人们注意活动周边环境的危险，防止事故发生。对于安全警示的设置，包括颜色等，国家都有严格的规定标准。

② 安全信息的有效传达

当人们进入一个陌生的环境，对周边的情况不甚了解，包括所处的方位、周边环境信息等等，这就需要指示标识、服务标识等提示性标识，让信息得到有效的传递。从安全角度，当一个观众进入活动现场，他需要了解安全出口、报警电话、消防栓、医疗点、保卫科等场所的位置所在。

③ 客流合理引导功能

标识系统是帮助使用者认路的最基本的辅助手段，其最基本功能就是对客流的有效引导。当人们进入陌生的环境想要到达目的地，最有效最直接的途径就是利用标识系统。良好的标识系统保证人们在大型活动场所中有明确的空间指认与定向，在灾难发生时有利于人员的安全疏散。除了引导以外，在公共场所良好的导向标识系统还能起到分流的作用。当人群密度超过安全界限，通过有效的管理措施干预，让人群分流去其他相应比较稀疏的区域。

④ 紧急疏导功能

一旦发生突发紧急事件，大型活动的人群需要在最短的时间内迅速疏导出去。导向标识系统上要强化最近出口的位置，在部分节点位置要有最佳疏散路线的提示。无论在何种突发事件环境下，导向标识要保持清晰可辨。在紧急情况下，除了静态的导向标识，动态的广播系统和疏导人员也能起到良好的疏导功能，因此也可以认为他们是导向系统的一部分。

(4) 导向标识设计

标识导向系统的设计标准主要有以下几个内容。

① 色彩设计。标识导向系统的色彩有专门规定，如红色表示禁止，蓝色表示指令，黄色代表警告，绿色代表提示和导向。此外还应注意辅助色的搭配使用，利用不同的辅助色表示不同的区域，就很容易让人知道自己所处的区域范围。另外，用色要少，一般控制在 2～3 色左右，不然会显得杂乱。色彩设计要求规范化、有区域特色、搭配协调。

② 文字设计。包括文字设计、箭头设计、符号设计和图片设计。文字在标识导向系统，尤其是说明性标识中发挥极大的作用。人们通过阅读导向标识牌上的文字内容提取自己所需要的信息，通常还需要中英文对照。文字设计要求正确、易懂、国际化。

③ 方向设计。方向标识一般要求使用箭头来标示出要走哪条路。箭头与文字以及出行方向之间的关系很重要，同样，也要保持一致性。文字设计要求精确、清晰。

④ 图片设计。图片的优势在于它能够比较直观、具体和准确地把信息传达给人，能弥补文字传递信息的不足。图片包括地图和图案符号，图片设计要求完整、正确、规范化。

⑤ 版式设计。出色的版式设计，有利于更加有效地集中读者视线，使版面布局清晰，疏密有致，使人耳目一新。版式设计要求要求清晰、简洁、一致。

⑥ 材料设计。标识导向系统的材料的选择应考虑材料的耐久性、安全性、便利性和易维护性等因素。材料设计要求耐久性、安全性、便利性、易维护性。

⑦ 语音设计。语言传播要保证音量、清晰、适时、简洁、准确这几条原则。

（5）导向标识布局标准

导向标识布局需要考虑空间位置和标识相互之间的位置，导向标识系统的位置布局应该满足以下标准。

① 空间位置。所谓的适时与适地，指的是标识应该在适当的时间与适当的地点出现。从某种层面上说，就是人群在哪个空间点最容易发生识别导向障碍，这里就需要设置标识的“点”，而这个空间点又是关键时间点的发生场所，两者需要得到完全的统一。导向标识系统的空间位置要求适时适地、显著性、无遮挡、高度合适。

② 空间间距。导向标识系统的空间间距要求是保持信息的连续性。根据人们的行为习惯，人在陌生的环境中，当行走超过一定长度没有得到需要的信息，会产生怀疑、困惑等情绪，从而影响其决策和行为。因此指向同一个目的方向的导向标识系统之间的距离不能太远，但也不能太近，如果两者之间距离太近，除了会造成资源浪费之外，还会导致信息重复和混乱。连续设置的间距为 50 米左右为佳。空间间距的要求是有序性、连续性、一致性。

③ 空间数量。信息导向标识系统除了满足位置和间距的要求之外，还需要在整体上控制数量。导向标识设置不是越多越好，太多会造成环境视觉污染和寻路者混淆；而太少又会丢失有用信息或信息不足造成路径断链或无安全警示。信息导向标识系统在设置上尤其需要重视的是对危险因素、安全出口、疏导路径等的有效提示，这些重要部位要保证没有漏设。

4.3.3　大型活动设备设施安全管理

1. 电气设备的安全

在进行大型活动时，往往会使用到一些电气设备。在电气装置运转时，如果群众直接与带电体接触，或者接触因为电气装置的绝缘发生劣化、绝缘性能降低造成内部带电体漏电至外部的非带电金属部位，都会发生触电事故。为了防止在大型群众活动中出现电气触电事故，确保工作人员和群众的生命安全，大型活动场所中的电气设备在使用时必须注意以下几点。

（1）设备要采取保护性接地。保护性接地就是将电气设备的金属外壳与接地体连接，以防止因电气设备绝缘损坏而外壳带电时，操作人员接触设备外壳而触电。在中性点不接地的低压系统，在正常情况下各种电力装置的不带电的金属外露部分，除有规定外都应接地。如电机、变压器、电器、携带式及移动式用电器具的外壳；电力设备的传动装置；配电屏与控制屏的框架；电缆外皮及电力电缆接线盒、终端盒的外壳；电力线路的金属保护管、敷设的钢丝及起重机轨道；装有避雷器的杆塔；安装在电力线路杆塔上的开关、电容器等到电力装置的外壳及支架等。

（2）设备的带电部分对地和其他带电部分相互之间必须保持一定的安全距离。电压在10kV及以上者，不得小于3米；电压在10kV及以下者，不得小于1.5米。不得在带电导线、带电设备、变压器、油开关附近连接电炉或喷灯，发现导线断落地面或悬在空中时应立即派人看守，任何人不得接近断头（室外8米以内，室内4米以内），应立即通知电力部门或本单位负责人前往处理。

（3）低压电力系统要装设保护性中性线。在大型群众活动场所的布置过程中，一些工作人员为了图方便省事，对一些电气设备的导线不按照规定装置，而是一会儿挂在墙上，一会儿拖在地上，乱拖乱拉，时间一长，导线的绝缘包皮被磨破，很容易造成漏电和触电的危险。

（4）明确划定标示电气危险场所，禁止未经许可之人员进入（如变电室或配电室）。在电气设备系统和有关的工作场所装设安全标志。在全部停电或部分停电的电气设备上工作时，为保证安全，应当采取停电、验电、悬挂标识牌和装设遮拦。检修时，在断路器和隔离开关操作把手上，均应悬挂“禁止合闸，有人工作”的标识牌。在无绝缘被覆的架空高压裸电线附近施工时，应当保持安全距离并安排监视人员监视指挥，设置护围，装绝缘用防护装备或移开电路。

2. 消防设备设施

活动场所必须考虑到灭火设施的配备，以防在活动时因为人员吸烟等行为导致火灾险情造成人员的伤亡和财产损失。

(1) 设置室内消火栓的规定

按照规定,下列活动场所应设置室内消火栓。体积大于 5 000 立方米的展览馆、商店、旅馆、病房、图书馆等;车站、码头、机场的配套公共建筑;特等、甲等剧场;超过 800 个座位的其他等级的剧场和电影院;超过 1 200 个座位的礼堂、体育馆;超过五层或体积大于 10 000 立方米的其他公共建筑。临时建筑内部消火栓的门不应被装饰物遮掩,消火栓门四周的装修材料颜色应与消火栓门的颜色有明显区别。

如果活动场所选择在下列建筑,则必须考虑该场所中是否有自动喷水灭火系统:特等、甲等剧场;超过 1 500 个座位的其他等级的剧场和电影院;超过 2 000 个座位的礼堂;超过 3 000 个座位的体育馆观众厅;楼层最大建筑面积超过 1 500 平方米或总建筑面积大于 3 000 平方米的展览馆、商店;设置有风道的集中空气调节系统且总建筑面积大于 1 500 平方米的旅馆;总建筑面积大于 3 000 平方米且层数超过三层的其他旅馆;设置有风道的集中空气调节系统且总建筑面积大于 3 000 平方米的医院等人群密集的公共场所;设置在四层及以上的歌舞娱乐放映游艺场所;设置在建筑首层、二层和三层且建筑面积大于 300 平方米的歌舞娱乐放映游艺场所(游泳场所除外);藏书量超过 50 万册的图书馆。

如果活动选择在以下场所进行,则需要考虑场所是否采用自动消防炮灭火系统:建筑面积大于 3 000 平方米、建筑层高于 10 米的展览厅、体育馆观众厅等人员密集的公共场所宜设置。汽车等交通工具每辆应配置 1～2 具灭火器。

(2) 对临建设施中灭火器的要求

室内外临建设施应配置灭火器。灭火器配置场所的火灾种类应根据该场所内的物质及其燃烧特性进行分类,配置适合的灭火器种类。

在同一灭火器配置场所,宜选用相同类型和操作方法的灭火器。当同一灭火器配置场所存在不同火灾种类时,应选用通用型灭火器。灭火剂宜选用水型或磷酸铵盐干粉灭火剂。

灭火器应设置在位置明显和便于取用的地点,且不得影响安全疏散。

灭火器不宜设置在潮湿或强腐蚀性的地点。若必须设置时,应有相应的保护措施。灭火器设置在室外时,应有相应的保护措施。灭火器不得设置在超出其使用温度范围的地点。灭火器的最大保护距离 15 米。一个计算单元内配置的灭火器数量不得少于 2 具。每个设置点的灭火器数量不宜多于 5 具。

(3) 对应急照明的要求

消防应急照明灯具宜设置在墙面的上部、顶棚或出口的顶部。临建设施应沿疏散走道,在安全出口、人员密集场所的疏散门的正上方设置灯光疏散指示标志。临时建筑内部装修不应遮挡消防设施和疏散指示标志及出口,并且不应妨碍消防设施和疏散走道的正常使用。

临建设施内应设置消防应急照明和消防疏散指示标志、火灾自动报警、漏电火灾报警系统，备用照明、疏散照明应设专用供电回路。当正常供电电源停止供电后，消防应急电源应在 5 秒内自动恢复供电。

消防应急照明灯具和灯光疏散指示标志的备用电源连续供电时间不应少于 30 分钟。

消防应急照明灯具的照度应符合下列规定：①疏散走道的地面最低水平照度不应低于 0.5lx；②人员密集场所内的地面最低水平照度不应低于 1.0lx；③楼梯间内的地面最低水平照度不应低于 5.0lx；

此外，室外临建设施应设置业务及应急广播系统，扩声系统应能覆盖整个场地。每个扬声器的额定功率不应小于 3W。消防用电设备的配电线路应满足火灾时连续供电的需要。临建设施中的消防设备、器材应时刻保持性能良好，可安全使用，应按照规定位置放置并有明显标志，保持通道安全畅通。根据消防安全规定，设置人数与场地面积相匹配的、专职消防负责人员。

3. 悬挂物

对于大型活动，也会涉及一些悬挂物的问题，一般来说，为了防止这些活动选择的悬挂物造成安全、消防隐患，要明确不能利用人行天桥、电力电讯杆、交通指示牌、绿化带、行道树及花坛、人行道隔离栏、高架道路护栏、道路分隔带护栏、河流护栏等市政、交通设施设置悬挂物。

凡在市区道路、广场等公共场所悬挂气球（汽艇）、标语、彩旗、串旗、灯柱旗、充气拱门、公仔、气柱、灯笼柱、花篮、太阳伞、帐篷等户外宣传品，须经相关部门批准后，方可在规定的时间、地点悬挂。

户外悬挂物的内容必须真实、合法，符合社会主义精神文明建设的要求。制作标语的质料应当坚固耐用。在广场或两个以上悬挂地点同时悬挂的，应委托持有工商行政管理部门核发的《企业法人营业执照》以及《广告经营许可证》的经营范围载明具有制作、设计、发布广告资质的广告公司代理制作和悬挂。政策性的标语，由主管部门统一申报和悬挂。悬挂的时间期限要根据活动的性质来确定，以合理控制市区悬挂物的数量，维护市容的整洁美观。

申请悬挂或摆设充气拱门、灯笼柱、花篮、充气公仔、太阳伞、帐篷等占地面积较大的悬挂物或者摆设物的，应当向相关部门提交摆放地点的平面图，并明确标明悬挂或摆放后留出多少米的通道作为行人专用通道。

申请升放气球的，应交由经气象局培训持有资格证广告公司代理申报，代理公司应当先报经气象局执法办公室批准，气象局准予后，再报城市管理行政执法局审批。

4. 照明

在大型活动中，经常用到的电气设备，最常用的是灯光系统。由于这一类灯光系统是临时设施,用电量大,许多电器电线分布在观众活动区域,与人员、布景、可燃装饰物等混杂在一起,增加了大型活动场所的电气火灾危险性。

1994年新疆克拉玛依市"12·8"特大火灾事故就是灯具引燃幕布引起的。因此,大型活动场所灯光系统的电气防火安全问题,已成为大型活动消防监督工作的一个重要组成部分。

(1) 基本光源的消防安全问题

基本光源主要集中在舞台表演区域,根据灯光的不同位置和用途,可分为面光、侧面光、顶光、天排光、地排光和流动光等,一般配用聚光灯、泛光灯、回光灯和追光灯等,功率在0.5～2kW。由于这些灯光装置点亮时灯具温度较高,且与舞台大幕、布景、天幕、侧幕和其他装饰物的间距较近,因此是防火的重点。

(2) 艺术效果灯的消防安全问题

艺术效果灯常用的有电脑灯、霓虹灯、激光灯、光纤照明、塑料彩虹灯以及各式各样的机械旋转灯。在设计这些灯具时,应把艺术效果和消防安全相结合,要特别注意的是霓虹灯的安全问题。因为霓虹灯在大型群众性活动中被普遍选用,但霓虹灯管工作电压高达5 000V,极易产生电火花、电弧,火灾危险性大。因此,安装霓虹灯的灯柄、底板应用不燃材料制作或对可燃材料进行防火阻燃技术处理,当霓虹灯变压器、灯管安装在人员可能接触的部位时,应设防护措施。在室外悬挂的霓虹灯,应防止晃动、碰撞引起的短路。电脑灯内部有强制风冷装置,要防止风口不能被覆盖,防止风机故障。激光灯是用循环水冷却,水管的安装要可靠,要避免水源中断。

在艺术效果灯的布局上还要考虑不能影响消防疏散,不占用消防通道。在设计时,可在光线较差的舞台周边(包括升降舞台、转角、有阶梯台阶等高低平面分界的位置)加半玻璃砖,暗装脚灯、串灯、软管彩虹灯等,既作装饰,又为行走、疏散作安全指示,避免行走人员踏空跌伤。

(3) 辅助设备的消防安全问题

辅助设备是配合灯光效果的装置,通常有烟雾机、发烟机和泡泡机。烟雾机是把干冰加热后产生的大量二氧化碳气体喷出后形成沿地面的浓雾,属大功率的电加热设备,具有火灾危险性,该设备电源接线端接触不良、带电端子明露,电器受潮短路是较常见的问题。发烟机也是电加热器,功率为100W,但发烟机所产生的烟不沉降在地面而是向四处扩散,会引发火灾探测器报警,消防设备联动,有时还会使现场人员误认为是火灾产生的烟雾,导致不必要的惊慌。发烟机、泡泡机本身一般没有火灾危险。

5. 特种设备

大型活动场所的特种设备(游艺设施),主要包括电梯、起重机械、客运索道以及大型游乐设施。在大多数的活动场所中，电梯和大型游乐设施是最常见的。

在活动场所中的特种设备，在其安全管理方面必须有严格的要求，如管理文件应字迹清楚，注明日期(包括修订日期)，易于识别，应有编号(包括版本编号)，并保管有序且有一定的保存期限；特种设备使用单位应有控制管理特种设备使用运行、维护保养、自行检查等的记录；电梯的安装、改造、维修，必须由电梯制造单位或者其通过合同委托、同意的取得许可的单位进行，大型游乐设施的安装、改造、维修，必须由取得许可证的单位进行等。同时，电梯、大型游乐设施的使用单位也应要求乘客遵守使用安全注意事项的要求，服从有关工作人员的指挥。

6. 临建设施

大型活动的临建设备设施主要有临时看台、舞台、展台、摄影台、灯光架、升降台、转台等。根据安全事故案例分析，与临建设备设施相关的安全事故类型主要有：舞台倾斜、倒塌事故；看台倒塌事故；大型多媒体视频设备的倒塌事故；高处坠落事故；物体打击事故；触电事故等。临建设施按种类，分为看台、舞台、展台、摄像台、灯光架；按不同材料，分为钢、膜、铝合金、木；按结构类型，分为扣件式钢管承重结构体系、装配式轻钢承重结构体系、插销式钢管承重结构体系。

(1) 临建设施的特点

① 节约。临时设施最大的特点就是节约。不但不用购置土地，而且由于临时设施的建造材料都是相关提供商按照设计在工厂里造出来的标准件，用时就按图纸搭建拼装，这样就省去了水泥、砖木等一般建设时必需的材料。由于能在短时间内组装，还可整体移动或拆卸，再组装再利用，大大节约了材料及其他社会资源。2008年北京奥运会除了固定比赛场馆外，有许多临时暂建的训练场地、交通场地、购物场地、餐饮场地，起到了很好的辅助作用。

② 环保。临建设施的结构基础不深入用地土层，而是将建筑物固定在地面上，从而不致于对环境产生损害，临建设施是经过严格的计算而生产的，在生产过程中，具备再生性的绿色材料将被广泛应用，而且可以反复利用，这样无疑将使现有环境和资源得到保护。

③ 快捷。临建设施施工速度相当快，几千平方米的建筑从结构到内外装修，直至设备调控，在短短一个星期即可完成并投入使用。使用完后，拆卸也相当方便快捷。悉尼奥运会赛后第一天，奥运村的一些运动员住过的简易移动板房已被拆走；在达令港会展中心，临时组装的赛场也销声匿迹。

④ 舒适。目前，临建设施在国际大型活动上得到了普遍应用，以舒适度不低于永久设施标准的形象展现在人们面前，水电气热一应俱全，通风、采光、空调、卫生间应有尽

有,置身其中很难分辨出二者的差别。

(2)临建设施安全管理对策

① 安装与拆除。

搭建单位在搭建现场需建立临时组织机构,并应至少配备现场施工经理一名,专职安全监督员一名,应急联络员一名。进入搭建区域的所有人员均应按要求佩戴证件、安全帽。搭建人员应统一穿着印有明显搭建企业名称标识的工服,以便现场人员的管理。搭建工作开始前应由承办方牵头,组织场地提供方、施工方等共同商讨制订详细的施工工作方案,各单位应配备足够的安保人员和专职管理人员在现场值守。搭建单位应尽可能在工厂完成制作,搭建现场只进行拼接和安装作业。室外临建设施搭建的面积和位置须由主办单位申请并经确认后方可办理搭建手续,在设计时应充分考虑风、雨等自然现象对临建设施带来的不安全因素。临建设施的搭建不得利用各种围墙、护栏作为设施结构的一部分。

临建设施应遵循谁安装谁拆除的原则。拆除施工前,施工单位应编制拆除施工方案,严禁擅自拆除。拆除高度在2米及以上的临建设施,应搭脚手架,严禁作业人员站在墙体、构件上作业。拆下的建筑材料和建筑垃圾应及时清理,楼面、操作平台不得集中堆放建筑材料和建筑垃圾。五级以上大风、大雾和雨雪等恶劣天气,不得进行临建设施的拆除作业。拆除作业流程应按自上而下,先非承重墙、后承重墙的搭建施工逆顺序进行。

② 临时展台(舞台)的安全管理。

防止展台倒塌伤人。布展时,要严格按照相关安全操作规程施工,保证展架的安装牢固、可靠,防止发生展架倒塌等安全生产事故;布置、拆撤展台施工台的过程中,布展商和撤展组要加强各项安全防护措施,确保不发生人员伤亡事故。防止危险品进入展场。展区内严禁吸烟,严禁明火作业,严禁使用或存放各类易燃、易爆等危险物品,按离设置醒目的标识。展位的设计和搭建施工过程中,严禁遮挡消火栓、消防器材和堵塞、占用各安全出口及疏散通道,确保所有疏散通道、安全出口的畅通。

防止人员滑倒。展台用水、下雨等因素可能导致地面易滑倒伤人,因此必须设置醒目的防滑标志和采取防滑措施。避免发生暴力事件。展台上可能会出现拥挤、争抢的行为,需要尽量避免这样的情况发生并及时控制事态发展,才能保证展台的现场安全。在策划、布展、现场、撤展等过程中每个环节的安全措施是否得力,都会影响到下一环节的安全控制。因此,对于专业性展览,需要建立高效统一的指挥平台,正确定位展场风险,制定完善的事故预案和救援措施,搞好过程控制,以使展台安全管理工作达到预期效果。

4.4　大型活动安全管理方法与实例分析

在本节中，以网格化管理和责任矩阵法为例，介绍大型活动安全管理的典型方法。

4.4.1　大型活动安全的网格化管理

1. 网格化管理的特点

所谓网格化管理指的是借用计算机网格管理的思想，将管理对象按照一定的标准划分成若干网格单元，利用现代信息技术和各网格单元间的协调机制，使各个网格单元之间能有效地进行信息交流，透明地共享组织的资源，以最终达到整合组织资源、提高管理效率的现代化管理。网格化安全管理的目标是保证管理对象在平时能正常运行，做好突发事件防范的准备。在突发事件预警或发生后，能够最快速度地响应，把事件的危险降到最低。目前，网格化管理已经在城区管理、市场监管、劳动保障监察、巡逻防控管理等方面进行了应用。网格化管理具有管理信息化、全面化、责任明确、资源整合、重点管理以及将安全管理由被动变主动等优点。

2. 网格划分

大型活动安全是一个复杂的系统，涉及方方面面。要达到成功举办大型活动的目的，可以对大型活动场所按照一定的原则进行网格划分，把一个复杂的大系统划分为若干个简单的小系统，以保障每个网格的安全从而保障整个大型活动的安全举办。对大型活动进行网格划分时，网格不能过大，若是网格过大，管理对象错综复杂，容易丢失一些有效信息或者导致管理不全面；网格也不能过小，若是网格多小，划分的网格过多，信息处理量就会变大。2006 年的沈阳世界园艺博览会就采用了网格化管理的模式，如图 4-8 所示。

按照功能划分的原则，将园区划分若干网格，对于水面、餐饮等较大的区域，按照现场工作人员的可视范围以及到达事故现场的时间（1 分钟）将网格细分为若干单元格，对南北园区以及广场进行网格化管理，具体划分方式由世园会安保部组织实施。

3. 网格管理响应者

重大突发事故灾难发生时，网格管理响应者首先做出反应是至关重要的，及时、快速的应急反应除了能够控制事态的发展，还可以能够大事化小，小事化了。在活动区域，依照划分好的网格设置专职安全管理人员、安保人员或者志愿者。对网格内的专职管理人员进行专项的安全培训和教育，使网格管理人员能在突发事件第一时间采取有效的控制

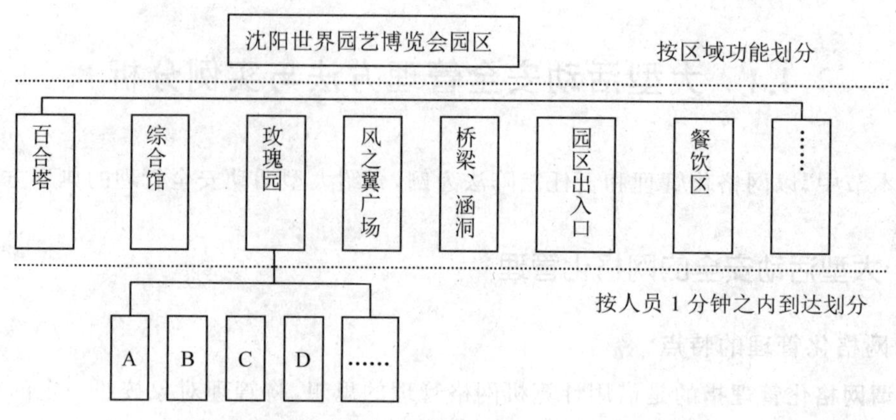

图 4-8 沈阳世界园艺博览会园区的网格划分示例

措施。

通过对每个网格单元危险有害因素的识别,告知网格管理者需要重点注意的安全事项和应对不同危机时应该采取的措施。一旦事件发展态势超过网格管理者的响应能力时,要及时向主管领导或部门报告,要求增援。此外,相邻网格管理人员之间需要相互了解对方的职责,在应对突发紧急事件时可以相互协助。网格管理人员可以实行"一岗多责"制,对于管理范围内的各类突发公共安全事件以及不安全因素都要关注,做到及时发现危险、避免伤害、关注高危人群及危险分子。保安人员的配备数量依照大型群众性活动公安机关的规定执行。

除了活动设置的网格管理人员,一些特殊的突发事件发生时,第一响应者尤为重要。例如,化学灾害事故现场处理的消防人员担任"第一响应者"的角色及任务,主要包括事故初期在相关主管人员、专家到场前"避免二次危害""避免二次污染",以及在人员、装备、训练均能符合的条件下,配合主管部门进行紧急抢救与人员救助。一个活动发生重大突发事故时,参加活动的观众不但是灾害的直接受体,同时也是抗击灾害的主体。观众在危机来临之际应有足够的心理准备,保持冷静,沉着应对。而观众在事故发生时的第一响应取决于平时的安全素质教育。只有具备充分的心理准备,熟练的逃生技能,应对突发事件时才能沉着冷静,积极响应,开展自救互救。准确把握最佳的响应时间,是有效应对突发事件的关键。应急延迟势必导致人员伤害和财产损失的剧增,甚至导致应急失败、事故升级,因此要致力培养第一响应者。

4.4.2　大型活动安全的责任矩阵管理

1. 责任矩阵法

责任矩阵是一种将所分解的工作任务落实到项目有关部门或个人,并明确表示出他们在组织中的关系、责任和地位的一种方法和工具。责任矩阵以表格形式表示工作分解结构中工作项目的个人责任方法,它强调每一项工作由谁负责,并表明每个人在该项目中的地位。它以项目的工作任务为行,以组织单元(部门或个人)为列,用字母或特定的符号表示相关部门或个人在不同工作任务中的角色或职责,简洁明确地显示出项目人员的分工情况。通过建立责任矩阵,项目中的每个成员可以明确自己在项目中的任务,了解其他部门和人员在项目管理中的任务与职责。当遇到问题时,根据责任矩阵,可以很快知道与哪个部门,与哪个人员进行沟通和协调。大型活动涉及多方部门,主要包括活动相关方、职能部门和公益型单位,需要明确各方部门在活动安全举办和在突发事件应急管理过程中的职能和责任问题,建立大型活动安全责任矩阵。

2. 责任划分

大型活动的安全和成功举办不仅仅依靠活动管理方的努力,更需要外界职能部门的配合和协助,因此必须要明确活动管理方、政府职能部门、公益型单位以及中介评价机构在保障一个大型群众性活动举办过程中充当的角色和任务,如表 4-14 所示。此外,在大型活动的安全责任分配上可以采用签订安全协议的方法。

4.4.3　大型活动安全管理实例——德国 Love Parade 音乐节踩踏事件

2010 年 7 月 24 日,德国西部鲁尔区杜伊斯堡举行“爱的大游行”电子音乐狂欢节时发生踩踏事故,造成 21 人死亡,另有至少 500 多人受伤。惨剧发生于 7 月 24 日下午 5 时,大量观众赶往活动现场,而另一批观众则折返回家,人群在音乐节活动现场附近的地下通道里发生拥堵,造成恐慌性踩踏事件。活动组织者称,大约 140 万人参加当天的活动。

1. 事故经过

14:00:00,音乐节举行。

16:13:50,警察第三限制线附近行人行进方向偶有交叉,行人速度较低,行人密度较大,群集压力不明显。

表 4-14　大型活动职能部门之间的安全管理责任矩阵

	活动管理方			政府职能部门						公益部门						评价机构
	主办方	场地方	临建方	公安治安	公安消防	公安交通	安监	质监	卫生防疫	气象	医院	供电部门	供水部门	供热部门	供气部门	中介评价机构
制定活动应急预案	★	◆	◆	◆	◆	◆	◆	□	□	○	○	○	○	○	○	□
人员容量安全	★	◆	□	◆	□	□	□	△	△	○	○	○	○	○	○	□
场馆环境安全	◆	★	◆	△	△	△	△	△	△	○	○	○	○	○	○	□
设备设施安全	★	◆	◆	△	△	△	◆	◆	△	○	○	○	○	○	○	□
特种设备安全	★	◆	◆	△	△	△	◆	◆	△	○	○	○	○	○	○	□
临建设施安全	◆	◆	★	△	△	△	◆	◆	△	○	○	○	○	○	○	□
日常安全检查	★	◆	◆	□	□	□	□	□	□	○	○	○	○	○	○	□
消防安全检查	◆	□	□	△	★	△	△	△	△	○	○	○	○	○	○	◆
特种设备安全检查	◆	□	□	△	△	△	△	★	△	○	○	○	○	○	○	◆
社会治安安全	◆	△	△	★	△	△	△	△	△	○	○	○	○	○	○	△
交通安全保障	◆	△	△	△	△	★	△	△	△	○	○	○	○	○	○	△
食品安全检查	◆	△	△	○	○	○	○	★	◆	○	○	○	○	○	○	△
供电安全保障	◆	△	△	○	○	○	○	○	○	○	○	★	○	○	○	△
供水安全保障	◆	△	△	○	○	○	○	○	○	○	○	○	★	○	○	△
供热安全保障	◆	△	△	○	○	○	○	○	○	○	○	○	○	★	○	△
供气安全保障	◆	△	△	○	○	○	○	○	○	○	○	○	○	○	★	△
卫生防疫安全	◆	△	△	○	○	○	○	○	★	○	○	○	○	○	○	△
气象预测安全	◆	△	△	○	○	○	○	○	○	★	○	○	○	○	○	○
安全宣传教育	★	□	□	△	△	△	△	△	△	○	○	○	○	○	○	○
应急资源保障	★	□	□	△	△	△	△	△	△	△	△	△	△	△	△	△
医疗卫生保障	★	□	□	△	△	△	△	△	△	△	◆	△	△	△	△	△

注：“★”表示第一责任人；“◆”表示主要责任人；“□”表示一般责任人；“△”相关责任人；“○”表示无关责任人。

照片 4-1　行人交叉

16:40:32,警察第三限制线附近行人行进的方向重叠,行人速度进一步降低,行人密度增大,群集压力积聚。

照片 4-2　行人聚集

17 时左右,警察第三限制线附近,想离场的几千人和想入场的几千人同时涌入地下通道。

2. 事故原因分析

(1) 人员死亡原因。死亡人员尸体解剖结果表明,死亡原因是胸部受挤压或失足摔伤。

(2) 事故直接原因。群集恐慌心理和人群扰流作用。

(3) 事故间接原因。人口不到 50 万的杜伊斯堡不适合举行如此大型活动。活动场地相对封闭,只有一个入口和一个出口;警察限制线只保留第 3 限制线,第 1 和第 2 限制线被解除或者轻易被人群穿越,没能够尽早阻止人潮继续涌入。

照片 4-3　行人踩踏

照片 4-4　扰流作用

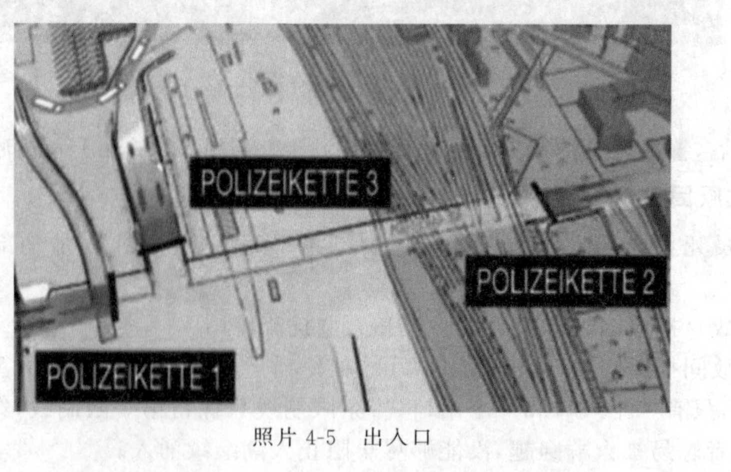

照片 4-5　出入口

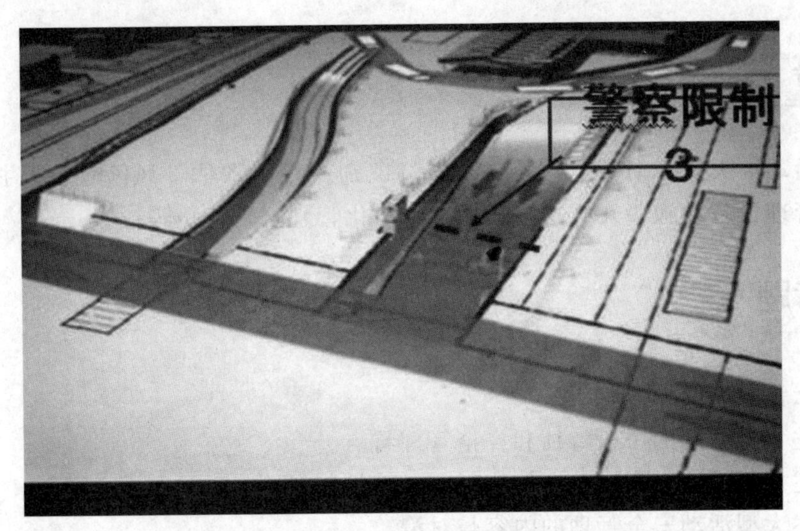

照片 4-6　限制线被突破

事故根本原因：最多能容纳几十万人的场地，实际到场人数超过 100 万人，场所实际容纳的人数大大超过其安全容量。

照片 4-7　事故现场

关键术语

大型活动　大型活动安全　风险　风险识别　风险评估　风险控制　拥挤行为　场地安全管理设备设施　人群安全管理　网格化管理　责任矩阵

复习思考题

1. 什么是大型活动?
2. 简述大型活动的一般特征和安全管理特点。
3. 简述大型活动安全风险评估流程与风险控制对策。
4. 简述大型活动安全管理的内容与对策。
5. 简述大型活动人群行为特征与安全管理对策。
6. 简述大型活动场地安全管理对策。
7. 简述大型活动设备设施安全管理对策。

阅读材料

发达国家大型活动安全管理制度简况

1. 美国

经过长期的经验积累和研究,美国已建立起一套比较成熟的公共安全管理机制,其特色主要体现为操作上的制度化和规范化,组织结构上的灵活性以及应急配套措施齐全。

(1) 调查制度

一般情况下,由负责大型活动的安全主管通过询问活动组织者一系列的问题来找出安全隐患,并制定合适的安全管理措施,询问的问题包括大型活动的类型,活动组织者怎样考虑安全因素,活动举办的确切地点,场地类型,参加人员的数量及身份。此外,安全主管还要掌握活动的起止时间和日程安排。在前期调查中掌握了一些信息后,安全主管再拟定出一份简明扼要的安全任务陈述书,该陈述书只需要列出大型活动中安全保卫任务包括什么,需要多少安保人员,配置在哪里。另外,要注意的是该任务陈述书要得到安全主管的上级和活动组织者的确认。

(2) 巡查制度

巡查的目的是观察活动举办地点各种设施的位置情况,以及对防火的检查和其他在大型活动举办时法律要求的例行检查，在此过程中应该邀请安全监督员一起参加安全检查。在美国，安全主管的责任是明了哪个执法机关对活动场地有执法权限，以及可获得当地警察哪种类型的安全服务。巡查之后是安全计划的制定，该计划可以是任务陈述书的细节补充，包括场所的地形图，应对紧急情况的官员和联系人的姓名、电话，还有执行任务的人员数量、工作时间和具体任务。就其细节来说，一般都是由客户，也就是活动组织者规定的。

(3) 市场化的安保机制

在确定了任务之后，就开始在保安公司进行人员的挑选与培训。美国是世界上保安业最发达的国家，一般说来，美国大型活动的安全保卫工作都是由私人保安公司来完成的，警察只是在一些超大规模的活动中负责大型活动的安全保卫工作。

(4) 高科技的安保配置

从美国已举行的大型活动安全保卫工作来看，科技含量越来越高，投入的资金也越多。美国盐湖城举办第19届冬奥会，为了确保活动的安全，美国警方投入巨资打造安保防控网，一些先进的安保器材在安保工作中使用，如在比赛场地的出入口，安装了探测器，在一些监控器上安装了面孔识别软件，能够1秒内对128人的面部特征进行比较，可以快速地识别在册的恐怖分子。在该届冬奥会上，美国还动用了最先进的生物鉴别仪，把所有运动员和参加活动的人员的个人资料都记录下来，高科技的投入使安保措施更加严密。

2. 德国

(1) 专业警备队的设置

大型活动一般配有专业的警备队，由各市警察局整合该区各种特殊警种和装备，然后将之统一归属于中心任务分局。这是一支擅长处置大型活动的专业队伍，称为警备队。德国每个城市都有警备队，由警备队独自完成或者帮助各个属地分局完成大型活动的安全管理。警备队的出现避免了由于大型活动的举办对社区正常管理工作的影响。

(2) 私保制度规范化

德国保安服务业迄今已有100多年的历史，保安公司主要通过经营范围来确定公司名称，基本不以保安公司名义注册。健全的法规和服务造就了德国发展成熟的保安业。德国法律明确规定，国家不应对私人保安公司进行干预，因此德国的保安服务企业都是私人企业。在德国，所有大型活动的举办者应事先通知其属地派出所，举办方在很大程度上有私法权利，即有足够的民事权利，当然更重要的是，举办者有权利并有义务对活动秩序进行管理。德国的私人救济安保力量很发达，也有广泛的权利救济途径。在一些重大的活动和赛事中，通常由组织者的私人保安力量进行安检和秩序维持，而警察则以观察者和震慑者的身份来防止违法和骚乱行为的发生。

(3) 注重警情分析

警情分析中心的主要职责是对重要情报进行研判，对重大警情进行分析，对重大事件做出决断。警情分析中心在平时也都是针对重大警情对各单位进行决策指挥,为政府领导做参谋。在大型活动中,作为一级决策和情报信息机构,对与大型活动有关的警情信息进行评估,并对现场指挥部做出指示,但不插手指挥部的具体运作与操办。一旦发生事故,警情分析中心就将作为现场外的总指挥中心被启用。

(4) 建立预警评估体制

德国警方会从不同角度对大型活动进行预警评估,即对大型活动的风险等级进行评估,然后在此基础上,为警方科学布警提供指导。既能使大型活动安全得到保障,同时又不浪费警力。一般说来,警务部门通常是根据活动的性质、规模等进行风险评估,根据风险等级配备警力的。德国警方这种有所为有所不为且放之有度的做法给我们很多启示。举办方有自己足够的权利与义务,同时作为警方又都一切尽在掌握,特别是在一些细节方面都有理性的处理。其优点就是一旦发生事故,综合宏观方面和微观方面的考虑,会在第一时间给出最好的解决问题的办法。

3. 日本

(1) 专业有效的安保制度

日本举行各类大型活动,安全保安工作几乎都是委托当地的保安公司进行的。这点类似于我国的“谁主办,谁负责”的原则。保安业经过 40 多年的发展,已经形成了比较完备的管理模式和运作模式。在日本,保安业是受警察厅负责社会安全的人身安全部监督的。警方对保安行业的行政指导、监督是通过民间的日本保安业协会和地方保安协会来完成的。各级保安协会在警方和保安企业之间起着桥梁作用。大型活动安保以属地化为主,但并不禁止跨区经营和同行间相互协作,跨地区经营需向当地公安委员会进行备案。在大型活动中,安全保卫工作由保安人员进行,但仍需配备少量的警力,以处理现场的违法犯罪事件和突发事件。对于一些无明显危险性的超大型活动也是如此,如在 2005 年的爱知世博会现场,爱知县的 18 家保安公司承担了展览期间的各项保卫工作。警察只部署在重点要害部位,负责及时处理保安公司发现的苗头性事件和违法犯罪。日本警方为了给现场观众以轻松愉快的氛围,采用的是外松内紧的软性安保方式。

(2) 人群控制策略

日本警方研究分析了大型活动的人群密度、人流速度、场馆内外容纳能力、入场和退场方式等,然后在此基础上,采取专门的人群控制策略,在研究分析的基础上划分不同的安保等级。在大型活动开始前,一般在进出口设立蛇形线,以延长行进路线。为防止踩踏事故的发生,现场的安保人员、工作人员以及志愿者对参加活动者会进行积极指示和疏导,对人流中停步不前或聚拢的情况进行及时排除,并在活动现场设有备用通道和救护站。在活动过程中,警方与保安人员协同作战,增加巡逻密度,以此加强对人流的疏导。另外,对交通和安防信息进行及时通报,以确认活动现场的拥挤程度。

(3) 安保工作预案

日本非常重视安保工作预案的制定。警方从宏观角度制定安保工作的方针、对策以及整体预案。保安公司从具体实际的角度制定安保实施方案,严密防范活动现场踩踏事件和消防灾害事故发生,并对活动地点可能出现的自然灾害,甚至可能存在的各种危险源进行研究、分析和评估,并制定各种预案。

资料来源:肖艳霞.大型活动安全管理制度研究——《大型群众性活动安全管理条例》问题与完善[D].长沙:湖南师范大学,2010.

问题讨论

1. 美国、德国和日本三个发达国家大型活动安全管理制度的设置有哪些特点?
2. 结合案例,试论发达国家大型活动安全管理制度对我国的启示。

本章延伸阅读文献

[1] 丁辉,朱伟,王瑜,等.大型群众性活动安全风险管理[M].北京:化学工业出版社,2011.
[2] 葛馨.城市大型群众性活动公共安全管理研究[D].南京:南京师范大学,2018.
[3] 王瑜,熊艳,马英楠.大型群众性活动安全管理责任矩阵的研究探讨[J].中国安全科学学报,2008,18(2):67-82.
[4] 倪晓茹,肖娟娟,肖丹丹.基于模糊物元可拓的体育场馆大型活动风险识别研究[J].沈阳体育学院学报,2018,37(3):52-59.
[5] 国家质量监督检验检疫总局《大型活动安全要求》(GB/T 33170—2016).
[6] 王文献.大型群众性活动中的消防安全保卫工作研究[J].消防界(电子版),2019,5(14):54.
[7] 王雨情,李笑然.基于博弈论的大型活动安全费用投入研究[J].中国商论,2019(17):218-219.
[8] 霍媛.大型展会活动消防安全管理责任矩阵研究[D].天津:天津商业大学,2019.

城市综合体安全

CHAPTER 5

5.1　城市综合体的风险特征与事故类型

5.1.1　什么是城市综合体

城市综合体是指具有三种或者三种以上营利性城市功能，通过彼此的协同作用和公共空间的链接，组成一个具有集约性（用地）、复合性（功能）、城市性（空间）的街区建筑群体。其基本功能包括：

（1）办公功能。办公功能是城市综合体最重要的功能之一，它一般是以写字楼的形式出现。在城市综合体中写字楼或出售或出租给企业使用，它在整个开发项目中占有较大比例。办公功能对城市综合体的重要性主要体现在三个方面：第一，办公功能能够支持城市综合体的其他功能，尤其是商业功能，办公人员的衣食住行都有可能发生在城市综合体中；第二，办公部分收益是城市综合体中比较稳定的收益来源；第三，写字楼能聚集众多的企业和人才，使资源间的联系更加紧密，并能创造经济价值以外的社会价值，带动周边的发展。

（2）商业功能。城市综合体的雏形就是区域中心的大型购物商场，因而商业功能是城市综合体的核心功能，也是城市综合体的关键收益来源。商业功能包括购物、餐饮、娱乐等功能，它能够吸引城市综合体以外的人员，保持整个城市综合体活力，促进城市综合体的良性发展。此外，高品质的商业功能，还能满足城市综合体当中及周边人们的物质需求。

（3）居住功能。在近些年的商业地产领域，居住功能已成为城市综合体建设中的重要部分。城市综合体中的居住功能一般依托商住楼的公寓或与城市综合体中其他功能衔接的住宅楼来实现。这些住宅主要以出售为主，既能够快速回笼资金，又能为城市综合体中的商业物业提供稳定客源，带来较多活动人群，甚至是城市综合体夜间活动的主力。

（4）酒店功能。城市间的经济、文化交往增多，酒店已成为城市综合体中不可或缺的一部分，它不仅能为来往商务、政务人群提供住宿、餐饮等基本服务，还可承接小型会展、商务 Party 等高端商务活动。此外，它的客流量还能支持城市综合体的其他功能和提升其他业态价值。另外，酒店还可带来项目以外的隐性收益和回报价值。如果酒店是全国或全球著名连锁星级酒店，还能够成为城市标志和所在城市综合体的特色，增加城市综合体的附加效益。

（5）文化功能。城市综合体中的文化功能主要指一些大型营利性文化场所发挥的功能，比如会展中心、博物馆，大型剧院等。这些文化场所能增加城市综合体的品质感，提升城市综合体的形象和知名度，它不但能为城市综合体中及周边居民提供高层次的精神服务，还能够作为有地方特色的高品质文化场所吸引外来旅游人员、城市周边人群、会展组织的青睐。

（6）公共服务功能。目前的城市综合体，更加注重社会效益。公共服务功能成为其不可缺少的一部分。这项功能一般会和政府紧密合作，以提升其中及周边居民的精神生活水平为主，盈利为辅。它的公共服务功能辐射面超过其他功能，吸引更多人群，从而有效地支持其他功能。

（7）交通功能。城市综合体通过混合使用土地、均衡配置功能大大降低对外交通的需求。然而城市综合体的许多功能不仅仅只为自身服务，它作为一个区域小中心还需要服务周边，对其交通部分的合理规划很重要。很多城市的城市综合体是与交通枢纽相结合，良好的通透性和可达性有利于城市综合体和周边区域的连接。

5.1.2 城市综合体的安全风险特征

城市综合体作为一个人员密集、空间结构复杂、设备种类繁杂的一个复杂且相互紧密关联的系统，其安全风险具有密集性、叠加性和流动性三个典型特征。

（1）风险具有密集性

空间密集、人流量大是城市综合体尤其是超大型城市综合体的主要特点之一。城市综合体不仅聚集了大量人口、资源和社会经济活动，而且限定于一定的地域中。随着城市化进程和经济的飞速发展，大型甚至超大型城市综合体的密度大幅度地快速增加，包括建筑的密度和建筑容积率，城市活动的紧凑性和密集性，城市功能和空间的多样性、丰富性和交叉性，与所在城市流线和公共交通的连接性和叠加性。而这些使得城市综合体所面临的各种风险存量大大增加，不仅各种新风险不断增加，而且风险后果波及和影响的范围不断扩大。因此，密集性就成为城市综合体安全风险的首要特征，其主要表现在三个方面：总量增大，类型增多、后果严重。

（2）风险具有叠加性

城市综合体尤其是超大型城市综合体所拥有的系统性、密集性网络，使得所面临的风险像多米诺骨牌一样,具有很强的连锁效应和发散效应。并且,在连锁反应、发散效应下,风险的级数和严重性会放大。与单一性风险相比,连锁的系统性风险已经成为城市综合体建设和运行中需要重视的一个问题。

(3) 风险具有流动性

城市综合体承载了大量商品、能量、人群的大规模流动,具有很强集聚、辐射、流通和增长功能,成为一个开放程度高的聚集中心。同时,城市综合体内的空间、设施、环境等要素的公共性和私有性界限相对模糊,风险会在公共空间和私有空间流动。随着人员、物资、设施、能量和信息流动性的加大和高度集中化,城市综合体面临的风险问题越来越复杂,原发性、输入性、输出性风险相互交织。

5.1.3 城市综合体的典型事故案例

国内外的事故统计表明,城市综合体通常易发生建筑结构破坏事故、人员拥挤踩踏事故、触电事故、特种设备事故、高处坠落事故、火灾事故、爆炸事故、淹溺事故等。例如:韩国三丰百货"6·29"坍塌事故。三丰百货店,位于韩国首尔瑞草区瑞草1洞,于1989年下半年竣工,1990年7月7日开始营业。1995年6月29日下午18:05,大楼开始倒塌,在20秒内,5层百货大楼层层塌陷进地下4层内,共造成502人死亡,937人受伤,是韩国历史上在和平时期伤亡最严重的一起事故,也是世界上建筑自行倒塌的最大伤亡事故(照片5-1)。

照片5-1 倒塌的三丰百货大楼

该起事故原因主要包括:一是兴建时开发商随意改变图纸解雇承包商。按照最初的设计,大楼将被建设成一栋4层的办公楼,但是三丰集团却在建设工程中,将其重新设计成一栋百货大楼。这一改动，导致了很多承重柱被取消，以腾出空间来安装自动扶梯。二是增加楼层并且违规移动了冷气机。添加了第五层楼面和一层加热设备，极大地增加了承重结构的负担，并将整幢大楼的空调设备（水冷式冷气机）都安装在了楼顶之上，同时不久后不按照规定使用起重机而是利用滑轮拖拽违规地将大楼后部所有的冷气机移到了前部，使整个楼顶结构大受损伤。三是偷工减料，装错钢筋。将柱子直径由设计值80cm 缩减到 60cm，中间的钢筋也从 16 条减少到 8 条，使大楼的承重能力减少将近一半。在四楼用于强化混凝土楼板的钢筋也装错了位置，导致了楼板与柱子之间的强度减少了20%，为倒塌埋下了隐患。

5.2 城市综合体安全问题分析

城市综合体是一个复杂的系统，拥有各种各样的业态，包含不同的功能。目前国家对于城市综合体安全监管经验缺乏，存在的问题很多。城市综合体的管理元素可概括为“人”“机”“物”“环”“管”这五个方面，下面分别从这五个方面依次对城市综合体安全监管进行分析。

5.2.1 从“人”的角度分析

从“人”的角度对城市综合体安全问题进行分析，主要是从城市综合体人员的客流量、城市综合体内部的工作人员及租户、特殊人群、大型群众性活动所突增的人群等方面进行分析。由于城市综合体是将商业、办公、居住、旅店、展览、会议、餐饮、交通和娱乐等多种城市功能有机地结合在一起的多功能的、新型的、综合空间建筑，多处于城市的中心或繁华地带，有大量人员聚集，日均客流量很大且鱼龙混杂，相对的安全意识不高，容易引发安全事故，且一旦发生安全事故，人员疏散十分困难，救援难度大。

1. 综合体人员分类

(1) 客流量。城市综合体的客流量可分为日常客流量和举办大型公共活动使城市综合体突增的客流量。

城市综合体日常客流量很大，其构成也很复杂，这主要是因为城市综合体是将商业、办公、居住、旅店、展览、会议、餐饮、交通和娱乐等多种城市功能有机地结合在一起的多功能的、新型的、综合空间建筑，而且多处于城市的中心或繁华地带。作为一个拥有庞大建筑规模的城市综合体，很难准确统计人员客流量并对综合体内的人员进行实时监测和管理，进而根据客流量大小针对性地采取相应的安全措施。若是出现某些情况导致突然的大量人员聚集,事故发生的可能性也会突然增大。例如陕西延安东大上品商场踩踏事故。商场进行促销打折或表演等活动时,易造成大量人员聚集,并且由于人都有从众心理,导致人越来越多,易造成人员拥堵,阻塞疏散路线,若其中发生一些意外情况诸如争吵、小摩擦等会造成人群的混乱,没有快速有效地采取对应的安抚及引导疏散措施,就很容易演变成一场严重的人员踩踏事故。

举办大型公共活动会导致客流量突增。大型公共活动主要包括:体育比赛活动;演唱会、音乐会等文艺演出活动;展览、展销等活动;游园、灯会、庙会、花会、焰火晚会等活动。

不同行业对大型公共活动的定义不一,但其内涵基本一致,它是一种"非日常性"的人类群体性社会活动,它与日常性活动有很大的区别,无论在性质、发生概率、组织机构等方面都不相同,如表 5-1 所示。

表 5-1　大型公共活动与日常活动对比

类　别	大型公共活动	日常性活动
性质	当地的重要活动	日常工作生活中的活动
发生频率	少或不经常发生	多,经常发生
参加人数	临时聚集	常规性
社会影响力	大	小
组织机构	有,且组织健全、结构严密	无,多为自发
规模场面	大	小
涉及面	广	窄

由上可知,大型公共活动参加的人数和规模非常大,所以会使活动地所在的城市综合体的客流量激增。城市综合体的客流量突然增加,会导致其危险性大大增加。高密度人群容易受到突发事件的影响产生骚乱从而导致发生人员拥挤踩踏的群死群伤事件。大型公共活动导致群死群伤的重要引发因素是人群的不合理行为;人流密度过高或者容量过大是导致拥挤踩踏的潜在因素;突发事件、人群骚乱、冲突、争抢是事故的直接诱发因素。因此应当加强对城市综合体中的人群行为的控制与管理,来确保城市综合体的安全,进而保证城市综合体中的人们的生命财产安全。

(2) 特殊人群。城市综合体由于其功能的多样性,其人群的构成也呈现出多样性。其中老人、小孩、孕妇等特殊人群需要更细致有效的安全保护措施。例如近年来常见的商场自动扶梯伤人事故,多是因为小孩基本没有树立起安全防护意识,且自救能力薄弱,或是由于家长的看护不够精心,同样的安全意识淡薄所导致的悲剧。那么相应的警示标语、工作人员监管、定期检修等措施就必须到位。并且客流人群中不乏素质较低不遵守规则的小部分人群,特殊场所无视禁止吸烟的标志随意吸烟,还可能随意丢弃烟头,极易引发本可以避免的安全事故。对于此类人群,摄像监管、规章处罚制度完善、工作人员劝阻等也是必不可少的。总之,除了基本的安全防护措施之外,我们还应考虑特殊人群的特殊性,设置相应的安全防护措施。

(3) 工作人员及租户。每一个城市综合体要能够安全、有效、顺畅地运行,各行各业的工作人员都做出了应有的贡献,也包括大量的租户。若要避免安全事故的发生,必须要确保相关方面的工作人员都是有资质、有经验且持证上岗。近年来大量的工厂或企业发生的安全生产事故很多是由于安全意识淡薄、安全管理制度不完善,聘请大量无证上岗的技术人员,违规操作所造成的。特别是其中的从事安全方面的工作人员,要有一个安全总负责人,所有人员都要求有相应的工作证件和工作资质,同时要把安全责任落实到每一个人身上。而对于那些与安全方面相隔较远的行业工作人员以及鱼龙混杂的大量租户人群,企业必须定期举办一些安全方面的培训和演练,制定相应的培训与实践制度,要求工作人员和租户都必须参加,一方面提高人员的安全意识,另一方面使工作人员及租户均具备一定的安全技能。当然,针对工作人员和租户的培训标准有一定的不同,工作人员不仅要有一定的安全意识与安全技能,还要具备相当的疏散和救援能力。或是根据城市综合体的人员配置,单独设立应急组织机构,包括应急指挥中心、应急指挥中心办公室、应急工作组(应急抢险组、治安警戒组、疏散搜救组、物资及后勤保障组、消防抢救组、医疗救护组、宣传报道及通信联络组、安置善后组)、现场应急指挥部等,以便于在事故发生时就能对建筑内人群及时进行疏散或救援处理。而对于租户,必须具有安全意识及一定的安全技能,其他要求可以适当放低。

2. 人群安全

在城市综合体中,与人的安全相关的因素主要包括人群速度、人群密度、人体所占空间、场地情况、人群流量以及人群的构成与状态等,这些因素之间存在着相互制约的关系。

(1) 人群速度。人群速度一般是指人群整体表现出来的速度状态,它不是由单个人的速度决定的,而是人群在行走过程中相互影响和制约表现出来的一种平均速度状态。人群速度包括速度大小和速度方向两个方面。

人群速度大小是表征人群移动快慢的物理量。一般来说,人员密度越大,人群移动速度越慢。人群整体速度大小的变化会给人群流动带来影响,如果速度忽快忽慢,很容易产生各种碰撞、拥挤事故,甚至引起打架斗殴或拥挤踩踏事件。

人群速度的方向性对于人群流动有很大的影响。不同方向行走的人群在各自前进的过程中可能会相互阻塞、冲突和碰撞,一旦这种混乱的局面恶化,就很容易因拥挤和踩踏而造成人员伤亡。

(2) 人群密度。人群密度反映一个空间内人群的稠密程度,一般用单位面积上人员的数量表示，单位为：人/平方米；也可用每人占有多少的面积来表示，单位为：平方米/人。

人群密度是人群密集程度的定量表示，人群密度过大，可造成拥挤。当人群密度达到一定极限时，就会由于拥挤过度导致人群之间相互影响，相互推搡，这种情况下，一旦出现人员跌倒等扰动事件，人群将有可能因为反应不及造成踩踏。

拥挤或紧急疏散状况下，人员的心理压力极大，因此其行为反应比在正常状况下的行人紧张或者恐慌，并且随着疏散时间的延长与周围环境的变化，可能会产生失控行为。

在拥挤或紧急疏散时，要考虑的因素比正常行人流的因素复杂得多，其中，主要的项目有以下几个方面。

一是密度：紧急情况下，人员可能聚集在一起，产生高密度的流动状况。

二是速度：紧急情况下，人员在低密度的时候往往可以采用自己期望且可达到的速度进行疏散。但是在高密度的拥挤状态下，人员的速度无法由自己决定，而仅能取决于人群所能达到的速度。

三是流量：紧急情况下，流量会达到正常状况下无法达到的高流量，形成拥塞状况。

四是服务水平：紧急情况下，服务水平会急剧下降或者毫无服务水平可言，每个人都只期望逃出现场，因此，服务水平指标应该建立在疏散时间上(表 5-2)。

表 5-2　正常情况与紧急疏散服务水平可能状况对比表

项　目	正常状况	紧急疏散状况
密度	≤1.08(人/平方米)	>1.08(人/平方米)
速度	1.0<V<1.6(米/秒)	变异大
流量	≤66(人/分钟·米)	>66(人/分钟·米)
服务水平	A～D级	E～F级

国外学者研究认为，行人的步行速度平均值在 1.03 米/秒与 1.28 米/秒之间，并且步行速度随行人人流密度的增大而下降。要想疏散时间越短，就要控制每一个阶段的人流速度，避免出现瓶颈现象。

(3) 人群构成与状态。人群的年龄、性别、文化程度、职业、兴趣爱好、性格、行走目的和心理等方面的差异影响着人群速度、人群密度、安全意识和承受拥挤的能力等，进而对人群流动规律也产生着影响，尤其是人群中出现明显不均一性时，就有可能成为触发危险的因素。在运动过程中影响个人行动的属性包括行进速度、反应时间、耐性、平衡能力、敏捷度、体力等多个方面。

一是行进速度。每一步行进的距离，在给定的最小值和最大值范围之内。

二是反应时间。从紧急事件发生，到人对此做出行为反应所用的时间。通常某个个体安全疏散所用的总时间＝紧急事件发生到做出反应的时间＋开始行动到通过安全出口的时间。

三是耐性。当被其他人员阻挡，而且在不适合绕行的情况下，决定推他前面的人员之前，可以等待的时间。

四是平衡能力。指当人受到推力时，在其倒地之前，可以承受的最大推力。

五是敏捷度。指当人被推倒后，到重新站起来需要等待的时间。

六是体力。倒地后的人员可以承受的最大推力。如果超过此极限，人将被践踏导致伤亡而不能再站起来。

5.2.2　从“机”的角度分析

从“机”的角度对城市综合体安全问题进行分析，主要从重要设备设施和中控室等几方面进行分析。城市综合体中的重要设备设施主要包括消防安全设施、特种设备及其他重要设施。其中消防安全设施和特种设备都是需要进行安全管理的重点。消防安全设施是因为其是扑灭火灾最重要的设备，而特种设备由于其重要性和危险性必须制定相应的安全管理制度，加以维护并避免事故的发生。

（1）消防安全设施

消防安全设施包括消防控制室，消防水池、水箱、规范要求必须设置的消火栓系统、自动喷水灭火系、火灾自动报警系统等，还可以根据城市综合体的不同情况加设其他消防设施，例如消防水炮、微型消防站，等等。不仅要根据实际要求和国家规章制度设置相应的消防安全设施，确保该设施能够保持正常工作，还要确保定期的看护、检查、维修等。不仅要保证其功能正常，还要有相应的消防设备安全管理制度。避免因为设备老化、破损等问题，导致在事故发生的早期本可以及时挽救结果却得不到有效的救援的情况。

（2）特种设备

特种设备主要包括三大种：扶梯、电梯和锅炉房。根据上述的安全事故案例分析，我们可以发现，大部分的商场或大厦安全事故都是因为特种设备的使用或管理等方面的疏忽或不到位所导致的。针对特种设备的特殊性，城市综合体必须建立整套的相关的安全管理制度、安全防护措施、安全检查标准等，保证安全责任落实到每一个人，并且要保证特种设备正常有序的运行。这其中包括建立岗位责任制、安全操作规程、日常检查制度、维保制度、定期报检制度、作业与运营相关人员培训考核制度、意外事件应急救援制度以及安全技术档案管理制度等，从而安全高效地使用这些特种设备。

（3）其他重要设备

其他重要设备主要指与水、电、气三类相关的设备设施，包括水泵、水表、电气设备、燃气设施等。由于电气设备数量多、类型广、危险性大,需要作为安全管理的重点对象。电气设备危险性大,易发生触电事故并导致连锁伤害,同时一旦出现设备设施老化、破损发生漏电现象,就极易引发火灾,造成大面积伤亡和经济损失。大部分的触电事故多由于操作人员缺乏电气安全知识和安全用电常识、不按规定穿戴劳动防护用品、不按规章操作和违反劳动纪律等不安全行为所导致的,这就要求企业做好电气安全管理和作业现场安全监督;同时企业对于电气设备设施的安全检查和维护保养必须到位,特别是对已老化破损的电气设备,要及时维修和更换,避免漏电和电气火灾事故发生。水泵、燃气设施等同样应该建立完善的使用、管理、维修制度,确保相关人员均是有资质的专业人员,尽可能地避免事故发生。

(4) 中控室

城市综合体中的中控室是城市综合体的大脑,其重要性就不言而喻了。正是因为中控室的重要性,所以中控室正常运行也就至关重要了。以消防控制室为例,其正常运行应当做到以下几点:①消防控制室工作人员应当严格遵守消防控制室的各项安全操作规程和各项消防安全管理制度;②消防控制室实行24小时值班制度,消防控制室的主管部门应当按月制定工作人员值班表;③消防控制室自动消防系统的操作人员,必须经过公安消防机构培训合格后,持证上岗,单位应当制作《消防控制室操作人员考核成绩登记表》,统一记录操作人员的考核情况;④消防控制室工作人员应提前10分钟上岗,并做好交接班工作。接班人员未到岗前交班人员不得擅自离岗;⑤消防控制室工作人员要按时上岗,并坚守岗位,尽职尽责,不得脱岗、替岗、睡岗,严禁值班前饮酒或在值班时进行娱乐活动,确有特殊情况不能到岗的,应提前向单位主管领导请假,经批准后,由同等职务的人员代替值班;⑥应在消防控制室的入口处设置明显的标志;⑦消防控制室应设置一部外线电话及火灾事故应急照明、灭火器等消防器材;⑧消防控制室工作人员要爱护消防控制室的设施,保持控制室内的卫生;⑨严禁无关人员进入消防控制室,随意触动设备;⑩消防控制室内严禁存放易燃易爆危险物品和堆放与设备运行无关的杂物;⑪消防控制室内严禁吸烟或动用明火等。

(5) 照明设施

在城市综合体中,经常用到的电气设备是灯光系统,由于这一类灯光系统用电量大,许多电器电线分布在各类群众活动区域,与人员、布景、可燃装饰物等交汇,增加了城市综合体的电气火灾危险性,应格外加强安全管理。

(6) 辅助设备

辅助设备主要是指营造综合体内气氛的烟雾机、发烟机和泡泡机等。烟雾机是把干冰加热后产生的大量二氧化碳气体喷出后形成沿地面的浓雾,属大功率的电加热设备,具有火灾危险性,该设备电源接线端接触不良、带电端子明露,电器受潮短路是较常见的问题。发烟机也是电加热器,功率一般大于100W,但发烟机所产生的烟不沉降在地面而是向四处扩散，会引发火灾探测器报警，消防设备联动，有时还会使现场人员误认为是火灾产生的烟雾，导致不必要的惊慌。

5.2.3　从“物”的角度分析

从“物”的角度对城市综合体安全问题进行分析，主要从危险物品的合格性、存储位置、数量和使用方法等方面进行分析。城市综合体中危险物品主要可以分为三类：由理化性质决定的危险物品、在使用过程中转化而成的危险物品和悬挂物。

（1）由理化性质决定的危险物品

由其理化性质决定的危险物品（如易燃易爆危险品、有毒物品、反应活性物质和腐蚀性物质等），它们具有较大的危险性。该类危险物品，其是否具有合格的标识，储存的位置和数量（危险物质的数量等于或超过临界量的单元，即重大危险源）是否适当，以及使用的方法是否合理，对城市综合体的安全性都有很大的影响。以易燃易爆危险品为例，由于易燃易爆危险品的危险性极大，所以其在储存、管理使用和搬运等过程中，储存使用人员必须熟悉易燃易爆危险物品的性能，掌握个人防护和安全操作方面的知识，防止造成环境污染或人身伤害。

（2）在使用过程中转化而成的危险物品

在使用过程中转化而成的危险物品主要是指一些设施设备，该类物品在使用之初，并没有表现其危险性，也就不属于危险物品了。但在使用的过程中，该类物品会出现磨损、老化的现象，如果不及时的维修和换新，那么该类物品就会成为危险性较大的危险物品。因而，在使用过程中转化而成的危险物品，其往往具有也较大的危险性。除此以外，在城市综合体中存在没有配置应有的设备（如灭火器等）或配置该种设备数量不满足规范要求等问题，会使城市综合体存在较大的隐患，应当予以重视。

（3）悬挂物

每逢节假日，一些商家往往会在闹市悬挂彩旗、串旗、设置充气拱门花篮等户外宣传品。由于缺乏有关规章制度以及统一管理，不少户外宣传品“登上”绿化带，甚至“爬上”交通指示灯。杂乱的广告宣传品不但影响城市市容、绿化，也容易造成交通消防安全隐患。

一般来说，为了防止这些活动选择的悬挂物造成安全、消防隐患，要明确不能利用人行天桥、电力电讯杆、交通指示牌、绿化带、行道树及花坛、人行道隔离栏、高架道路护栏、道路分隔带护栏、河涌护栏等市政、交通设施设置悬挂物。

凡在市区道路、广场等公共场所悬挂气球（汽艇）、标语、彩旗、串旗、灯柱旗、充气拱门、公仔、气柱、灯笼柱、花篮、太阳伞、帐篷等户外宣传品，须经相关部门批准后，方可在规定的时间、地点悬挂。

5.2.4 从"环"的角度分析

城市综合体的安全问题中,环境问题是很重要的一环。从"环"的角度对城市综合体安全问题进行分析,主要从自然环境、导向标识、内部环境和外部环境四个方面着手。

(1) 自然环境

城市综合体可能遭受暴雨大风、高温热浪、雷电和地震等自然灾害的袭击。这些自然灾害可直接地造成人员伤亡和财产损失,如暴雨大风导致综合体的建筑发生损坏甚至倒塌,雷电引起综合体建筑火灾,极端高温气候导致综合体内的人员发生中暑等。自然灾害是原发事故灾害,其危害除了自身造成的灾害外,最主要的是引发的次生灾害,如地震引发的火灾、恶劣天气引发的人群拥挤踩踏灾害等。自然灾害虽然发生概率很小,但一旦发生,影响后果很严重,并且影响范围比较广泛,必须引起重视。

(2) 导向标识

城市综合体规模巨大,内部由大量的建筑群构成,人员在里面活动时容易出现迷路或者对一些重要场所的位置不清楚的情况,因此依据建筑和功能要求必须在综合体的内部环境设置疏散指示标志,在每一层的特定位置设置特殊功能区指示标志,包括安全出口、防火门的位置以及每一层的一些设备间的具体位置。

导向系统的导向功能实际上解决的是人们在陌生环境中的路径找寻问题,而实现这一基本功能首先需要理性地分析及全面完善地规划、布点、设置工作;其次,按照合理的客流车流分析确认流动线路中所需连续的导向信息;再次,依据环境要求确立导向要素,进行造型、色彩、平面元素的设计;最后,确认实现导向标识的材料其表现效果是否与原设计及环境相符合,是否能满足可注意性,可读性及可理解性原则。导向标识系统的安全功能包括对危险的警示、安全信息的有效传达、客流合理引导和紧急疏导。

(3) 内部环境

城市综合体的内部环境是人们娱乐休闲和工作人员工作的主要场所,其内部场地布局的合理性与综合体的安全密切相关,更与在综合体中工作和生活的人们的生命财产安全息息相关。综合体内拥有丰富的业态,相应的场地布局不仅要契合建筑消防安全设计,也要契合各种业态对场地的客观需要。当综合体内部的场所布局存在不合理时,会给城市综合体带来安全隐患,例如综合体的场所布局不合理,有可能使消防栓等消防灭火设施无法发挥最大效果,从而当火灾发生时不能及时扑灭火灾;当综合体布局不符合建筑要求时,也有可能使综合体内的安全疏散宽度和安全疏散距离达不到要求,从而使得综合体内的人们安全疏散存在问题。除此之外,综合体内会不定期地举办一些大型社会性活动,经常会有一些临建设施,有时还可能会改变综合体建筑内的固有场地的使用性质,这些临建设施在内部布局不合理可能会导致综合体的安全疏散等方面出现问题。

同时因为这些新增的临建设施，从安装、使用到拆除，大多没有经过全过程系统的安全检验，所以应当尽量放置在远离人群的地方，或者必须放置在人群多的地方时也有相应的预防措施。在内部场地布局上应考虑总体分区、缓冲区的设计、出入口、楼梯、停车场、无障碍设施等因素。

（4）外部环境

城市综合体的外部环境主要指其周边的环境，对城市综合体的安全性有着重要的影响。综合体的周边环境中是指周边存在工业危险源、周边分布人群密集场所、综合体周边的交通环境（如周边的交通流量、周边交通枢纽设置等）等。

工业危险源也是危险源聚集场所，往往需要存储数量巨大的各类危险物质，构成重大危险源。一旦发生事故，波及面大，尤其是化学泄漏事故，其影响范围甚至达数公里。如果在城市综合体周边发生工业危险源事故，将会造成严重的后果，影响巨大。

综合体周边的人群密集场所主要指综合体外边的商场、热点游览区、休闲广场和其他临时聚集场所等。如果城市综合体周边的人员密集场所也有大量的人群聚集时，会对综合体内的人员疏散造成严重的影响，甚至造成交通事故及人群事故。

城市综合体周边的交通环境对于人群流动、疏散也起到十分重要的作用。综合体中经常由于瞬时人群、车辆的集中，导致城市综合体的周边交通不畅，甚至出现交通堵塞，对城市综合体的交通正常疏散造成很大的影响。在遇到突发事件时，如果交通容量不够，还会发生人员不能及时疏散出去而导致伤亡的事件。

除此以外，周边的建筑物与城市综合体之间的距离（消防间距）对城市综合体的安全性也有着重要的影响。如果消防间距不满足相关规范要求，也会对城市综合体的安全性构成威胁。

5.2.5　从“管”的角度分析

从“管”的角度对城市综合体安全问题进行分析，主要从内部管理和外部管理两个方面进行展开分析。

（1）内部管理

内部管理主要从组织机构、安全管理制度、事故应急预案、人员安全教育培训、风险评估和隐患排查双体系和消防演练机构等方面来进行。

一是组织机构。城市综合体内部应成立相应安全管理组织机构，由综合体的企业相关领导和物业公司的相关负责人担任总负责人。综合体安全管理机构从高层到最下面的工作人员，将安全责任进行精细化划分，成立安全救护组、安全警戒组、通信联络组等多个小组，由相应部门主管担任组长负责管理，在各小组进行进一步的责任分工，使城市综合体的每一块区域都有专人负责相应的安全工作。总之，城市综合体必须确保将安全责任层层落实到具体的安全责任人身上。同时要求城市综合体的安全管理机构中必须拥有一定数量的有安全工程师证等相关工作资质的专业人员持证上岗担任一定的安全管理职务。当前城市综合体存在严重的安全管理责任落实不到位现象,很多安全的具体责任找不到安全责任人,安全管理人员存在推卸责任情况。

二是安全管理制度。城市综合体应制定严格的安全管理制度,包括工作人员安全作业制度、应急救援制度、特种设备管理制度、消防设施管理及维护制度、签订安全责任书制度、公共设施管理制度等各种安全管理制度和安全档案制度等等,并对城市综合体的安全管理制度的落实进行严格监督和定期检查。目前安全管理制度上存在企业不切实落实相关制度、制度内容不详尽等问题,具体的包括特种设备、消防设施和其他重要设备的维护检修未严格遵照安全管理制度进行,安全档案制度存在严重的弄虚作假情况。

三是事故应急预案。统计近年来城市综合体发生过的事故包括火灾事故、特种设备事故、恐怖袭击事故、机械伤害事故、人员踩踏事故等多种事故,对此应进行相应的分析,制定相应的应急救援方案。为保证各种类型预案之间的整体协调性和层次性,并实现共性与个性、通用性与特殊性的结合,在制定应急预案时,应当对应急预案的层次进行合理的划分,并将各种类型的应急预案有机组合在一起。综上所述可以将应急预案分为3个层次:综合预案、专项预案和现场预案。当前城市综合体在应急预案这一方面存在严重的问题:制定的应急预案可以应对的事故种类太少,对于一些事故甚至缺乏相应的应急预案;综合体的很多管理人员对于应急预案的内容并不清楚,应急预案制度落实不到位。

四是人员安全教育培训。城市综合体的内部人员主要包括两大类:综合体的管理人员和租户。城市综合体的管理人员涉及的种类很多,包括特种设备管理员、消防设施检修维护员、水电工检修员等。当前城市综合体的管理人员存在很多的问题,包括相关管理人员不具备相应的工作资质和专业知识、工作人员的安全意识缺乏、工作人员不安全作业等。因此,应当加强对工作人员的安全教育培训,提高他们的安全意识,促使他们严格地按照安全作业制度进行安全作业。城市综合体里有很多租户,经营着各种业态。综合体内的部分租户存在安全意识低下和安全技能缺乏的问题,租户经常用商品对消火栓等消防设施进行违规遮挡,除此之外,租户不会使用消火栓和灭火器等消防设施,也是严重的问题。因此应当加强租户的安全教育,提高安全意识,同时对租户进行一定的安全技能培训,包括学习使用消火栓和灭火器等消防设备。

五是风险评估和隐患排查双体系。城市综合体是一个复杂的系统,里面包含着各种各样的危险源,对城市综合体的安全构成严重的威胁。应针对可能导致城市综合体发生事故的危险源进行识别,包括大量堆积的可燃物、裸露或老化的电线、易发生高空坠落的广告牌等,对于发现的每一个隐患进行严格地排查,同时对于可能存在的风险的大小进行评估。目前城市综合体在风险评估和隐患排查双体系这一方面存在的问题是隐患排查范围不到位、隐患排查的力度较小、风险评估不科学等，不能提供一份科学的风险评估报告，导致综合体的管理者对于综合体存在的风险掌握不到位，无法制定相应的措施规避风险和制定相应的事故应急机制。

六是消防演练。城市综合体发生事故造成的人员伤亡和财产损失非常严重，虽然进行了隐患排查，但是为了降低事故发生时的危害，应当按照规定进行针对应急预案的消防演练。当前城市综合体消防演练主要存在以下的问题：针对事故进行的消防演练的员工的消防意识低下，逃生时不严肃，无法真实模拟事故发生时的紧张场景；多次消防演练发现存在的应急准备的缺陷不积极的改正。因此应当加强员工的思想教育，进行消防演练时严肃认真地对待消防演练，同时针对演练出现的问题进行认真的反思和改正。

（2）外部管理

城市综合体外部管理主要依照属地监管和分级监管相结合，以属地监管为主。各级政府相关部门在进行城市综合体安全监管的过程中存在下列的问题。

一是落实属地监管和分级监管的责任不到位，各级政府相关部门互相推卸责任，各级政府的监管人员对于加强城市综合体的安全监管的意识不高，对于属地的安全隐患的排查的细致程度和力度都有待提高，尤其是对于属地的重点企业、重点行业和重点单位的安全监管。

二是企业对于各级部门安全监管经常被动接受或者不接受，存在不向政府相关部门详述企业存在的问题；同时企业为满足其自身利益，对于监管人员提出的意见不按照要求进行整改，不按要求加大安全投入，不接受或者消极接受政府相关部门的安全培训和教育。

三是城市综合体的安全监管涉及很多部门，包括安监部门、消防部门、公安部门、商务部门和住建部门等，综合体因其复杂的建筑结构和丰富的业态形式，经常需要各部门联动进行综合监管。但是各部门联动安全监管经常会出现权责不清和权责交叠的问题，因安全的领域涉及很广，国家对于具体安全责任属于哪个部门监管划分不清，各部门为此经常推脱责任，导致当前城市综合体的很多领域属于三不管的状况；综合监管的另一个问题就是流程复杂，每次进行联动安全监管时，需要花费大量的时间和精力去协调各部门，缺少一个承担主要责任的安全监管的核心来领导和协调各部门综合安全监管，提高综合安全监管的效率。

5.3 城市综合体风险识别与分析

5.3.1 风险识别分类和方法

城市综合体是一项复杂的系统工程,里面包含着丰富多样的业态。城市综合体风险识别中依据是否已知原因和结果、原因和结果是否具有关联性将风险分为"点"风险、"线"风险、"面"风险。城市综合体因其综合性造成了其内包含风险的复杂性,综合体内包含了火灾风险、电气风险、机械风险、特种设备风险和高空坠落风险等众多风险,均可归类到上述三类之中。针对上述三类不同的风险,常采用的风险识别方法和基于风险分类的城市风险描述分别见表 5-3 和表 5-4。

表 5-3 风险识别法

"点"风险识别方法	安全检查表、预先危险分析(PHA)、失效模式和效应分析(FMEA)、危险与可操作性分析(HAZOP)、危险分析与关键控制点法(HACCP)
"线"风险识别方法	情景分析法、德尔菲法、头脑风暴法,概率论方法,事件树、事故树、计算机模拟、层次分析法、Bow-tie 法、瑞士奶酪模型
"面"风险识别方法	头脑风暴法、德尔菲法、层次分析法、情景构建法

表 5-4 城市综合体风险描述

类型	风险源	成因	影响	控制能力
"点"风险	点:空间或制度的点	超限、缺失带来的不安全状态或不安全行为	人员伤亡、财产损失	事前:政策、标准、规范 事中:现场处置救援
"线"风险	线:人员流、能量流、信息流、管理流	触发存在一定区间(空间、时间、承载量等)	系统运行	事前:监测、预警、政策 事中:现场控制蔓延扩散
"面"风险	面:某个事件类型对物理空间、信息空间和社会空间	目前已知的原因(但时空点位不明确)如地震波、反社会情绪等	程度,设施—服务—社会	事前:提高系统韧性 事中:全流程应对,保险

5.3.2 "点"风险

点风险指是空间或制度的点存在的风险,其原因是超限或缺失带来的不安全状态或不安全行为。主要包括：电梯(包括自动扶梯)风险、可燃物储存点风险、触电风险、锅炉风险。

1. 电梯和自动扶梯风险

城市综合体中含有大量的电梯和自动扶梯，其处于不安全的运行状态如超限、超载等，将会对使用人员及附近人群产生安全威胁。

第一类：自动扶梯

(1) 风险描述

自动扶梯因出现故障、超载、设计不合理等处于不安全的状态。

(2) 风险诱因及潜在后果

① 部分自动扶梯设计不合理，存在围裙板与梯级水平间隙超标的问题，当乘客在自动扶梯站立时，容易出现裤脚或鞋尖被自动扶梯带入梯级与裙板之间，造成伤害。

② 部分自动扶梯与城市综合体内的商场的楼板交汇处的防碰挡板的高度设置不符合要求。乘客在乘坐扶梯时若手或头部伸出扶梯时会与障碍物发生碰撞而造成伤害。

③ 部分自动扶梯的有载制动距离严重不符合要求，当自动扶梯下行且乘客较多时，如果扶梯紧急停车，可能造成乘客摔倒出现群伤事件。

④ 部分自动扶梯踏板不安全，容易出现踩空状态，从而引发人员伤亡。

⑤ 自动扶梯上的人员数量过多，超过自动扶梯的承载力，导致扶梯出现坍塌或者人员踩踏的事故。

(3) 控制措施

① 综合体应当加强对自动扶梯的检修和维护，严格执行自动扶梯保养和维护制度，定期检查自动扶梯。

② 合理地设计自动扶梯和商场防碰顶板的高度，避免发生碰撞事故；规范地设置自动扶梯的踏板的宽度、围裙板与梯级水平间隙的宽度以及自动扶梯有载制动的距离。

③ 城市综合体在自动扶梯处设置专门人员控制自动扶梯上的人员数量并且在出现事故时能第一时间展开救援。

④ 在自动扶梯处张贴警示标贴，警示人们在乘坐自动扶梯时，万分小心，避免不安全行为。

第二类：载客电梯和载货电梯

(1) 风险描述

载客电梯和载货电梯因出现故障、超载、设计不合理等处于不安全的状态。

(2) 风险诱因及潜在后果

① 综合体的电梯在使用时，存在严重超限的问题，并且长期使电梯处于超限使用状态时，可能使电梯发生失控下行，造成严重的人员伤亡事故。

② 综合体部分电梯轿厢内应急装置不合格，主要表现为应急照明灯不亮和对讲电话未正常工作。如果电梯发生故障，电梯内的乘客不能及时报警求助，易导致人员出现伤亡事故。

③ 综合体部分电梯轿厢扶脚板缺损，若电梯由于故障停在两楼层之间，在救援时可能导致人员跌落，出现人员伤亡。

④ 综合体内部分使用单位违反规定擅自对电梯轿厢进行装修或改装，加重了轿厢自重，破坏了轿厢与对重之间的重量平衡关系，在满载状态下，综合体的电梯在下行时不能可靠地制停平层，情况严重时可能发生电梯失控下行，出现人员伤亡事故。

⑤ 电梯入口处的电梯门系统不够灵敏，容易出现人被门夹住的事故，造成人员受伤。

（3）控制措施

① 综合体应当加强对电梯的检修和维护，严格执行自动扶梯保养和维护制度，定期进行检查。

② 城市综合体的电梯轿厢内采用质量合格的应急装置包括应急照明灯和对讲电话，定期对应急装置进行检查，确保其始终正常的工作，同时在电梯里设置监控系统，以防应急系统被人为故意破坏。

③ 在电梯里张贴承载人数限制和安全警示标志，提醒人们注意超重，提高人员安全乘坐电梯的意识。

④ 提高电梯门系统的灵敏度，及时感应到有人要出入电梯，从而避免发生电梯夹人事件。

2. 电气设备触电风险

（1）风险描述

城市综合体内的电气设备因短路、裸露等出现不安全的状态。

（2）风险诱因及潜在后果

城市综合体内的电气设施因长期使用出现老化、风化裸露等现象，人员不注意触碰这些不安全的电气设备可能发生触电事故，进而引起人员伤亡。

城市综合体内的电气线路复杂交错，部分电气线路绝缘失效并且互相接触在一起，导致整个综合体的设备发生短路事故，引发整个综合体的供电系统出现问题。

城市综合体内聘用部分电气施工人员，不具备相应的工作资质和能力，对于电气安全操作规程一窍不通，在进行电气线路检修和维护时，进行不安全操作，导致电气设备出现短路或漏电现象。电气施工人员不安全作业，可能发生电气施工人员触电事故，也可能导致普通人员在使用不安全的电气设备发生触电事故。

城市综合体的高压配电箱等电气设备未设置隔离防护栏，行人无意识靠近发生触电事故。

城市综合体在电压较高、危险性较强的电气设备旁边未设置安全警示标语，并且也没有专人管理电气设备。

（3）控制措施

定期更换城市综合体内的电气设备包括各种电气线路，避免出现线路老化、绝缘失效等问题。

招聘合格的、有工作资质的、专业的电气施工人员，并对其进行电气安全教育，使其熟悉电气安全作业制度，具备安全作业的能力，并且有安全的意识。

要求电气安全管理人员进行电气设备的检查和维护，定期进行安全作业考核，对其所做的工作进行监督。

在城市综合体内的高压配电箱等具备大电压和高电流的电气设备旁设置隔离防护栏，并安排专人进行看护和管理。

在城市综合体的电气设备旁边张贴警示标语，警示行人和施工人员。

加强综合体内的所有人员的安全教育，提高其安全意识。

3. 锅炉风险

（1）风险描述

城市综合体内的锅炉处于超出限度的压力、缺水等不安全状态。

（2）风险诱因及潜在后果

城市综合体内对于锅炉的检修和维护不符合特种设备的管理要求，未做到定期检测及时发现锅炉设备出现的问题，导致锅炉不能正常工作，严重时出现爆炸事故，爆炸产生的碎片会对人的生命构成严重的威胁。

城市综合体聘用的管理和维护锅炉的人员不合格，不具备安全管理技能，不能准确判断锅炉是否处于安全状态，无法及时发出警报和疏散综合体的人群，可能导致管理人员的伤亡，严重时可能导致综合体出现大量的人员伤亡。

锅炉运行自身存在高温高压，管理人员进行不安全行为如未等锅炉冷却或降压时就去直接触碰锅炉，可能导致人员受伤。

综合体对于锅炉房等特种设备房的管理不严格，导致有行人进入设备房，因好奇无意识或人为故意而出现不安全操作，在锅炉房违规乱动设备引起锅炉发生故障，甚至引起爆炸事故，对综合体的安全构成威胁。

未在锅炉房和锅炉设备旁边张贴安全操作规程和注意安全等警示标语，也未对相关管理人员进行锅炉管理安全教育，导致管理人员缺乏安全意识。

（3）控制措施

建立包括锅炉在内的特种设备安全档案管理制度，对城市综合体内每一台锅炉设备的每一天的状态进行登记在册，设置专人对其进行负责看管。同时实行轮岗制，确保 24

小时全程监控锅炉的安全状态,并且严格如实登记锅炉的状态。

对管理锅炉的工作人员和维修锅炉的施工人员进行安全培训,包括安全操作技能和安全意识教育的培训。提高施工人员安全作业,管理人员能进行安全管理和操作,禁止不安全行为。

在锅炉房内设置应急报警系统,及时将锅炉房的警报信息进行传递,及时疏散综合体的人群,以确保城市综合体其他区域的安全,避免出现大量的人员伤亡。

在锅炉房内张贴安全操作规程和安全警示标语,时刻提醒工作人员注意安全。

招聘人员时,必须招聘有工作资质的专业人员,避免非专业人员从事相关专业工作。

在锅炉房外边张贴警示标语,并且安排专人管理,避免行人误进锅炉房对锅炉进行不安全操作。

4. 危险品储存点风险

(1) 风险描述

城市综合体在一定的区域内储存超量的包括可燃物在内的危险品,其储存点处于不安全的状态;或危险品储存点内多种可以发生反应的危险品储存在一起,处于不安全的状态。

(2) 风险诱因及潜在后果

城市综合体内因其部分业态的需求,需要储存一定量的危险品。城市综合体危险品的储存量有规范要求,部分城市综合体储存危险品未按照规范要求,储存超量。一旦发生事故,会造成综合体内的人员出现大量的伤亡情况,后果极其严重。

城市综合体储存的危险品需要设置专人进行安全管理。目前城市综合体中危险品管理存在一定的问题。部分城市综合体未设置专人对于危险品进行管理或聘请不具备进行安全管理资质的人员进行危险品的安全管理,从而造成危险品的泄漏,对管理人员和城市综合体内的普通行人构成威胁,严重时甚至会造成大量的人员伤亡。

城市综合体内的危险品种类很多,包括易燃、易爆、有强腐蚀性、有毒性等具备众多化学性质和物理性质对人体和综合体建筑构成威胁的物质,又称为重大危险源。若很多物品错误放置在一起,如过氧化氢具备强腐蚀性,它易分解释放氧气,若将其与易燃物放置在一起可能引起火灾等事故甚至更大的灾难,进而对整个综合体的人员的生命构成威胁。

城市综合体对于危险品储存点的管理不到位,没有在其外边张贴警示标语,没有在储存点里面张贴安全操作规程,更没有设置专人对进出危险品储存点的人员进行管理,导致有行人误进入危险品储存点,从而造成人员伤害。

综合体未对进行危险品安全管理的人员进行专业培训,使其对危险品的认识严重不足,并且安全意识低下。

（3）控制措施

应该严格依照规范要求控制城市综合体内危险品的数量和种类，确保其不超过规范要求。

对于能互相发生化学或物理反应的危险品，一定要分开储存，绝不能将其放置在一起。同时对于有腐蚀性的危险品和有毒性的危险品，管理人员进行管理时，一定要佩戴相应的防护装备来保护自身的生命安全。

综合体在聘用进行危险品安全管理的人员时，一定要聘请拥有相关工作资质的人员，并且对其进行安全培训包括安全教育和安全技能的培训。

在综合体储存点的外边张贴警示标语，警示行人，在储存点内设置安全操作规程并设置防护隔板，对进入危险品储存点的人员进行严格控制。

5. 水池淹溺风险

（1）风险描述

在综合体的游泳池内游泳的人们未佩戴救生圈或者佩戴救生圈但是违规跑到深水区去游泳，会出现溺水的现象甚至出现溺亡。

（2）风险诱因及潜在后果

部分综合体的室内游泳池未设置专门人员从事安全管理和应急救援，导致人员出现溺水时不能及时得到救助。

部分综合体的游泳池在深水区和浅水区未设置显眼的分界线和安全警示标志，导致游人误入深水区出现溺水。

聘请的游泳池安全管理人员，不具备专业的资质，并且安全意识低下，不能及时的提醒游泳的人员注意安全，并且无法在泳池出现溺水事件时，第一时间对溺水人员展开救援。

（3）措施控制

聘请合格的游泳池安全管理人员，必须相应的工作资质，确保其有意识有能力管理游泳池，并且能快速救援。

在游泳池浅水区和深水区设置明显的分界线，在发现有人跨界进入深水区，第一时间提醒并阻止其进一步进入深水区。

在游泳池入口处，张贴注意安全等警示标志和安全游泳的操作规程，要求进入泳池游泳的人们必须佩带游泳圈。

6. 高空平台坠落风险

（1）风险描述

综合体内部分大楼较高，人员处于在大楼的高空平台短期逗留，并且不抓紧护栏的状态或者人员处于站在护栏失去作用的综合体大楼的高空平台上的状态。

(2) 风险诱因及潜在后果

综合体的高空平台的护栏高度设置不合理,栏杆和平台间的宽度太宽,不符合规范的要求,导致人员易从高空平台跌落,造成人员伤亡。

对于综合体的高空平台的护栏维护不当,很多的护栏已失效,栏杆被人为破坏、螺丝松动等,易导致人员从高空平台滑落,造成人员伤亡。

综合体举办大型公共活动,导致其高空平台上有太多人员逗留,部分人员被人流从高空平台挤出发生跌落事故,造成人员伤亡。

站在高空平台的人员安全意识低下,并且高空平台的地板太光滑,人员易发生滑倒现象,进而从高空平台跌出,造成人员伤亡。

未在综合体的高空平台处张贴安全警示标语,提醒游客注意安全,尤其是提醒安全意识低下的人员注意安全,防止意外溺水。

(3) 控制措施

依据规范在综合体的高空平台处设置合理高度的护栏。

严格定期依照护栏的相关规范要求对高空平台的护栏进行安全检测,及时地进行故障维修,确保其始终处于安全状态。

要求综合体内的安全管理人员加强对于高空平台的护栏维护管理,避免其被人为破坏。

在对高空平台的地板进行装修时尽量采用不易导致人员滑落的地板。

在综合体的高空平台处张贴安全警示标语,提醒人们注意安全,并且严格控制高空平台处站立的人员的数量,避免太多的人在高空平台聚集。

5.3.3 "线"风险

"线"风险就是人员流、能量流、信息流等造成的风险。"线"风险的触发存在一定的区间(时间、空间),往往会对整个系统的运行产生严重的影响。主要包括**客流聚集、电力管线、燃气管线、供热管线、供水管线和信息网络风险**。

1. 客流聚集风险

(1) 风险描述

综合体内局部区域的人员客流量激增导致局部区域的交通堵塞,进而导致整个综合体的交通堵塞。

(2) 风险诱因及潜在后果

综合体局部区域人流量突然增加,会导致其他区域的人流也在向这里聚集,导致这里的交通被堵塞。人员过多在这里聚集,可能引发人员踩踏等事故,进而对整个综合体的人流产生影响。

（3）控制措施

增加综合体各区域内安全出口的数量。

实时监控综合体内的人员的数量，对一些出现人员增长数量异常的区域，采取应急预警机制，加强该区域的疏散。将该区域过多的人员，及时疏散到其他相对数量较少的区域。

加强对于应急疏散灯的维护以确保应急疏散灯始终正常的工作。

监视城市综合体内各区域的交通，避免交通被人流堵塞。

2. 电力管线风险

（1）风险描述

城市综合体内电力管网某一段管线或者某一节点出现短路等问题，会导致整个城市综合体内的电力网络出现问题。

（2）风险诱因及潜在后果

城市综合体电力管网的某一段管路因材料遭到腐蚀、电力管网自身存在的设计缺陷，导致电力管路出现漏电现象，进而导致整个综合体的供电系统产生问题。

城市综合体的电力管网遭到其他人的恶意破坏，出现局部短路或断路的情况进而导致出现综合体局部区域停止供电，部分区域电力设备因短路而烧毁，造成综合体内很多区域的混乱，严重时可能导致大量的人员受伤。

城市综合体对于电力管网的维修和检测不到位，导致漏电，严重时可能引发综合体的人员被电流击伤。

城市综合体的环境参数，如气温等对电力系统的线路产生影响，温度过高时，可能引起电气线路的绝缘外层熔化进而电线裸露，导致管路出现漏电或短路故障，进而引发其他事故。

城市综合体的电力系统与供热系统、供水系统、交通系统、商务系统等密切相关，一旦电力系统出现问题，其他与之相关的系统都将受到影响，严重时还将对整个城市综合体的正常运行产生影响。

（3）控制措施

严格按照规范采用合格的绝缘材料包装电气线路，减少电力管网的设计缺陷，使其能正常进行供电。

加强对电力系统的检测，设置专业人员严格按照电力系统维护的相关安全操作规程对电力系统定期进行安全检修和维护，确保整个电力系统处于良好的运行状态。

加强对于城市综合体电力系统的保护，避免被其他人恶意破坏电气线路。

控制城市综合体的环境参数对电力系统的影响，如温度较高时可以考虑降低环境温度来降低电线的温度，来确保其安全性。

在电力网络旁边张贴触电危险等警示标语，并加强对管理电力网络的人员的安全教育和培训。

3. 燃气管线风险

(1) 风险描述

城市综合体内燃气供气管网某一管路或者某一管道节点出现问题,导致整个城市综合体内的燃气供气管网出现问题。

(2) 风险诱因及潜在后果

城市综合体燃气供气管网的某一段管路因材料遭到腐蚀、燃气管道的管道参数不合理或燃气管网自身存在设计缺陷,导致该燃气管路失效,进而导致综合体出现大面积停气状态。

城市综合体的燃气供气管网遭到第三方的恶意破坏,进而导致出现综合体停止供气或燃气出现泄漏,严重时可能引发大规模火灾,造成严重的人员伤亡。

城市综合体对于其燃气供气管网的维修和检测不到位,导致燃气供气出现泄漏,严重时可能引发火灾或者爆炸。

城市综合体的环境参数如气温等对燃气供气管网产生影响,温度过高时,可能引起燃气管路或者管路节点发生故障,进而引起整个燃气供气网络发生燃气泄漏,引发火灾。

城市综合体的燃气系统与其他的系统包括供热系统、电力系统、交通系统、商务系统等众多系统息息相关,一旦燃气系统出现问题,其他相关联的系统都将受到影响,严重时还将对整个城市综合体的正常运行产生影响。

(3) 控制措施

严格按照规范采用合格的材料,设置合适的管道参数,减少燃气管网的设计缺陷,使其能正常地进行供气。

实行燃气系统检测档案制,安排专业的人员严格按照燃气管网维护与检修的相关操作规程对燃气管网定期进行检修和维护,每一段燃气管路和每一个管网节点都要进行仔细检测,确保其处于良好的运行状态。

加强对于城市综合体燃气管网的人为看护,避免被第三方恶意破坏燃气管网。

控制城市综合体的环境参数对燃气网络造成的影响,如温度较高时可以减少燃气网络的供气量,或者对燃气网络进行降温处理。

控制城市综合体的火源,使其远离燃气管网,避免其引燃燃气管网中泄漏的燃气。

在燃气管网旁边张贴远离火源等警示标语,并对管理燃气网络的人员进行安全教育和培训。

4. 供热管线风险

(1) 风险描述

城市综合体内供热管网某一管路或者某一管道节点出现问题,导致整个城市综合体内的供热管网出现问题。

（2）风险诱因及潜在后果

城市综合体内供热管网的某一段管路因材料遭到腐蚀、供热管道的管道参数不合理或管网自身存在设计缺陷，导致供热管路出现故障或者发生高温水蒸气泄漏，进而导致城市综合体出现大面积供热停止的状态或出现城市综合体的人员被烫伤。

城市综合体的供热管网遭到第三方的恶意破坏，进而导致城市综合体停止供气或发生高温水蒸气泄漏的事故，导致综合体内的人员被烫伤。

城市综合体对于其供热管网的维修和检测不到位，导致其内的高温水蒸气出现泄漏，导致人员被烫伤。

城市综合体的环境参数如温差等对供热管网产生一定的影响，比如冬天供热管网管内管外的温差太大时，可能导致管路出现裂痕，对管网造成破坏，进而引起水蒸气泄漏，综合体的供热系统受到影响。

城市综合体的供热系统与包括燃气系统、电力系统、交通系统、商务系统等在内的其他系统密切相关，一旦供热系统出现问题，其他相关联的系统都会受到影响，严重时还将对整个城市综合体的正常运行产生影响。

（3）控制措施

严格按照规范采用合格的材料，设置合适的管道参数，减少供热管网的设计缺陷，使其能正常地进行供热。

实行供热系统检测档案制，安排专业的人员严格按照供热管网维护与检修的相关操作规程对供热管网定期进行检修和维护，每一段供热管路和每一个管网节点都要进行仔细检测，确保其处于良好的运行状态，并且在进行供热管网检修时一定要确认已经停止供热系统的运行，并且穿戴防护装备，保护自身安全。

加强对城市综合体供热管网的人为看护，避免被第三方恶意破坏供热管网。

控制城市综合体的环境参数对供热管网造成的影响，如冬天温差较大时，可以在供热管网外边加装保温层并且将供热管网深埋地下，减少人员接触的机会，也减少热量的损失。

在供热管网旁边张贴远离高温等警示标语，并对管理供热管网的人员进行安全教育和培训，提高其安全意识。

5. 供水管线风险

（1）风险描述

城市综合体内供水管网某一管路或者某一管道节点出现故障，导致整个城市综合体内的供水管网出现问题。

（2）风险诱因及潜在后果

城市综合体内供水管网的某一段管路因材料遭到腐蚀、供水管道的管道参数不合理或供水管网的设计缺陷，导致供水管路出现故障或者水从供水管网的缝隙处流出，可能导致综合体内的部分租户的店面被水淹了，综合体的高层部分的供水管网的供水压力不足，无法进行正常的供水，甚至综合体某一部分区域发生火灾时，因供水管网无法正常供水，导致消火栓系统和自动喷水灭火系统无法正常工作，无法扑灭初期火灾进而使火灾蔓延。

城市综合体的供水管网遭到第三方的恶意破坏，进而导致供水管网无法为城市综合体正常供水，导致综合体内的很多商铺无法正常营业。

城市综合体对于其供水管网的维修和检测不到位，导致供水管网出现局部渗漏，影响租户的正常经营，部分区域无法正常供水。

城市综合体的环境参数如温度等对供水管网产生一定的影响，比如冬天供水管网管外的温度太低时，可能导致出现结冰进而管路被堵塞甚至出现冻裂等问题，严重时会对综合体的供水管网构成破坏，对整个综合体的正常运行构成威胁。

城市综合体的供水系统与供热系统、燃气系统、电力系统、交通系统等在内的其他系统密切相关，一旦供水系统出现问题，与之相关联的其他系统都会受到影响，严重时还将对整个城市综合体的正常运行产生影响。

(3) 控制措施

严格按照国家标准采用合格的材料，设置合适的管道参数，减少供水管网的设计缺陷，使其能够正常地进行供水。

加强对供水系统的维修和检测，安排专业的人员严格按照供水管网安全操作规程对供水管网定期进行检修和维护，每一段供水管路和每一个管网节点都要进行仔细检测，确保其处于良好的状态，并且在进行供水管网检修时一定要确认已经停止供水，并且穿戴好防护装备，安全作业。

加强对于城市综合体供水管网的人为看护，避免被第三方恶意破坏供水管网。

控制城市综合体的环境参数对供水管网造成的影响，如冬天温度较低时，可以在供水管网外边加装保温层并且将供水管网深埋地下，减少管网和商铺直接接触的机会。

对管理供水管网的人员进行安全教育和培训，提高其安全意识。

6. 信息网络风险

(1) 风险描述

城市综合体内信息网络的某一段管线或者某一网络节点出现问题，会导致城市综合体的局部区域的通信系统出现问题。严重时，可能整个城市综合体的通信系统会出现瘫痪。

(2) 风险诱因及潜在后果

城市综合体内整个信息网络是通过通信设备、基站和一定数量的光纤连接起来的，某一段网络的光纤因材料损坏、通信网络自身的设计缺陷，导致通信网络出现故障，严重时使发生火灾区域的火灾自动报警系统等系统失效，从而不能及时发出警报疏散人群，造成大量的人员伤亡。

城市综合体的通信网络系统容易遭到如网络黑客、各种网络病毒等第三方的恶意破坏，导致综合体内的局部区域的信息网络瘫痪，城市综合体的信息交流被阻隔，无法实现正常通信，导致综合体内的很多商铺因此而无法正常营业。

城市综合体对于信息网络系统的维护不到位，包括其硬件设备的检修和软件设备的防护等，缺乏专业的防护机制导致信息网络易出现问题，阻挡综合体内正常的信息交流。

城市综合体的信息网络系统与电力系统、燃气系统、供水系统、防排烟系统等在内的其他系统关系密切，一旦信息网络系统出现问题，与之相关联的其他系统都会受到影响。

(3) 控制措施

严格按照国家标准采用合格的光纤材料、减少综合体信息网络的设计缺陷，确保城市综合体能进行正常的信息交流。

聘请专业人员加强对信息网络系统的维护，包括其硬件设施和软件设施两方面的维护，对于其信息网络管路和每一个信息管网的节点都要仔细检查，确保其处于良好的运行状态。

加强对于城市综合体信息网络系统的保护，避免被黑客、网络病毒等第三方恶意破坏。

加强对管理信息网络系统人员的安全教育和培训，提高其安全意识。

5.3.4 “面”风险

一个个的“点”风险和一条条的“线”风险的构成了复杂的“面”风险。“面”风险的原因和结果是有强关联的，存在多种因素互相交织，难以提前判断会出现在哪个点位，或者说一旦发生就是全局性的。城市综合体的“面”风险主要包括火灾、建筑坍塌、人员踩踏、爆炸等风险。

1. 火灾风险

(1) 风险描述

城市综合体内某一处区域可燃物燃烧引发火灾，火灾蔓延使整个综合体受到威胁。

(2) 风险诱因及潜在后果

部分城市综合体内部采用了大量的易燃、可燃材料作为装修材料，导致城市综合体的火灾荷载很大，并且综合体内的可燃材料很多围绕着用电设备，一旦发生材料燃烧形成局部小火灾，在大量装修材料的引燃下火灾会很快蔓延，进而形成大面积火灾，对整个综合体构成威胁。

城市综合体维持需要用到发电设备、配电设备和供电系统等各种设备,处处需要用电,综合体内的电气线路很多,电线经常发生布线不规范、临时线路过多、吊顶内走线不规范等问题,再加上部分城市综合体存在对电线和用电设备的检修和维护不到位,导致电线和用电设备经常会发生短路,电气线路着火,进而大量电线被引燃火灾蔓延,导致综合体的大部分区域引发火灾,对整个综合体构成威胁。

部分城市综合体消防安全管理不到位,未对消防设施进行定期维护和管理,导致无法在火灾发生时及时的扑灭初期火灾。城市综合体内存在消防器材数量配置不到位的问题;未对消防设施进行检测和维修;缺乏对于消防水源和消防控制中心的安全管理,导致发生火灾时消火栓系统和自动喷水灭火系统无法正常喷水;综合体内的火灾探测器应时刻保持正常工作状态,但部分综合体的火灾探测器存在被遮挡或者火灾探测器工作指示灯未正常闪烁的情况,一旦发生火灾,探测器不能正常工作将影响火灾的初期控制;无法及时感知城市综合体内的烟气和温度的变化,从而不能及时发出报警信号;防火卷帘下方存在随意拉线、堆放商品现象,影响防火卷帘正常使用,导致火灾发生时无法有效阻挡烟气的蔓延;城市综合体内的灭火器另作他用,一旦发生火灾不能及时找到用于灭火,延误扑救时机;消火栓箱被遮挡,妨碍正常使用;消防电梯缺乏维护,一旦发生火灾不能正常使用,严重影响火灾扑救;部分城市综合体周围的街道两旁树木生长高大,而街道两侧建筑物也较高,一旦高处楼层发生火灾,对消防车救援形成阻碍;城市综合体内部车辆较多,因停车及障碍物,造成消防车道转弯半径、宽度不满足消防技术规范要求。当发生火灾时,消防设施难以发挥其应有的作用,使火灾蔓延扩大,加大了综合体的损失,甚至造成人员的伤亡。

城市综合体内有大量的仓库用来储藏货物,仓库内的货物有包括油漆物、化妆品在内的易燃易爆物品,管理不到位。当易燃物品被引燃迅速发展成无法被扑灭的大火,并且向综合体的其他区域蔓延,容易引发更大的火灾。

部分城市综合体对于火源的管理不到位,如综合体内工作人员和游客在禁烟区将未完全熄灭的烟头随意丢弃,造成火灾隐患。除此之外,综合体内进行局部施工时,使用电焊等这种高温发热的设备,管理不当时也会引发火灾。

(3)措施控制

严格控制和管理火源的使用,使其远离易燃易爆物品,及时清除外来的火源。

加强对于储存大量可燃物的储存点的管理,并且严格控制可燃物的储存量。

尽量采用不燃或难燃的材料作为装修材料,必须采用易燃材料时,必须提高其周围的消防设施的配置级别。

加强对于综合体内电气线路的安全管理,尽量使其不互相缠绕,必须缠绕时,也要用绝缘材料封闭其表面,避免电线裸露在空气中,造成火灾隐患。

加强对于消火栓、自动喷水灭火系统等消防设备的检修与维护，确保其始终能正常进行灭火，同时清理综合体周边消防车道旁边障碍物，确保火灾发生时，消防车能及时抵达火灾现场。

加强对于城市综合体的火灾安全教育，提高综合体的工作人员的安全意识。

2. 建筑坍塌风险

（1）风险描述

城市综合体部分建筑不稳定坍塌，引发综合体局部区域的建筑物出现大面积坍塌。

（2）风险诱因及潜在后果

部分城市综合体内的建筑存在违规改建、加建等问题，这些改建或加建的建筑都没有经过安全的检测，一旦其中一部分建筑出现坍塌，很容易引发其他建筑物出现坍塌。

综合体的部分建筑处于无物业管理的状态，安全制度缺乏，存在建筑结构方面的隐患，又不进行整改，容易引发建筑坍塌。

综合体内的租户为举办一些大型活动，经常会搭建一些临时建筑，这些临时建筑大多未经过系统的安全检验，而且这些临时建筑一般放置在人群密集的地方，一旦坍塌，会造成严重的人员伤亡事故。

综合体内因恐怖袭击、人为故意在综合体建筑物放置炸药而引起爆炸，进而引起建筑物出现坍塌的情况。

（3）控制措施

建立完整的安全管理制度，确保综合体内的所有建筑物都有物业管理公司在管理。

对于在综合体内存在建筑结构隐患的改建、加建的一些建筑物要求必须进行安全论证，如果论证不安全，必须进行整改。

对为举办大型活动临时新建的临建设施，必须进行安全论证，通过论证才允许举办活动，同时必须提高其附近的安全管理级别。

综合体应加强应对恐怖袭击等的安全演练，对进出综合体的人员进行严格的控制和管理，确保综合体内的安全。

3. 大规模人群踩踏风险

（1）风险描述

人员大量聚集在综合体的某一处区域，一人摔倒，其他人也跟着摔倒，从而出现踩踏事故。

（2）风险诱因及潜在手段

部分城市综合体存在安全疏散出口数量、疏散距离、疏散走道宽度不符合国家规范要求，导致大量人员聚集时，人员无法及时疏散，出现踩踏事故。

城市综合体内部业态丰富，拥有商场、餐饮等功能，其内部的柜台设置非常密集，人员有效行走宽度小,综合体内的人员客流量大,导致总疏散宽度不符合规范要求,当大量人员聚集时,人员会被柜台遮挡,影响人员的疏散,同时也可能会导致摔倒进而出现大面积的踩踏事故。

部分城市综合体在使用和管理的过程中存在安全出口堵塞,通道不畅,人为减少楼梯的有效疏散宽度等其他消防安全隐患,一旦发生突发事件会给人员疏散造成极大困难。当发生大量人员聚集时人员无法进行安全疏散。

城市综合体的租户经常会举办一些大型公共活动来吸引顾客驻足观看,容易造成人群滞留,进而引发人员拥挤踩踏。

城市综合体内部分应急疏散指示灯不亮或者不明显,出现这种情况,一般是维修人员对于应急疏散指示灯的维护和检修不到位,采用了劣质的或者未达到疏散要求光强的疏散指示灯,消防安全管理人员的检查不到位。人员无法进行安全疏散,疏散时易发生碰撞,进而引发踩踏事故。

城市综合体内的人员在扶梯或楼梯上没站稳,发生摔倒,导致后面的其他成员也摔倒,从而形成大面积的踩踏事故。

城市综合体内的人员在人流中具有较高的自由性,在大量的人群中易引发踩踏事故。人员对高密度人群易产生恐慌的心理,也容易引发踩踏事故。

(3) 控制措施

城市综合体内应设置监控系统及时监控人员的数量和密集程度,当人员出现异常聚集时,及时启动应急预案,及时疏散人群,避免发生踩踏事故。

限制租户在综合体内举行大型公共活动的规模和次数,并要求提前做好相应的应急预案。

在扶梯或平台等易发生踩踏事故的地点处,张贴警示标语,提醒人们谨防踩踏。

加强对应急疏散指示灯的维护,确保其始终能正常工作。

严格按照规范设置安全出口的数量和位置,严格设置疏散走道的宽度。

5.3.5 实例分析

1. 城市综合体概况

某城市综合体,占地面积 20 000 平方米,总建筑面积约 76 000 平方米,建筑结构为钢筋混凝土结构。整个项目设计由 4 座塔楼及裙楼组成,包括超五星级酒店、高端写字楼、高档酒店式公寓及高品位住宅等,其中主楼双塔最高达 248 米,楼层数 50 层,2014 年整体开业。

2. "点"风险分析

下面以电梯和自动扶梯风险和供配电安全风险为例,开展某城市综合体"点"风险的评估和控制工作。

(1) 电梯和自动扶梯风险

该城市综合体对于电梯等特种设备安全管理极为严格，拥有独特的安全管理制度，主要包括特种设备定期检查，故障维修和统计，等等。如该城市综合体对于电梯发生过的故障以及是否有人被困都有完整的记录，从而避免出现较大的事故。

电梯的安全管理主要分四个环节：电梯运行管理、电梯的使用、电/扶梯维修和电梯救援。

① 电梯运行风险。

电梯运行安全风险评估表如表 5-5 所示。

② 电梯的使用安全风险。

电梯的使用安全风险评估表如表 5-6 所示。

表 5-5　电梯运行安全风险评估表

	潜在的事件/事故	经验分析法	风险等级	
			一　般	显　著
1	对讲、警铃不畅导致救援不及时，客户受惊吓，造成人身伤害及财产损失	人身伤害及财产损失	√	
2	轿厢内照明不正常，导致乘用人员的人身伤害	人身伤害	√	
3	井道、底坑照明不正常，导致维修人员伤害	人员伤害	√	
4	安全使用须知、安全警示标识不完善导致误操作误运行，造成人员伤害	人员伤害	√	
5	电梯安全回路故障、短接，电梯运行失控，出现坠底，快速向上行驶等现象，造成人员伤亡	人员伤亡		√

表 5-6　电梯的使用安全风险评估表

	潜在的事件/事故	经验分析法	风险等级	
			一　般	显　著
1	散装、腐蚀性、易燃易爆、超长、超宽等物品进入电梯，损坏电梯	电梯损坏	√	
2	板车等物品碰撞电梯，损坏电梯	电梯损坏	√	
3	物料堆放严重不平衡，小孩等在里面打闹、蹦跳、扒门等，损坏电梯，发生人员伤亡	人员伤亡		√
4	电梯运行速度过快，乘客出现失重、头晕等现象	人员伤害	√	
5	突然停电，电梯进水等，致使电梯突然停止运行，出现电梯困人、人员受伤等事件	人员伤害	√	

③ 电梯/扶梯的维修风险。

电梯/扶梯的维修风险安全风险评估表如表 5-7 所示。

表 5-7 电梯/扶梯的维修风险安全风险评估表

	潜在的事件/事故	经验分析法	风险等级	
			一般	显著
1	因未设置安全警示标识、未打围或打围不到位，导致的人身伤害及财产损失	人身伤害及财产损失	√	
2	电梯机房及门机清洁不及时，造成电梯无法正常运行，造成人身伤害及财产损失	人身伤害及财产损失	√	
3	救援工具使用不规范，导致发生突发事件时救援不及时，造成人身伤害	人身伤害	√	
4	主机控制柜保养不到位造成设备故障，造成人身伤害及财产损失	人身伤害及财产损失	√	
5	井道设施保养不到位，造成设备故障，财产损失	财产损失	√	
6	光幕和安全触板保养不到位发生故障，造成人身伤害	人身伤害	√	
7	积坑排水不畅，导致财产损失	财产损失	√	
8	厅门、机房钥匙管理不到位，造成的人身伤害	人身伤害	√	
9	底坑缓冲器保养不到位发生故障，造成人身伤害	人身伤害	√	
10	年检不及时，发生事故造成的人身伤害及财产损失，承担法律责任	人身伤害及财产损失	√	
11	电梯维保或解救人员时，未确定电梯楼层即开厅门、未关电源等操作不到位，造成人身伤害	人身伤害	√	
12	电梯底坑、轿顶、井道内维修时，维修人员安全措施不到位，发生人员伤亡	人员伤亡		√
13	轿厢内附属设施维护不当，掉落造成人身伤害	人身伤害	√	
14	乘客乘坐扶梯时，裤脚、裙角、鞋带等被扶梯卷入，电梯保护装置失控，电梯未及时停止，造成人员受伤	人员受伤	√	

③ 救援风险。

电梯故障救援时的主要风险是出现电梯困人事件后，救援不及时，乘客盲目自救，造成人员伤亡，经评估，该风险属于显著风险。

④ 电梯维修相关方风险。

电梯维修相关方安全风险评估表如表 5-8 所示。

表 5-8 电梯维修相关方安全风险评估表

	潜在的事件/事故	经验分析法	风险等级	
			一般	显著
1	维保单位电梯操作人员未持证上岗，对电梯维修作业流程不熟悉等造成设备故障及人员伤害	设备故障和人员受伤	√	
2	进行电梯维修保养作业未按要求及时通知单位人员做好相关通告工作，造成顾客投诉或电梯困人事件	顾客投诉或电梯困人事件	√	
3	维保单位未定期进行保养，造成设备故障，电梯困人	人员恐慌、受伤	√	

⑤ 电梯安全风险控制措施。

该城市综合体为加强电梯安全风险管理，制定了一系列规章制度和操作规程，并严格执行。这些制度和规程包括：《电梯运行管理制度》《电梯维修保养规程》《电梯运行中故障处理应急预案》《电梯困人救援规程》《电梯维修保养规程》《电/扶梯日常维修保养作业规程》《电梯（有机房）困人救援作业规程》《电梯（无机房下置式）困人救援作业规程》《维修保养合同》。

（2）供配电的风险管理

该城市综合体的供配电安全风险管理包括高压维修保养、低压维修保养、发电机维护管理、气体灭火系统、储油管理、应急电源柜、停电、配电维保相关方等多个环节。

① 高压维修保养风险。

高压维修保养安全风险评估表如表 5-9 所示。

表 5-9 高压维修保养安全风险评估表

序号	潜在的事件/事故	经验分析法	风险等级	
			一般	显著
1	未按计划进行高压设备电气预防性试验（新装设备 2～3 年/次，旧设备每年 1 次）造成设备运行故障，导致经济损失	财产损失	√	
2	未严格执行高低压设备巡查制度，未能及时发现故障隐患，导致设备故障，造成损失	财产损失	√	
3	未定期对高压绝缘用器具进行绝缘检测，导致人身伤害	人身触电伤亡		√
4	未对元器件紧固、清洁不到位造成财产损失	财产损失	√	
5	高压设备及线路停送电时，误操作，造成重大经济损失或人身伤害	经济损失或人身伤害		√
6	高低压配电设备标示标牌不完善，导致误操作，造成设备损坏	设备损坏	√	

续表

序号	潜在的事件/事故	经验分析法	风险等级	
			一般	显著
7	未严格执行停送电制度造成的人身财产损失	人身财产损失	√	
8	高压临时停电,未按规程进行检查,进行维护工作,突然来电时造成人员伤害	人员伤亡		√
9	配电运行人员无证上岗,导致人员伤亡及设备故障	人员伤亡及设备故障		√

② 低压维修保养风险。

低压维修保养安全风险评估表如表 5-10 所示。

表 5-10 低压维修保养安全风险评估表

	潜在的事件或事故	经验分析法	风险等级	
			一般	显著
1	设备线路故障跳闸后未查清故障源即合闸导致故障范围扩大损坏程度加深,造成设备财产损失	财产损失	√	
2	运行人员未及时发现变压器等电气设备异常温升、异响,电力电容漏液、鼓胀等异常情况,导致设备故障,造成损失	财产损失	√	
3	未严格执行交接班制度或当班记录填写不全,对当前设备运行状态了解不清楚,导致设备出现故障,造成损失	财产损失	√	
4	维护人员未按要求穿戴防护用具,未使用合格工具,导致设备损坏及人身伤亡	设备损坏及人身伤亡		√
5	设备维养结束未及时清点工具,工具遗留设备内,导致设备运行时短路,造成财产损失	财产损失	√	
6	设备检修时未对电容、电感类设备进行放电,造成人身伤害及财产损失	人身伤害及财产损失	√	
7	公区配电柜、强电井未按要求上锁,线路未按规范敷设、漏电,导致人身伤害	人身伤害	√	
8	公区楼道、总坪照明维修不及时,造成人身伤害	人身伤害	√	
9	水景动力照明线路未按计划检测,导致漏电,造成人身伤害	人身伤害	√	
10	未按计划对单元配电箱柜零线零排进行检查,零线开路,导致回火,三相不平衡,造成财产损失	财产损失	√	

续表

	潜在的事件或事故	经验分析法	风险等级	
			一般	显著
11	未按计划对配电箱柜接地线接地排进行检查，接地线路开路，导致设备外壳带电，造成人身伤害	人身伤害	√	
12	未按计划对电缆线槽进行检查封堵，导致小动物进入，造成财产损失	财产损失		√

③ 发电机维护管理风险。

发电机维护管理安全风险评估表如表 5-11 所示。

表 5-11　发电机安全风险评估表

	潜在的事件或事故	经验分析法	风险等级	
			一般	显著
1	自备发电机未定时试运行，造成财产损失	财产损失	√	
2	自备发电系统运行时未定时巡视、检查、记录发电机运行状态，未能及时发现故障隐患，导致设备故障，造成财产损失	财产损失	√	
3	发电机运行通风散热不良，造成财产损失及人身伤害	财产损失及人身伤害	√	
4	运行人员不能熟练掌握发电操作流程，造成财产损失	财产损失	√	
5	未定期按计划对发电机进行保养，导致紧急状况下无法启动，造成经济损失及业主投诉	经济损失及业主投诉	√	

④ 气体灭火系统风险。

气体灭火系统安全风险评估表如表 5-12 所示。

表 5-12　气体灭火系统安全风险评估表

	潜在的事件或事故	经验分析法	风险等级	
			一般	显著
1	灭火器压力不足，紧急情况无法正常使用，造成人员伤亡，财产损失	人员伤亡，财产损失		√
2	灭火系统管道破损、系统失灵，误启动，造成人员伤亡，财产损失	人员伤亡，财产损失		√
3	发生火灾事故时，系统提前启动，或人员操作错误，造成人员伤亡	人员伤亡		√

⑤ 储油风险。

储油安全风险评估表如表5-13所示。

表5-13 储油安全风险评估表

	潜在的事件或事故	经验分析法	风险等级	
			一般	显著
1	储油量不足,停电时,无法满足发电机供电需求	无法满足发电机供电需求	√	
2	油箱破损,出现滴漏现象,污染环境,发生火灾事故	发生火灾事故	√	

⑥ 应急电源柜风险。

应急电源柜安全风险评估表如表5-14所示。

表5-14 应急电源柜安全风险评估表

	潜在的事件或事故	经验分析法	风险等级	
			一般	显著
1	柜箱锁闭不完好,配件遗失,造成财产损失	财产损失	√	
2	蓄电池保养不当,电量用尽等,突发停电时,无法及时供电,造成财产损失,人员伤亡	财产损失,人员伤亡		√
3	应急电源柜电源线路短路等故障,引发电器火灾	引发电器火灾	√	

⑦ 停电风险。

停电安全风险评估表如表5-15所示。

表5-15 停电安全风险评估表

	潜在的事件或事故	经验分析法	风险等级	
			一般	显著
1	计划停电检修时,未提前通知租户和商家,清理电梯等准备工作不到位,引起投诉,财产损失,人员受伤	财产损失,人员受伤	√	
2	计划停电检修时,未按时供电,尤其是上班期间,引起投诉,财产损失	引起投诉,财产损失	√	
3	市政电网或设备故障无告示的突发停电,造成电梯困人,群体投诉	群体投诉	√	
4	突发停电时间过长,尤其是上下班高峰期,应急处置不恰当、不充分,引起群体投诉、闹事等,造成财产损失,人员伤亡	财产损失,人员伤亡		√

⑧ 配电维保相关方风险。

配电维保相关方安全风险评估表如表5-16所示。

表 5-16　配电维保相关方安全风险评估表

	潜在的事件或事故	经验分析法	风险等级	
			一般	显著
1	未按要求值守各配电房,定时巡查及抄录各类设备运行数据,设备故障发现不及时,导致财产损失	财产损失	√	
2	配电人员未按要求持证上岗,作业流程不熟悉,设施设备故障时不能准确判断识别报告等,造成损失	财产损失	√	

⑨ 供配电的安全风险控制措施。

该城市综合体为加强电梯安全风险管理,制定了一系列规章制度和操作规程,并严格执行。这些制度和规程包括:《强电系统管理制度》《发电机房管理制度》《强电维修作业规程》《配电房安全管理制度》《高低压配电柜维修保养规程》《干式变压器维护保养规程》《柴油发电机运行操作规程》《消防系统检查及保养标准作业规程》《柴油发电机运行操作规程》《消防应急照明维护保养规程》《维修保养管理标准作业规程》《干式变压器维护保养规程》《停电应急预案》。

3. "线"的风险分析

下面以给水系统的维修保养安全风险为例,开展该城市综合体"线"风险的评估和控制工作。该城市综合体的给水系统的维修、保养包括管路阀门维修保养、水泵维修保养、水泵房管理、水箱日常维护、水箱清洗检测、控制柜日常维护、控制柜维修、计划停水、突发停水、跑水等多个环节。

(1) 管路阀门维修保养风险

管路阀门维修保养安全风险评估表如表 5-17 所示。

表 5-17　管路阀门维修保养安全风险评估表

	潜在的事件或事故	经验分析法	风险等级	
			一般	显著
1	因巡检不到位,未及时发现爆管、跑冒滴漏,导致财产损失	财产损失	√	
2	因未按计划对管道进行防锈、紧固处理,跑冒滴漏,导致财产损失	财产损失	√	
3	因维护过程中高空作业防护措施不当导致人员伤害	人员受伤或伤亡		√
4	油漆作业因防护不当导致人身伤害	人身伤害	√	
5	在操作中未规范使用防护品导致人身伤害	人身伤害	√	
6	在操作中未规范使用工具导致人身伤害	人身伤害	√	

续表

	潜在的事件或事故	经验分析法	风险等级	
			一般	显著
7	因紧固用力过猛导致设备损坏及人身伤害	设备损坏或人身伤害	√	
8	未进行施工提示、现场防护打围导致第三方的人身伤亡、财产损失	人身伤亡、财产损失		√
9	施工结束后未及时清理现场,导致环境二次污染,造成人身伤害及财产损失	人身伤害及财产损失	√	
10	管道热容、焊接、切割时操作不当,防护不到位,导致人身伤害及财产损失	人身伤害及财产损失	√	
11	阀门安装不到位,导致财产损失	财产损失	√	

(2) 水泵维修保养风险

水泵维修保养安全风险评估表如表5-18所示。

表5-18 水泵维修保养安全风险评估表

	潜在的事件或事故	经验分析法	风险等级	
			一般	显著
1	因巡检不到位,未及时发现水泵异响、不正常的振动、仪表显示不正常,导致财产损失	财产损失	√	
2	油漆作业因吸烟、未戴防护用品导致的人身伤害及财产损失	人身伤害及财产损失	√	
3	电器设备检维修中,安全措施不到位(如未停电、未挂停电警示、未挂接地线、现场监护人履职不到位等),导致的人身伤害	人身伤害		√
4	因维护过程中高空作业防护措施不当导致人身伤害	人身伤害	√	
5	拆卸、安装过程中操作不当导致人身伤害	人身伤害	√	
6	四害防护不当,导致的设备损坏及财产损失	损坏及财产损失	√	
7	钥匙管理不当致使异物落入水中,水质污染,导致人身伤害	人身伤害	√	
8	钥匙管理不当致使外来人员进入,导致财产损失、设备损坏	财产损失	√	
9	清洁卫生不到位导致设备故障	设备故障	√	
10	清洁卫生作业不规范导致人身伤害	人身伤害	√	

（3）水箱日常维护风险

水箱日常维护安全风险评估表如表 5-19 所示。

表 5-19　水箱日常维护安全风险评估表

	潜在的事件或事故	经验分析法	风险等级	
			一般	显著
1	水箱未加锁造成外来人员对水质的污染，造成群体性伤害	群体性伤害		√
2	浮球阀维护不当导致溢水、缺水，造成财产损失	财产损失	√	
3	三网未定期检查、维护，造成水质污染导致人身、财产损失	人身、财产损失	√	

（4）水箱清洗检测风险

水箱清洗检测安全风险评估表如表 5-20 所示。

表 5-20　水箱清洗检测安全风险评估表

	潜在的事件或事故	经验分析法	风险等级	
			一般	显著
1	对清洗监督不到位导致水质污染，造成人身伤害	人身伤害	√	
2	通风不畅造成人身伤害	人身伤害	√	
3	清洗人员未按规范用电造成人身触电	触电伤亡		√

（5）控制柜日常维护风险

控制柜日常维护安全风险评估表如表 5-21 所示。

表 5-21　控制柜日常维护安全风险评估表

	潜在的事件或事故	经验分析法	风险等级	
			一般	显著
1	清洁卫生作业不规范导致人身伤害	人身伤害	√	
2	清洁卫生不到位导致设备故障	设备故障	√	
3	未使用或使用绝缘工具不当，导致人身伤害	人身伤害	√	

（6）控制柜维修风险

控制柜维修安全风险评估表如表 5-22 所示。

表 5-22　控制柜维修安全风险评估表

	潜在的事件或事故	经验分析法	风险等级	
			一般	显著
1	电器设备检维修中,安全措施不到位(如未停电、未挂停电警示、未挂接地线、现场监护人履职不到位等),导致人身伤害	人身伤害	√	
2	更换元件过程中出错,造成设备损坏	设备损坏	√	
3	绝缘检测中摇表使用不规范,造成财产损失	财产损失	√	

(7) 其他风险

其他安全风险评估表如表 5-23 所示。

表 5-23　其他给水系统安全风险评估表

	危险源	潜在的事件或事故	经验分析法	风险等级	
				一般	显著
1	计划停水	通知未到位、不及时导致财产损失	群体事件	√	
2	突发停水	通知未到位、不及时导致财产损失	财产损失	√	
3	跑水	未及时关闭相关电源和漏水阀门,导致财产损失	财产损失	√	

(8) 给水系统的维修保养安全风险控制措施

该城市综合体为加强给水系统的维修保养安全风险管理,制定了一系列规章制度和操作规程,并严格执行。这些制度和规程包括:《给排水系统维护保养规程》《给排水设备操作规程》《水泵房管理制度》《水泵房水浸处置流程》《二次供水管理作业规程》《给排水系统维护保养规程》《二次供水管理制度》《停水应急预案》《跑水应急预案》。

4. "面"风险分析

下面以该城市综合体火灾风险和周边环境风险为例来分析。

(1) 日常火灾风险

日常火灾风险评估表如表 5-24 所示。

表 5-24　日常火灾风险评估表

	潜在的事件或事故	经验分析法	风险等级	
			一般	显著
1	儿童在公共区域玩耍打火机、火柴、蜡烛、爆竹引发火灾,造成人员伤亡	人员伤亡		√
2	公司员工、租户人员精神异常或因冲突,恶意纵火,造成的人员伤亡	人员伤亡		√
3	煤气管路老化,损坏导致煤气泄漏,引发人员中毒、火灾,造成人员伤亡	人员伤亡		√
4	电器设备、线路老化、短路,电器设备超负荷运行引发火灾造成人员伤亡	人员伤亡		√

（2）消防设施设备安全风险

消防设施设备安全风险评估表如表5-25所示。

表5-25　消防设施设备安全风险评估表

	潜在的事件或事故	经验分析法	风险等级	
			一般	显著
1	消防联动测试有故障未及时修复，致使发生火灾造成人员伤亡		√	
2	发生火灾时因消防水压不足致使消火栓不出水，造成的人员伤亡			√
3	发生火灾时，消防控制系统失灵，不能及时准确报警造成的人员伤亡			√
4	防火分区卷帘门无法正常关闭，导致火势蔓延，造成人员伤亡			√
5	消防广播不能正常使用，导致疏散不及时造成人员伤亡		√	

该城市综合体为加强火灾风险管理，制定了操作和处置规程，并严格执行，主要包括《巡逻岗作业规程》和《突发事件处理流程》。

（3）周边环境风险

该城市综合体在开展周边环境安全风险时，考虑了以下环境因素，如表5-26所示。

表5-26　某城市综合体周边环境安全风险表

	项　目	具体内容
1	环境概况	地理位置、气候特点、环境特征、自身定位与经济情况等
2	客流信息	客流数量、结构、特点（年龄、组成）等
3	周围建筑	附近平房区、老旧小区、高层居民小区的数量与分布情况等
4	公共设施	道路交通状况，水、电、气、热运行状况等
5	服务机构	医院、消防站的位置等
6	单位信息	周边企事业单位的数量、类型、分布等
7	九小场所	周边九小场所的数量、类型、分布等
8	重点区域	高危行业情况、人员密集场所以及实际中存在的安全风险高的各类场所等

5.4　城市综合体安全监管体系建设

5.4.1　责任体系

城市综合体安全监管责任体系主要从监管组织、制度法则、执法流程、人机环管层面的实时监管及防控失控下的应急救援等方面进行体系规划、研发设计，实现对城市综合体全方位的风险预控与综合监管,满足实时监控、协同管理与辅助应急的需求,保证对各类安全生产风险的有效管控,是一套闭合、量化、持续改进、螺旋上升的风险预控综合监管体系。城市综合体的安全监管主要针对建构筑物和人流状况以及安全管理状况,在充分掌握综合体安全设施及所拥有的安全系统、基本安全现状、安全需求情况下,在收集和整理现有的安全管理组织体系、制度体系、应急预案体系及应急指挥体系等资料的基础上,进行的综合开发。

5.4.2 技术体系

城市综合体安全监管要充分应用物联网、云计算等先进的信息技术,准确把握城市公共地下空间安全管理需求,形成以透彻感知、深交互关联、信息智能处理和可视化为特点的先进系统。城市综合体安全监管技术体系可以由以下主要功能模块构成:安全办公、安全报告、安全监测、应急管理、隐患排查、设备管理和专家工具等(图 5-1)。

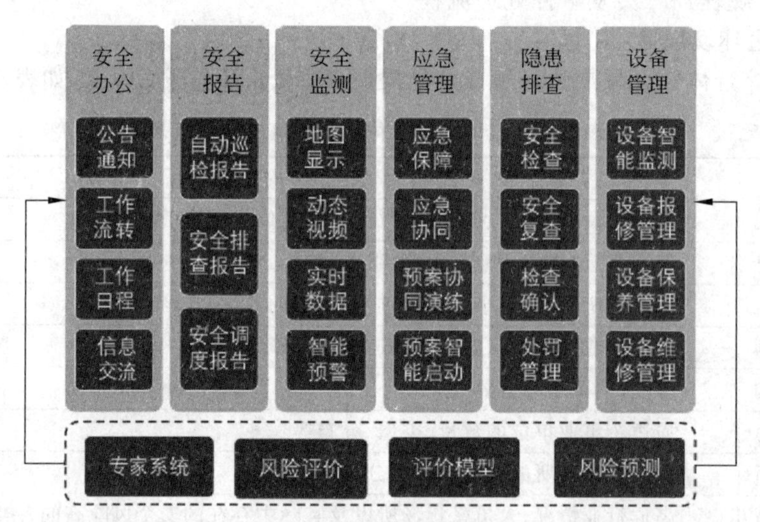

图 5-1 城市综合体安全监管技术体系图

(1) 安全办公。提供公告通知、工作流转、日程安排和信息交流等日常安全协同办公平台。

(2) 安全报告。提供各类安全报告,报告的生成周期、内容和样式均可以灵活定制。

(3) 安全监测。以可视化方式展示各类监测数据,并监测数据的变化,实时智能预警。

(4) 应急管理。以应急预案为核心,提供预案管理、协同演练和预案智能启动功能。

(5) 隐患排查。为安全隐患排查工作提供信息化平台,确保隐患无遗漏,解决不拖延。

(6) 设备管理。支持对设备的在线监测,并提供报修、保养和维修管理功能,保障设备运行安全。

(7) 专家工具。借助专家知识与智能评价模型，对安全状况和风险做出智能评估。

风险预控管理体系主要由人、机、环、管等各方面监管信息化软件以及与安全生产过程控制相结合的实时监控、分级预警系统组成，主要通过对作业现场监控系统中的环境监测、人员分布、危险源、存在隐患、重大设备运转等重要参数进行采集，逐级上传，通过计算机、网络、信息技术对环境、设备、人员等进行监测、监视、预警和控制，如图 5-2 所示。

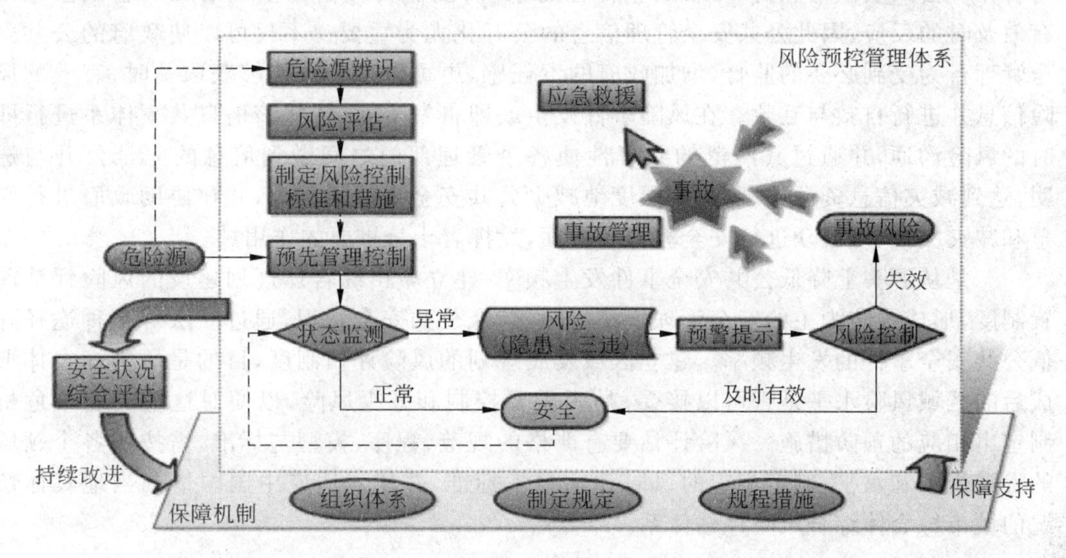

图 5-2　风险预控的体系架构图

对城市综合体的危险源进行辨识、评价与监管，需制定风险控制标准与措施，如建立监测、监控系统或管理信息系统，通过建立标准的风险单元管理库，实时对现场人、机、环等层面状态的监测，对异常信息进行闭环管理。根据分级预警原则在各级监管组织体系中进行预警，从而实现有效可靠的风险控制。当风险失控时，进行事故的有效控制，实现多级组织体系下的协同辅助应急救援与事故管理。

在体系设计过程中，需要考虑不同层级的职责定位，省/自治区安监局主要以备查或远程协调为主，市/州主要以监督和重大监管为主，实现对各县市安全监管各类数据的集中同步存储，对重大隐患及报警故障进行重点管理，监督各县级安全生产执法情况，安全指令下发；城市作为安全生产的执行与负责主体，统一上传，落实执行，实时查阅与执行安全报警、故障隐患及指令处理等。系统主要功能包括基础平台、环境监管、设备运行监管、人员监管、管理的监管、应急管理和辅助决策与业务应用，根据安全生产监管应用需求构建各业务主题库，满足各级安全监管部门的多级应用，实现基于门户的个性化监管数据综合模块展示，为安全监管决策提供依据。

5.4.3 保障体系

一是加大城市综合体安全信息及时公开力度,建立公共安全信息共享体系。公共安全管理强调的重点在于信息的综合性和时效性,需要各部门、各层次、各领域之间的协同与合作。公共安全信息的一致性、整体性与系统性,需要我们在基础信息的基础上做出有效及时的反应,因此公共安全管理信息的公开化尤为重要。不仅可以使政府的公共安全管理行为受到必要的监督,增加政府的责任感,更可以使公众能够获取及时、有效的风险信息并进行自救与互救。在风险事件发生或即将发生时,依托该信息共享体系进行即时的风险沟通,并通过其广泛的共享性使各个管理部门之间做到信息的完全公开与透明,达到减灾信息资源共享,最大限度地减少公共安全事件的损失,并在协助政府进行应急和减灾决策、对公众进行安全教育等方面,发挥着十分重要的作用。

二是从源头上降低公共安全事件发生频率,建立城市综合体规划建设的风险评估前置制度,形成预防为主的安全管理模式,增强公众公共安全意识,通过立法等多种途径降低公共安全事件的发生频率。建立区域发展规划的风险评估制度,目的是研判综合体形成后的区域风险水平是否可以接受,是否需要控制和减少风险,以便对这些灾害或危机制定出相应的预防措施。风险评估要有严格的规范、程序、模型与标准,需按照各个领域的发展规模和水平,制定相应的风险评估技术标准,并建立适应中国国情和当地具体情况的城市综合体综合风险评估体系。

关键术语

城市　城市综合体　客流量　人群密度　人群速度　消防安全设施　辅助设备　外部环境　内部环境　“点”风险　“线”风险　“面”风险　责任体系　技术体系　保障体系

复习思考题

1. 简述城市综合体的功能与特征。
2. 简述城市综合体的安全风险特征。
3. 简述城市综合体安全问题分析框架。
4. 简述“点”风险分析的主要内容。
5. 简述“线”风险分析的主要内容。
6. 简述“面”风险分析的主要内容。

阅读材料

哈尔滨华鸿国际农业博览中心城市综合体项目

1. 项目背景

2017年10月31日，联合国支持下的“2017可持续城市与人居环境奖”的揭晓，让正在施工中的哈尔滨国际农业博览中心项目，步入了国际视野。哈尔滨国际农业博览中心项目是华鸿集团倾力打造的国家“一带一路”倡议、“中蒙俄经济走廊”规划重点项目。

2. 现状条件与设计要求

项目位于哈尔滨中心城区东侧紧邻二环，毗邻哈尔滨国际会展体育中心，占地面积29万平方米，总开发规模达到近200万平方米，开发规模涵盖以下项目：近12万平方米农业展览馆、30万平方米娱乐主题商业街、3万平方米室内主题娱乐城、35万平方米高端商务办公楼、12万平方米超五星级酒店和高端会展酒店、45万平方米配套高端公寓、60万平方米的精品住宅、50余万平方米地下停车及设备配套空间。

项目体量巨大，业态高度复合，是典型的超级城市综合体，可以通过合理的规划定位和城市设计，提升城市形象，解决社会问题，成为城市新的经济增长点。

3. 项目定位

项目定位为“航母级城市综合体”，项目围绕“游乐性”这一设计主题展开，并强化其独特稀缺特性，用独具特色的规划设计，与众不同的建筑设计，无与伦比的形象设计，打造出既能体现国际化视野又带有鲜明城市特色的超级综合体项目。在城市升级过程当中起到核心引擎的作用。其拥有巨大的经济增长能量，充满目的性的多元体验，丰富多彩的业态组合，独具魅力的地域特色，将会在哈尔滨的城市更新升级过程中起到“核心引擎”的推动作用。

4. 规划策略

城市综合体的设计远不同于建筑设计，每一个城市综合体都是一个与城市高度融合的项目，城市综合体设计具有复杂性与漫长性，在复杂和烦琐的设计中要求项目在规划初就有一个强有力的内核和一个适应性强规划构架，将多业态有机组合、协同促进。

项目采用了地上空间核心和地下主题核心的双核心规划结构。地上近3万平方米的开放城市公园和地下2.5万平方米的主题乐园，使各业态模块有机互联，产生最大化的超级城市综合体效应。

地块中央3万平方米的城市主题公园，将成为城市级别的热点聚会场所。其中包含入口广场大型主题水秀、地面轨道小火车、水晶球展示中心、中央城市绿洲等等，这些丰富的体验主题，向四周散发出持续的影响力，形成强有力的主题核心。

在城市公园的下方，是中国首个大型地下主题娱乐世界，占地2.5万平方米的娱乐区,设计有5个不同特色主题：从哈尔滨独特地域特色的七彩冰川,到亚马逊丛林体验的滨之森林,到加勒比热带风情的天堂乐岛,到充满童趣的奇妙王国,以及科幻未来感十足的未来之城。五大主题乐园,通过呼啸而过地下过山车串联,用独一无二的体验感,为哈尔滨打造一处全新的旅游目的地。

围绕地下主题娱乐区,特色主题商业街区作为娱乐区的衍生,无论是意大利浪漫风情的威尼斯水街,还是再现京杭运河通达之势的中华运河街,各有风情的中西水街,增加了游逛的趣味性。

串联地上地下的一些主题中庭,将人流引导至高区,上下贯通的主题边庭,横跨地块的空中连廊,提升了地块商业的体验感。屋顶的月光都会主题酒吧街,电音舞台,LED天幕,摩天轮,用极致的娱乐体验,塑造多维立体的娱乐性商业体验感。

城市综合体的文化内核,最能够反映其鲜明的个性,代表城市与区域的个性形象。本项目希望在传统文化娱乐业态的规划设计上有所突破。影院的规划设计,区别于传统影院,力求打造全国首家泛娱乐系统多功能影剧院,载体平台化,内容多元化,功能丰富化,服务特色化,塑造强目的性消费业态。大剧院2 000座的设计规模,能满足多元化演出、会议、大型开幕式等多功能需求,将艺术商业化,也有利于项目的长期可持续运营。

儿童文化在中国已经成为文化产品消费群体中的一股新势力。项目以儿童为主题打造了三个不同主题和规模的儿童主题剧场,满足不同规模要求的儿童文化活动的需求。除了这些传统文娱业态以外,结合商业流线设计还规划有艺术长廊,串联文化业态和商业业态,提供一个开放的文化艺术社交场所,让文化艺术回归生活。

项目建设约12万平方米的会展中心,可分可合,满足不同主题的会展需求。围绕会展中心建设了全面的配套产业,包括发展大厦、科技大厦、期货交易所、产业金融中心、现代科技企业孵化器等完善的相关配套业态。会展与商务办公组成完善的展览、展示、研发等相关产业交易平台,融汇国内外科技资源、金融资源,特别是吸收世贸中心协会会员单位,消化国际先进产业技术,形成强大的凝聚力和影响力。

5. 建筑设计的地域文脉与传承

中国建筑自古地域特色鲜明,到了现代,随着城市化的快速进程,建筑的特色逐渐趋于量化和模数化,没有了以往的特色。而这种简约的、注重功能的、受人推崇的建筑模式,忽略了建筑的情感,遗忘了建筑与地域文化历史文脉的传承。建筑从来不是孤立的,它是由特定的环境、特定的空间、特定的人群、特定的文化而营造出的一种空间关系,建筑应该带有当地的地域特色及传统文脉,这样的建筑才有血有肉有灵魂。

在项目设计初始,我们就注重延续城市历史印记与场所精神,提取哈尔滨独这一“冰城”的独特地域符号,并从这一地域符号出发,运用联系、置换、抽象、剥离、意境等方法,抽象提炼出“冰凌”这一独特的设计符号,从形式、色彩、材质、意境等方向去呼应设计主题,并将其衍生运用至建筑形象设计,景观设计,室内环境氛围设计等方方面面,形成独特的地域认知形象符号,让建筑与城市环境产生共鸣。

总之，城市综合体是现代社会发展的标志，一个成功的城市综合体项目的开发及运营，会带来巨大的社会价值，为开发商、运营商带来巨大的品牌价值，作为设计者来说，需要用高瞻远瞩视野，不断探索实践提高对其的认知。

资料来源：什么是真正的超级城市综合体(一)[EB/OL]. http://www.archina.com/ index.php? g=portal&m=index&a=show&id=1906.

问题讨论

1. 哈尔滨国际农业博览中心项目定位为“航母级城市综合体”，你如何认识航母级城市综合体特征？

2. 结合案例说明，如何进行哈尔滨国际农业博览中心城市综合体的“点”“线”“面”风险分析。

本章延伸阅读文献

[1]　张伟，赵向标，汪守军.城市商业综合体规划设计与运营管理[J].北京：中国建筑工业出版社，2018.
[2]　林艺，张志国.大型城市综合体消防安全研究[J].中国科技信息，2017(13)：110-112.
[3]　黄婷，段在鹏.城市综合体安全现状评价指标体系研究[J].广州化工，2017，45(4)：95-97.
[4]　黄婷，段在鹏.城市综合体火灾风险耦合研究[J].能源与环境，2017(6)：93-9.
[5]　王筱，李磊.我国城市综合体演变趋势探究[J].山西建筑，2019，45(3)：17-18.
[6]　刘潇.城市综合体发展现状、问题及建议研究——以 Z 省为例[J].建筑经济，2019，40(10)：112-115.
[7]　王晓峰.对城市综合体灭火救援技战术的应用分析[J].化学工程与装备，2019(9)：256-257.
[8]　郑蕾，赵培培.城市综合体消防安全分析及研究[J].今日消防，2019，4(8)：38-39.

社区应急避难场所

CHAPTER 6

6.1 城市社区应急避难场所建设标准

所谓应急避难场所是指为应对突发事件，经规划、建设，具有应急避难生活服务设施，可供居民紧急疏散、临时生活的安全场所。加强应急避难场所的规划与建设，是提高城市综合防灾能力、减轻灾害影响、增强政府应急管理工作能力的重要举措。地震应急避难场所是指为应对地震等突发事件，经规划、建设，具有应急避难生活服务设施，可供居民紧急疏散、临时生活的安全场所。

6.1.1 社区应急避难场所建设的重要意义

我国领土广阔，自然地理环境复杂多样，是一个灾害多发的国家。建设部于1997年公布的《城市建筑综合防灾技术政策纲要》，把地震、火灾、洪水、气象灾害、地质破坏等五大灾种列为导致我国城市灾害的主要灾害源。其中，地震是我国危害最大、分布面最广的城市灾害。资料表明，我国7级以上的地震数量约占全球的1/3，有40%以上地区属于7度地震烈度区，且有70%的百万以上人口大城市处于地震区。[①]

改革开放以后，我国的城市化进程不断加快。1999年，我国的城市化水平为36.9%，已经开始进入高速攀升阶段，人口和财富进一步向城市集中，城市数量也急剧增加，巨大城市、城市群和大都市带等新的城市空间组织形式不断涌现。同时，更多的中小城市将迈进大城市、特大城市行列且城市建设日趋现代化、国际化。随着管理体制由乡村、城市二元型向以城市为主的管理方式转变，城市将愈加成为一个地区政治、经济与社会活动的中心。由于我国在开发建设中对资源的过度占用和环境的破坏污染，资源匮乏、人口爆炸、环境恶化等一系列问题也相继出现。然而长期以来对城市防灾工程的重视程度不够和市民防灾意识的缺乏，使得城市的整体防灾减灾功能一直远远滞后于城市发展，加强防御、控制城市灾害、增强城市综合减灾抗灾能力已是一项迫切需要开展的工作。

据统计，20世纪最后10年全球灾害造成的经济损失是20世纪60年代的5倍多，中国各类灾害损失几乎占到全球损失的1/4，而在所有灾害损失中有近80%发生在城市及其社区中。一旦城市灾害事件发生，如何快速组织受灾人口的疏散、临时安置等，将成为保障城市公共安全的首要问题。唐山地震、日本阪神地震、美国"9·11"事件等历史经验教训表明：大城市特别是人口密度大、建筑物密集的城市，为了防御和减轻地震等自然和人为灾害，在城市规划建设中应预留应急避难场所。这不仅是防震减灾的需要，也是防避其他重大自然灾害和人为灾害的需要，是建立健全城市综合减灾体系的重要内容之一。面对当今现代都市面临的风险，国内外都致力于公共安全与防灾减灾规划建设。

日本是地震灾害多发的国家，因此也是建立避难场所较早也是较为完备的国家。20世纪末，日本全国就已基本建立了各类应急避难场所。1923年关东大地震，220处大火连续燃烧3天，70%的居民房屋烧毁，地震中死亡的14万人中，50%左右死于次生火灾，关东大地震大火熄灭的主要原因一是消防灭火，二是自然熄火。公园绿地起了延缓燃烧速度与防止燃烧的作用，60%的大火熄火于广场、山崖和包括公园绿地在内的自由空间。震后在上野公园避难的有50万人左右，在芝公园和深川清住公园避难的共有5万人左右。仅这三个公园的避难人数就占东京市避难总人数的一半左右。依据这次地震的深刻教训，日本一直把合理建设城市公园绿地作为抗震减灾的基本方针之一。防灾公园作为一种以平时娱乐休闲、灾时防灾避难为主要功能的绿地类型，越来越受到人们的关注。1923年9月日本关东大地震后，人们意识到防灾公园和避难通道在防灾过程和灾后重建中起到的重要作用，开始进行防灾公园的研究与建设。

1993年在日本的《城市公园法实施令》中，把公园确定为"紧急救灾对策必需的设施"，并且首次把灾时用作避难场所和避难通道的城市公园称作防灾公园。

1995年阪神大地震后，神户市的1 250个大小公园在抗震救灾中发挥了重要作用，进一步提高了规划建设城市防灾公园的认识。防灾公园的定义是：由于地震灾害引发市区发生火灾等次生灾害时，为了保护国民的生命财产、强化大城市地域等城市的防灾构造，而建设起的广域防灾据点、避难场地和避难道路作用的城市公园和缓冲绿地。也就是说，防灾公园是防灾机能特别高的公园。防灾公园的指标是：按城市人口计算，每人要占有公园面积不少于7平方米。公园的分布，最好是让每个居民在30分钟之内能步行抵达公园。公园内要有消防直升机停机坪、医疗站、防震性水池和防灾食物贮备。防灾公园是城市居民的福利设施，平时可供市民游览，万一发生地震火灾、战争火灾或其他重大灾难时，防灾公园便是防灾据点、避难场所。

我国第一个应急避难场所的试点于2003年10月1日在北京元大都城垣遗址公园圆满建成，它的建立，造就了北京3个全国第一：第一个系统规划的应急避难场所的城市；第一个进行应急避难场所建设的城市；第一个悬挂应急标志牌的城市，填充了我国在大城市应急避难场所建设领域的空白。

随后在短短的几年内,北京市先后建立了29处应急避难场所。但较之北京城市千万人口的需求量,尚远远不够。美国的很多州、市、县都建立了各类避难场所,其设置和使用根据突发公共事件的不同而不同,分为飓风避难场所,生物、化学灾难避难场所,核辐射避难场所,地震避难场所,爆炸避难场所,火灾避难场所,暴风雨避难场所,等等。每部门会启动不同类型的避难场所。美国通常因为各大高校、教堂具有较大的容量,而且各种设施较为先进而将其用作避难场所。

2008年南方大雪灾和"5·12"汶川大地震后,政府、专家以及公众都认识到建立应急避难场所的重要性和迫切性。在参照北京建设情况的基础上,各级城市纷纷出台了一系列相关的法规和纲要,成为重要的法律保障;全国专家学者提交大量的论文和提案,成为重要的参考意见;群众也认识到尽快在自己身边建立应急避难场所的必要性,积极参与到建设和学习中来。短短几个月,各级城市挂牌的应急避难场所如雨后春笋般呈现。政府和民众促建的心情之迫切,为快速推动应急避难场所的研究和建设,提供了难得的契机。国内对于应急避难场所的重视,是由于北京举办2008年奥运会和残奥会在安全方面的需要,在《北京中心城地震应急避难场所(室外)规划纲要》的指导下,我国首先在北京城中心建立了29所应急避难场所。这样一批应急避难场所的建立,为全国建立应急避难场所提供了样板,在国内具有良好的示范意义。我国在《"十一五"期间国家突发公共事件应急体系建设规划》中明确提出,省会城市和百万人口以上城市按照有关规划和标准,加快应急避难场所建设工作。目前,北京、上海及大部分省会城市已经建立并完善了应急避难场所的实施情况。

每一种避难场所都是根据避难需求进行设置的,不同的突发公共事件发生时,相关应急避难所是政府应对突发重大灾害以及战争可能对人民生命财产安全带来严重威胁时临时安置(疏散)人员的场所。它作为国家或地区综合减灾体系的重要组成部分,国内外各级政府和科研机构对此表示高度重视,在法律法规、规划建设等方面开展了大量的实际工作。在法律法规方面,一些国家和地区先后制定了专门的法律法规,如日本的《灾害对策基本法》(1961)、中国的《突发事件应对法》(2007)、《防震减灾法(修订)》(2008)、《国家综合减灾"十一五"规划》(2007)及《国家突发公共事件总体应急预案》(2006)等,其中对应急避难和避难疏散场所做出明确规定。在规划建设方面,诸多国际会议如"国际减灾十年活动(1990—1999)"、第二届世界减灾大会(2005)、亚洲减灾大会(2005)及21世纪民防发展战略国际研讨会(2007)均提出城市综合减灾要注重综合减灾意义上的城市应急避难场所的建设;此外,各级政府管理机构积极提倡综合减灾工作和规划建设相互结合起来,并纳入国家和地区的中长期规划体系中。2006年我国建设部制定了《城市建设综合防灾"十一五"规划》,明确指出1/3以上的城市大型公共建筑要具备作为防灾避难场所的条件,1/5以上的城市公园将成为配套设施齐全的防灾公园。以北京为首的诸多城市先后启动了应急避难所规划建设方案，如北京在《北京中心城控制性详细规划(2005—2020)》中，明确指出要结合绿地、体育、学校操场等建设地震避难疏散场所，并将在最近几年内建设成百上千个应急避难所；北京已经建立了我国第一个防灾公园——元大都城垣遗址公园、第一个学校式避难疏散场所——海淀区东北旺小学等；此外，在上海、广州、西安、重庆、南京等部分城市也逐步开始避难所的建设工作。但是，我国目前城市应急避难所建设仅是一些建筑单体或示范性工程，缺少系统化、层次化及网络化的规划建设，难以发挥综合减灾效益，不能满足所有市民避难需求。

随着城市的快速发展，如何保护现代城市免遭灾害或将灾害带来的危害降到最低限度，已成为城市发展的紧迫任务。从汶川大震后紧急疏散转移受灾群众的情况来看，在大城市组织数百万居民紧急疏散到几十公里外的乡镇，存在较大困难。因此，无论是应对现代战争，还是适应城市平时防灾减灾的需要，都应该在市内、城市周边和近郊建设一批应急避难场所。

我国目前针对社区安全已经开展了许多工作，包括近年来开展的"中国减灾世纪行"和"社区减灾平安行"等活动，为推进社区减灾工作向深度和广度发展提供了不可多得的机遇。这些工作都是从社会治安和社区管理角度出发的，是以政府部门与社区管理为主要力量进行的。这些工作在社区安全、防止犯罪和人员管理方面确实取得了不少成绩。但是由于灾害种类的增多，城市建设的快速发展，社区规划和建设方面暴露的缺点逐渐显现出来，由于缺乏建筑和规划等相关专业的介入，社区层面的防灾研究工作进展相对缓慢，公众对社区自然灾害方面的防御程度缺乏了解，一旦发生重大灾害，社区有可能因为规划和建筑设计方面的问题，导致人员疏散和避难的困难，从而造成较大的财产损失和人员伤亡。

避难场所是政府应对突发重大灾害建立的临时安置和疏散人员的场所，是在灾害发生的段时期内，供居民紧急避难避险，具备一定防护功能的临时安置场所。

首先，建设城市应急避难场所是各级政府的重要职责。《突发事件应对法》第九条规定："国务院和县级以上地方各级人民政府是突发事件应对工作的行政领导机关。"另外还规定，自然灾害、事故灾难或者公共卫生事件发生后，履行统一领导职责。在采取的应急处置措施中进一步明确："向受到危害的人员提供避难场所和生活必需品。"高度重视城市避难所建设，也是政府"以人为本、执政为民"执政理念重要体现。各级政府应该将避难场所建设列入重要议事日程，摆上重要位置。

其次，建设城市应急避难场所是对城市管理者提出的必然要求。为市民提供安全保障，是政府加强对现代城市管理和公共管理的精髓和根本。政府部门在城市防灾减灾中起主导作用，要确定城市灾害管理的总体目标，综合运用工程技术及法律、经济、教育等手段,全面提高城市的灾害应急管理能力。在关注城市信息的灾害、恐怖袭击和金融危机等各种灾害防治的同时,更多地关注地质灾害、气象灾害、战争灾害等,切实重视应急避难场所建设。只有这样,政府的防灾减灾工作才能做到未雨绸缪,防患于未然;也只这样,政府才能在遭遇战争和灾难时做到从容应对,为每一个市民提供应急藏身之处。

再次,建设城市应急避难场所也是推进防空防灾一体化的实际需要,防空防灾一体化是新形势下对人防工作提出的新要求。加强和加快城市避难场所建设,既是人防部门的职责所在,更是人防系统实现"战时能力强、平时作为大"要求的重要内容。在经济社会快速发展的今天,人防部门应当紧紧抓住这一有利的发展机遇,按照科学发展观和构建和谐社会的要求,把应急避难所建设作为服务城市建设、服务人民群众、推进防空防灾一体化的具体行动,真正抓出成效。要充分发挥人防资源优势,努力实现包括人防工程、指挥、通信设备设施等全方位的"平战结合",切实体现人防建设的社会效益。

应急避难场所规划建设工作,是一项长期而艰巨的任务,是一项综合性的系统工程。建设应急避难场所,是结合防灾减灾、减轻人员伤亡的重要措施之一,是建立城市综合防灾体系的重要组成部分,是坚持执政为民、以人为本思想的具体表现。建设应急避难场所的最重要的意义就是为了应对各种公共突发灾害事件的发生,防御与减轻各种灾害,快速有序的安置灾民,为灾民提供必要的生活设施和临时生活场所。

6.1.2 应急避难场所的分类

城市应急避难场所的分类方法如下。

(1) 按管理级别分类

按管理级别,分为城市级、区或街道级和社区级三类应急避难场所。

(2) 按建设规模分类

按建设规模,分为微型场所:可容纳灾民 0.1 万人以下;小型场所:可容纳灾民 0.1 万～1 万人;中型场所:可容纳灾民 1 万～5 万人或 1 万～10 万人(根据城市规模);大型场所:可容纳灾民 5 万～10 万人或 10 万～30 万人(根据城市规模);巨型场所:可容纳灾民 10 万人以上或 30 万人以上(根据城市规模)。

(3) 按紧急程度分类

按紧急程度,避难场所分为紧急避难所和固定避难所。

① 紧急避难所。指城市建筑物附近的小面积空地或公共设施,包括小公园、小花园、小广场、专业绿地以及抗震能力强的公共设施,其抗震减灾的主要功能是供邻近建筑物内的人群临时避难,也是居民家人在建筑物附近集合并转移到固定避难所的过渡性

场所。

② 固定避难所。为面积较大、人员容置较多的公园、广场、操场、体育场、停车场、寺庙、空地、绿化隔离地区等，震后一般都搭建临时建筑或帐篷，是供灾民较长时间避难和进行集中性救援的重要场所。

(4) 按不同避难阶段与空间的关系分类

按不同避难阶段与空间的关系，分为紧急避难场所、临时避难场所、临时收容场所、中长期收容场所。

紧急避难场所：一般认为灾害发生到灾后半日这段时间内发生的避难行为多为个人的自发性避难行为，此时的避难地多为面前道路和邻近的开放空间如空地、绿地、公园等，如果灾害的规模和影响不大，还常常利用该场地进行受灾人员的抢救。

临时避难场所：主要暂时收容无法直接进入安全避难场所(临时收容场所、中长期收容场所)的避难人员，并以等待救援的方式，经过引导进入安全的收容场所。

临时收容场所：灾后半日到灾后两周内的时间为第二阶段，如果灾害造成大规模建筑物损伤，则需要为灾民提供临时收容场所，目的是提供大面积的开放空间作为安全停留的处所(规模较小的，可专为一些避难困难者如老弱病残服务)，待灾害稳定后，再进行必要的避难生活。

中长期收容场所：对于大的灾害，持续时间比较长，避难生活可能会持续长达数月的时间，避难民众从最初需要的临时藏身发展到需要改善避难所的生活环境，这时政府应该提供拥有较完善的设施及可供庇护的场所。

(5) 根据功能的不同分类

根据功能的不同，分为收容型避难空间、转运型避难空间和活动型避难空间，借此分类方法把应急避难场所分为收容型避难场所、转运型避难场所和活动型避难场所。

① 收容型避难场所。专门收容老幼病残等避难困难者，另外还具备情报收集传递、医疗救护、周围街区监视等功能。

② 转运型避难场所。沿避难线路设置，主要负责情报收集、避难导引、应急医疗，一般不做收容。

③ 活动性避难场所。灾害发生后未受损坏而能起避难作用的避难空间，在危险区域之外，主要收容有行动能力的避难者，兼具救灾消防、应急医疗等功能。

(6) 按使用时限分类

美国地震紧急事务管理的标准程序将应急避难作为地震应急管理中的一项重要内容。主要分为临时避难场地(几小时到几天内)、短期避难场地(几天到几个月内)和长期避难场地(规划中长期使用)共三种类型。

(7) 根据建设资源的不同分类

《城市应急避难场所建设技术标准》(DG32/J122—2011)中,根据建设资源的不同,分类如下。

① 体育馆式避难所,是指利用辖区内的大形体育馆和闲置的大型库房(展馆)、防空地下室等建筑物赋予避难所(疏散)功能,适用于应对抗台、防汛等自然灾害和防空。

② 坑道式避难所,是指利用辖区内的人防坑道工程进行建设改造,完善相应的生活设施,赋予人员应急避难所(疏散)功能,也适用于应对抗台、防汛、防震等自然灾害和防空。

③ 公园式避难所,是指利用辖区内的各种公园、绿地、学校、广场、体育场等公共场所进行改造,加建相应的生活设施,赋予人员应急避难所(疏散)功能。适用于应对防震等自然灾害和防空。

④ 城乡式避难所,是指利用城乡人民防空中的人口疏散基地进行疏散灾区灾民,适用于应对抗台、防汛、防震等自然灾害和防空。

(8) 根据避难场所用地的不同功能和性质分类

《北京中心城地震及应急避难场所(室外)规划纲要》中,根据避难场所用地的不同功能和性质分为公园型、体育场(操场、广场)型和小绿地型。

(9) 地震应急避难场所、场址及配套设施

国家标准《地震应急避难场所 场址及配套设施》(GB 21734—2008)分为以下三类。

① Ⅰ类地震应急避难场所:具备综合设施配置,可安置受助人员30d(天)以上;

② Ⅱ类地震应急避难场所:具备一般设施配置,可安置受助人员10d~30d(天)以上;

③ Ⅲ类地震应急避难场所:具备基本设施配置,可安置受助人员10d(天)以内。

6.1.3 应急避难场所的规划与建设原则

1. 应急避难场所建设原则

(1) 以人为本。以人民群众的生命财产安全为准绳,充分考虑市民居住环境和建筑情况,以及附近可用作避难场所场地的实际条件,建设安全、宜居城市。

(2) 科学规划。应急避难场所的规划作为城市防灾减灾规划的重要组成部分,其规划应当与城市总体规划相一致,并与城市总体规划同步实施。应急避难场所的规划要合理制订近期规划与远期规划。近期规划要适应当前防灾需要,远期规划要通过城市改造和发展,形成布局合理的应急避难场所体系。应急避难所建设,在确定规模、定点选址上,应注意根据人口密度、交通状况、自然条件、安全环境等,科学规划,合理布局。《中华人民共和国突发事件应对法》第十九条规定:“城乡规划应当符合预防、处置突发事件的需要,统筹安排应对突发事件所必需的设备和基础设施建设,合理确定应急避难场所。”应急避难场所建设应依法纳入城市总体规划。应急避难场所的建设规划可分为近期规划和远期规划。近期规划主要是利用现有条件,结合应急需要,立足早建成、早准备,先期建设一批,以防急需。远期规划主要体现在城市建设总体规划中融入安全城市的理念,在规划城市发展、旧城改造中充分考虑市民能够避难避险的安全空间,预留建设场地,有序展开建设,逐步形成城市应急避难场所体系。应急避难场所的规划建设要与公共场所建设结合起来,平时发挥各种服务功能,在遭遇突发事件时,为市民提供生存保障平台。应急避难场所的规划建设应与人防工程建设结合起来,切实形成“战时应战、急时应急”的能力。应急避难所的规划建设应把预防多种灾害结合起来,避免不同部门重复建设,造成资源浪费。

(3) 就近布局。坚持就近就便原则,尽可能在居民区、学校、大型公用建筑等人群聚集的地区多安排应急避难场所,使市民可就近及时疏散。

(4) 平灾结合。应急避难场所应为具备多种功能的综合体,平时作为居民休闲、娱乐和健身的活动场所,配备救灾所需设施(设备)后,遇有地震、火灾、洪水等突发重大灾害时作为避难、避险使用,二者兼顾,互不矛盾。城市绿地、公园、场馆等场所,作为公共产品和公共服务项目,平时应该为市民提供休闲、健身、娱乐等服务,特殊情况下,还应该供市民避难、避险。城市管理者应该从大局出发,从群众利益出发,从节约资源的角度出发,尽可能将可以利用的资源、条件,服从服务于城市应急避难场所建设。在两者发生冲突时,首先应满足市民的安全需求。保证人的生命安全,做到“安全优先”。

(5) 一所多用。应急避难场所应具有抵御多灾种的特点,即在突发地震、火灾、水灾、战争等事件时均可作为避难场所。在多灾种应急避难场所的运用时,应考虑具体灾害特点与避难需要的适用性,注意应急避难场所的区位环境、地质情况等因素的影响。

2. 城市应急避难所建设措施

(1) 树立城市建设规划中的防灾意识

我国华东地区频遭台风侵袭,一些城市仅受到不同程度的影响。与此相反,“卡特里娜”飓风却把大洋彼岸的美国新奥尔良市吹得七零八落,整个城市奄奄一息。同样,一次天气的突变也会导致现代化大城市部分功能瘫痪、生命财产损失惨重。生活在城市里的人们神经被刺痛了:处处可见“钢筋铁骨”的都市,赖以生存并引以为傲的城市家园,为何突然变得如此“弱不禁风”?就其主要原因是防灾意识决定着城市建设,面对自然灾害所采取的不同态度,必然产生不同的后果。城市建设必须要把防灾理念注入城市规划和建设之中,提高城市整体应急防灾能力。

(2) 抓好城市应急避难所(疏散基地)建设的规划工作

20世纪的20年代,日本关东大地震中死了14多万人。从那时起,日本政府对突发事件就有了很强的防范意识,并将应急避难所建设写进了法律。20世纪末,日本就已基本建立了应急避难所体系。我国的《城市规划法》虽然规定城市规划必须考虑防灾因素,但缺乏规定具体的执行标准,对城市防灾要求没有硬的考核指标,对规划中的防灾漏洞也缺乏追究机制。城市规划必须考虑在灾难来临时城市能在多大程度上经受住打击:应确定上规模的应急避难所(疏散基地)体系建设内容,结合城市发展格局和公园、绿地、广场、运动场分布情况,合理规划应急避难所(疏散基地)建设;应规定城市绿地、公园、广场、运动场和学校内应预设地下应急自来水管、电线、通信、消防和排污等设施。

(3) 城市建设与防灾减灾设施建设同步进行

仅有城市整体规划是不够的,还需把规划变为建设项目。在城市公共场所建设时,应将地下的应急避难(疏散)的基础设施与地面项目一并考虑、同时建设。在城市建设中,多使用一些特殊新型材料,以延缓结构老化使建筑抗灾能力减弱,可降低损害程度;少使用大理石、地面砖、水泥混凝土和沥青等不透水材料。减少城市广场、商业街、人行道、社区活动场所的硬化地面,多建一些透水地面,提高公共场所地面的雨水吸纳能力,减轻城市排水排涝的负担,提高城市建设的防灾能力。

(4) 制定一套具有较强操作性的应急行动预案

一个上规模的应急避难所(疏散基地),可以容纳成千上万民众。如何安全、有序地组织市民避难(疏散),谁来组织、保证这些市民能够在第一时间进入预定位置,这就需要制定相应的应急避难(疏散)行动预案。预案包括:应急避难指挥机构、民众疏散路线、进入避难场所的位置、通知发放、疏散引导、安置的工作程序和有关保障。

(5) 建立一支训练有素的应急志愿者队伍

一旦发生突发灾害时,易产生通信中断、道路毁坏等危害。基层社区组织要积极行动起来,组织应急志愿者队伍开展自救互救行动,发挥志愿者防灾宣传员、避难引导员、救灾工作员的作用。有关部门、单位要加强志愿者组织培训和演练工作,平时就熟悉防灾、避难、救灾程序,一旦有应急情况,配备必要的救助器材,就能引导市民有序、快速地进入应急避难所。

(6) 建立一套规范的应急避难所(疏散基地)识别标志

应急避难场所附近应当设置明显的规范标志牌、管理规定,为居民提示应急避难场所的方位及距离,让公众对应急避难场所管理使用的义务和有关要求有一定了解。

建设应急避难所,目的在于在应急情况下能为老百姓提供一个避难的场所。截至2008年2月,北京市已建成了元大都城垣遗址公园等33个497.94万平方米,可容纳190.6万人的应急避难场所,详见表6-1。

表 6-1　北京市应急避难场所建设情况(截至 2010 年 10 月)[1]

区县	场所名称	面积/万平方米	容纳人数/万人
东城 (5 个)	皇城根遗址公园	9.00	4.50
	地坛园外园	5.40	2.70
	明城墙遗址公园	15.50	6.00
	玉蜓公园	3.70	1.50
	南中轴绿地	3.70	1.50
西城 (8 个)	先农坛神仓外绿地	0.99	0.46
	翠芳园绿地	1.01	0.46
	玫瑰公园	3.62	1.34
	丰宣公园	4.70	1.50
	万寿公园	4.70	1.50
	西便门绿地	3.46	1.29
	南中轴绿地	11.07	4.70
	长椿苑公园	1.40	0.60
朝阳 (10 个)	元大都城垣遗址公园	67.00	19.00
	朝阳公园	288.70	25.00
	太阳宫公园	37.00	11.00
	奥林匹克森林公园南园	355.70	2.00
	安贞涌溪公园	2.10	0.56
	将台坝河绿化带	28.00	8.00
	兴隆公园	43.40	7.28
	红领巾公园	26.70	3.41
	北小河公园	22.88	3.57
	京城梨园	70.00	10.54

① 数据来源：http://www.bjyj.gov.cn/ggaq/bnccl/t1108491.html.

续表

区县	场所名称	面积/万平方米	容纳人数/万人
海淀(8个)	海淀公园	40.00	10.00
	曙光防灾教育公园	2.70	5.00
	马甸公园	8.60	1.29
	阳光星期八公园	1.00	0.25
	温泉公园	4.00	1.00
	东升文体公园	8.00	2.00
	长春健身园	10.60	2.00
	东北旺中心小学	0.80	0.20
丰台(3个)	东高地街道三角地第二社区怡馨花园	2.00	0.52
	林枫公园	2.00	0.30
	东铁匠营街道怡心公园	1.00	0.30
石景山(3个)	国际雕塑园	40.00	11.00
	西山枫林绿地	5.30	0.40
	自行车馆北侧停车场	1.50	0.49
房山(8个)	房山体育场	11.00	1.50
	阎村文化体育广场	5.34	1.00
	长阳镇组团公园	11.34	2.00
	窦店版图公园	2.55	0.70
	燕山公园	16.00	1.50
	府前广场	6.50	2.00
	北潞园健身广场	6.34	1.00
	琉璃河镇绿色公园	13.32	2.00
门头沟(7个)	滨河世纪广场	35.00	10.00
	黑山公园	3.00	1.20
	体育中心	8.33	4.00
	葡山公园	9.00	2.50
	立思辰公园	0.55	0.20

续表

区县	场所名称	面积/万平方米	容纳人数/万人
门头沟（7个）	陇家庄公园	1.40	0.50
	滨河公园	4.80	1.00
昌平（17个）	亢山广场	4.09	1.84
	永安公园	6.90	2.8
	赛场公园	4.68	1.15
	小汤山文化广场	8.00	3.50
	昌平公园	16.67	6.67
	回龙园	9.70	2.80
	回龙观体育公园	5.05	2.43
	回龙观龙禧三街公园	5.05	1.90
	南口公园	12.00	4.00
	天通艺苑	9.00	5.00
	101人工湖广场	6.00	2.90
	北七家宏福广场	1.20	1.00
	阳坊文化广场	0.55	0.40
	流村文化广场	3.20	1.10
	北方企业集团马池口村	1.50	1.20
	马池口北小营文化广场	0.50	0.33
	兴寿镇草莓大会沿线村庄文化广场	0.70	0.47
延庆（2个）	体育公园	31.00	10.00
	香水苑公园	9.00	3.00
合计		1 406.49	236.75

6.1.4 应急避难场所规划要求

1. 城市应急避难场所的规模

结合城市行政区划、人口分布、人口密度、建筑密度等特点以及居民疏散的要求，可将应急避难场所分为三级建设。

一级应急避难场所为市级应急避难场所,一般规模在15万平方米以上,可容纳10万人(人均居住面积大于1.5平方米)以上。这是特别重大灾难来临时,灾前防灾、灾中应急避难、灾后重建家园和恢复城市生活秩序等减轻灾害的战略性应急避难场所。

二级应急避难场所为区级应急避难场所,一般规模在1.5万~5万平方米,可容纳1万人以上。主要为重大灾难来临时的区域性应急避难场所。

三级应急避难场所为街道(镇)应急避难场所,一般规模在2 000平方米以上,可容纳1 000人以上。主要用于发生灾害时,短期内供受灾人员临时避难。

以上三级避难场所在建设过程中,应以一级避难场所为中枢、以二级避难场所为节点、以三级避难场所为末梢,梯次配备、网状配置、分步实施,构建完整的城市应急避难场所体系。在建设的过程中,应按照分级建设的原则,由各级分别承担相应的建设任务。

2. 应急避难场所的设置

(1) 应急避难场所的覆盖半径

① 一级应急避难场所:灾难预警后,通过半小时到2小时的摩托化输送应可到达;

② 二级应急避难场所:灾难预警后,在半小时内应可到达;

③ 三级应急避难场所:灾难预警后,5~15分钟内应可到达。

(2) 应急避难场所的要素与功能

① 一级应急避难场所:在二级应急避难场所的基础上,在场所附近设置应急停车场,设置可供直升机起降的应急停机坪,设置洗浴场所,设置图板、触摸屏、电子屏幕等场所功能介绍设施。

② 二级应急避难场所:在三级应急避难场所的建设基础上,在棚宿区配置灭火工具或器材设施,根据避难场所容纳的人数和生活时间,在场所内或周边设置储备应急生活物资的设施,设置广播、图像监控、有线通信、无线通信等应急管理设施。

③ 三级应急避难场所:设置满足应急状况下生活所需帐篷、活动简易房等临时用房,临时或固定的用于紧急处置的医疗救护与卫生防疫设施,供水管网、供水车、蓄水池、水井、机井等两种以上的供水设施,保障照明、医疗、通信用电的多路电网供电系统或太阳能供电系统,满足生活需要和避免造成环境污染的排污管线、简易污水处理设施,满足生活需要的暗坑式厕所或移动式厕所,满足生活需要的可移动的垃圾、废弃物分类储运设施,棚宿区周边和场所内按照防火、卫生防疫要求设置通道,并在场所周边设置避难场所标志、人员疏导标志和应急避难功能区标志。

(3) 应急避难场所的选址

可选择公园、绿地、广场、体育场、室内公共的场、馆、所和地下人防工事等作为应急避难场所的场址。选址要充分考虑场地的安全问题,注意所选场地的地质情况,避开地震断裂带，洪涝、山体滑坡、泥石流等自然灾害易发地段；选择地势较高且平坦空旷，易于排水、适宜搭建帐篷的地形；选择在高层建筑物、高耸构筑物的垮塌范围距离之外；选择在有毒气体储放地、易燃易爆物或核放射物储放地、高压输变电线路等设施影响范围之外的地段。应急避难场所附近还应有方向不同的两条以上通畅快捷的疏散通道。

(4) 应急避难场所的建设方式

应急避难场所建设可采取以下方式。

一是体育馆式应急避难场所，指赋予城市内的大型体育馆和闲置大型库房、展馆等应急避难场所功能。

二是人防工程应急避难场所，指改造利用城市人防工程，完善相应的生活设施。

三是公园式应急避难场所，指改造利用城市内的各种公园、绿地、学校、广场等公共场所，加建相应的生活设施。

四是城乡式应急避难场所，指利用城乡接合部建设应急避难场所。

五是林地式应急避难场所，指利用符合疏散、避难和战时防空要求的林地。

6.1.5 应急避难场所的维护与管理

(1) 实行谁投资建设，谁负责维护管理的原则。应急避难场所的所有权人应按要求设置各种设施设备，划定各类功能区并设置标志牌，建立健全场所维护管理制度。

(2) 应急避难场所的政府管理部门，应制定针对不同灾难种类的场所使用应急预案，明确指挥机构，划定疏散位置，编制应急设施位置图以及场所内功能手册，建立数据库和电子地图，并向社会公示。有条件的地方，还可组织检验性应急演练。

(3) 各级政府、各部门编制的单项应急预案应与全市应急避难场所规划建设相衔接。应急避难场所建设经费应纳入各级政府年度财政预算。

(4) 建立一支训练有素的应急志愿者队伍。通过对志愿者组织的培训、演练，使之熟悉防灾、避难、救灾程序，熟悉应急设备、设施的操作使用。

(5) 建立一套规范的应急避难场所识别标志。应急避难场所附近应设置统一、规范的标志牌，提示应急避难场所的方位及距离，场所内应设置功能区划的详细说明，提示各类应急设施的分布情况，同时，在场所内部还应设立宣传栏，宣传场所内设施使用规则和应急知识。

6.1.6 应急避难场所标识

应急避难场所标识是在突发公共事件状态下，供居民紧急疏散、安置的应急避难场所的标志。城市社区各种突发事件时有发生，且诸多突发事件具有不确定性、强破坏性及不可控性等特征,使得城市面临较大的灾害风险。灾情一旦发生,紧急情况下,要确保成千上万群众安全紧急疏散,如果没有避难场所,没有应急指示标志,往往会措手不及。因此建立规范的应急避难场所标志的管理标准是十分重要,进一步规范应急避难场所标志的管理,将应急避难场所标志管理纳入法制化轨道。《安全标志及其使用导则》(GB 2894—2008)在提示标志中规定了应急避难场所的标志式样,《地震应急避难场所 场址及配套设施》(GB 21734—2008)、北京市地方标准《地震应急避难场所标志》(DB 11/224—2004)、天津市地方标准《应急避难场所标志》(DB 12/330—2007)以及图形符号、标志类等国家、地方标准,为应急避难场所标志制定提供了依据。

应急避难场所标志设置要求:

(1) 场所周边主干道、路口应设置周边道路指示标志;

(2) 场所出入口应设置应急避难场所组合标志或统一标志,并要设置标有文字说明的应急避难场所平面图和周边居民疏散线路图;

(3) 场所内主要通道路口应设置应急设施的道路指示标志;

(4) 场所内各类配套设施及设备应设置明显的标志及简易的使用说明。

1. 图形符号

应急避难场所图形符号由图形、衬底色和(或)边框组成,其基本形式为正方形,图形符号可以单独使用,也可与文字、数字、方向等信息组合使用,形成图形标志以表达确切含义。

应急避难场所图形符号[①]见表 6-2。

表 6-2 应急避难场所图形符号

图形符号	名称	说明
	应急避难场所 Emergency shelter	用于突发公共事件状态下,供居民紧急疏散、临时生活的安全场所 在本标准其他标志中使用该符号,可采用该符号的镜像图形
	应急指挥 Emergency command	用于应急避难指挥所

① DB11/224—2004 北京市地方标准《地震应急避难场所标志》.

续表

图形符号	名　称	说　明
	方向 Direction	用于指示应急避难场所的方向,符号方向视情况设置
	应急通信 Emergency communication	应急状态下提供通信设备的区域
	应急物资供应 Emergency goods supply	应急状态下救灾物资供应的地点
	应急供电 Emergency power supply	应急状态下供电、照明的设施
	应急饮用水 Emergency drinking water	应急状态下饮用水的地点 [采用 GB/T10001.1—2000(29)]
	应急棚宿区 Area for makeshift tents	应急状态下搭建帐篷的区域

续表

图形符号	名　称	说　明
	应急厕所 Emergency toilets	应急状态下的简易厕所 [采用 GB/T 10001.1—2000(26)]
	应急医疗救护 Emergency medical treatment	应急状态下医疗救护、卫生防疫的地点 [采用 GB/T10001.1—2000(42)]
	应急灭火器 Emergency fire extinguisher	应急状态下提供应急灭火器的地点 [采用 GB/T10001.1—2000(74)]
	应急垃圾存放 Emergency rubbish	应急状态下垃圾集中存放的地点 [采用 GB/T15562.1—1995]
	应急污水排放 Emergency sewage vent	应急状态下污水排放的地点 [采用 GB/T15562.1—1995]
	应急停车场 Emergency parking	应急状态下机动车停放的区域 [采用 GB/T10001.1—2000(11)]

续表

图形符号	名　　称	说　　明
	应急自行车停放 Emergency parking for bicycle	应急状态下自行车停放的区域 [采用 GB/T10001.1—2000(12)]
	应急停机坪 Emergency airfield	应急状态下直升机的停机坪

2. 统一标志

城市应急避难场所的统一标志由应急避难场所图形符号和本避难场所汉语名称及英语名称组成,为城市应急避难场所标志牌不可缺少内容(见表 6-3)。

表 6-3　应急避难场所统一标志

编号	图形标志	名　　称
2-1	应急避难场所 EMERGENCY SHELTER	应急避难场所标志牌 Sign of emergency shelter
2-2	应急避难场所 EMERGENCY SHELTER	应急避难场所标志牌 Sign of emergency shelter

3. 组合标志

组合标志是在统一标志基础上增添有关避难场所文字说明的标志,可设在应急避难场所各入口的显著位置,说明本场所功能区规划图、疏散道路图、注意事项、应急避难知识等内容应急避难场所组合标志见表 6-4。

表 6-4 应急避难场所组合标志

编号	图形标志	名 称
3-1	应急避难场所 EMERGENCY SHELTER 此处可添加本场所功能区划图、注意事项、疏散道路图、应急避难知识等内容。	应急避难场所组合标志牌 Combined sign of emergency shelter

4. 场所内道路指示标志

应急避难场所内道路指示标志见表 6-5。

表 6-5 应急避难场所内道路指示标志

图形标志	名 称	说 明
应急指挥 Emergency Command	应急指挥道路指示标志 Road sign to the emergency command	指示应急指挥所的方向
应急物资供应 Emergency Goods Supply	应急物资供应道路指示标志 Road sign to the emergency goods supply	指示应急救灾物资供应地点的方向
应急供电 Emergency Power Supply	应急供电道路指示标志 Road sign to the emergency power supply	指示应急供电、照明设施的方向
应急饮用水 Emergency Drinking Water	应急饮用水道路指示标志 Road sign to the emergency drinking water	指示应急饮用水供应地点的方向
应急棚宿区 Area For Makeshift Tents	应急棚宿区道路指示标志 Road sign to the area for makeshift tents	指示应急棚宿区的方向

续表

图形标志	名　称	说　明
应急厕所 Emergency Toilets	应急厕所道路指示标志 Road sign to the emergency toilets	指示应急简易厕所的方向
应急医疗救护 Emergency Medical Treatment	应急医疗救护道路指示标志 Road sign to emergency medical treatment	指示应急医疗救护、卫生防疫地点的方向
应急灭火器 Emergency Fire Extinguisher	应急灭火器道路指示标志 Road sign to the emergency fire extinguisher	指示应急灭火器的方向
应急垃圾存放 Emergency Rubbish	应急垃圾存放道路指示标志 Road sign to the emergency rubbish	指示应急垃圾集中存放地点的方向
应急污水排放 Emergency Sewage Vent	应急污水排放道路指示标志 Road sign to the emergency sewage vent	指示应急污水排放地点的方向
P 应急停车场 Emergency Parking	应急停车场道路指示标志 Road sign to the emergency parking	指示机动车停放区域的方向
P 应急自行车停放 Emergency Parking For Bicycle	应急自行车停放道路指示标志 Road sign to the emergency parking for bicycle	指示自行车停放区域的方向
应急停机坪 Emergency Airfield	应急停机坪道路指示标志 Road sign to the emergency airfield	指示应急停机坪的方向

5. 场所周边道路指示标志

应急避难场所周边道路指示标志用于在周边道路上指示位置及距离，应急避难场所周边道路指示标志见表 6-6。

表 6-6　应急避难场所周边道路指示标志

图形标志	名　称	说　明
应急避难场所 EMERGENCY SHELTER	应急避难场所道路指示标志 Road sign to the emergency shelter	指示应急避难场所的方向

续表

图形标志	名称	说明
500m 应急避难场所 EMERGENCY SHELTER	应急避难场所方向、距离道路指示标志(右转) Signs of direction, distance of emergency helter (turning right)	指示应急避难场所的方向和距离
500m 应急避难场所 EMERGENCY SHELTER	应急避难场所方向、距离道路指示标志(直行) Signs of direction, distance of emergency shelter (keeping straight on)	指示应急避难场所的方向和距离

6.2 城市社区应急避难场所规划建设实例

本节以北京中心城地震应急避难场所规划①(简称规划)为例进行说明。

6.2.1 北京应急避难场所规划与建设的意义

(1) 北京是我国的首都,是全国的政治和文化中心,要确保北京的城市安全。

(2) 北京是我国防灾减灾重点设防城市,也是世界上三个历史上曾遭受过八级以上地震灾害的国家首都之一。北京地区被国务院确定为全国地震重点监视防御区之一。

(3) 北京在全国的核心领导地位和在国际上占有的重要位置,决定了北京必须建立和完善城市总体综合防灾体系,以抗御可能发生的包括地震在内的各种突发性自然灾害。这是一项关系国计民生的重要工作。

(4) 作为党中央和国务院等领导机构所在地、外国驻华使馆、国家交通、通讯、金融部门集中的城区,尤其是加入世界贸易组织(WTO)后,外国大公司和企业纷纷汇聚北京,北京地区一旦发生类似唐山那样的破坏性大地震,如果事先没有很好的防范、疏散准备措施,没有抗震救灾减灾系统和应急避难场所,将会对全国乃至世界的政治生活和经济生活造成不可估量的损失。

(5) 北京地区分布多条地震断裂带,直接威胁市区安全。

① 2007年10月23日,北京市规划委公布《北京中心城地震及应急避难场所(室外)规划纲要》。

（6）北京存在发生中强地震的可能。

北京位于华北平原的北部，“北依燕山，西拥太行，南控平原，东濒渤海”，地理位置在北纬 39 度 26 分至 41 度 03 分，东经 115 度 25 分至 117 度 30 分，处于华北主要地震区阴山—燕山地震带的中段。对于北京而言，威胁最大的是市域内分布的顺义—前门—良乡、南苑—通县、黄庄—高丽营、来广营—平房、南口—孙河、小汤山—东北旺等主要断裂带，带长大多在 10 公里～20 公里左右。断裂带情况见图 6-1。

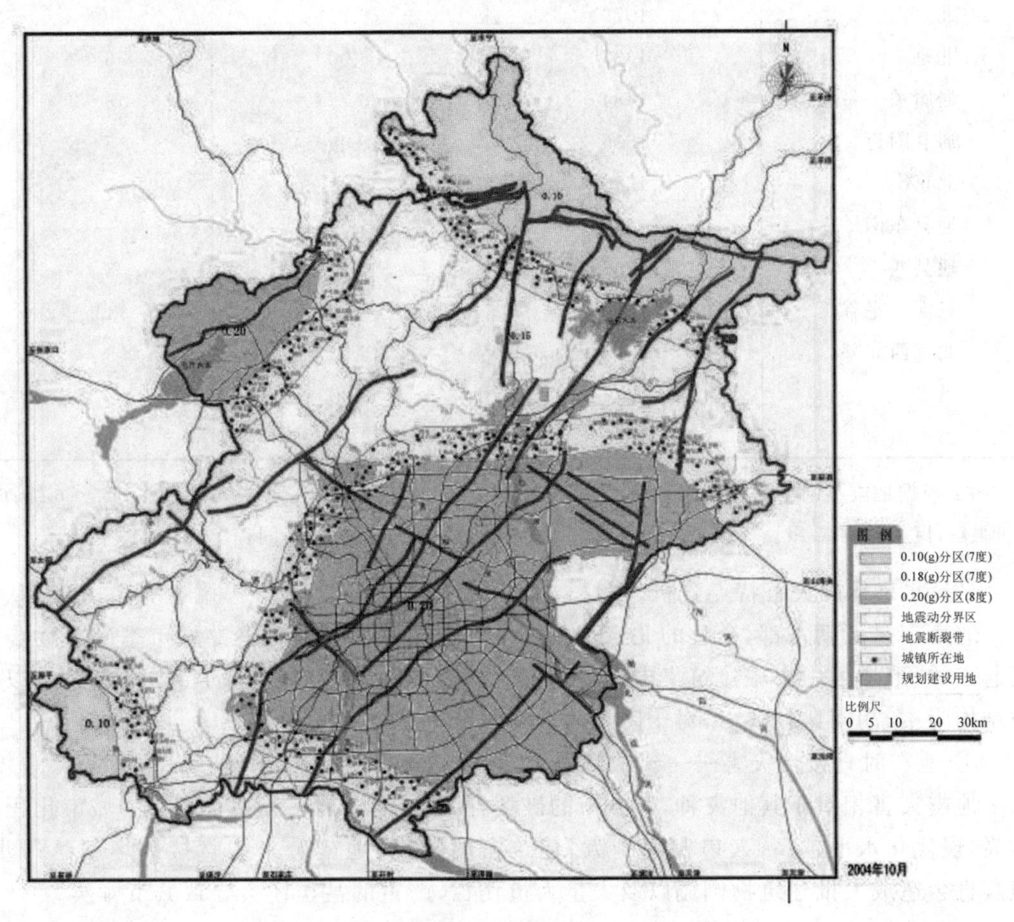

图 6-1　北京市域地震断裂带及动参数区划图

根据有关地震史书记载，震源在北京地区的震级大于 4 级的地震共计发生过近 200 次，大于 5 级的地震 10 余次，如表 6-7 所示。北京历史上发生过的最大地震出现在 1679 年，即清康熙年间，地点在三河—平谷一带，最高震级为 8 级、烈度为 11 度。据有关地震周期估测：6 级地震（强震）最长间隔 280～300 年发生一次。上一次这样的地震发生在

1730年,即清雍正年间,地点在北京的西北郊地区。北京地区存在发生中强级别破坏性地震的背景。

表6-7　北京地区历史上发生过的五级以上地震情况(震源在北京)

参考震中	年份(年)	震级(级)	烈度(度)
延庆东	294	6.00	8
北京南	1076	6.75	9
北京	1337	5.00	6
居庸关一带	1484	6.75	8～9
通县附近	1536	6.00	7～8
北京	1586	5.00	6
通县东南	1632	5.00	—
通县西	1666	6.50	8
三河—平谷	1679	8.00	11
北京西北郊	1730	6.50	8
昌平	1746	5.00	6
昌平西南	1765	5.00	—

注:根据地震不同的强弱程度,一般分为弱震,<3级;有感地震,3～4.5级;中强震,4.5～6级;6～8级强震;巨大震,≥8级。一般中强震,即4.5级以上地震,就可以形成不同程度的破坏。

(7) 北京地震灾害特点分析。

北京市是五朝古都,今日的北京是在一个历史名城和相对古老的城市基础上逐步发展起来的,形成了中心城建筑集中,居民密度大,新旧建筑同时存在的特点。老建筑以木质结构为主,胡同比较狭窄,对于防震防火都十分不利。

① 地震时直接性灾害——建筑倒塌。

地震灾害相对于其他灾种,对城市的破坏性最大,范围最广。实践证明:城市化程度越高,现代化水平越高,人口密度越大,建筑密度越高,地震带来的直接破坏就越严重。地震将会造成大批建筑物倒塌以及大量人员伤亡,严重的甚至还会导致城市瘫痪。

② 地震后的次生灾害——火灾、水灾、有害物质毒素扩散中毒。

人类对次生灾害也应给予足够的关注,其中火灾对人民生命安全的危害最大。一旦发生震后火灾,加上消防系统也可能受到地震的破坏,火势很难扑灭,容易形成大灾难。美国旧金山和日本关东地震时地震火灾的教训值得汲取。如果相关的减灾措施跟不上,次生火灾也很有可能成为北京地震后的又一个重要灾害。

应急避难场所承担着防震减灾"三大体系"中的两项职能:灾害防御和应急救援(另

一项为监测预报）。因此，编制应急避难场所专项规划可以确保首都的安全，提早做好防震应急准备，将地震发生时可能造成的损失减少到最低程度，间接地对于确保北京市的国民经济持续快速发展和城市建设的正常进行也具有重大意义。

6.2.2　中心城人口密度

人口及人口密度

如表 6-8 所示，北京市域面积为 164 101 平方公里，中心城面积为 1 088 平方公里。不含海淀区山后、丰台区河西地区，包括新增加的昌平区回龙观和北苑北地区。根据 2019 年《北京统计年鉴》按户籍统计，北京市人口 2 154 万，根据总体规划资料，中心城为约 1 166 万人。全市人口密度为每平方公里 1 313 人，中心城为约 8 424 人，是全市平均人口密度的 6.4 倍。另外，东西两个城区面积为 92.54 平方公里，人口 200 万，人口密度每平方公里为 21 612 人，是全市平均人口密度的 16 倍。其中中心城人口最稠密街道的人口密度见表 6-9。

表 6-8　中心城人口密度

区　名	常住人口(万人)	面积(平方公里)	密度(人/平方公里)
东城区	82.2	41.84	19 637
西城区	117.9	50.70	23 333
朝阳区	360.5	470.80	7 922
海淀区	335.8	430.80	7 796
丰台区	210.5	305.87	6 884
石景山区	59.0	84.38	6 997
总计	1 165.9	1 384.39	8 424

资料来源：2019 年《北京统计年鉴》

表 6-9　中心城人口最稠密街道

街道名称	户籍人口(万人)	面积(平方公里)	密度(人/平方公里)
天坛	5.7	1.3	43 846
大栅栏	4.3	1.3	33 077
椿树	4.0	1.0	40 000
前门	3.5	1.1	31 818
广内	8.1	2.4	33 750

资料来源：2019 年《北京统计年鉴》

中心城潜在的地震以及其他灾种的破坏性要大大高于其他地区。中心城人口集中，且密度大。增加中心城避难场所用地工作的重要性要比其他区大得多。

6.2.3 中心城避难场所用地资源情况

（1）总用地规模及人均面积

可利用作为避难场所的用地主要指公园绿地、其他各种绿地、体育用地、学校操场用地等。据有关部门提供的统计数据资料，中心城现有公园绿地面积 15 110 公顷（不包括水面面积），其他各种绿地 24 737 公顷，体育用地（市、区级体育场）14 处，面积 86 公顷；学校操场 19 公顷。

2019 年北京中心城常住人口 1 165.9 万，人均可利用作为避难场所的用地 0.76 平方米。截至 2019 年底，中心城已建成包括海淀区海淀公园（见图 6-2）、朝阳区太阳宫公园（见图 6-3）等避难场所。

图 6-2　海淀区海淀公园应急避难规划图

图 6-3　朝阳区太阳宫公园应急避难规划图

北京市中心城区地震应急避难场所具体见表 6-10。

表 6-10 中心城区地震应急避难场所统计(北京地震局)

区	序号	场所名称	建成时间	类别	类型	总面积(万平方米)
东城	1	皇城根遗址公园	2005	公园	Ⅲ	9.00
	2	地坛园外园	2005	公园	Ⅲ	5.40
	3	明城墙遗址公园	2005	公园	Ⅱ	15.50
	4	玉蜓公园	2005	公园	Ⅲ	3.70
	5	南中轴绿地公园	2004	绿地	Ⅱ	3.70
	6	南中轴路绿地北大地	2017	绿地	Ⅱ	3.40
	7	南馆公园	2017	公园	Ⅲ	2.50
	8	龙潭公园	2018	公园	Ⅱ	4.10
	9	龙潭西湖公园	2018	公园	Ⅲ	0.78
	10	香河园绿地	2018	公园	Ⅲ	0.89
	11	前门箭楼绿地	2018	绿地	Ⅲ	0.55
	12	二十四节气公园	2018	公园	Ⅲ	0.14
西城	13	先农坛神仓外绿地	2004	公园	Ⅱ	0.99
	14	翠芳园绿地	2005	公园	Ⅲ	1.00
	15	玫瑰公园	2010	公园	Ⅲ	3.62
	16	金中都公园	2004	公园	Ⅲ	4.73
	17	万寿公园	2004	公园	Ⅰ	4.70
	18	西便门绿地	2009	公园	Ⅲ	3.46
	19	南中轴绿地	2004	绿地	Ⅲ	11.07
	20	长椿苑公园	2005	公园	Ⅲ	1.40
朝阳	21	元大都城垣遗址公园	2003	公园	Ⅰ	67.00
	22	朝阳公园	2004	公园	Ⅰ	288.70
	23	太阳宫公园	2006	公园	Ⅰ	37.00
	24	奥林匹克森林公园	2008/2018	公园	Ⅰ	355.70
	25	兴隆公园	2009	公园	Ⅱ	43.40
	26	红领巾公园	2009	公园	Ⅱ	26.70
	27	北小河公园	2010	公园	Ⅰ	22.88

续表

区	序号	场所名称	建成时间	类别	类型	总面积(万平方米)
朝阳	28	京城梨园	2009	公园	Ⅰ	70.00
	29	望和公园	2016	公园	Ⅱ	38.60
	30	翠城公园	2017	公园	Ⅱ	3.48
	31	鸿博郊野公园	2017	公园	Ⅱ	80.00
	32	西大望路社区公园	2017	公园	Ⅱ	2.96
	33	立水桥公园应急避难场所	2018	公园	Ⅱ	21.80
	34	常营公园	2019	公园	Ⅱ	66.70
	35	安贞涌溪公园	2006	公园	Ⅲ	2.10
	36	将台坝河绿化带	2006	绿地	Ⅲ	28.00
海淀	37	海淀公园	2004	公园	Ⅰ	32.80
	38	曙光防灾教育公园	2008	公园	Ⅱ	27.00
	39	北京西站下沉广场	2017	广场	Ⅱ	1.55
	40	北京市第二十中学	2018	学校	Ⅱ	6.66
	41	马甸公园	2008	公园	Ⅲ	8.60
	42	阳光星期八公园	2008	公园	Ⅲ	1.00
	43	温泉公园	2008	公园	Ⅲ	10.00
	44	东升文体公园	2009	公园	Ⅲ	8.00
	45	长春健身园	2009	公园	Ⅲ	10.00
	46	东北旺中心小学	2004	体育场	Ⅲ	0.80
	47	九十九顶毡房阜石路店绿地	2016	绿地	Ⅲ	10.00
	48	海淀北部新区实验学校	2018	学校	Ⅲ	6.47
	49	首师大附属小学	2018	学校	Ⅲ	3.00
	50	海淀区民族小学	2018	学校	Ⅲ	2.87
石景山	51	国际雕塑公园	2005/2019	公园	Ⅰ	40.00
	52	石景山区体育场	2017	体育场	Ⅱ	2.30
	53	古城公园	2017	公园	Ⅲ	2.45

续表

区	序号	场 所 名 称	建成时间	类别	类型	总面积(万平方米)
石景山	54	石景山雕塑公园	2018	公园	Ⅱ	3.17
	55	西山枫林一区南侧绿地	2018	绿地	Ⅲ	6.40
丰台	56	东高地街道三角地第二社区怡馨花园	2010	公园	Ⅲ	2.00
	57	林枫公园	2010	公园	Ⅲ	2.00
	58	东铁匠营街道怡心公园	2011	公园	Ⅲ	1.00
	59	莲花池公园	2013	公园	Ⅰ	44.60
	60	南苑公园	2013	公园	Ⅰ	9.30

其中公共绿地(见表 6-11),体育用地(见表 6-12)。

表 6-11　中心城公共绿地面积表(北京市园林绿化局)

	绿化覆盖面积/单位	绿地面积/单位	绿化覆盖率/%	绿地率/%
东城区	1 391	1 107	33.24	26.43
西城区	1 561	1 069	30.89	21.16
朝阳区	15 065	15 069	48.22	48.23
海淀区	13 078	12 229	52.54	49.12
丰台区	6 351	6 063	46.88	44.75
石景山	4 419	4 322	52.67	51.52
合计	41 865	39 859		

表 6-12　市、区级体育场馆

地　区	序　　号	名　　称	场地面积/万平方米
东城区	1	北京体育馆	15.60
	2	地坛体育馆	1.14
	3	天坛体育场	2.00
西城区	4	先农坛体育场	15.00
	5	北京月坛体育馆	1.00
	6	北京市宣武体育场	1.90

续表

地　区	序　号	名　称	场地面积/万平方米
朝阳区	7	国家体育场	25.80
	8	北京工人体育场	3.50
	9	朝阳体育馆	1.00
	10	国家体育馆	8.09
	11	奥体中心体育场	3.70
海淀区	12	海淀区体育场	1.60
石景山区	13	石景山体育场	3.00
丰台区	14	丰台体育场	3.00
总计			86.33

北京市避难场所用地资源汇总,见表6-13,人均用地资源见表6-14。

表6-13　各区避难场所用地资源汇总表①　　万平方米

区　名	公　园	绿　地	体育场	广　场	学　校	总　计
东城区	41.99	7.65	0	0	0	49.64
西城区	19.89	11.07	0	0	0	30.96
朝阳区	1 127.02	28.00	0	0	0	1 155.02
海淀区	97.80	10.00	0.8	1.553 4	19.001 7	129.16
丰台区	58.90	0	0	0	0	58.90
石景山区	45.62	6.40	2.3	0	0	54.32
总计	1 391.22	63.12	3.1	1.533 4	19.001 7	1 477.98

表6-14　各区人均避难场所用地资源

区名	常住人口/万人	可用作避难场所用地/公顷	人均避难场所用地面积/平方米
东城区	87.8	49.64	0.57
西城区	125.9	30.96	0.25
朝阳区	385.6	1 155.02	3.00
海淀区	359.3	129.14	0.36
丰台区	225.5	58.90	0.26
石景山	63.4	54.32	0.86
总计	1 247.5	1 477.98	1.18

① 资料来源:2019年北京市地震应急避难场所统计表[EB/OL].http://www.bjdzj.gov.cn/bjdzj/zwxx/tzgg/491722/index.html

根据有关资料，应急避难场所之一的海淀公园及大多数场所，总面积中仅有 60%左右能够作为避难场所用地。考虑到北京市公园绿地的实际用地情况，除去水面外，规划纲要推荐按其总面积的 60%计算避难用地。

表 6-15　按 60%标准计算，各区人均避难场所用地资源(2019 年《北京统计年鉴》)

区名	可用作避难场所用地/(公顷)(100%计算)	可用作避难场所用地/公顷(按 60%计算)	常住人口/万人	人均避难场所用地面积/平方米
东城	40.64	24.38	82.2	0.30
西城	30.96	18.58	117.9	0.16
朝阳	1 155.02	693.01	360.5	1.90
海淀	129.14	77.48	335.8	0.23
丰台	58.90	35.34	210.5	0.17
石景	54.32	32.59	59.0	0.56
总计	1 477.98	881.38	1 165.9	0.76

注：1.公园绿地和其他绿地按照 60%计算，体育用地和学校操场用地按 100%计算。

6.2.4　避难场所用地分类、等级和场所建设类型

(1) 用地分类

① 紧急避难场所用地 。

紧急避难场所用地主要是指发生地震等灾害时，受影响的建筑物附近的面积规模相对小的空地，包括小公园绿地、小花园(游园)、小广场(小健身活动场)等。这些用地和设施一般能够起到在相对短的时间内，提供用地周围若干个邻近建筑中受灾居民临时和紧急避难使用的功能。也可以认为它是转移到固定避难场所的过渡性用地。但在实际中它却又是在最短的时间内可以最快、最直接地接受受灾市民，最能够减少灾后人员伤亡的用地(场所)。紧急避难场所用地是整个应急避难场所规划纲要中最重要的设计环节，对于受灾市民应急疏散避难，直接避免和减少人员伤亡来说最为重要。

② 长期(固定)避难场所用地。

长期(固定)避难用地主要指相对于紧急避难场所用地来说面积规模较大的市级、区级公园绿地，如各类体育场等，规模再大些的还包括城区边缘地带的空地、城市绿化隔离地区等，主要用于安排居住区(社区)、街道办事处和区级政府等管理范围内的居民相对较长时间的使用。此类避难场所用地既可以为一个居住区或街道办事处范围内的受灾市民使用，也可为多个居住区服务。避难用地面积越大，离居住区、建成区越远，相对就越安全，越有利和方便于灾后政府集中救助工作。

由于地震发生时地质活动情况多变，加上地下人防工程结构、建设质量、抗震设防等情况比较复杂，在其能否作为避难场所问题上存在一定分歧。

根据《北京市实施〈中华人民共和国防震减灾法〉办法》的规定,已确定为避难场所的用地,不论是紧急避难用地,还是长期(固定)避难用地,在破坏性地震以及其他大规模灾害发生后,有关所有权人和管理权人(单位)应当无偿对受灾市民开放。

特别提示:已经列入世界文化遗产目录,以及批准为国家级和市级文物保护单位的公园等,如天坛公园、故宫等,要慎重对待将其作为避难场所,必要时可根据其"保护规划"划定部分场地,避免人为对历史建筑和环境的破坏。

(2) 用地等级

根据避难场所用地的不同规模,可将其分为两个等级。

一级为大型避难用地;二级为小型避难用地。

一般来说,与紧急避难场所和长期(固定)避难场所用地规模相对应,紧急避难场所可视为二级小型避难用地,长期(固定)避难场所则为一级大型避难用地。例如,跑道不足200米的中小学操场(面积2 000～3 000平方米),以及小型绿地、体育健身场地大多为2 000平方米左右,均可作为二级避难用地;跑道在200米以上,包括拥有400米跑道的大中小学操场(面积为4 000平方米以上)可作为一级避难用地。

通常级别越高,所接收的受灾人员越多,反之则越少。但从突发地震等灾害市民紧急疏散角度来讲,越靠近居住区的,作用越大。相对而言,市民紧急疏散,紧急避难用地作用突出,灾后政府组织救援时,则长期(固定)避难用地功能显著。这样,既要进行市、区级公园等那样的一级大型避难用地建设,也要保证二级小型避难用地——小公园、小绿地的数量,二者共同发挥作用,相互补充,绝不可重视一方,而轻视另一方。

(3) 避难场所建设类型

根据避难场所用地的不同功能和性质,将其建设类型分为三类:

① 公园型。

② 体育场(操场、广场)型。

③ 小绿地型。

6.2.5 避难场所建设要求

根据国内外城市有关应急避难场所建设的经验,结合北京城市用地现状,本规划推荐下列避难场所用地面积设置标准。

(1) 用地面积标准

一般情况下,紧急避难场所用地面积不小于2 000～3 000平方米;长期(固定)避难场所用地面积不小于4 000平方米。

制定紧急避难场所的用地面积标准考虑了北京"首绿委"办公室提出的要在北京中心城内距离居住区不超过500米的范围内建设一个3 000平方米左右的街心花园,或绿地的绿化目标问题。

制定长期(固定)避难场所用地面积不低于 4 000 平方米的标准,考虑了一般中小学校拥有 400 米跑道的操场的面积规模就与该面积相当。

(2) 人均(综合)面积标准

参照国内外城市有关标准,并根据新总体规划的要求,紧急避难场所人均面积标准为 1.5～2.0 平方米,长期(固定)避难场所人均用地(综合)面积标准为 2.0～3.0 平方米。

体育用地和学校操场,如在周围建筑物倒塌范围之外,可按照实际面积考虑人均用地面积标准,但对于公共绿地和其他绿地,在除去水域面积之后,建议和推荐采用按照 60％的比例考虑实际可用面积,再计算人均用地面积。

但考虑到一些地区,尤其是老城区的实际用地情况,紧急避难场所人均面积可以略低些,但最低不应少于 1.0 平方米。对现状避难场所用地严重不足,达不到人均面积标准的地区,要制定将该地区居民疏散转移到其他地区避难的应急疏散预案。

人均用地(综合)面积指避难场所应配备的主要设施用地面积:居住用地(棚宿区),应急物资存放用地(仓库)、应急厕所用地、指挥部门用地、医疗(卫生)救护站用地等,不包括避难场所内部道路、水域等面积。

要尽可能在大型商场、超市,人流集中的公共建筑,如医院、图书馆、影剧院、企事业办公建筑等周围规划安排避难场所。新建筑在考虑场地规模时,除工作人员外,还要加入前来人员人数(平均天·人)。可参照紧急避难场所人均用地标准计算人均用地面积,设计避难场所规模。

(3) 服务半径

① 紧急避难场所。

考虑到紧急避难场所距离住宅区较近的特点,服务半径定为 500 米,即步行 5～15 分钟内到达为宜。

这一点主要参考了北京市“首绿委”办公室提出的 2002 年后在北京中心城实现市民出门时,在不超过 500 米范围内就会看到一个街心花园,或一片具有一定规模的绿地(3 000 平方米左右)的指标,同时也符合新的城市总体规划确定的建设点状绿地,“实现居民出行 500 米见绿地”的要求。若将中小学校的操场选作避难场所,其服务半径 500 米,符合北京市有关居住区“千人指标”中确定的设置小学距离方面的标准。

② 长期(固定)避难场所。

考虑长期(固定)避难场所主要为城市公园、区级公园、大型体育场、学校操场(有 400 米跑道)的特点,服务半径定为 2 000～5 000 米,即步行 0.5～1 小时内到达为宜。

另外,制定上述服务半径标准时,也借鉴并参考了《北京中心城绿地系统规划(2001—2010)》中确定的有关公共绿地服务半径标准。

(4) 配套建设要求

① 紧急避难场所。

用地应平坦,易于搭建帐篷及临时建筑,并配备自来水管等基本设施,以满足临时避难及生活需要。另外,要考虑设置厕所的可能性。若在场所内无法解决,应制定就近如厕的方案。

② 长期(固定)避难场所。

除达到一般紧急避难场所建设的要求,包括划定棚宿(居住)区外,还要有较完善的所有"生命线"工程要求的配套设施(备):配套建设应急供水(自备井、封闭式储水池、瓶装矿泉水[纯净水]储备)、应急厕所、救灾指挥中心、应急监控(含通信、广播)、应急供电(自备发电机或太阳能供电)、应急医疗救护(卫生防疫)、应急物资供应(救灾物品储存)用房、应急垃圾及污水处理设施,并配备消防器材等,有条件的还可以建设洗浴设施,设置应急停机坪。

③ 避难场所内的道路、厕所。

为了保证灾后救援车辆的正常行驶,避难场所(公园绿地等)内的主要道路的宽度应不低于3.75米(一条机动车道的设计宽度)。另外,要按照建设部《城市道路和建筑物无障碍设计规范》的要求,对避难场所进行无障碍设计,保证全部用地无障碍化、坡道化。还要根据残疾人、老年人等弱势群体的特殊生活需要,安排无障碍洗手间或专用厕位。

(5) 选址要求

除了考虑就近安排的原则外,不管是紧急还是长期(固定)避难场所的选址、安排,要注意参考市地震防灾减灾规划中的《北京市域地震断裂带及动参数区划图》断裂带分布情况,见图6-1。一定要避让地震断裂带,砂土液化、沉降、地裂、泥石流等可能发生地质灾害的地区,以及远离泄洪区、低洼地易积水地区,高压线走廊区域,以确保前来避难市民的安全。另外,也不要将避难场所安排在存放易燃易爆品、化学品等仓库的周围地区。避难场所还要安排在建筑倒塌范围之外。

(6) 对避难场所周围建筑的要求

应急避难场所,尤其是长期(固定)避难场所周围的建筑要采用抗震防震、防火耐火材料和构造,并且考虑建筑的倒塌范围,同时,还要注意建筑高度和密度问题。

根据唐山地震房屋倒塌情况分析,一般建筑物倒塌范围的测算方法为:砖石混合结构、预制楼板房屋为1/2H—1H;砖石混合结构、现浇板房屋为1/2H;砖承重墙体房屋为1/3H—1/2H。其中H为建筑檐口至地面的高度。

(7) 对避难场所疏散道路的要求

应急避难场所疏散道路对于受灾市民前来避难,意义重大,直接关系到疏散速度,以及今后政府部门的救助工作。紧急避难场所应设置2条以上疏散道路;长期(固定)避难场所应设置4条以上疏散道路(要安排在不同方向上)。另外,参照一般防火通道的有关宽度标准，紧急避难场所的道路宽度不小于 3.5 米，长期避难场所疏散道路的宽度不小于 15 米。

(8) 对避难场所的所有权人、管理人(单位)的要求

避难场所的所有权人或者管理人(单位)要按照规划要求，安排所需设施(备)、应急物资，划定各类功能区，并且设置标志牌。避难场所的所有权人要经常对避难场所进行检查和维护，保持其完好，以保证其在发生地震时能够有效地利用。已确定为避难场所用地的，不论是何类何等，在地震发生时，有关所有权人或者管理人(单位)均应无偿对受灾群众开放。

6.2.6　避难场所建设必要的保障条件

北京现在面临着可能发生中强地震的形势，因此，在制定应急避难场所规划、确定避难场所建设原则时，要考虑并紧密结合城市建设实际和中心城人口现状，以及可利用作避难场所用地资源现状等情况，采取均衡布局的方法，力求尽可能多地规划安排避难用地，以求安置更多的受灾居民，减少不必要的人员伤亡。

建立和完善市、区、街道三级综合灾害应急指挥机构。这是全市综合灾害应急和减灾工作必须建立的政府组织机构。三级指挥中心密切协作，能够保证全市抗灾减灾工作的正常进行。这样，全市将形成市级综合灾害应急指挥中心一个，区级 19 个(包括北京经济技术开发区)，街道级数百个的灾害应急指挥机构(组织)。规划纲要建议：组建市级综合灾害应急避难场所建设办公室，具体负责和协调区县、新城、镇等地震及应急避难场所专项规划的编制和实施，包括审查具体个案避难场所规划和配套设施建设方案等项工作，以加快和推动北京市避难场所建设。

建立避难场所资料库。要对所有应急、长期(固定)避难场所做到心中有数，要尽快建设全市性避难场所数据库，以及各区县、街道数据库。这些数据库主要包括以下内容：避难场所的具体位置及编号、面积大小、可容纳人数、与避难道路的连接状况、配套设施情况等。另外，数据库建立后，还要再通过仔细核(普)查，进一步挖掘可利用的新的避难场所用地，并配之以必要的设施。

大力增加避难场所用地，主要是增加小绿地、小公园。

① 城市建设要注意绿地建设。中心城现状是建筑密度大，居住人口多，安全隐患大。从规划用地角度分析，避难用地严重不足，因此，在进行开发建设，以及旧城区危旧房改造时，一定要结合绿地规划，包括广场建设，有目的、有计划地增加避难用地，尤其是在安排居住区(社区)级小公园、小花园时更应重视这一问题。如果有条件，建设皇城根遗址公园那样的既有一定长度，又有一定宽度的绿地(带状公园)，以满足附近居民避难的需要。大型居住区，尤其是新建居住区、不断扩大规模的居住区，如回龙观、望京地区等，人

口密度高、高层建筑密集,尤其要关注建设公园绿地问题,尽可能多安排,绝不能只重建设,而忽略了防震避难这一事关人民群众生命财产安全问题。

② 重视公园绿地的综合防灾减灾作用。根据综合防灾减灾的需要,参照国外主要是日本城市规划安排避难场所的经验,公园绿地最适合用作避难场所。例如,日本阪神地震后,十几万受灾市民疏散到城市公园中避难。现在日本的主要大城市都建设了防灾公园。另外1976年唐山大地震波及北京,据有关资料介绍,包括中山公园在内的三个大型公园,当时接纳了17万受灾群众避难。一些规模较大的公园还成了当时各级政府进行救援工作的指挥中心和物资集中(发放)地。另外,公园中的有些设施,如供水管线、小运动场地、小卖部等,在受灾群众的避难生活中起到了很大的作用。

城市绿地在防灾减灾方面的作用还包括它具有可以有效地防止和阻断地震后次生火灾蔓延的功能。例如,日本关东地震后发现,地震时63%的次生火灾是由于城市绿地这一开放空间的存在而熄灭的,只有37%是通过人工扑灭的。此情况也佐证了城市绿地除具有疏散避难作用外,还具有减少和阻断地震次生灾害的作用。因此,对居住区公园绿地建设工作应给予充分的认识,从减少人民群众伤亡,保护其生命安全的高度去认识。进行居住区、居住小区规划建设,要认真执行并完成居住区人均2平方米,居住小区人均1平方米公共绿地的指标要求。

(4) 建立应急救灾物资储备系统。要保证灾后救灾工作的顺利开展,应建立市、区级救灾物资储备和保障系统。该系统以市级救灾物资储备库为中心,以下设区县级分储备点(库)中心为结点的全市综合仓储网络。

根据综合救灾的需要,科学地规划储备物资的品种和总量,包括食品、药品、帐篷、救灾锹镐铲绳等,并健全灾民救助物资储备制度,以保证灾时、灾后市民的生产和生活正常进行。另外,可以考虑综合开发地下空间资源,包括地下人防设施,利用地下空间进行救灾物资储备。这点对于城区救灾来讲,非常重要,可以起到及时、快速调用各类物资的作用。另外,要根据城市新的总体规划的安排,结合北京市仓储物流设施布局调整工作,利用原有仓储设施,建议在四、五环路附近,有计划地选择和安排2~3处救灾性质的专业物流园区,或者综合性物流园区,要在其中辟出一定的容量用来储存救灾救援物资。

6.2.7 规划实施条件

编制规划,就要有规划实施的保证条件,否则规划再好,也将不能发挥作用。尤其是本避难场所规划纲要,因事关城市建设和发展,事关市民生命和财产安全,其实施保证条件就更显重要了。

(1) 建立各级防震减灾领导机构

市政府设立应急委员会(包括防震减灾方面),各区、街道也要建立相应的机构,并将防灾减灾工作作为一项重要内容，这是保证专项规划实施的重要组织保证条件。三级政府都有了专门的领导机构和专门的人员，综合防灾减灾工作就落实到了实处。

（2）编制与避难场所规划相协调的应急疏散预案

有了避难场所规划，建设了相应的配套设施，若发生地震等灾害，安全疏散、有秩序地安排受灾居民就是大问题了。因此，各区要根据各自的具体情况，编制与避难场所规划相协调的应急疏散预案，这是保证规划纲要顺利实施的关键。

（3）加强综合防灾减灾知识的宣传教育，增强全民防范意识

要在全市范围宣传、普及防灾减灾知识，让普通市民知晓防灾减灾的内容，了解避难场所专项规划，清楚所在地区避难场所的位置，这样才能在发生地震时，有备无患，以平稳的心态应对突发事件，将灾害损失减少到最低水平。要结合"国际减灾日"，即每年十月的第二个星期三，进行全市范围的防灾减灾宣传教育活动，普及自救知识和技能。有必要在中小学开展防灾避难知识方面的教育，从小抓起，提高防范意识，有条件的还可以进行相关的演习。

（4）应急避难场所规划与各方面的参与和支持

① 避难场所规划是一项系统工程，实施的成功与否要靠各部门的协调配合。需要在市政府的领导下，坚决落实《北京市破坏性地震应急预案》中确定的各级应急机构、各有关部门应承担的应急行动职责，市地震行政主管部门和发展计划、经济、建设、园林、教育、体育、民政、市政管理、国土房管、民政、公安、卫生和文物等行政主管部门等，按照职责分工，各负其责，密切配合，才能做好此项工作。作为避难场所的管理人或所有人，各级园林、教育、体育、民政等主管部门应编制相关财政预算，以保证避难场所配套设施、物资储备设施等所需资金，保障市、区、新城等各级避难场所规划的顺利实施。

② 各基础设施部门，包括水电气生产企业、园林绿化、学校、通信等单位要积极参与防灾减灾避难场所建设工作。还要充分发挥街道组织、社区居民委员会、村民委员会的作用，依靠所有国家机关、社会团体、企事业单位和全体市民的共同努力，使本专项规划发挥其应有的效能，最大限度地减轻各类灾害造成的损失。

（5）政府加大资金投入，完善避难场所配套设施

（1）市、区政府应将防灾减灾工作纳入国民经济和社会发展计划，在财政预算和物资储备中，安排一定的抗灾救灾工作经费和物资，适当拨款进行已确定作为避难场所的公园等的配套设施建设，将避难场所所需设施（备）建设好，并使其在需要时能用好用。

（2）鼓励有条件的单位开展地震等灾害应急救助技术和装备的开发研究和研制；要建立灾害紧急救援专业队伍，配备现代化的专业设备，并且注意平时训练，以做好充分准备，迎接突发地震灾害。

关键术语

应急避难场所　**固定避难场所**　**临时避难场所**　地震应急避难场所　应急避难场所标志

复习思考题

1. 简述社区应急避难场所的规划与建设的基本原则和方法。
2. 简述社区应急避难场所规划、建设、维护、管理的具体要求。
3. 简述Ⅰ类地震应急避难场所基本要求。
4. 简述Ⅱ类地震应急避难场所基本要求。
5. 简述Ⅲ类地震应急避难场所基本要求。

阅读材料

南京社区“配套”应急避难场所

在南京雨花台区康盛花园小区看到,在小区干道的醒目处,竖立着多块写有“应急避难场所”的指示牌,顺着指示牌一路走过去,小区现有的公共绿地,就是一个天然的应急避难场所。

依靠小区现有的公共绿地等资源“配套”应急避难场所,这只是人防进社区其中的一项工作。市人防办主任贯德裕坦言,以前人防工作进社区,绝大多数还停留在宣传民防知识的层面,居民对人防不了解、不支持,更缺乏防空防灾知识和自救互救技能。

1. 篮球场可“变身”棚宿区

刚走进雨花台区的康盛花园小区,就被主干道上一块块“应急避难场所”的指示牌吸引了注意力,顺着指示牌一路走过去,就到达了小区现有的公共绿地,这块公共绿地不仅有个小广场,还有一个篮球场。社区工作人员介绍说,一旦遇到突发灾害,这里便可立即“变身”为应急避难场所,邻近的篮球场还可就地成为棚宿区。

2. 实战演练遇灾不慌张

人防部门为社区配备应急柜等应急抢险器械物资,同时建设一个有水源的应急避难场所,定期组织应急演练,真正让每位居民在地震或火灾等灾害来临时,知道如何逃生和互救。秦淮区龙苑新寓社区书记杨金福告诉记者,以楼栋为单位的逃生演练将一个月举办一次,以小区为单位的演练一个季度进行一次,全社区的演练每年将举办一至两次,此外社区还有人防志愿者，关键时刻他们都将成为疏散引导员。

3. 应急联络卡求生“一卡通”

康盛花园社区的工作人员还给记者展示了“家庭应急防护联络卡”，上面不仅有常见的火警、急救等联络电话，还有普通市民不大知晓的市地震局、区人防办的应急求助电话。工作人员表示，家庭是各类灾害的第一应对者，有准备的家庭是减轻灾害后果的首要因素。

4. 疏散路线图指出逃生路

除了“应急避难场所”的指示牌，在雨花台区的康盛花园社区，以及秦淮区的龙苑新寓社区，记者都看到了防空防灾应急疏散路线示意图。“人防工作进社区，应急处置是关键。”南京市人防办主任贯德裕接受采访时说，人防工作进社区不搞形式不做摆设，关键是要落实就近疏散的原则，制定多条路线，力求灾害发生时，在最短时间内将居民疏散到合适的地点。

5. 应急包再发5万只

由区县人防办为社区统一配置的应急柜和应急救灾器材已经在试点社区配备到位，人防应急柜里配有警用强光电筒、灭火器、逃生绳、大功率喊话器等器材。2011年市人防办通过摇号向“江南八区”居民免费发放4万个应急救援包。2012年将再发5万只。

资料来源：扬子晚报网：http://www.yangtse.com/system/2011/10/21/011913815.shtml.

问题讨论

1. 结合案例，试述我国社区应急避难场所的规划与建设的具体标准与要求。
2. 在倡导社区应急避难场所建设“百花齐放”的同时，还需要注意哪些问题？

本章延伸阅读文献

[1] 地震应急避难场所　场址及配套设施(GB 21734—2008).
[2] 地震应急避难场所场址及配套设施要求(DB34/1072—2009).
[3] 城市社区应急避难场所场建设标准(建标 180—2017).
[4] 北京市地方标准《地震应急避难场所标志》(DB 11/224—2004).
[5] 天津市地方标准《应急避难场所标志》(DB 12/330—2007).
[6] 兰韵，李晓盈.智慧型应急避难场所建设模式探索[J].智库时代，2019(9)：204，214.
[7] 陈刚，付江月，何美玲.考虑居民选择行为的应急避难场所选址问题研究[J].运筹与管理，2019(9)：6-14.
[8] 李玟玟，王媛，陈安，陈晶睿.城市安全观背景下中国应急避难场所现状[J].科技导报，2019，37(16)：38-47.

第7章 社区风险评估技术

CHAPTER 7

7.1 社区风险评估方法

7.1.1 社区风险评估概述

风险评估最早出现在20世纪30年代的保险行业，而后随着工业化进程的日益深化，生产安全事故日益增多，生产安全评估被越来越多地运用工业生产。[①] 与此同时，风险评估也被广泛应用于金融资产、信息安全、环境安全等领域。

在灾害风险方面，最早引起了人们对灾害关注的是自然灾害，而灾害评估是为了预防、减少或者减轻自然灾害的影响而进行的有效手段。早在1987年，联合国就通过决议，确定了20世纪最后十年开展"国际减轻自然灾害十年"的活动，并在1991年联合国国际减灾十年(IDNDR)科技委员会提出了《国际减轻自然灾害十年的灾害预防、减少、减轻和环境保护纲要方案与目标》，在三项实施方案中的第一项就是进行灾害风险评估，提出各个国家对自然灾害进行风险评估，即评价危险性和脆弱性。[②]

社区风险评估是风险评估理论方法在社区中的具体应用，是建立以社区为本、以社区居民为主体的灾害管理模式的重要组成部分，旨在评估社区可能面临的各种灾害及其影响、社区的能力及脆弱性，关注社区灾害弱者面临的风险性质和水平。[③]

7.1.2 社区风险评估的内容

社区风险评估是社区安全治理的第一步，具有较强的专业性，其基本原理是将致灾因子和脆弱性两大因素在社区风险评估模型中的整合，见图7-1。社区存在多种危害，是

---

① 罗云，樊运晓，马晓春.风险分析与安全评价[M].北京：化学工业出版社，2004.

② 白铁.地质灾害风险评估方法[M].北京：地质出版社，1998.

③ 滕五晓.社区安全治理：理论与实务[M].上海：上海三联书店，2012.

一个灾害因素相互关联、相互制约的复杂系统。**危害**指的是具有潜在破坏力的自然事件、现象或人类活动，它们可能造成人员伤亡、财产损害、社会经济混乱或环境退化。在联合国对灾害的定义中，特意略去了经常连用的“自然”二字，灾害不仅是自然灾害，**灾害**是由自然致灾因子与社会、人类脆弱性相结合导致的结果。在进行风险评估时，一般分为致灾因子和承灾体脆弱性两类分析。

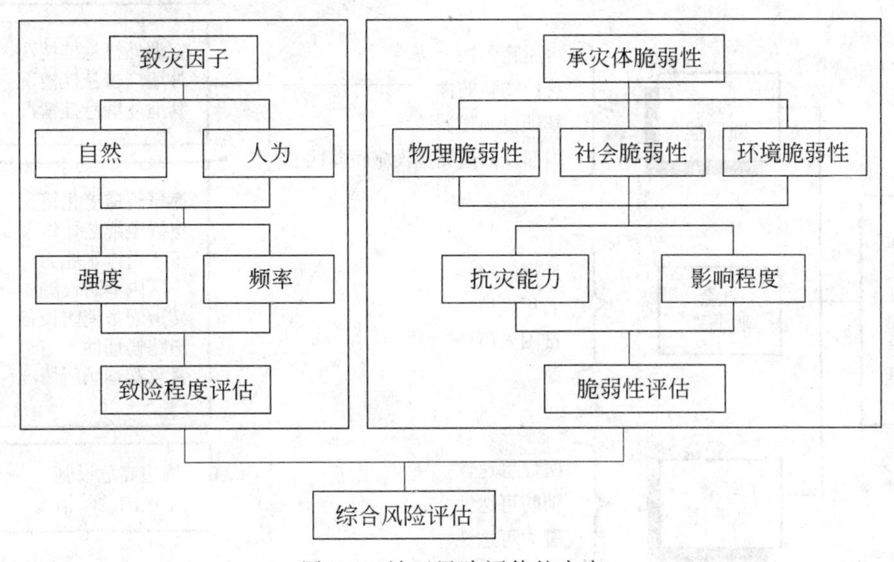

图 7-1　社区风险评估的内容

1. 致灾因子

致灾因子指的是对生命、财产、生活以及人类依赖的环境等可能带来潜在威胁和伤害的灾害因素。致灾因子主要包括自然灾害和人为灾害(主要包括事故灾难、公共卫生事件和社会安全事件)，主要强调灾害的自然属性，忽略社会属性。

2. 承灾体脆弱性

社区承灾体脆弱性如图 7-2 所示。国际减灾战略(ISDR)将脆弱性定义为一个社区、系统或资产的特点和处境使其易于受到某种致灾因子的损害。脆弱性是一种状态，这种状态决定于一个系列能够导致社会群体对灾害影响的敏感性增加的自然、社会、经济和环境等因素或过程。由此可见，自然、社会、经济和环境都是脆弱性的主要根植和直接影响因素。本书将**脆弱性**定义为承灾体(如表 7-1 所示)在面对潜在的灾害危险时，由于自然、社会、经济和环境等因素的作用，所表现出来的物理暴露性、应对外界打击的固有敏感性及与承灾体相伴生的人类抗防风险的能力。

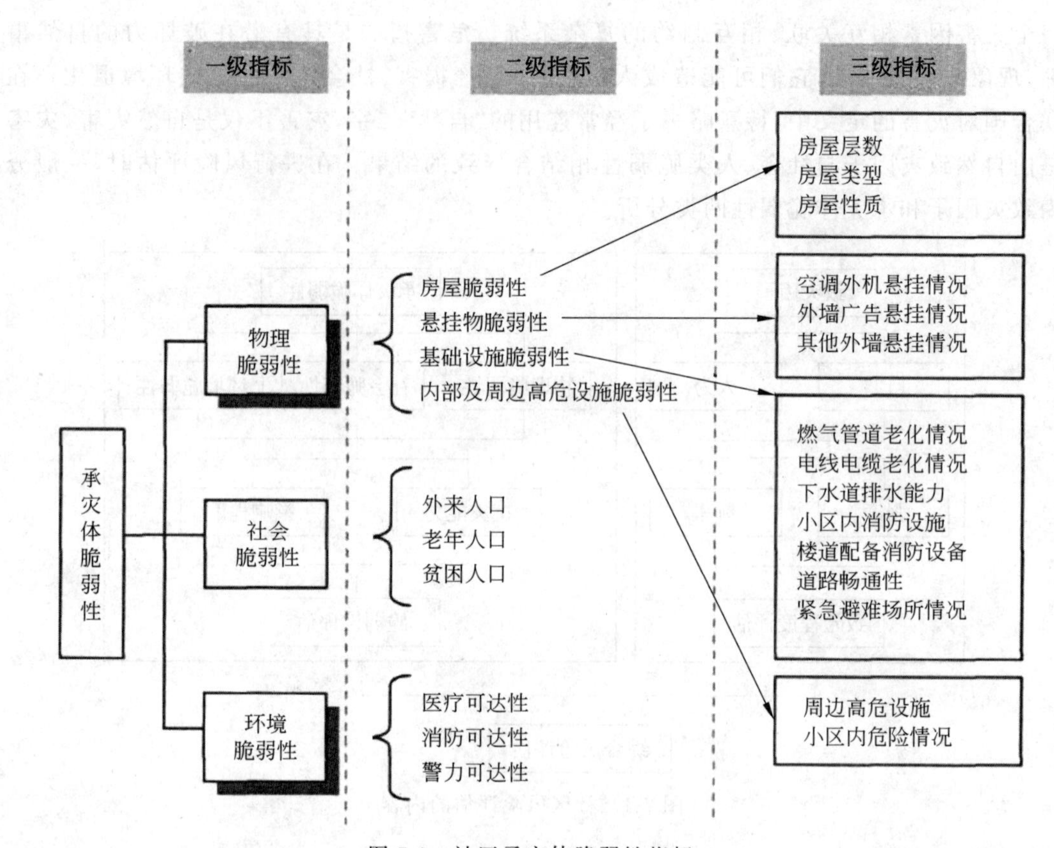

图 7-2 社区承灾体脆弱性指标

表 7-1 城市社区脆弱承灾体列表

脆弱性评估	指 标	具 体 内 容
物理脆弱性	房屋	结构
	悬挂物	空调外挂机、外挂广告牌、高空花盆
	基础设施	围墙、电线、水管、煤气管、道路、工地
	周围高危设施	工厂、加油站、废弃物储存仓库、堤坝、煤气站(液化气站)
经济社会脆弱性	人群	老年人、低学历者、贫困人口、失业人员、残障人、外来人比例
	经济	GDP
环境脆弱性	社会环境	医院地、消防站、派出所

7.1.3　社区风险评估的步骤

1. 风险识别

了解自己或周遭环境潜在的危险源及危险可能造成的冲击或影响，这是风险管理的第一个环节。社区风险识别包括以下几个关键步骤。

(1) 风险信息的收集。通过灾害事例回顾，寻找自身周边环境的历史灾害事故，对其进行收集分析，找出自己可能面对灾害的基本情况，包括灾害发生的源头、原因、强度等情况。可以运用灾害实例分析、头脑风暴法等方法，将各类文献、报道记载的灾害归纳为四大类灾害，即自然灾害、事故灾难、公共卫生和社会安全事件。

(2) 灾害情况识别。如果要找出日常生活中的潜在灾害危险因素，必须进行实地勘察。在对灾害进行收集信息、分析重点以后，可以排除本社区不可能发生的灾害，同时形成灾害核查表，注意核查识别重点灾害。通过邀请对该灾害有管理经验或知识的人来协助，可使风险识别工作更准确有效率。在开展灾害情况识别时，还需要考虑灾害发生的频率及其强度。

(3) 脆弱性识别。灾害要产生危害，不仅和灾害本身的特性有关，也和承受灾害的主体(承灾体)的特质有关，这就被称为承灾体脆弱性。承灾体脆弱性是和特定的灾害相联系的，比如说房屋的结构和地震风险相关联，而和集体食物中毒没有关系。通过全面考虑各类可能发生的灾害情况，归纳总结各类灾害相对应的脆弱性，形成脆弱性识别的核查表，对承灾体的脆弱性进行识别。

(4) 灾害风险识别情况汇总。最后可以通过表格，对灾害情况和脆弱性识别的情况进行汇总。同时可以根据实际情况，绘制风险地图。进一步，则可以通过模型方法，计算灾害风险的等级，归纳对本社区影响最大的灾害风险，并针对本社区的特殊情况，通过制定预案，采取风险管理措施，降低风险。

2. 风险评估建模

获取基本的可用信息或数据，选择适当的模型与分析方法建立风险评估模型(如图7-3)，这是风险评估的关键。

3. 风险评价

根据一定的评判标准(如表7-2)，判断风险大小和等级。承灾体脆弱性指标取值范围为1～5，1为脆弱性最低，5为脆弱性最高。单个指标的标准化及赋值方法主要有以下三种。

(1) 标准值法。这种方法主要适用于以统计数据为数据来源的指标，例如以上海市平均值或者承诺值为标准值分，上下浮动获得单个指标评分。

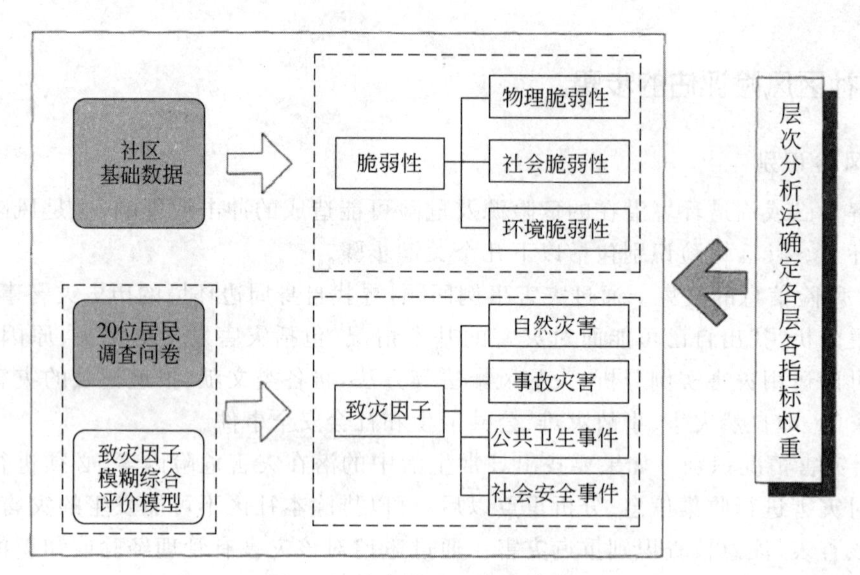

图 7-3　城市社区风险评估模型

表 7-2　上海社区致灾因子致险等级

风险	致灾因子	新建社区(新江湾)			老式社区(彭浦新村)			旧式里弄(愚谷邨)			棚户简屋(曹家村)			城郊接合部(长征镇街道)		
		频率	强度	风险	频率	强度	风险	频率	强度	风险	频率	强度	风险	频率	强度	风险
自然灾害	地震	1	4	2	1	5	3	1	5	3	1	5	3	1	5	3
	暴雨	5	1	3	5	3	4	5	4	5	5	5	5	5	3	4
	台风	4	1	3	4	3	4	4	4	4	5	5	5	4	3	4
	寒潮	3	1	2	3	2	3	3	2	3	3	2	3	3	2	3
	雪灾	2	5	2	2	2	2	2	2	2	2	3	3	2	2	2
	极端气温	2	1	2	2	1	2	2	1	2	2	1	2	2	1	2
	大雾	5	1	3	5	1	3	5	1	3	5	1	3	5	1	3
	地面沉降	1	2	2	2	1	2	3	4	4	2	2	2	2	2	2
事故灾害	生产安全事故	2	3	3	1	1	1	1	1	1	1	1	1	1	1	1
	房屋安全事故	2	2	2	4	3	4	5	4	5	5	5	5	4	3	1
	交通事故	5	4	5	4	2	3	4	2	3	4	3	4	5	2	4
	公共设施和设备事故	2	1	2	2	2	2	2	2	2	2	2	2	4	2	3

续表

风险	致灾因子	新建社区（新江湾）			老式社区（彭浦新村）			旧式里弄（愚谷邨）			棚户简屋（曹家村）			城郊接合部（长征镇街道）		
		频率	强度	风险	频率	强度	风险	频率	强度	风险	频率	强度	风险	频率	强度	风险
事故灾害	辐射事故	2	1	2	1	1	1	1	1	1	1	1	1	1	1	1
	火灾事故	3	2	3	5	4	5	5	5	5	5	5	5	5	4	5
	触电事故	1	1	1	2	2	2	2	2	2	3	3	3	2	2	2
	煤气中毒事故	1	1	1	2	2	2	2	2	2	3	3	3	2	2	2
	施工事故	3	3	3	4	3	4	4	4	4	4	4	4	4	2	3
	溺水事故	4	4	4	1	1	1	1	1	1	2	2	2	1	1	1
卫生	食品安全	2	1	2	1	1	1	1	1	1	2	2	2	1	1	1
	传染性疾病	1	1	1	1	1	1	2	2	2	3	2	3	1	1	1
社会安全事件	入室盗窃	4	2	3	4	2	3	5	2	4	5	3	4	5	3	4
	偷盗	4	2	3	4	2	3	5	2	4	5	3	4	5	3	4
	两抢事件	1	1	1	4	2	3	4	2	3	4	3	4	4	2	3
	个人极端事件	1	1	1	1	4	2	2	4	3	2	4	3	1	4	2
	拆迁事件	1	1	1	3	2	3	4	2	3	4	2	3	4	2	3
	群体性事件	1	1	1	4	2	3	4	2	3	4	2	4	5	2	4

(2) 百分比赋值法。这种方法主要适用于指标内容涵盖了所有分类，所得数据为该分类占所有类型的百分比，且所有分类相加为100%。如房屋层数、房屋类型、房屋性质。如指定紧急集合避难场所允许的外来人口比例。

(3) 专家赋值法。上述两种方法都有一定的标准值，或者说是对各指标数据进行标准化处理的依据。对于另一些指标，因为缺少社区层面灾害统计资料，因此完全由专家进行赋值，划分等级。如空调外机悬挂情况、外墙广告牌悬挂情况、其他外墙悬挂物附加物情况。

7.2 致灾因子评估

7.2.1 致灾因子的基本内容

致灾因子一般可以分成自然因素和人为因素两种。根据我国《突发事件应对法》,突发公共事件分成四大类:自然灾害、事故灾难、公共卫生事件和社会安全事件。可以将致灾因子类比于突发公共事件进行分类,为利用灾害统计数据提供了一致性保障。对于每一类,还需要继续分析其具体的致灾因子种类和可能造成的危害,表 7-3 罗列了对城市社区可能造成危害的致灾因子。

表 7-3 城市社区致灾因子一览表

风险因素	致灾因子	
自然灾害	地震	地震
	气象灾害	暴雨、台风、寒潮、雪灾、极端气温、大雾、雾霾
	海洋灾害	咸潮、风暴潮、海浪、赤潮
	地质灾害	地面沉降
事故灾难		生产安全事故、交通事故、公共设施和设备事故、拆迁事故、辐射事故、火灾事故、触电事故、煤气中毒事故、施工事故、环境污染、生态破坏事故、溺水事故、化学品爆炸、有毒气体泄漏、其他事故
公共卫生事件		传染病疫情、狂犬病、群体性不明原因疾病、食品安全、职业危害、其他卫生事件
社会安全事件		入室盗窃、偷盗事件、两抢时间、暴力恐怖事件、个人极端事件、拆迁事件、群体性事件、其他刑事案件

农村社区还应考虑农作物病虫害、牲畜疫情等致灾因子。

7.2.2 致灾因子评估的基本步骤和方法

1. 罗列可能的致灾因子

事实上,致灾因子并不一定对于所有城市、社区均构成危害。因此,每个社区在进行致灾因子评估时,需要根据自身的实际,选择对本社区可能造成危害的致灾因子。

对于建立一个适用于较大区域,比如一个城市的致灾因子评估模型,则需要对这个地区社区的各种情况进行初步的研究。可以采用的方法主要包括以下几方面。

(1) 头脑风暴法。风险管理专家、政府公共安全管理人员、社区民众等集中在一起，就本地区可能存在的全部风险各自进行排列，就各个风险的发生频率及其对本地区社区的危害性进行评估，再共同按一定步骤分析讨论。

(2) 案例分析法。根据相关政府管理部门、社会组织的统计资料，对需要研究的行政区域内的历史灾害数据进行统计分析，选取对本地区造成灾害的致灾因子，并根据其危害程度进行罗列、排序。

(3) 现场调查法。首先对本地区的社区类型进行初步的分类，选取典型社区进行现场考察，分析各个典型社区曾经发生的灾害，总结归纳各个典型社区的灾害，获得该城市社区的致灾因子列表。

2. 选取合适的评价方法

对社区可能造成危害的致灾因子种类繁多，涉及四大类灾害，也有各自的测量方法。对灾害致险程度的综合评估主要由致灾因子的强度和概率决定的。致灾因子的强度可以受到灾害本身的变异程度(如震级、风力大小等)或者承灾客体所承受的灾害影响程度(如地震烈度、洪水强度等)等指标影响[①]。自然灾害风险都有其特定的衡量指标，例如地震有震级烈度、台风有风力风速、暴雨有每小时降水量等，这些等级都是衡量风险的较为客观的等级。但是这些都是衡量较大范围下自然灾害的统计指标，比如上海市或者某个区的自然灾害情况，而对于社区(居委会层面)的自然灾害统计，并没有敏感度如此高的指标可以使用。对于其他类致灾因子，也都存在同样的问题，特别是对于致灾因子的强度，现有的大多数研究因为评估的范围尺度较大，因此多用死亡人数或者经济损失作为依据，但是在社区层面这样是不合适的。

国际上通行的测量致灾因子风险度的方法是使用历史数据从死亡人数和经济损失这两个维度来评价。比如，联合国开发计划署(UNDP)2004 年研究发布的灾害风险指数，以国家为单位，考察地震、台风、洪水和干旱这四类风险造成的死亡人数，以此衡量致灾因子的风险度。但是此类历史数据在社区层面一方面是没有统计，或数据不可得，另一方面死亡人数等在社区层面较为少见，不适合作为普遍的测量指标。因此，在社区致灾因子评价中，需要建立一个可以统一测量四大类致灾因子，并且对于不同社区，这样一个较小的区域范围内，有一定的敏感度、区分度的评价方法。

首先，遵照一般致灾因子评估的方法，分为频率和强度两个维度，只是在如何衡量这两个维度上，社区致灾因子评估需要有新的方法，而不是沿用某些既有的测量指标。

① 葛全胜，邹铭，郑景云．中国自然灾害风险综合评估初步研究[M]．北京：科学出版社，2008.

其次,引入模糊数学作为工具。模糊数学是 L. A. Zadeh 在 20 世纪 60 年代创立的研究和处理模糊性现象的一种数学工具,用精确的数学方法来处理无法用数字描述的模糊事物。[①] 对在社区层面的致灾因子的频率和强度进行衡量时,通过采用模糊语言来给出频率和强度的不同程度的评语,以此来进行模糊综合评价。对于每一个致灾因子,通过频率和强度两组评语,让社区民众给出他们认为该致灾因子对于本社区的影响程度强弱。

频率不仅指已经发生的事件的频率,更重要的是指被调查者主观认为该致灾因子发生的可能性。一共分成五级,具体见表 7-4 所示。

表 7-4 致灾因子发生频率等级评定指标

概率等级	评价标准	概率等级	评价标准
1	几乎不可能发生	4	比较可能发生
2	不太可能发生	5	非常可能发生
3	有可能发生		

强度也是不仅指已经发生的事件的强度,更重要的是指被调查者主观认为该致灾因子发生的强度。一共分成五级,具体见表 7-5 所示。

表 7-5 灾害致险强度等级评定指标

强度等级	评价标准	强度等级	评价标准
1	强度非常低	4	强度较高
2	强度比较低	5	强度非常高
3	强度一般		

根据致灾因子发生的频率以及致险强度这两项指标,通过风险矩阵来确定风险的致险程度等级。在风险矩阵中,分别将致灾因子发生的频率以及致险强度这两项指标按照频率从低到高以及强度从低到高划分成 5 级,形成立联交叉表,强度指标横向向右逐渐变大,频率指标纵向从上到下逐渐变大。整个矩阵从左上方到右下方等级逐渐变大。表 7-6 所提供的风险矩阵是依据 Peijun S 等建立的"自然灾害风险水平矩阵图"所建立的,用来确定所有致灾因子的灾变致险程度等级。

---

① 冯启民,孙峥,颜锋,等.城市社区抗震能力模糊综合评价模型[J].世界地震工程, 2007,23(1): 1-5.

表 7-6　致险程度等级评估矩阵

频率＼强度	1	2	3	4	5
1	1	2	2	2	3
2	2	2	3	3	4
3	2	3	3	4	4
4	2	3	4	4	5
5	3	4	4	5	5

致灾等级所代表的含义见表 7-7。

表 7-7　致险程度等级评定含义

强度等级	评价标准	强度等级	评价标准
1	致险程度非常低	4	致险程度比较高
2	致险程度比较低	5	致险程度非常高
3	致险程度一般		

3. 建立致灾因子评估模型

建立致灾因子模糊综合评价模型要遵循模糊综合评价方法的一般方法。[①] 其主要步骤包括：一是建立评价对象因素集；二是建立评语集；三是建立单因素评价模糊矩阵；四是综合评价。

4. 评估致灾因子，并获得致灾因子综合风险度

致灾因子识别需要发动广大社区民众，通过综合他们对于各类致灾因子的主观感受，来全面地反映社区致灾因子风险等级。

为保证评价的可靠性，评价人数不能太少，因为只有这样，等级比重才趋于接近隶属度，因此每个社区都至少要选取 20 位居民。需要考虑评价人的代表性和对社区的熟悉性，以 20 人为例，对这 20 位填写人的要求如下。

基本要求：18 岁以上成年居民，并且均需居住在本社区达 5 年以上；

性别要求：男女各半，即男性 10 位，女性 10 位；

年龄要求：其中 60 岁以上老年人口不高于 10 位，35 岁以下年轻人不低于 5 位。

在这 20 位居民对本社区各类致灾因子进行频率和强度的评估之后，对数据进行汇总分析，并运用上一步建立的致灾因子模糊综合评价模型，代入计算，获得致灾因子综合致险度。

---

① 胡宝清.模糊理论基础[M].武汉：武汉大学出版社.2004.

上文详细介绍了致灾因子评估的四个步骤：罗列致灾因子→选择适合的评价方法→建立统一的评估模型→应用模型进行致灾因子评估分析。选择合适的评价方法和建立统一的评估模型是密不可分的，可以根据评估的目的和内容，选择不同的方法。此处，为了统一四大类致灾因子的评价方法，并且为了切合社区风险评估让更多民众参与其中、识别身边致灾因子的目的，选用了模糊综合评价法，作为建立评估模型的方法，依托模糊综合评价的特色，由至少 20 位社区民众对致灾因子采用 1～5 级模糊评语来评估其发生的频率和强度。

7.3 脆弱性评估

7.3.1 承灾体脆弱性的基本定义和内容

如果说致灾因子无论是天灾还是人祸，对社区可能造成不同类型、不同程度的损害，这是一种外在于社区的力量；而同样的灾害，比如同样烈度的地震，在不同的地方，因其建筑的结构、防范措施、人员密度等不同，造成的损失也不一样，这是由社区自身的因素造成的，这就是承灾体脆弱性这一概念提出的原因。

承灾体脆弱性指的是承灾客体受到灾害风险冲击时的易损性程度，它由一系列自然、社会、经济因素及相互作用过程所决定，包括所表现出的物理暴露性、应对外部打击的固有敏感性及与承灾体相伴生的人类抗防风险的能力。

在进行脆弱性评估的时候，需要分解几个方面的因素，可以分为：对物理上的脆弱性评估、对经济社会脆弱性的评估和对环境的脆弱性评估。物理上的脆弱性评估主要是评估房屋、基础建设的脆弱性，包括设计上、结构上、所处的位置等，这类脆弱性主要是识别现存房屋的缺陷，为房屋选择更好的地理位置，完善结构，把握不同资源的使用优先程度。经济社会脆弱性评估主要评估人群或经济面对灾害的脆弱程度，其中直接影响包括个体伤亡，间接影响包括就业中断以及经济活动受阻。不同人群会因为不同房屋质量、经济稳定程度以及对援助的可获得性，形成本身脆弱程度的差异。环境的脆弱性评估关注环境因素，例如发生火灾后消防能否快速到达，并展开有效灭火和救援等。

根据社区范围的大小，是一个小区(居委会)，还是一个街道进行评估，在物理脆弱性、经济社会脆弱性以及环境脆弱性方面可以选择的评价指标是不同的，并且也要根据每个城市的具体情况进行调整。表 7-8 是城市社区在物理、经济社会以及环境三个维度上可能存在的脆弱性列表。

表7-8 城市社区脆弱承载体列表

脆弱性评估	指 标	具体内容
物理上的脆弱性	房屋	结构
	悬挂物	空调外挂机、外挂广告牌、高空花盆
	基础设施	围墙、电线、水管、煤气管、道路、工地
	周围高危设施	工厂、加油站、废弃物储存仓库、堤坝、煤气站(液化气站)
经济社会脆弱性	人群	老年人比例、低学历者比例、贫困人口比例、失业人口比例、残障人口比例、外来人口比例
	经济	GDP
环境脆弱性	社会环境	医院、消防站、派出所

7.3.2 脆弱性评估的步骤和方法

1. 罗列可能的脆弱性,建立脆弱性评估指标层次

建立某个区域统一的社区脆弱性评估的时候,需要特别注意,每个区域不同类型的社区最为脆弱的环节都不尽相同,需要分析典型社区类型,在实地走访、预调研、专家咨询等方法的基础上,罗列汇总不同类型的脆弱性,使之既具有科学性、合理性,可以客观地反映社区综合风险状况,又符合社区实际,具有简明性、易懂性,方便广大居民的参与,提高风险安全意识。

脆弱性评价指标的选取应该符合一定的基本原则,这样才能使得所选取的指标具有代表性、合理性、科学性和客观性,才能够全面、系统地反映社区综合风险特征,使整个评估模型具有科学依据和价值。

(1) 科学性原则。科学性原则是指标构建的基本要求,选取的指标要能够客观反映城市社区脆弱性的等级,而且评价指标必须有一定的依据,科学可靠。

(2) 全面性原则。城市社区综合风险评估指标体系涉及城市社区的物理特征、人口、环境、致灾因子发生情况等诸多领域,因而指标的选取和指标体系的建立需要具有一定的全面性和内在逻辑性。

(3) 针对性原则。指标的选取也需要根据城市社区的特征,选择符合城市社区特征、与所要测量的内容联系最为紧密的指标。

(4) 可行性原则。指标体系中的每一项都要具有在社区层面的可行性,方便数据收集,也要尽可能和统计数据相一致。社区自我评估可操作性强,可以利用该指标体系识别脆弱性,进一步提高城市社区的灾害防范能力。

(5) 定性和定量相结合原则。定量指标易于分级和比较,但对于综合性、关联性反映不足,可采用部分定性指标转化为定量指标以获得更高的可信度。

2. 选取合适的评价方法

选取了合适的脆弱性评价指标之后,需要对每个指标分别进行评价。脆弱性指标的维度不同,其测量的方法也不同。对于每一个指标测量的内容、指标评价标准需要有一定的科学依据,客观合理地反映该指标所指向的脆弱性。

根据指标的不同,可以获得的数据也是各不相同的,根据每个指标的性质、测量内容及资料的可获得性,指标数据主要可以分成以下两类。

一类是实际数值部分指标的直接应用数量指标,比如各种脆弱性人口的数据,或者环境脆弱性中,获得各种安全相关资源所需要的时间,一些基础设施的数目数量等。

二类是百分比数据。主要用在物理脆弱性方面,其测量的是社区固有的一些房区屋、建筑物、悬挂物、基础设施和危险源的情况,一部分指标可以直接运用房屋管理部门的统计数据,但是统计数据不能直接作为指标的取值,因为单一的数字不具有可比性,因此需要将其转化为百分比数字。比如不同类型的房屋的比例,燃气管道在一定年限内更新的比例等。需要特别注意,临界点的选择要有一定的依据,可以是国家标准、规范,也可以是历史灾害事故数据分析结果。

在确定了每个指标需要什么样的数据以后,下一步就需要考虑每个指标如何评价。致灾因子评估是一个1～5的五级评价系统,与之相对应可以更好地组成一个和谐的评价体系。因此脆弱性指标也是一个1～5的五级评价系统,1为脆弱性最低,5为脆弱性最高。单个指标的标准化及赋值方法主要有以下三种。

(1) 标准值法。这种方法主要适用于以统计数据为数据来源的指标,以整个城市的平均值或者承诺值(政府承诺需要在什么时候达到一个什么样的水平)为标准值(3分),上下浮动获得单个指标评分。

(2) 百分比赋值法。这种方法主要适用于指标内容涵盖了所有分类,所得数据为该分类占所有类型的百分比,且所有分类相加为100%。该方法主要是通过将某一指标每一分类的百分比和该分类的脆弱性指数(取值范围为1～5)相乘,然后加总各个分类的脆弱性指数,获得该指标的标准化指数。其计算方法如公式(7-1)所示:

$$H_{wl}=\sum_{i=1}^{n}\left[\left(\frac{s_i}{S}\right)\cdot VID_i\right] \tag{7-1}$$

其中:

H_{wl}代表某一指标的标准化指数得分;

s_i代表某分类的数量;

S代表所有分类加总的数量;

VID_i 代表 i 分类的脆弱性指数，取值为1，2，3，4，5，1为低脆弱性，5为高脆弱性；

$\frac{s_i}{S}$由基层社区组织根据实际情况提供数据，VID_i 一般通过对历史资料统计分析得到，对于既定的灾害类型，统计每一类型的平均损失率。由于目前社区层面缺少对灾害数据的积累，因此在本次研究中，依据专家经验而定。

(3) 专家赋值法。上述两种方法都有一定的标准值，或者说是对各指标数据进行标准化处理的依据。对于另一些指标，因为缺少社区层面灾害统计资料，需要由专家进行赋值，划分等级。

3. 评估脆弱性程度

确定了致灾因子评估的指标体系、每个指标的取值及赋值方法以后，就可以根据建立的评估体系来对社区的脆弱性进行评估。评估的主体可以是社区安全治理委员会成员、熟悉情况的居民、灾害信息员，或者具有专业知识的社会组织人员。

在进行单项脆弱性评估时，只需要根据实际情况填入相应的数据。但是在进行综合评估时，算术平均可能会掩盖对于社区来说特别脆弱的环节，平均化其脆弱性，不能有效地反映整个社区的全貌。这就需要对每一个指标赋予相应的权重后，进行加权平均。

总之，脆弱性评估的第一步就是要确定社区的范围，这是以后工作的基础。在致灾因子评估中没有特别强调区域范围，因为致灾因子影响范围相对较大，不同的区域，街道或居委会都可能遭受同样的致灾因子的侵袭。而脆弱性评估不同，在不同的区域范围内，可能成为脆弱性的环节是不同的。社区脆弱性评估案例选择的社区范围是居委会，因此在指标选取上也就更加微观，并且因为居委会不是经济实体，没有财政来源，所以就不存在经济脆弱性。

脆弱性评估的关键，还在于结合所要评估社区的实际情况，筛选出真正脆弱的环节，并根据一定的逻辑归类，划分出不同的层次，建立完整的脆弱性评价指标体系。在这个过程中，对于典型社区的实地调研是不可少的。

7.4 社区风险评估模型建立

7.4.1 综合评价方法的选择

国际上通行的对于脆弱性和致灾因子综合的评价方法，主要有两种方法：一种是将致险度和脆弱性视为分别对最终的风险度产生一定影响的两个因子，通过对其赋予不同的权重，使致险度和脆弱性分别在最终的综合性风险度指标中体现作用。该方法评估的风险度表现为致险度和脆弱性的叠加，简称为相加方法，其概念模型可用公式(7-2)表示。

$$风险度(\boldsymbol{R}) = 致险度(\boldsymbol{H}) + 脆弱性(\boldsymbol{V}) \tag{7-2}$$

另一种是考虑脆弱性的选取和程度的高低,与致灾因子的类别是紧密关联的,首先通过将致险度(***H***)和脆弱性(***V***)相乘的方式获得单个致灾因子的风险度,再通过对各个致灾因子对总风险度的影响给予权重,加总得到总的风险度(***R***),简称为相乘法。其概念模型可用公式(7-3)表示。该种模式要求,对每一个致灾因子首先选取和该致灾因子相关联的脆弱性指标,并根据不同致灾因子的情况给出相应的脆弱性评价等级体系。

$$风险度(\boldsymbol{R}) = 致险度(\boldsymbol{H}) \times 脆弱性(\boldsymbol{V}) \tag{7-3}$$

相加方法和相乘方法都可以评价综合风险值,两者的差异体现在对于风险度的概念模型上,相加方法将致灾因子的致险度和承灾体的脆弱性视为独立影响综合风险度的两个因子,直接进行加权平均,通过权重调整各部分对最终风险度的贡献;相乘方法则首先考虑不同致灾因子作用于承灾体上可能的脆弱性,通过相乘再对单个致灾因子风险度进行加权平均。

从上文对于各类灾害风险综合评价方法的综述和分析可以看到,对于灾害种类较少,在较大空间尺度下有比较精确的数据时,综合方法可以选择用相乘方法,以此较好地反映致灾因子及其相对应的脆弱性之间的联系。而如果指标体系较为庞大,涉及多个层次多个方面的指标,那么采用相加方法,通过权重调节各个指标对于综合风险的贡献度,层次相对比较简单明了。

通过上文对综合风险评价方法的比较分析,结合吸引民众参与、综合识别各类致灾因子和脆弱性的评估目的,相加方法是一个比较合适的方法。主要原因有三点:

一是指标体系较为复杂,有多个层次,涉及致灾因子和脆弱性的多个方面,根据对几种综合风险评价方法的比较分析,在指标体系层次多的情况下,相加方法较为适宜;

二是致灾因子涉及自然灾害、事故灾难、公共卫生事件和社会安全事件,若采用相乘方法则需要判断单个致灾因子所对应的脆弱性,并分别给予权重,这样将会造成评价体系过于复杂,不具有可操作性,在社区层面缺乏有效数据积累的情况下,过于复杂的评价体系反而难以操作、难以推进;

三是社区风险评估直接评价的并不是致灾因子的风险量,而是通过模糊综合评价模型对各个因子进行赋值,以此来评价风险等级。因此基于精准风险量,并且直接将致灾因子和其相对应的脆弱性相联系的相乘方法不适宜。

7.4.2 建立城市社区风险评估模型

在建立城市社区风险评估模型时,承灾体脆弱性(V)和致灾因子(H)作为两个单独影响综合风险度的指标,将其作为一级指标,通过加权平均方式形成综合评价指标体系。以此为基础,建立一个多级指标体系,对每一级中的每一个指标都赋予权重,通过加权平均的方法获得该社区的综合风险度。

用数学公式表达即：

$$\boldsymbol{R} = \boldsymbol{W}_v \times \boldsymbol{V} \times + \boldsymbol{W}_H \times \boldsymbol{H} \tag{7-4}$$

式中：

$\boldsymbol{R}$ 为综合风险度指数；

$\boldsymbol{V}$ 为综合脆弱性，通过各类脆弱性加权平均而得；

$\boldsymbol{H}$ 为综合致险度，通过模糊综合评价法获得；

$\boldsymbol{W}_v$ 为综合脆弱性的权重，$\boldsymbol{W}_H$ 为综合致险度的权重，通过层次分析法获得。

因为致灾因子和脆弱性的取值范围都是 1～5，所以最后获得的综合风险度 R 是一个 1～5 的数字，可用于综合比较，将其转化为风险度等级，则能较为清晰地看到风险度的级别以及和其他社区的比较，而风险度等级将来也可应用于一定区域范围内社区风险 GIS 图的绘制。其含义如表 7-9 所示。

表 7-9　风险度等级评定含义

R 值范围	评价标准	风险度等级
$1 \leqslant R < 2$	风险度比较低	Ⅳ
$2 \leqslant R < 3$	风险度一般	Ⅲ
$3 \leqslant R < 3$	风险度比较高	Ⅱ
$4 \leqslant R < 5$	风险度非常高	Ⅰ

7.4.3　层次分析法确定权重

层次分析法是一个帮助确定不同层次的指标之间关系的工具，通过专家评判同级指标互相之间的重要程度，获得指标体系中各层、各项指标的权重，因此 AHP 法的关键在于确定层次关系。[①] 对于建立社区风险评估模型来说，也就是说要确定各层指标的逻辑关系，建立基于理论基础的综合风险指标体系和层次关系。主要包括：

一是分析系统中各因素之间的关系，建立系统的递阶层次结构；

二是对同一层次的各元素关于上一层中某一准则的重要性进行两两比较，构造两两比较的判断矩阵；

三是由判断矩阵计算被比较元素对于该准则的相对权重；

四是计算各层元素对系统目标的合成权重，并进行排序。

五是综合每一层的权重，合成整个指标体系权重，对整个指标体系进行排序。虽然

① 王莲芬，许树柏.层次分析法引论[M].北京：中国人民大学出版社，1990.

各层次均已经过层次单排序的一致性检验,但综合考察时,各层次的非一致性仍有可能累计起来,引起最终分析结果较为严重的非一致性,因此需要再次做一致性检验。

总之,城市社区风险评估是一项系统性工程,涉及灾害学、公共安全管理、风险管理等多个学科领域,需要专家学者、专业社会组织成员、政府管理人员和社区民众的共同参与。

7.5 社区风险地图绘制

7.5.1 什么是社区风险地图

风险地图是政府、非政府组织或者个人使用的一种展示灾害风险评估结果的方法。通过图像标识把风险、灾害、救助等信息反映在地图上,把灾害风险视觉化、形象化,以实现提高公众安全意识、减轻风险的目的。例如美国联邦紧急事务管理署(Federal Emergency Management Agency,FEMA)制作了全美国范围的洪水灾害地图。风险地图的目的在于提供定量数据,提高公众意识和行动,减少生命和财产的风险,并且图示风险管理的过程(见图 7-4),从识别风险,到评估风险,再到沟通风险,最后实现减轻风险的目的。

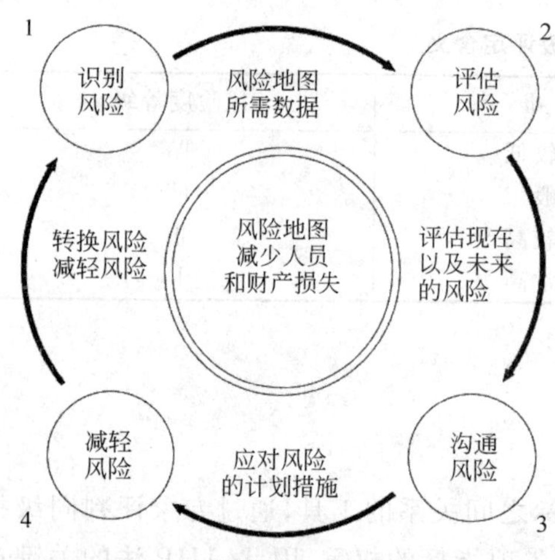

图 7-4 风险管理步骤示意图

从 FEMA 的描述以及对于风险管理过程的说明,可以看到风险地图是一种在风险评估的基础上,用地图展现相应的评估结果,以此实现减轻风险的目标的方式。

社区风险地图则是聚焦在社区层面的、展现社区风险及安全场所的地图。具体说来,社区风险地图是一张社区模型,上面标注了一些重要的建筑,比如学校、医院、道路,以及其他可能在一场灾害中受影响的事件。同时,它也展现一些可能造成潜在危害的要素或者地点,比如说附近的火山,可能被洪水侵袭的地区,或者容易着火的干草地。它还包括各种可用的资源,比如一些给社区提供应急保护的场所,如消防站、医院等。在有条件的情况下,还可以在地图上增加应对灾害风险的具体措施。由此可见,社区风险地图可以帮助民众更好地理解本社区的灾害和风险,并且鼓励社区里的每一个人针对本社区可能存在的灾害风险采取一些预防性措施,减轻灾害损失。

7.5.2　社区风险地图的内容

社区风险地图至少应包括五类内容：危险源、脆弱性区域、安全设施、安全场所以及应对措施。前两类标识的是风险，而后三类标识的则是如何防范风险。对于前两类的危险源和脆弱性区域，除了简单标识位置以外，还需要评估其风险程度，也就是要综合考虑风险发生的可能性和一旦发生造成的后果严重性。可以将每一个需要标识的危险源区分为危险度高、危险度中等、危险度低三类，分别用红、橙、黄表示。

根据风险评估的范围，社区风险地图的绘制也可分为两个层面：街道和居委会。因其比例尺寸大小不同，涵盖的范围不同，所以需要标识的内容有共同的，也有需要在居委会层面详细标识，在后文的表格中，用√表示两者的差异。街道层面的社区风险地图因为范围较大，可以较全面地反映一个区域的风险特征；而居委会层面的社区风险地图的优势则在于详细，不在本居委范围内，但对本居委有一定影响的危险源，也需要在地图周围空白处标识，并简单注明距离。

下面将逐个介绍社区风险地图的五个内容。对于危险源和脆弱性，已经根据风险、脆弱性类型及其可能造成危害的频率和强度，给出了各种城市社区常见危险源及其参考等级，以供参考。社区民众可以首先根据自身对社区风险的认知，采用头脑风暴的方法进行风险计算，罗列本社区存在的风险；若居民对风险认知有偏差，则主持人可参照以下列表引导讨论，然后依次对罗列的风险进行等级评价，最后根据绘制规范，在地图上标识。

1. 危险源

城市社区常见危险源及其等级评价见表 7-10，若有其他未在表格中列出的危险源，则根据社区民众的多数意见，参考相近危险源类型，综合考虑该风险发生的频率和强度，对其进行标识和评级。

表 7-10　城市社区常见危险源参考试例

编号	类　型	可 能 风 险	参 考 评 级	标识方法	居委会	街道
1	煤气包	泄漏、爆炸	高	图例	√	√
2	液化气站	泄漏、爆炸	高	图例	√	√
3	加油站	泄漏、爆炸	中	图例	√	√

续表

编号	类　型	可能风险	参考评级	标识方法	居委会	街道
4	工厂	根据不同类型，可能发生生产事故、有害气体泄漏、爆炸	高：化工类 中：涉及高温高压作业 低：一般制造业	图例	√	√
5	高压线	触电	中	图例	√	√
6	变电站	触电、爆炸	中：大型变电站(22万伏以上) 低：中小型变电站	图例	√	√
7	锅炉	爆炸	中	图例	√	√
8	交通主干道	交通事故	中	马克笔勾勒＋图例	√	√
9	交通事故易发点	交通事故	高	图例	√	√
10	河道	溺水事故	中：自然河道，亲水平台 低：有防护栏	马克笔勾勒＋图例	√	√
11	废品回收站	火灾事故	低	图例	√	√
12	户外广告牌	坠落	中	图例	√	√
13	有一定危险性的店面(如电焊、明火)	火灾事故	高	图例	√	
14	其他动态因素(如房屋施工、道路施工)	施工安全事故、火灾事故	中	图例	√	√

危险源分为三级：高、中、低，分别用红、橙、黄三色的实心圆圈表示。用颜色来表示危险源的等级，在圈内增加一个字的说明来具体是什么危险源，并在图例中增加一定的说明文字。

建议在标识危险源的时候，同时应该在风险地图上增加相应的文字，具体说明该危险源可能造成什么样的危害，可以用和危险源等级相同的颜色来标识该说明文字。如果危险源是一个点，那么就采用以上方式标识；实心圆圈加上说明文字。颜色代表等级，红色为高，橙色为中，黄色为低。

如果危险源是线状(如交通主干道或河道)，或是一个区域，则首先用与其相对应颜色的马克笔在社区地图上标出，然后在旁边贴上图例，写上该危险源的类型名称。

2. 脆弱性区域

脆弱性区域主要指社区内存在的固有的、易受损的区域，主要包括易受损的建筑、人流较为密集的区域，比如高楼、棚户简屋、学校（特别是幼儿园小学）、养老院、菜场等和容易积水的路段。表 7-11 罗列了一些城市社区常见的脆弱性区域，供参考。

表 7-11　参考脆弱性列表

<table>
<tr><th>编号</th><th>类　型</th><th>可 能 风 险</th><th>参 考 评 级</th><th>标识方法</th><th>居委会</th><th>街道</th></tr>
<tr><td rowspan="3">1</td><td rowspan="3">房屋</td><td rowspan="3">房屋结构老化、逃生救援难度较高</td><td>14 层及以上高层：中</td><td rowspan="3">马克笔勾勒边框＋图例</td><td rowspan="3">√</td><td rowspan="3">√</td></tr>
<tr><td>棚户简屋：高</td></tr>
<tr><td>老式里弄：中</td></tr>
<tr><td rowspan="2">2</td><td rowspan="2">学校</td><td rowspan="2">人流密集、人员混杂等</td><td>幼儿园、小学、中专职校：中</td><td rowspan="2">马克笔勾勒边框＋图例</td><td rowspan="2">√</td><td rowspan="2">√</td></tr>
<tr><td>中学：低</td></tr>
<tr><td>3</td><td>敬老院</td><td>人员密集、老年人行动能力较弱</td><td>中</td><td>马克笔勾勒边框＋图例</td><td>√</td><td>√</td></tr>
<tr><td rowspan="2">4</td><td rowspan="2">商业区</td><td rowspan="2">人流密集混杂、商品易燃性高等</td><td>一般商业区：中</td><td rowspan="2">马克笔勾勒边框＋图例</td><td rowspan="2">√</td><td rowspan="2">√</td></tr>
<tr><td>有一定危险性商业区（如建材市场等）：中</td></tr>
<tr><td>5</td><td>易积水路段</td><td>暴雨、台风时风险较高</td><td>中</td><td>马克笔勾勒边框＋图例</td><td>√</td><td>√</td></tr>
</table>

若有其他未在表格中列出的脆弱性因素，则根据社区民众的多数意见，参考相近脆弱性因素类型，综合考虑该脆弱性对应的风险发生的频率和强度，对其进行标识和评级。

标识方法：首先根据等级，用马克笔画出区域边框，仍然分成三级：红色为高、橙色为中、黄色为低。然后在区域旁边贴上相应的图例，并在圆角矩形中写上脆弱性区域的类型名称。

3. 安全设施

社区安全设施主要考虑了消防安全设施，一类是道路上的消防栓，另一类是楼道内消防装置，包括灭火器、消防水带、简易消防喷淋等。道路上的消防栓需要逐一标识，而楼道内消防装置则在居委会图上标识，以楼道为单位，该楼道有消防装置，则用图例标识（见表 7-12）。

如果社区民众认为其他值得标识的安全设施，也可选取合适的图例标识，并在所用图例列表中说明。

表 7-12 安全设施参考列表

编号	类 型	标 示 方 法	居委会	街道
1	道路消防水栓	图例标示	√	√
2	楼道消防装置	以楼道为单位,图例标示	√	√

4. 安全场所

安全场所应当标识出紧急集合地点以及医院、消防站、派出所等安全相关场所的位置。如果社区民众认为其他值得标识的安全场所(见表 7-13),也可选取简练易懂的图形进行标识,并在所用图例列表中说明。

表 7-13 安全场所参考列表

编号	类型	标 示 方 法	居委会	街道
1	疏散集合点	绿色马克笔勾勒边框+图例	√	√
2	医院	图例	√	√
3	消防站	图例	√	√
4	公安派出所	图例	√	√

5. 应对措施

应对措施是指在识别社区存在的风险的基础上,针对本社区可能发生的各类灾害事故,寻求降低风险发生的办法,并且探讨如果灾害发生,应该如何行动。通过居民讨论,可以在地图上标识重要的逃生路径等,重要的措施建议等也可以标识在地图上。

7.5.3 社区风险地图的绘制过程

在社区民众识别风险源、并对社区固有脆弱性进行评估的基础上,邀请对社区了解和熟识的居民对社区进行实地勘察,查找风险隐患,寻找自身周边环境的历史灾害事故对灾害信息进行收集分类,分析重点项目,形成灾害核查表,并客观评价这些风险的发生概率、可识别程度、危害性大小,最终绘制风险地图,展示风险评估的成果。

城市社区风险地图的绘制主要采用头脑风暴和小组讨论的方法,对潜在的风险按照发生概率、可识别程度、危害性大小等进行分类汇总,集体讨论风险识别的方法,风险预防的方法以及实际灾害的应对措施。

1. 准备绘制地图

筹备组会议提前进行,确定参与社区风险地图绘制的组织和个人,并对各自的职责进行分工，指定具体实施计划，准备基本工具，包括以下几方面。

（1）一张社区地图（街道或居委会，各自的地图）

底图规范：①地图：二维平面图；②尺寸：居委会的1开（781厘米×1 086厘米）；街道的需要适当放大；③居委会地图需要在周边留下一定的空白，建议为30～40厘米，供标识不在居委会范围内，但是对本居委会可能产生影响的危险源。

（2）各色贴纸、马克笔。①贴纸根据绘制规范印制；②马克笔颜色：红、橙、黄、绿和黑。

2. 绘制社区风险地图

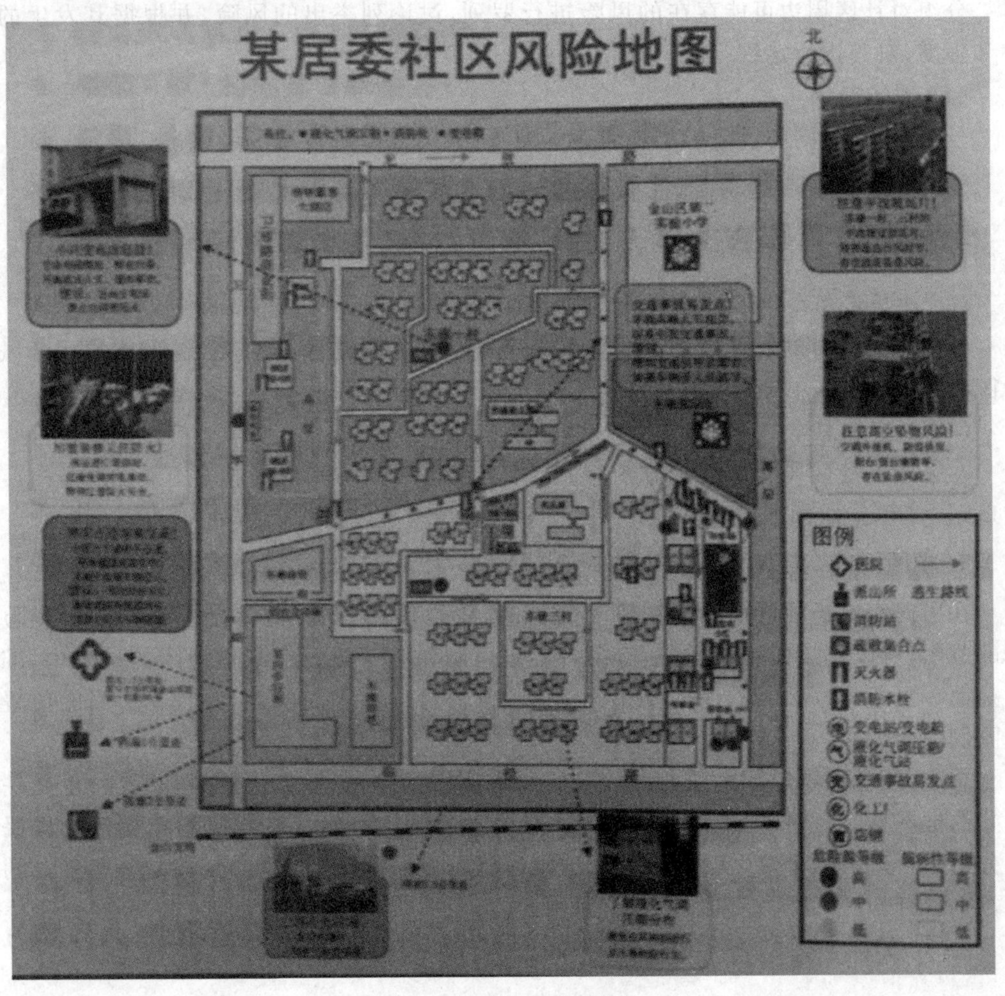

图7-5 社区风险地图范例

(1) 参与居民分组

绘制地图可分组进行,每组5～8人,推选一位居民主持,主持人需要接受过风险地图绘制的培训,有绘制手册供参考,并推举一位记录员。

(2) 社区风险基本知识学习

组织参与绘制风险地图的居民共同学习社区风险的基本知识,理解绘制社区风险地图的意义和目的,简单了解社区可能发生的各类风险类型及案例,加深对风险的认识。

(3) 分组头脑风暴

分组对社区周边可能存在的风险进行罗列,讨论列举出的风险,并根据其发生的频率和强度,对其进行定级(红色为高,橙色为中,黄色为低)。

(4) 现场确认

分级(根据不同的风险类型或者区域)对罗列的风险进行现场考察确认。

(5) 分组绘制地图

根据讨论及现场确认的结果,参照绘制规范,分组在地图上标识风险源、脆弱性等,绘制社区风险地图。

(6) 成果汇总

各组介绍各自的风险地图成果,并对不一致的内容进行讨论,绘制完整的社区风险地图。

(7) 对策和总结

在完成的社区风险地图基础上,讨论各类风险的预防和应对措施,部分重要内容可在地图上标注。

3. 成图

在居民完成了社区风险的识别、汇总和讨论以后,需要在此基础上绘制社区风险地图的成图,可以直接使用纸质版,有条件的也可制作电子版。在制作地图的过程中,准确性是第一要务,除此之外,还需要充分考虑地图的可读性和简明性,并且在适当的位置增加图例说明。

总之,社区风险地图的绘制是将社区风险评估具体化、形象化的一种手段,也是一种很好的推广普及风险意识、增强民众参与的方法。通过社区民众根据自己生活的居民小区分组,自行罗列、排序、实地查看确认社区风险,再一起交流各自的看法,分享各自的经验,形成社区共享的灾害风险及安全减灾经验。

关键术语

危害　灾害　**致灾因子**　**脆弱性**　**风险地图**　**社区风险评估**

复习思考题

1. 简述城市社区承灾体脆弱性的基本内容。
2. 简述城市社区致灾因子的基本内容。
3. 简述脆弱性评估的基本流程。
4. 简述社区风险地图的内容。
5. 简述社区风险地图的绘制过程。

阅读材料

街道办安全社区分析研判及风险评估制度

1. 分析研判工作由安全社区建设促进委员会(简称促委会)领导同志负责召集,成员单位必须参加,必要时通知党政主要领导参加、相关部门和有关企事业单位负责人参加。由促委会主任或常务副主任负责召集,采取例会方式进行。遇有重要敏感时期、重大活动或治安热点问题,可以随机组织召开。

2. 会议组织准备由促委会负责。包括提前收集情况、形成初步研判意见、指定主汇报人及综合汇报。

3. 每次会议要形成专题报告,向下一级及同级有关部门通报研判情况,并对各工作组中存在的问题提出明确的指导意见和工作要求,明确责任人抓紧落实。

4. 分析研判会议的重点

(1)重大事项决策前、政策出台前的分析评估;(2)当地社会安全的总体形势、主要特点及发展趋势;(3)当前社会安全方面存在的突出问题、表现形式及原因分析;(4)安全隐患的分布情况、发展趋势,以及可能引发安全事故的类型;(5)辖区内安全高发的区域分布、类型特征、安全防范中的薄弱环节及发生这些问题的主要原因;(6)收集各层面的工作建议及职工群众对社会安全的满意程度和安全感受。

5. 各工作组主要领导要高度重视分析研判工作,切实加强组织领导,对突出问题要认真研究加以解决。各成员单位要积极参与,特别是本行业制定政策前要提出分析研判意见,并及时提供信息、数据等相关资料。

6. 分析研判制度的落实情况,将作为纳入安全社区建设责任目标体系,作为重要指标进行检查考核。

资料来源:青莲街道办安全社区分析研判及风险评估制度[EB/OL].http://www.gaoping.gov.cn/show/ 2018/10/ 16/46188.html,2018-10-16.

问题讨论

1. 街道办安全社区分析研判及风险评估制度的设置应重点考虑哪些内容?
2. 结合案例说明,试论该街道进行社区风险评估的流程。

本章延伸阅读文献

[1] 刘刚.基于层次分析法的社区灾害风险脆弱性评价[J].兰州大学学报(社会科学版),2013,41(4):102-108.

[2] 马英楠.社区安全风险评估[J].安全,2018,39(11):14-15.

[3] 赵赛帅,梁寒冬,林昀,王海江,吴秀芸.基于社区尺度的城市积水灾害风险评估[J].测绘地理信息,2018,43(5):116-119.

[4] 廖永丰,邓岚.社区灾害风险识别评估及风险图制作规范研究[J].中国减灾,2018(7):24-25.

[5] 梁大伟.智慧社区安全防范风险评估方法研究[J].信息系统工程,2018(1):81-82.

[6] 李琼,杨洁,詹夏情.智慧社区项目建设的社会稳定风险评估——基于Bow-tie和贝叶斯模型的实证分析[J].上海行政学院学报,2019,20(5):89-99.

[7] 霍玉蓉,刘杰.基于公众风险感知的社区应急响应能力评估研究[J].时代金融,2019(21):94-95.

[8] 刘丰金.基于投影寻踪模型的社区脆弱性评价研究[D].天津:天津理工大学,2019.

第8章 安全社区建设

CHAPTER 8

8.1 安全社区概述

安全社区(Safe Community)的概念,首次提出是在1989年瑞典首都斯德哥尔摩举行的世界卫生组织(WHO)第一届事故与伤害预防大会上。会上通过的《安全社区宣言》指出:任何人都享有安全和健康的权利。从此,推广安全社区概念就成为WHO在推广健康和安全方面的一个重点工作,WHO委托其设在瑞典皇家医科大学的社区安全推广协进中心负责在全球范围内推广这一概念。

8.1.1 安全社区的概念及构成要素

1. 安全社区的定义

根据《安全社区建设基本要求》(AQ/T 9001—2006)中的定义,安全社区是建立跨部门合作的组织机构和程序,联络社区内相关单位和个人共同参与事故与伤害预防和安全促进工作,持续改进地实现安全目标的社区。

2. 安全社区的基本要素

(1) 创建机构与职责。建立跨部门合作的组织机构,整合社区内各方面资源,共同开展社区安全促进工作,确保安全社区建设的有效实施和运行。安全社区创建机构的主要职责包括:组织开展事故与伤害风险辨识及其评价工作;组织制订体现社区特点的、切实可行的安全目标和计划;组织落实各类安全促进项目的实施;整合社区内各类资源,实现全员参与、全员受益,并确保能够顺利开展事故与伤害预防和安全促进工作;组织评审社区安全绩效;为持续推动安全社区建设提供组织保障和必要的人、财、物、技术等资源保障。

(2) 信息交流和全员参与。社区应建立事故和伤害预防的信息交流机制和全员参与机制。主要包括：建立社区内各职能部门、各单位和组织间的有效协商机制和合作伙伴关系；建立社区内信息交流与信息反馈渠道，及时处理、反馈公众的意见、建议和需求信息，确保事故和伤害预防信息的有效沟通；建立群众组织和志愿者组织并充分发挥其作用，提高参与率；积极组织参与国内外安全社区网络活动和安全社区建设经验交流活动。

(3) 事故与伤害风险辨识及其评价。建立并保持事故与伤害风险辨识及其评价制度，开展危险源辨识、事故与伤害隐患排查等工作，为制订安全目标和计划提供依据。事故与伤害风险辨识及其评价内容应包括：适用的安全健康法律、法规、标准和其他要求及执行情况；事故与伤害数据分析；各类场所、环境、设施和活动中存在的危险源及其风险程度；各类人员的安全需求；社区安全状况及发展趋势分析；危险源控制措施及事故与伤害预防措施的有效性。事故与伤害风险辨识及其评价的结果是安全社区创建工作的基础，应定期或根据情况变化及时进行评审和更新。

(4) 事故与伤害预防目标及计划。根据社区实际情况和事故与伤害风险辨识及其评价的结果制订安全目标，包括不同层次、不同项目的工作目标以及事故与伤害控制目标，并根据目标要求制订事故与伤害预防计划。计划应覆盖不同的性别、年龄、职业和环境状况，针对社区内高危人群、高风险环境或公众关注的安全问题，能够长期、持续、有效地实施。

(5) 安全促进项目。为了实现事故与伤害预防目标及计划，社区应组织实施多种形式的安全促进项目。安全促进项目的重点应针对高危人群、高风险环境和弱势群体，并考虑下列内容：交通安全；消防安全；工作场所安全；家居安全；老年人安全；儿童安全；学校安全；公共场所安全；体育运动安全；涉水安全；社会治安；防灾减灾与环境安全。安全促进项目的实施方案内容应包括：实施该项目的目的、对象、形式及方法；相关部门和人员的职责；项目所需资源的配置和实施的时间进度表；项目实施的预期效果与验证方法及标准。

(6) 宣传教育与培训。社区应有安全教育培训设施，经常开展宣传教育与培训活动，营造安全文化氛围。宣传教育与培训活动应针对不同层次人群的安全意识与能力要求制订相应的方案，以提高社区人员安全意识和防范事故与伤害的能力。宣传教育与培训方案应该：与事故和伤害预防的目标及计划内容一致；充分利用社会和社区资源；立足全员宣传和培训，突出对事故与伤害预防知识的培训和对重点人群的专门培训；考虑不同层次人群的职责、能力、文化程度以及安全需求；采取适宜的方式，并规定预期效果及检验方法。

(7) 应急预案和响应。对可能发生的重大事故和紧急事件，制定相应的应急预案和程序，落实预防措施和具体应急响应措施，确保应急预案的培训与演练，减少或消除事故、伤害、财产损失和环境破坏，在发生紧急情况时能做到：及时启动相应的应急预案，保障涉险人员安全；快速、有序、高效地实施应急响应措施；组织现场及周围相关人员疏散；组织现场急救和医疗救援。

(8) 监测与监督。制定不同层次和不同形式的安全监测与监督方法,监测事故与伤害预防目标及计划的实现情况。建立社区内政府和相关部门的行政监督,企事业单位、群众组织和居民的公众监督以及媒体监督机制,形成共建社区和共管社区的氛围。监测与监督结果应形成文件,其内容应包括:事故与伤害预防目标的实现情况;安全促进计划与项目的实施效果;重点场所、设备与设施安全管理状况;高危人群与高风险环境的管理情况;相关安全健康法律、法规、标准的符合情况;社区人员安全意识与安全文化素质的提高情况;工作、居住和活动环境中危险有害因素的监测;全员参与度及其效果;事故、伤害、事件及不符合的调查。

(9) 事故与伤害记录。建立事故与伤害记录制度,明确事故与伤害信息收集渠道,为实现持续改进提供依据。记录应实事求是,具有可追溯性。事故与伤害记录应能提供以下信息:事故与伤害发生的基本情况;伤害方式及部位;伤害发生的原因;伤害类别、严重程度等;受伤害患者的医疗结果;受伤害患者的医疗费用等。

(10) 安全社区创建档案。建立规范、齐全的安全社区创建档案,将创建过程的信息予以保存,包括:组织机构、目标、计划等相关文件;相关管理部门和关键岗位的职责;社区重点控制的危险源,高危人群、高风险环境和弱势群体的信息;安全促进项目方案;安全管理制度、安全作业指导书和其他文件;安全社区创建活动的过程记录,包括:创建活动的过程、效果记录,安全检查和监测与监督的记录等。安全社区创建档案的形式包括文字(书面或电子文档)、图片和音像资料等。社区应制定安全社区创建档案的管理办法,明确使用、发放、保存和处置要求。

(11) 预防与纠正措施。针对安全监测与监督、事故、伤害、事件及不符合的调查,制定预防与纠正措施并予以实施。对预防与纠正措施的落实情况应予以跟踪,确保:不符合项已经得到纠正;已消除了产生不符合项的原因;纠正措施的效果已达到计划要求;所采取的预防措施能够防止同类不符合的产生。社区内部条件的变化(如场所、设施及设备、人群结构变化等)和外部条件的变化(如法律法规要求的变化、技术更新等)对社区安全的影响应当及时进行评价,并采取适当的纠正与预防措施。

(12) 评审与持续改进。社区应制定安全促进项目、工作过程和安全绩效评审方法,并定期进行评审,为持续不断地开展安全社区建设提供依据。评审内容应包括:安全目标和计划;安全促进项目及其实施过程;安全社区建设效果;确定应持续进行或应调整的计划和项目;为新一轮安全促进计划和项目提供信息。社区应持续改进安全绩效,不断消除、降低和控制各类事故与伤害风险,促进社区内所有人员安全保障水平的提高。

3. 安全社区的类型

(1) 国际安全社区

国际安全社区是指已建立相关组织机构,社区内有关部门、企业、志愿者和个人共同参与伤害预防和安全促进工作,持续改进地实现安全健康目标的社区。从图 8-1 可以看出,截至 2012 年 8 月,在全球范围内已有 238 个社区被任命为国际安全社区,主要分布于瑞典、澳洲、泰国、加拿大、丹麦、挪威、美国、新西兰及国家和地区,其中中国总共 74 个,包括中国大陆(46 个)、中国台湾地区(19 个)、中国香港地区(9 个)。

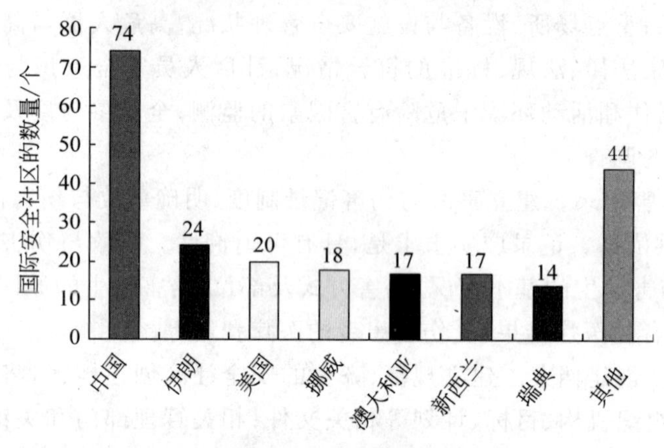

图 8-1 建设国际安全社区的国家与地区分布

(2) 全国安全社区

全国安全社区是指建立了跨部门合作的组织机构和程序,联络社区内相关单位和个人共同参与事故与伤害预防和安全促进工作,持续改进地实现安全目标的社区。2003 年,受国际安全社区的启发,我国大陆地区引入了安全社区理念,安全社区创建工作引起了国家的高度重视。国家安全生产监督管理总局所属中国职业安全健康协会作为"国际安全社区支持中心"负责"安全社区"建设项目的推广、联络、推荐和技术支持,并负责"全国安全社区"的标准制定、评审和管理工作。

此外,还有省级安全社区、市级安全社区、县(区)级安全社区。

8.1.2 国内外安全社区发展概况

1. 国际安全社区发展概况

20 世纪 70 年代,北欧的瑞典利德雪平社区(Lidköping community)在对长期的死亡和受伤等数据分析后,意识到伤害已经成为影响公众安全健康的主要原因之一,于是在社区内调动社区各部门和社会志愿团体组织的合作,力图通过制订有针对性地预防伤害计划,降低社区内伤害影响居民的安全健康率。1984 年开始实施"安全社区的推广计划",经过 5 年的推广建设,1989 年,瑞典 Lidköping community 成为世界卫生组织授予的第一个安全社区。基于这一计划，该社区两年后交通意外伤害、家居伤害、工伤事故和学龄前儿童意外伤害均减少了27%以上。由此，安全社区的雏形基本形成。经过学者的研究和理论发展，1989年9月，“安全社区”的概念在世界卫生组织（WHO）第一届事故与伤害预防大会上被正式提出来，并在世界范围内成立了安全社区建设推广中心，安全社区建设的相关标准要求也逐渐得到了完善。为探讨伤害预防的模式和途径，在1989年瑞典斯德哥尔摩举行的世界卫生组织（WHO）第一届事故与伤害预防大会上正式提出“安全社区”的概念。来自50个国家的500多名代表在会上一致通过了《安全社区宣言》。二十多年来，推广“安全社区”概念，成为WHO在伤害预防和安全促进的一项重点工作，以伤害预防和安全促进为主要内容的安全社区计划，在世界范围内得到了广泛认同和快速发展。

（1）确立国际安全社区核心理念

1989年第一届事故与伤害预防大会上通过的《安全社区宣言》指出，任何人都享有健康和安全的权利。其核心理念是“有效控制和预防意外伤害，保障所有人都享有健康和安全的权利”。这一原则也成为WHO推进人类健康及全球预防意外及伤害控制计划的基本原则。国际安全社区建设的核心理念基本形成。基于此，安全社区并非单以一个社区的安全水平高低作为衡量标准，而是取决于该社区是否有一个有效的组织机构、持续地促进社区居民的安全及健康。因此，安全社区可理解为已成立了相关组织机构，制定了一系列工作制度，联络了社区内有关部门、志愿者组织、企业和个人共同参与伤害预防和安全促进工作，持续改进地实现安全健康目标的社区。安全社区的基本理念是强调针对所有类别的伤害预防，包括所有年龄、环境和条件，尤其是高危人群和弱势群体以及高风险环境。

（2）成立国际社区安全促进合作中心

世界卫生组织为了推广安全社区理念，在瑞典皇家医科大学卡罗林斯卡学院成立了“社区安全促进合作中心”，主要负责安全社区的全球推广促进计划，同时负责安全社区申报材料的审核和实地考察验证。世界卫生组织在“社区安全促进合作中心”已经建立了14个“安全社区支持中心”，主要任务是协助世界卫生组织宣传、推广安全社区计划；通过提供技术咨询、知识培训、协助项目策划、提供各类资料等方式，协助社区建设成为符合WHO标准的安全社区；开展本国（区域）范围内的安全社区创建、总结运行经验，促进优秀项目的推广和交流；组织社区参与国际安全社区的相关活动；负责与世界卫生组织“社区安全促进合作中心”建立联系，推荐条件成熟的社区向其申报。目前，中国已经建立的社区安全促进合作中心2个：香港社区安全促进合作中心和中国职业安全健康协会社区安全促进合作中心。

（3）制定命名国际安全社区标准

世界卫生组织社区安全促进合作中心为了推广安全社区的理念，提出了安全社区的

6 条准则：有一个负责安全促进的跨部门合作的组织机构;有长期、持续、能覆盖不同的性别、年龄的人员和各种环境及状况的伤害预防计划;有针对高风险人员、高风险环境，以及提高脆弱群体的安全水平的预防项目;有记录伤害发生的频率及其原因的制度;有安全促进项目、工作过程、变化效果的评价方法;积极参与本地区及国际安全社区网络的有关活动。

近年来,在总结安全社区建设和发展经验的基础上,世界卫生组织社区安全促进中心在上述 6 条标准的基础上,又在交通安全、体育运动安全、家居安全、老年人安全、工作场所安全、公共场所安全、涉水安全、儿童安全和学校安全 9 个方面分别提出了 7 项具体指标(具体内容参见第 8.2 节“安全社区建设标准与要求”)。

2. 中国安全社区发展概况

香港特别行政区是我国最早开展安全社区建设的地区。2000 年,香港职业安全健康局引进了安全社区项目,并在 2000 年 3 月与世界卫生组织社区安全促进中心签约成为全球第 6 个安全社区支持中心。2003 年,香港屯门社区和葵青社区成功获得世界卫生组织安全社区称号。2002 年,我国台湾省“卫生署国民健康局”选定了台北市内湖区、花莲县丰滨乡、台中县东势镇和嘉义县阿里山乡 4 个地区作为“安全社区”试点进行推广,并于 2005 年通过世界卫生组织认定,截至 2009 年共有 11 个获得认定。

2002 年 3 月,世界卫生组织社区安全促进合作中心主席温思朗(Leif Svanstrom)教授考察了济南市青年公园街道,认为该街道开展的社区消防、交通安全、反家庭暴力、社区卫生等工作符合世界卫生组织提倡的安全社区创建原则,建议青年公园街道办事处按照国际安全社区标准开展工作。2002 年 6 月,世界卫生组织安全建设项目在青年公园街道正式启动。2004 年 5 月,青年公园街道向世界卫生组织社区安全促进合作中心提出了认可申请。2006 年 3 月 1 日,世界卫生组织对济南市槐荫区青年公园安全社区进行命名,由此实现了我国安全社区建设与国际的接轨。济南市槐荫区青年公园社区也成为中国内地(大陆)第 1 个,世界第 97 个世界卫生组织批准的“安全社区”。截至 2018 年 12 月 31 日,全球共有 403 家国际安全社区,其中中国内地(大陆)已建成 112 家国际安全社区,北京建成国际安全社区 27 家(见表 8-1),市级安全社区 87 家,惠及人口近千万。

表 8-1 北京市建成的国际安全社区名录

序　号	所在区县	社区名称	命名年份
1	东城区	东直门街道	2009
2		东华门街道	2013

续表

序 号	所在区县	社区名称	命名年份
3	西城区	金融街街道	2008
4		月坛街道	2008
5		展览路街道	2010
6		西长安街道	2013
7		德胜街道	2012
8		新街口街道	2012
9	朝阳区	望京街道	2007
10		麦子店街道	2007
11		建外街道	2007
12		亚运村街道	2007
13		安贞街道	2009
14		小关街道	2009
15		八里庄街道	2009
16		左家庄街道	2011
17		香河园街道	2011
18		三里屯街道	2011
19		潘家园街道	2011
20		大屯街道	2011
21		团结湖街道	2012
22		首都机场街道	2014
23		双井街道	2012
24		劲松街道	2012
25	海淀区	学院路街道	2012
26	顺义区	马坡镇	2017
27		旺泉街道	2017

(1) 确立中国安全社区建设组织

中国香港职业安全健康局2000年3月21日与WHO签署盟约成为全球第6个安全

社区支援中心。2002 年 3 月,国家安全生产监督管理局主办了建设安全社区研讨会,世界卫生组织社区安全促进合作中心主席温思朗教授、国家安全生产监督管理局原副局长闪淳昌作了重要讲话。温思朗先生考察了青年公园街道,认为该街道开展的社区消防、交通安全、反家庭暴力、社区卫生等工作符合世界卫生组织提倡的安全社区创建原则,建议青年公园街道办事处按照国际安全社区标准开展工作。2002 年 6 月,世界卫生组织的安全社区促进项目在青年公园街道正式启动。2004 年 6 月中国职业安全健康协会(COSHA)在北京召开了安全社区建设研讨会,北京、上海、大连、济南、长沙、无锡、唐山、长沙等市代表参加了会议。2004 年 7 月 31 日,河北开滦集团钱家营和荆各庄启动安全社区计划;此后,北京市朝阳区望京街道、麦子店街道、亚运村街道和建外街道,北京市东城区、北京市西城区、山西潞安集团的 7 个社区、上海浦东花木镇、北京奥运会场馆所在地的 20 个街道等相继启动。

中国职业安全健康协会(COSHA)受国家安全生产监督管理局委托,负责在国内推广世界卫生组织的安全社区理念。2004 年以来应世界卫生组织社区安全促进合作中心主席温思朗教授的邀请,中国职业安全健康协会理事长张宝明先生率代表团赴捷克、奥地利及希腊参加了第十三届国际安全社区大会、第七届世界伤害预防与安全促进大会。会议期间张宝明理事长与世界卫生组织伤害与暴力预防局局长克拉格博士和社区安全促进中心主席温思朗教授进行了会谈,中国职业安全健康协会将作为中国安全社区支持中心在中国推广安全社区工作。此后,中国职业安全健康协会做了大量的工作,促进了中国安全社区的发展。

(2) 制定全国安全社区标准

2006 年 2 月 27 日,国家安全生产监督管理总局颁布了《安全社区建设基本要求》(AQ/T9001—2006),该要求参照 WHO 安全社区标准,形成了中国安全社区建设标准;2006 年 4 月 18 日,国家安全生产监督管理总局制定了《关于在安全生产领域深入开展平安创建活动的意见》(安监总协调〔2006〕67 号)规范性文件;2009 年 1 月 14 日,国家安全生产监督管理总局出台《关于深入开展安全社区建设工作的指导意见》(安监总政法〔2009〕11 号)安全社区建设规范性文件;2009 年 3 月 2 日,中国职业安全健康协会制定了《安全社区评定管理办法(试行)》,推动了全国安全社区的申请与评定工作,安全社区建设进入快速发展阶段。2010 年 7 月 20 日,按照国家安全监管总局《关于深入开展安全社区建设工作的指导意见》(安监总政法〔2009〕11 号)的要求,为了帮助各社区充分理解安全社区标准和建设方法,指导现场评定人员实施规范、有效的评定工作,中国职业安全健康协会依据《安全社区建设基本要求》(AQ/T9001—2006)和中国社区实际情况,编制了《全国安全社区现场评定指标》(暂行)。2010 年,市安全监管局会同市教委、市民政局、市卫生计生委、市社会办、市公安局消防局、市公安局交通管理局七部门成立了北京市安全社区建设促进委员会,并联合下发了《关于开展安全社区建设工作的实施意见》(京安监发〔2010〕140号）。2011年，国务院安委办《关于进一步深入推进安全社区建设的通知》（安委办〔2011〕38号）要求各地逐步建立完善"党委领导、政府负责、安委办牵头、多元参与、联合共建"的工作机制，为安全社区建设明确了方向和目标。2015年，市政市容委、市质监局新增为北京市安全社区建设促进委员会成员单位，同时修订了《北京市安全社区管理办法》及《评定标准》。

（3）成立全国安全社区支持中心

2010年7月20日，为了指导全国安全社区地区支持中心有序地开展各项工作，规范行为，中国职业安全健康协会依据国家安全监管总局《关于深入开展安全社区建设工作的指导意见》（安监总政法〔2009〕11号）的要求，编制了《全国安全社区地区支持中心管理办法（暂行）》，有效地促进了全国安全社区的规范化和科学化。

为加强安全社区建设的指导，促进全国安全社区建设广泛、规范、有序、健康和深入发展，中国职业安全健康协会（全国安全社区促进中心）按照《地区支持中心管理办法》规定条件，设立地区安全社区支持中心作为在各地的技术支持机构，代表中国职业安全健康协会（全国安全社区促进中心）并按照《地区支持中心管理办法》要求开展安全社区促进工作。当前，全国安全社区促进中心有4家：济南市槐荫区安全生产监督管理局、大连市安全生产协会、上海市安全生产协会、北京城市系统工程研究中心。

8.2　安全社区建设标准与要求

8.2.1　创建安全社区的指导思想

1. "以人为本"原则

以人为本，是安全社区创建的灵魂。建设安全社区的根本在人，必须将以人为本的理念贯穿于安全社区建设的始终，在促进安全的各个环节、各个程序、各个步骤中体现以公众的需要为第一信号，以公众的评判为第一关注，以保障公众的生命财产安全为第一职责，不断地拓宽保障范围，持续助推公民参与，力求全面贯彻共驻、共建、共享的基本准则。

具体来说，在安全社区的建设目标和项目选择上，要充分考虑社区实际，从公众的实际需求出发，着力解决辖区内多数人最关心、最直接、最现实的利益问题。要综合采取意见/建议会、满意度调查、民意调查、公民大会、评议表、服务使用者论坛、社区/地区论坛、互动网络、公民座谈小组、公民投票、居民议事会、公民听证会等多种方式，收集公众意见，倾听公众声音，了解公众需求，确保所实施和推动的安全促进项目能够最大限度地提升公众的生活质量和满意度水平。

在安全促进的具体运作中,要充分发挥人民群众的力量和作用。通过宣传培训、模拟演习,全方位提升公众自救互救能力;鼓励公众成立安全互助小组,协作互助以分摊风险;鼓励公众参与志愿活动,共同帮助辖区内的高风险人群和弱势群体,以促进社区整体安全水平的提高。在安全社区的评估反馈中,要充分展示公众的真实感受,以群众满不满意、赞不赞成为评价社区安全工作的主要指标之一。要拓展渠道,积极互动,以公众的意见建议作为调整项目、完善整改的依据,使公众的意志在安全社区建设的各个环节中得以体现。

2."五(六)有一参与"原则

(1)"五有一参与"原则。1989年世界卫生组织(WHO)第一届事故与伤害预防大会后,"五有一参与"原则就由世界卫生组织社区安全促进合作中心提出。具体包括:有一个负责安全促进的跨部门合作的组织机构;有长期、持续、能覆盖不同性别、年龄的人员和各种环境及状况伤害的预防计划;有针对高风险人员、高风险环境以及提高脆弱群体的安全水平的伤害预防项目;有记录伤害发生的频率及其原因的制度;有安全促进项目、工作进程、变化效果的评价方法;积极参与本地区及国际安全社区网络的有关活动。简而言之,就是"有机构、有计划、有制度、有项目、有评价、重参与"。

"五有一参与"中的"五有",强调的是一种机制保障即机构是否体现资源整合、计划是否长期有效、制度是否完善、项目是否有针对性、评价是否客观,这些是推进安全促进工作的前提和基础。实现"五有",要侧重于资源的整合,要立足于社区实际,以现有资源为依托,进行结构重组和功能强化,在此基础上,逐步提升。因此,即使在硬件条件较差的社区,也同样可以根据自身的情况,通过以促进安全为主导思想的调整和完善,达成安全社区的基本要求。"一参与"则是贯穿于安全社区创建始终的软实力,它展示了一种全民动员、共筑安全的精神理念,是安全社区的内核和关键。只有使安全意识、安全理念真正地深入人心,才能形成人人参与安全建设、人人关心安全工作的良好局面,才能真正将共建安全、减少伤害的目标落到实处。

(2)"六有一参与"原则。近几年,世界卫生组织社区安全促进合作中心在原6条标准的基础上,提出了安全社区的7条准则:①成立一个负责预防事故伤害发生的跨部门、跨领域的组织,以伙伴合作模式,履行辖区内的社区安全推广项目;②需长期,并持续地执行各项推广项目,这些项目还应照顾到不同的年龄、性别、环境及处境;③需有针对高风险人士、高风险环境及弱势群体提高其安全性的促进项目;④安全推广项目需基于可验证的数据;⑤需设立一个机制用于记录事故与伤害发生频率及其成因;⑥需建立适当指标,评估项目推广的过程和效果;⑦积极参与本地及国际安全社区网络的经验交流。

3."人人享有健康和安全权利"原则

"人人都享有健康和安全权利"是创建安全社区的总体目标。1989年在瑞典斯德哥尔摩举行了第一届预防事故和伤害世界大会，会议通过的《安全社区宣言》指出："人人都平等享有健康及安全的权利。"这构成了各国创建安全社区的总体目标，该目标有以下两个基本点。

第一，是"人人"。它指出了社区安全促进工作的惠及范围是社区安全工作要包括辖区内所有人。无论是常住人口，还是流动人口，无论是本国公民还是外国公民，都是安全促进工作要涵盖的对象。这一点，体现了对于人权的尊重，体现了对平等理念和公平正义的贯彻。同时，它也为"大安全"的实现提供了基本的保障。只有每一个人的安全健康权利都得到平等的保护，才能形成和谐稳定的社会关系，才能实现整个辖区的长治久安。以"人人"为对象，要求安全促进工作涵盖不同阶层、不同职业、不同收入群体、不同年龄层次的公众，不能因为籍贯、身份、社会地位等方面的差异而有所不同。同时，它也要求安全促进工作能够有重点和针对性，能够突出强调高风险人群、高风险环境和弱势群体的安全工作，并根据其特点拟订相关项目，鼓励和号召社区公众互相帮扶，实现共同安全。

第二，是"健康及安全"。它突破了狭义的安全概念，将"大安全"提上了社区工作的日程。所谓"大安全"，是指一种安全、健康、文明、合意的生活状态，它既包括整个社区的治安水平，也包括普通公众的健康程度。它的目标是全面、系统地减少事故和伤害。为了达到这一目的，一要维护社会秩序，最大限度减少违法犯罪活动；二要加强日常安全防护，提高医疗卫生服务质量，最大限度减少疾病和痛苦；三要宣传安全理念，促使公众养成科学健康的生活习惯，在日常生活的方方面面维护健康文明，实现"大安全"。

4. "资源整合、全员参与、持续改进"原则

资源整合、全员参与、持续改进是创建安全社区的三大核心理念。资源整合与全员参与，实质上共同强调了大安全构建的整体性、全局性。安全成果要惠及辖区所有人，安全建设亦要凝聚辖区的整体合力。

社区成员是分散的，如何将社区成员凝聚到安全社区创建工作上来是创建安全社区面对的首要问题。资源整合，就是要将社区的不同部门、不同领域的资源集中整合、有效利用，最终实现共赢。资源整合更加强调物质力量，侧重于静态的制度安排。它要求在制度上搭建安全建设的联动平台，通过机制设计，将党委领导、政府主导、社会协同、公民参与的安全建设格局固定化、规范化，使其各司其职，协调联动，最大限度地发挥整体合力。而世界卫生组织社区安全促进合作中心提出的安全社区"五有一参与"的标准中，首先强调要有一个负责安全促进的跨部门合作的组织机构，也是意在通过这样的一个跨部门组织推动区域内资源整合，推进安全社区的创建工作。

全员参与，是安全社区的另一个非常重要的核心理念。安全社区的提出，带我们走出狭隘的安全概念，走进"大安全"观，帮助居民进入安全、健康、文明、合意的生活状态。

在安全社区中,居民不再是被动的接受者,而要成为积极主动的主导者,因此安全社区的创建工作自然不能缺少全员参与。与资源整合不同的是,全员参与更加强调人的力量,侧重于动态的共建过程。它要求采取广泛的宣传动员,使社会团体、企事业单位、居民个人深入了解安全社区的基本理念和构建安全社区的深远意义,从而将遵循安全准则内化为自身的行为准则,将安全创建活动转变为自主的行为方式。积极参与安全项目,积极开展志愿活动,真正做到共同建设、共同享有。

持续改进,强调大安全构建的长期性。安全社区的创建工作不是可以集中在某个时间段内完成的工作。社区的情况不是一成不变的,随着时间的推移,社区的人员构成、焦点问题等方方面面都会发生多种多样的变化,社区面临的安全工作形势也将发生变化,即时根据社区状况调整预防计划、改进措施等工作是十分必要的。因此,安全社区的建设是只有起点没有终点的持续进程。要在现有项目的基础上,不断找到新的问题和切入点,将安全工作不断向纵深推进,持续地提升社区安全状况,持续地增进社区健康水平,持续地减少意外和伤害事故的发生。

8.2.2 建设安全社区的基本要求

世界卫生组织于1989年在举行第一届世界预防意外事故及伤害会议期间访问了瑞典 Lidköping cummunity 安全社区,来自15个国家的与会人士在会后提出了一份报告。该报告通过分析 Lidköping cummunity 及泰国 Wang Khoi 社区的建设经验,提出了建设安全社区的5项基本要求,即社区组织、流行病学及资讯、参与、决策、技术及方法。此后,经过不断的修改完善,在“六有一参与”原则基础上,通过世界卫生组织认可的安全社区必须符合下列6项要求:

1. 有一个负责安全促进的跨部门合作的组织机构

建立这个组织机构的目的在于整合社区资源,以伙伴合作模式,自发性地组织起来,集结力量,各施所长,运用各自的资源,为区内居民提供一个安全健康的工作及生活环境。通常由社区所在的政府部门、安全、卫生、民政事务、劳动和社会保障、消防、公安、交通、教育、医院、房管、企业、商业机构等部门联合组成推进委员会;并视实际情况设工作场所安全、家居安全、学生安全、道路安全、宣传教育、治安、伤害统计分析等工作组;社区内的政府机构、商业机构、学校、医院及社会服务团体等按职责分工,承担各自的伤害预防工作。

2. 有长期、持续、能覆盖不同的性别、年龄的人员和各种环境及状况的伤害预防计划

安全社区建设的重点在于策划和实施各类伤害预防计划。这些计划应该是在对本社区的情况进行充分调查分析的基础上,针对需要解决的伤害预防重点问题而策划的控制措施和项目。这些计划还应该考虑到不同的情况,如年龄、性别、环境、职业等诸多因素的特殊性及需要,并且要坚持长期地、持续地策划和执行各类伤害预防项目,不能搞成形式化或运动化。项目可以多种多样,切合实际,不拘形式,以实现最佳效果为准。如举办健康讲座、消防安全讲座,用电安全讲座,开展居民安全意识、灾害预防常识教育,进行驾驶员安全培训、安全知识竞赛,改善道路安全设施、改善居住环境条件、举办应急演习、开展各种安全宣传活动、建立无障碍公共场所、伤害应急救助系统,等等。

3. 有针对高风险人员、高风险环境以及提高脆弱群体的安全水平的预防项目

高风险人员、高风险环境和脆弱群体的安全问题是社区关注的重点,也是策划实施安全和伤害预防项目的重点,应该予以特别重视。高风险人员、高风险环境伤害预防项目的确定应当建立在社区伤害统计分析和危险危害因素辨识评价基础上,由于各个社区具体情况的差异,不同时期和不同社区确定的高风险人员和环境是不同的。

4. 有记录伤害发生的频率及其原因的制度

记录和档案是安全社区建设中不可缺少的部分,是追溯相关活动的必要途径。通过真实的伤害发生的频率及其原因的记录,可以帮助总结分析社区伤害的特点,便于找出重点,有针对性地加以解决。由于社区人员成分复杂、人员具有流动性等困难,在策划记录方法时应当考虑尽量简单、实用。如在医院建立伤害记录系统、伤患者档案、意外伤害记录及追踪分析系统(包括袭击、虐待、交通意外、工伤、居家意外、运动伤害等);也可以考虑以楼座或居委会为单位进行统计,建立数据库,充分记录相关数据。

5. 有安全促进项目、工作过程、变化效果的评价方法

根据各种统计数字的比较分析,评价计划实施的效果,如伤害类别、刑事发案率、疾病救助效果、未成年人犯罪情况、交通意外情况、用药错误情况、生产安全情况等,针对所表现出来的问题,制定相应的对策。评价结果既可以帮助总结过去,又为策划将来的计划和项目提供依据。

6. 积极参与本地区及国际安全社区网络的有关活动

通过国内外交流,取长补短,促进本社区安全健康工作的发展。交流可以是多渠道、多方面的。既可以走出去,也可以请进来。例如,参加国际性的安全健康会议、参观兄弟社区、参加培训交流活动等。按世界卫生组织的要求,通过确认的社区,如果不参与安全社区网络的相关活动,将会被撤销"安全社区"称号。

8.2.3 安全社区专项安全指标要求

国际社区安全促进合作中心在 6 条准则的基础上,又在交通安全、工作场所安全、公共场所安全、涉水安全、学校安全、老年人安全、儿童安全、家居安全和体育运动安全 9 个方面分别提出了 7 项具体指标,见图 8-2。

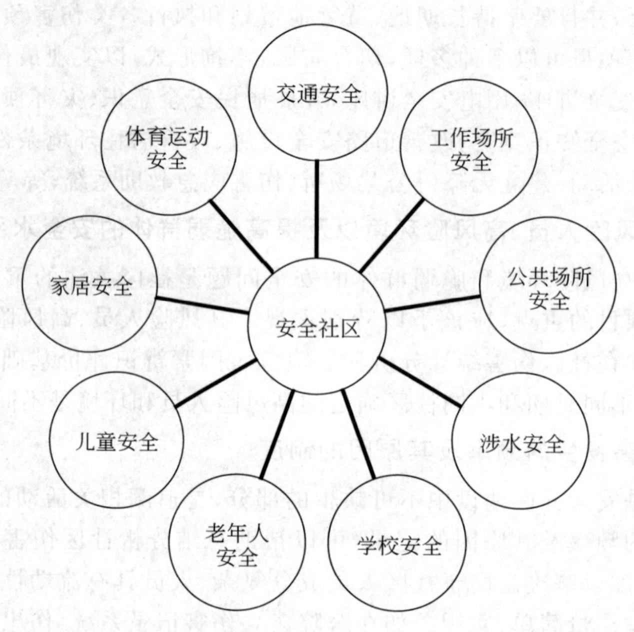

图 8-2　国际社区安全的九大安全类别

1. 交通安全的指标

① 已成立一个由管理人员、工人、技术人员、志愿者组织代表以及安全专家组成的跨界组织,以伙伴合作模式,负责交通方面的所有安全促进事宜,由一名政府代表和一名志愿者代表共同担任负责人;

② 有交通安全规章制度,这些制度应由跨界组织制定,并被社区内安全的交通管理部门所采纳;

③ 长期、持续地开展交通安全促进工作,并覆盖到不同的性别、年龄、未采取保护措施的行人、机动车驾驶者、所有交通场所、环境和状况;

④ 有针对高风险人群、高风险环境以及脆弱群体的安全措施;

⑤ 有记录伤害(包括意外伤害和故意伤害)发生的频率及其原因的制度;

⑥ 有评估规章制度、项目或措施及其实施过程、变化效果的评价方法;

⑦ 积极参与本地及国际交通安全有关的活动。

2. 工作场所安全的指标

① 已成立一个由管理人员、工人、技术人员以及安全专家组成的跨界组织,以伙伴合

作模式，负责工作场所的所有安全促进事宜，由一名管理者代表和一名工会代表共同担任负责人；

② 有工作场所安全规章制度，这些制度应由跨界组织制定，并被安全社区内的管理部门和工会所采纳；

③ 长期、持续地开展工作场所安全促进工作，并覆盖到不同的性别、工龄的人员以及各种环境和状况；

④ 有针对高风险人群、高风险环境以及脆弱群体的安全措施；

⑤ 有记录伤害（包括意外伤害和故意伤害）发生的频率及其原因的制度；

⑥ 有评估规章制度、项目或措施、工作过程及变化效果的评价方法；

⑦ 积极参与本地及国际工作场所安全有关的活动。

3. 公共场所安全的指标

① 已成立一个由管理人员、志愿者组织代表、技术人员以及安全专家组成的跨界组织，以伙伴合作模式，负责公共场所的安全促进事宜，由一名社区行政管理代表和一名志愿者代表共同担任负责人；

② 有公共场所安全规章制度，这些制度应由跨界组织制定，并被安全社区内的志愿者组织采纳；

③ 长期、持续地开展公共场所安全促进项目，并覆盖到不同的性别、年龄的人员及各种环境和状况；

④ 有针对高风险人群、高风险环境以及脆弱群体的安全措施；

⑤ 有记录伤害（包括意外伤害和故意伤害）发生的频率及其原因的制度；

⑥ 有评估规章制度、项目或措施、工作过程及变化效果的评价方法；

⑦ 积极参与本地及国际公共场所安全有关的活动。

4. 涉水安全的指标

① 已成立一个由管理人员、水源开发者、志愿者组织代表、技术人员以及安全专家组成的跨界组织，以伙伴合作模式，负责用水方面的所有安全促进事宜，由一名政府代表和一名志愿者代表共同担任负责人；

② 建立安全涉水规章制度，这些制度应由跨界组织制定，并被社区采纳；

③ 长期、持续地开展涉水安全促进项目，并覆盖到不同的性别、年龄的人员及各种环境和状况；

④ 建立针对高风险人群、高风险环境以及脆弱群体的安全措施；

⑤ 建立记录伤害（包括意外伤害和故意伤害）发生的频率及其原因的制度；

⑥ 建立评估规章制度、项目或措施、工作过程及变化效果的评价方法；

⑦ 积极参与本地及国际涉水安全有关的活动。

5. 学校安全的指标

① 已成立一个由老师、学生、技术人员以及学生父母组成的跨界组织,以伙伴合作模式,负责学校的安全促进事宜,由一名学校董事会代表和一名教师共同担任负责人;

② 有学校安全规章制度,这些制度应由安全社区内的学校董事会和社区居委会制定;

③ 长期、持续地开展学校安全促进项目,并覆盖到不同的性别、校龄的人员及各种环境和状况;

④ 有针对高风险人群、高风险环境以及脆弱群体的安全措施;

⑤ 有记录伤害(包括意外伤害和故意伤害)发生的频率及其原因的制度;

⑥ 有评估规章制度、项目或措施、工作过程及变化效果的评价方法;

⑦ 积极参与本地及国际安全学校有关的活动。

6. 老年人安全的指标

① 已成立一个由管理者、老年人、志愿者组织代表、技术人员以及安全专家组成的跨界组织,以伙伴合作模式,负责老年人的安全促进事宜,由一名社区行政管理代表和一名志愿者代表共同担任负责人;

② 有老年人安全规章制度,这些制度应由安全社区内的跨界组织制定;

③ 长期、持续地开展老年人安全促进项目,并覆盖到不同的性别、所有年龄阶段的老年人以及各种环境和状况;

④ 有针对高风险人群、高风险环境以及脆弱群体的安全措施;

⑤ 有记录伤害(包括意外伤害和故意伤害)发生的频率及其原因的制度;

⑥ 有评估规章制度、项目或措施、工作过程、变化效果的评价方法;

⑦ 积极参与本地及国际老年人安全有关的活动。

7. 儿童安全的指标

① 需成立一个由管理者、儿童/父母、志愿者组织代表、技术人员以及安全专家组成的跨界组织,以伙伴合作模式,负责儿童安全促进事宜,由一名社区行政管理代表和一名志愿者代表共同担任负责人;

② 有儿童安全规章制度,这些制度由安全社区内的跨界组织制定;

③ 长期、持续地开展儿童安全促进工作,并覆盖到不同的性别、所有年龄阶段的儿童以及各种环境和状况;

④ 有针对高风险人群、高风险环境以及脆弱群体的安全措施;

⑤ 有记录伤害(包括意外伤害和故意伤害)发生的频率及其原因的制度;

⑥ 有评估规章制度、项目或措施、工作过程、变化效果的评价方法;

⑦ 积极参与本地及国际儿童安全有关的活动。

8. 家居安全的指标

① 已成立一个由管理者、志愿者组织代表、技术人员以及安全专家组成的跨界组织，以伙伴合作模式，负责家居的所有安全促进事宜，由社区一名行政管理代表和一名志愿者代表共同担任负责人；

② 建立家居安全规章制度，这些制度应由跨界组织制定，并被安全社区的志愿者组织采纳；

③ 长期、持续地开展家居安全促进工作，并覆盖到不同的性别、年龄的人员及各种环境和状况；

④ 建立针对高风险人群、高风险环境以及脆弱群体的安全措施；

⑤ 建立记录伤害（包括意外伤害和故意伤害）发生的频率及其原因的制度；

⑥ 建立评估规章制度、项目或措施、工作过程、变化效果的评价方法；

⑦ 积极参与本地及国际家居安全有关的活动。

9. 体育运动安全的指标

① 已成立一个由管理者、运动参与者、技术人员以及安全专家组成的跨界组织，以伙伴合作模式，负责运动场所的安全促进事宜，由一名运动组织代表和一名运动参与者代表共同担任负责人；

② 有体育运动安全规章制度，这些制度应由跨界组织制定，并被安全社区的运动组织所采纳；

③ 长期、持续地开展体育运动的安全促进工作项目，并覆盖到不同的性别人员、运动场所、环境和状况；

④ 有针对高风险人群、高风险环境以及脆弱群体的安全措施；

⑤ 有记录伤害（包括意外伤害和故意伤害）发生的频率及其原因的制度；

⑥ 有评估规章制度、项目或措施、工作过程、变化效果的评价方法；

⑦ 积极参与本地及国际体育运动安全有关的活动。

注：指标共性说明。当前，安全社区共包括9项指标。虽然9项指标每一项都从7个方面提出了要求，但实际上，除了指标不同外，需求是共性的，即其原则要求是相同的。每项指标的共性可以描述为：

① 有组织：已成立一个跨界组织，由一名社区行政管理代表和一名志愿者代表共同担任负责人；

② 有制度：有由跨界组织制定的，并被安全社区内的志愿者组织采纳的安全规章制度；

③ 有项目：长期、持续地开展安全促进的项目，并覆盖到不同的性别、年龄的人员及各种环境和状况；

④ 有措施：有针对高风险人群、高风险环境以及脆弱群体的安全措施；
⑤ 有记录：有记录伤害(包括意外伤害和故意伤害)发生的频率及其原因的制度；
⑥ 有评估：有评估规章制度、项目或措施、工作过程及变化效果的评价方法；
⑦ 有交流：积极参与本地及国际相关安全活动。

8.3 社区安全的建设程序与方法

8.3.1 社区安全建设的 PDCA 模型

社区安全建设是长期、持续的,可运用 PDCA 循环法来指导创建工作的整体运作过程(见图 8-3),以提高安全社区建设的工作效率。PDCA 循环的概念最早是由美国质量管理专家戴明提出来的,所以又称为"戴明环"。

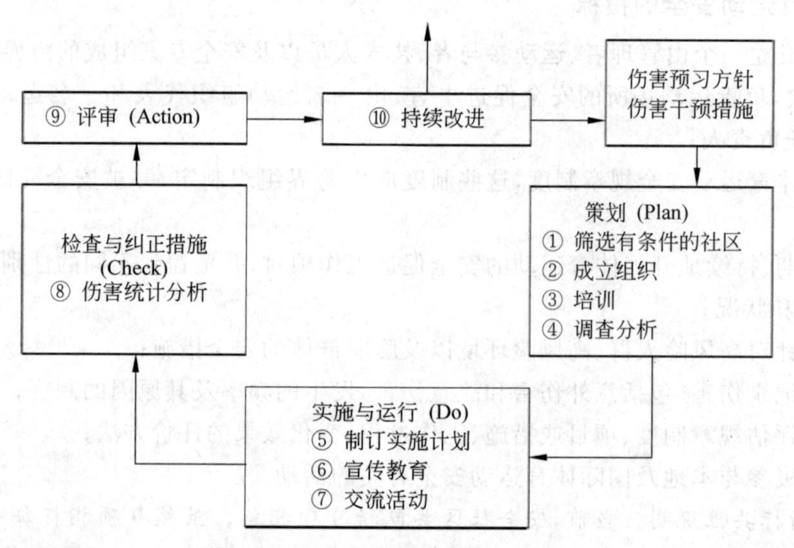

图 8-3 社区安全建设的 PDCA 模型

PDCA 四个英文字母及其在 PDCA 循环中所代表的含义如下：P(Plan)：计划,确定方针和目标,确定活动计划;D(DO)：执行,实地去做,实现计划中的内容;C(Check)：检查,总结执行计划的结果,注意效果,找出问题;A(Action)：改进,对总结检查的结果进行处理,成功的经验加以肯定并适当推广、标准化,对失败的教训加以总结,以免重现,未解决的问题放到下一个 DPCA 循环。

DPCA 循环实际上是有效进行任何一项工作的合乎逻辑的工作程序。之所以将其称之为 PDCA 循环，是因为这四个过程不是运行一次就完结，而是要周而复始地进行。一个循环完了，解决了一部分的问题，可能还有其他问题尚未解决，或者又出现了新的问题，再进行下一次循环。PDCA 循环是大环带小环。如果把整个安全社区工作作为一个大的 PDCA 循环，那么各个工作小组还有各自小的 PDCA 循环，就像一个行星轮系一样，大环带动小环，一级带一级，有机地构成一个运转的体系，如图 8-4。PDCA 循环不是在同一水平上循环，而是阶梯式上升，每循环一次，就解决一部分问题，取得一部分成果，工作就前进一步，水平就提高一步。在安全社区建设中应结合社区实际情况运用 PDCA 循环理论。

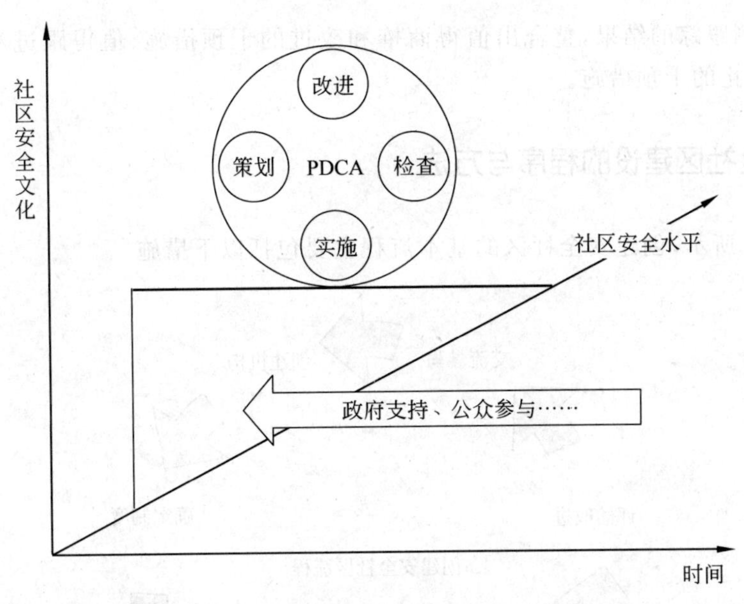

图 8-4　社区安全水平的持续改进

8.3.2　根据“PDCA 循环法”设计工作流程

1. 安全干预

针对各类干预对象、各类公共场所和工作场所、各类危险因素，制定有针对性的安全措施和干预计划。如青少年交通安全讲座、老年人平衡训练、“平安万里行”竞赛、社区消防演习、公司消防运动会等。

2. 环境改善

在事故多发的地段实行人行道路封闭、红绿灯增设、残疾人通道等工作，完善对楼梯和地面的防滑和夜间能见程度的统计调查并进行调整,增设教室拐弯处的光滑转角、交通安全提示语、儿童安全座椅,合理配置消防器材,保证各楼宇紧急逃生路线畅通,改善厨房、浴室防滑设备以减少跌倒和滑倒。

3. 监测跟踪

要成立专门的检测中心,在社区基线调查的基础上,利用各省市区疾病控制预防中心(CDC)资源,以各种针对性干预措施与小型成效调查相配合,全面了解干预措施和环境改善工作对社区安全状况的影响程度。

4. 循环改进

根据监测跟踪的结果,整合出值得商榷和改进的干预措施、值得跟进和拓展的干预措施、适时停止的干预措施。

8.3.3 安全社区建设的程序与方法

如图 8-5 所示,创建安全社区的基本流程主要包括以下措施。

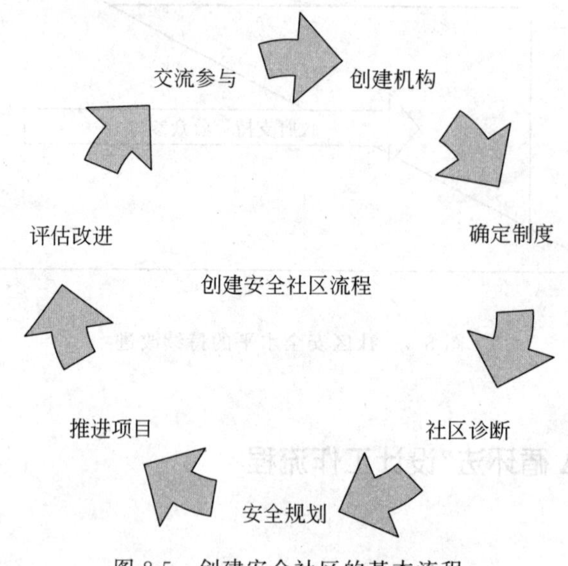

图 8-5 创建安全社区的基本流程

1. 创建机构

成立跨部门的组织机构,是创建安全社区的起点。在机构创建方面,要着重注意以下三点。第一,要坚持政府主导、领导重视,以基层最高领导者为总负责人。坚持将安全社区建设作为一把手工程,以保证该项工作受到足够关注。第二,要坚持资源整合,要以原有政府架构为基础，各部门都要参与到安全创建工作之中来，坚持责任到人，保证各职能部门能够通过相关责任人紧密联动，充分发挥部门合力。第三，要贯彻落实“跨界”联动，实现政府、辖区企事业单位、社会单位、公民的共同参与，共驻共建。在政府方面，安全生产监督管理部门、民政部门、医疗卫生部门、综合治理部门、社区管理部门等职能机构协同配合。同时，要号召辖区所有企事业单位积极参与安全建设，并从中选取代表加入安全促进机构，特别是涉及社区高风险人群、高风险环境及弱势群体的企事业单位，如幼儿园、学校、餐饮、工矿商贸等生产经营单位、工地，等等，更要成为安全促进工作的主要对象，这些行业中的工作人员和技术人员亦应成为安全促进机构的主要备选成员。在居民方面，则应广泛吸收居民自治组织和志愿者代表加入安全促进机构，以确保代表的广泛性，使不同主体的安全健康权利都得到平等的保证。

2. 确定制度

确立和完善各项制度规范，是创建安全社区的保证。要建立促进安全工作的各项制度，通过制度保障各项安全政策、目标的运转、执行、控制、进程。具体包括以下几个方面。

（1）安全促进工作制度。如工作例会制度、工作调研制度、工作责任制度、工作培训制度、定期通报制度等。

（2）安全促进管理制度。如监督检查制度、绩效考核制度、绩效通报制度、信息沟通制度、公众监督制度、档案管理制度、安全设施维修检测制度等。

（3）安全社区适用制度。如门禁制度、交通制度、业主委员会制度、物业管理制度等。

（4）应急处置制度。包括应急预案制度、联动协调制度、责任保障制度等。

在安全社区创建的各项制度中，国际安全社区准则特别强调了记录伤害发生的频率及持续改进制度。这是找到安全促进工作重点，并监督其运行成效的有力保障。只有规范监测，如实记录各项事故和伤害，并进行有效分析，才能准确地找到社区的高风险环境、高风险人群，才能准确定位、科学选择安全促进项目。在记录工作中，既要发挥政府统计部门的作用，也要在各相关单位，如在医院中建立伤害监测机制，获得有效的数据。

除了政府部门的安全工作、管理制度外，各相关企事业单位、社会组织也要建立相应的制度，以明确和落实本单位、本部门的安全促进任务。要对各单位制度建立和执行情况进行检查，并充分发挥典型作用，积极推广先进单位的先进方法和先进理念。

3. 社区诊断

社区诊断就是采取隐患排查、风险识别、伤害监测、社区调查等方法对社区安全状况、安全需求进行自我识别、分析，确定安全促进重点的过程。通过充分细致的诊断，能准确了解群众的安全需要，合理定位安全工作的重点，使有限的资源得到最优化的利用，最大限度地解决广大群众的需求。在社区调查方法的选取上，则可以广泛借鉴国际经验。图 8-6 列举了英国政府较常使用的 19 种社区调查方式[①]。这些方法又可以综合为以下五大类别,见表 8-2。

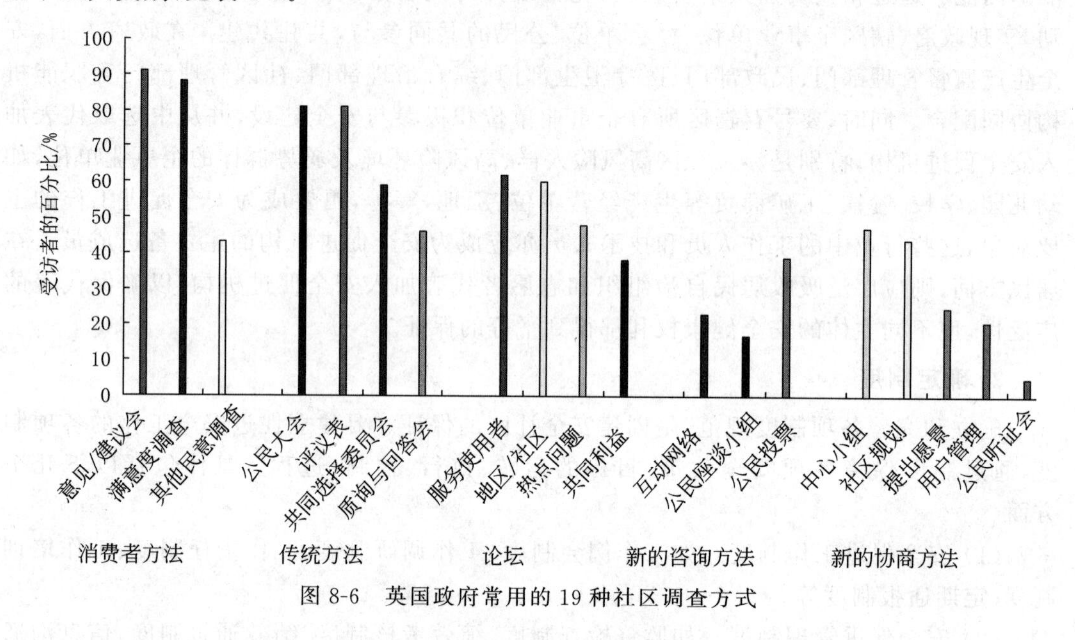

图 8-6　英国政府常用的 19 种社区调查方式

表 8-2　英国政府常用的 19 种社区调查方式分类表

类　别	评　　述	具体方式
消费者方法	以客户为导向,以服务质量为主要关注点	意见/建议会、满意度调查、其他民意调查
传统方法	历史悠久、采用普遍	公民大会、评议表、共同选择委员会、质询与回答会
论坛	将特定服务的使用者、某一地区的居民、关注某一热点问题的居民或具有共同利益的人组织起来,定期举办活动	服务使用者论坛、社区/地区论坛、热点问题论坛、共同利益论坛
咨询法	侧重于针对特定问题对公民进行咨询,而不是持续性的讨论	互动网络、公民座谈小组、公民投票
协商法	鼓励公民通过某种协商程序来思考那些影响他们生活的问题	中心小组、社区规划、提出愿景、用户管理、公民听证会

4. 安全规划

安全规划是创建安全社区的抓手。要根据社区实际,妥善制订多层次规划。首先,

① 维维安·朗兹,劳伦斯·普拉特车特,格里·斯托克.英国公民参与的趋势(上)[J].北京行政学院学报,2002(3):90-96.

要以“平等地保障每个人的安全健康权利”为目的，制定社区长期总体规划，提出社区安全建设在一定时间之内要达到的伤害与事故降低、设施完善、环境改善等方面的总目标。其次，制定具有针对性和可操作性的具体规划。这些具体规划可以划分为两个维度。一是时间维度上的短期规划，即将长期规划细化为若干阶段，以便于更好地分步实施，监督检查。二是内容维度上的项目规划，即根据社区的实际需要和伤害监测结果，选择若干项目，并对项目的实施方法、步骤，做出具体的规定。最后，要将制定的所有规划系统化为完整的规划体系。在整体规划的指导下，连通时间与项目，以便整合资源、逐项推进。在制定安全规划的过程中，要注意以下几个方面的问题。

第一，规划切忌大空。要细化到具体的指标，以利于监督执行。例如，香港安全社区就规定了如下内容：5年内，将区内的意外伤害数字减少30%；3年内，成为世界卫生组织认可的安全社区；5年内，0～5岁儿童家居意外降低33.7%。

第二，规划指标要切实可行。既要具有一定的挑战性，以形成激励；同时又要具有可实现性，以避免目标过高导致的急功近利、弄虚作假，以及高期望值带给公众的心理落差。

5. 推进项目

安全社区建设主要是以安全项目促进的形式推动的，所涉及的类别包括交通安全、工作场所安全、公共场所安全、涉水安全、学校安全、老年人安全、儿童安全、家居安全、体育运动安全、社会治安、消防安全、防灾减灾与环境安全等。社区可以根据实际情况，选择最适合、最迫切的类别深入实施，以达到安全促进的目的。在项目的推进中，应特别注意：

第一，项目的选择必须立足社区实际。要依据伤害监测统计结果、社区风险识别的结果和社区调查结果确定项目，以保证有限的资源能够最大限度地用来减少事故和伤害，满足社区公众的需要。

第二，项目应长期坚持。安全社区的基本理念之一是持续改进。在项目的推进上，必须坚持人性化原则，坚持贴近百姓、贴近生活，力求避免表面化、运动化、形式化。要循序渐进，逐渐完善、持之以恒。

6. 评估改进

评估改进是创建安全社区的持续动力。通过调查结果对比、伤害监测分析、事故统计报表分析、安全检查、群众满意度调查、安全促进项目分析总结、绩效评估等多种方式，监督社区安全目标的绩效表现，并进行评价，以便进行修正和提升。同时，根据评估结果，采取预防性和纠正性措施来维护和提升社区安全系统。

7. 交流参与

需要特别强调的是，交流参与应贯穿安全促进工作的整个过程。具体地说，参与可以划分为三个维度。

第一是公众参与。要在机构的设置中,安排适当比例的公众代表;在政策制定、社区调查、安全规划中,要充分吸纳和考虑公众的意见建议;在项目推进中,要积极发挥公众的力量,引入社团组织和志愿者组织共同参与;在评估改进中,也要以公众的满意水平为重要衡量指标。

第二要建立相应的制度和渠道,使得各类安全信息能够及时传达给社区群众,公众的安全需求能够及时反映到领导层并得到处理和反馈。

第三是要积极参与本地区及国际安全社区网络的有关活动。要积极行使国际权利,履行国际义务,通过活动的参与,在更广阔的平台上实现自身发展。

8.4 安全社区建设的保障机制

8.4.1 应急管理机制

建立应急管理机制,关键在于搭建基础性的应急管理平台,使其成为贯穿于应急管理的全过程的常设系统,在信息储备、风险分析、监控监测、预警预防、动态决策、综合协调、应急联动、评估重建等各环节发挥积极作用,以实现资源整合、增进工作效率、提高应急能力。通过应急管理平台,给突发公共事件应对提供"眼""脑""手",实现平战共举、防治并重:既收集信息,提供"过去"和"现时"的状态数据,又分析信息,对突发公共事件进行科学预测和风险评估;既助推决策,能动生成方案,为突发事件的优化处置提供支持,又统一协调,合理调配资源,促进各部门及时形成合力;既迅速回应,紧密链接紧急信息的接报与处理,争取时间控制局面,又有效反馈,及时通过平台发布权威信息,保障公众知情权,平抑社会恐慌心态。通过这种机制设置,使社区应急管理工作能够未雨绸缪,防微杜渐,指挥统一,运转高效。有效预防和应对各种突发公共事件,减少突发公共事件造成的损失,最大限度的保护公民生命财产安全。

8.4.2 专家咨询机制

1. 科学组建专家咨询机制

专家学者是安全社区建设的智囊团。建立专家咨询机制,就是要把在安全社区创建方面有深入研究的专家学者引入社区的管理、决策系统,以知识积累促进安全管理。

2. 有效发挥专家咨询机制作用

第一,为社区危机管理提供经验积累。事实表明,在危机的状态下,时间与准确度往往是相互替换的关系，决策越迅速，准确度可能就越低。因此，危机之下，人们的思维方式不是分析式的，而是“类型识别”式的。[①] 他们要在最短的时间内判断这是哪一种类型的危机，应该怎样处理。这时，人们往往没有时间去进行系统分析，没有时间科学衡量成本收益，也就是说，在紧急关头，人听不到理性的声音。这时，决策头脑中储存的经验越多，就越利于其冷静地做出合理的决策。而对于危机的应对经验，除了来自于切身的经历之外，对已经发生的灾害的归类总结也应是其重要来源。因此，引入专家学者，丰富危机判断的“类型”和范式，将有助于社区危机应对能力的提高。

第二，为社区日常安全管理提供咨询指导。一方面，可以将专家引入社区管理、决策系统，通过向其提供准确、翔实、全面的信息，使其能够为社区安全促进工作出谋划策；另一方面，也可以通过专家咨询，向公众提供更多的安全常识和安全知识，引导其形成文明、健康的生活方式。

8.4.3　宣传教育机制

宣传教育是建立安全社区的必须途径。应努力形成系统、稳定的宣教机制，推动宣传教育工作进一步发展。

1. 社区安全宣传教育的基本内容

首先，要着力宣传社区应急预案的主要内容和应急处置的基本规程，使广大公众了解预案内容，熟悉应急流程，明确自己在危机应对中的权利、职责、义务；

其次，要全面普及防灾减灾知识和各类安全常识，使公众能够防患于未然，避险于危难，全面提升其应对各种危险事件的综合素质，使其能够在日常生活中防微杜渐。

第三，要深入宣传开展安全促进工作的重要意义，宣传各部门、各单位卓有成效的工作，以推广经验，总结教训，在安全促进实践中全面提升社区安全能力。

2. 社区安全宣传教育的基本方式

在社区安全宣传教育中，要综合使用各种方式途径，注重针对性，增强实效性。充分发挥社区中小学和幼儿园的知识普及作用，尽快落实公共安全知识进课堂。积极探索基层的知识宣传方法，综合运用宣传手册、公益广告，发放明白卡、贴宣传画、播宣传片、举办知识讲座、分析典型案例、评选先进人物、进行应急演练等多种形式，让安全知识进入企业、社区和家庭。综合运用各种现代传播手段，发挥广播、电视、报刊、网络的积极作用，开展宣传教育。

---

① 孙玉红，王永，周卫民.直面危机——世界经典案例剖析[M].北京：中信出版社，2004.

8.4.4 国际合作机制

安全社区工作要积极参与国际交流和国际合作。特别是作为国际安全社区网络成员的社区,参与国际交流合作,既是权利也是义务。要建立全方位、多层次的联系制度、合作制度,积极参与经验交流与经验推介。

1. 加强与国际机构间交流

加强与"国际安全促进合作中心"及各个"安全社区支持中心"的交流互动,积极申请成为国际安全社区,主动接受国际专家的监督、检查、指导。

2. 加强与国际社区间交流

在条件允许的情况下,可以加强与国外社区的交流互动,通过考察、互访等形式,了解国外社区安全建设理念及措施,交流经验,相互学习。

8.4.5 信息管理机制

随着信息时代的到来,互联网日益深入社区群众生活。在安全社区创建过程中,亦应充分运用现代网络技术手段,建立数字化信息管理平台,把管人与管物、管理和服务、属地管理与专业管理、政府管理和社会管理紧密结合,实现对人、社区单位以及城市环境和基础设施部件的动、静态管理精细化,管理与服务互动,增强城市管理和服务效能。

安全社区的信息管理机制的典型范例是望京街道采取的"一库三网",即人口资源、社会资源、环境与市政设施部件数据库和安全社区网,包括了机关内部办公网、办公业务资源网络、公共管理与服务网络。

1. 服务人性化

核心理念就是关注人的安全健康。社区网络和数据库采取个性化、人性化的提示,为用户提供向导服务。

2. 管理规范化

数据信息的采集、录入、管理、利用、分析、发布、维护等都有规范的要求,有一整套工作流程。其建设内容参照人力资源和社会保障部、建设部、国家统计局和北京市民政局及相关专业部门的有关统计内容、标准、项目、流程的规定要求。

3. 数据动态化

多主体的信息采集系统,将派出所民警、社区楼门长、物业公司管理员、社区专职工作者、居民专业志愿者等共同纳入信息采集系统，并由专业公司、管理员组成专业的数据维护管理体系，确保及时发现、及时报告、及时登记、及时录入、定期维护、定期核对、定期分析利用。

4. 内容精细化

数据库包括辖区居民和单位的详细信息，以社区和住户为单元，以人员和部件为元素，利用图片或数字定位等技术手段，做到了“三清”“一准”，即底数清、情况清、问题清、定位准。

关键术语

安全社区　国际安全社区　全国安全社区　安全社区专项指标　安全社区建设标准　戴明环(PDCA)　社区诊断

复习思考题

1. 什么是安全社区？简述国际安全社区的基本原则。
2. 简述安全社区专项评价指标及其内涵。
3. 简述安全社区建设的基本程序和方法。
4. 什么是PDCA模型？
5. 如何运用PDCA模型开展安全社区建设？
6. 试述安全社区建设的保障机制。

阅读材料

高危人群伤害干预已成为安全社区建设关键内容

伤害严重威胁着人类的健康和生命，是一个重要的公共卫生问题。近年来，中国政府对伤害的预防、救治及研究工作给予了高度重视，采取了一些相应的措施，使伤害的增长得到一定程度的遏制。2004年以来，国家安全生产监督管理总局通过抓基层抓基础，广泛推进了安全社区建设，针对社区重点问题尤其是高危人群开展各类事故与伤害预防工作，取得了较好的效果。

高危人群主要是指容易受到伤害的人群，其所受到的伤害高于人群伤害的平均水平，例如特种作业人员。

伤害的种类不同,其高危人群也不同。换句话说,同一个人,他可能是某一类伤害的高危人群,但对于另一种伤害来说,他又不属于高危人群。同一类人群中,因某种原因其所受到的伤害风险程度也不一样。例如,农民工是作业场所安全的高危人群,而受过良好安全培训且严格执行安全操作规程的农民工的伤害风险要低于平均水平;老年人是跌倒伤害的高危人群,但可能不是淹溺的高危人群;同是老年人,行动不便的老年人跌倒的风险高于其他老年人。驾驶员是交通伤害的高危人群,饮酒驾车的驾驶员的交通伤害风险高于其他驾驶员。另外由于各个社区实际情况的差异,不同时期、不同社区以及不同内容项目的高危人群也是不同的。高危人群的确定应建立在伤害统计分析和风险辨识评价的基础上,不能单凭主观判断来确定某人或某群人是否是高危人群,要通过充分的调查研究和分析来确定。一般可以通过危险源识别与风险评价、人群伤害调查、医疗伤害监测、特定场所和特定伤害类别伤害监测等方法,获得伤害的基本信息并对其进行各类数据的分析,从而获得伤害发生的分布规律,并确定某类伤害发生的重点人群。

高危人群伤害干预是安全社区建设中的重要环节。在高危人群确定之后,要制订有针对性的安全促进计划,实施实现安全促进计划的项目和措施。安全促进的目的在于提高高危人群的环境安全度,提高其安全意识与能力。只有对高危人群采取有效的干预措施,才能降低总的事故与伤害。对于高危人群的伤害干预一般应由安全社区建设专项工作组负责制订计划、策划项目并组织实施。安全促进措施包括,规范安全管理以减少伤害风险、不同形式和内容的宣传教育与培训以提高安全意识和安全能力、提供安全服务、提高环境的安全度、使用安全产品、规范安全行为等。

在策划和组织实施伤害干预措施时应注意以下几点。

1. 抓主要矛盾,从风险较高的事情抓起,从伤害涉及人数较多的事情抓起,从伤害干预预计效果较好的事情抓起,从社会最关注的事情抓起。

2. 安全促进项目和措施应有明确的针对性,具有可操作性,以确保实施后能够起到明显的作用,切实减少伤害因素。例如居家厨房火灾一般由于煤气泄漏或炒菜时油温过高引起,促进措施应当针对如何预防煤气泄漏和如何应对油锅起火。如果仅仅教大家如何使用消防器材,则很难引起大家的兴趣,效果也不会太好。

3. 安全促进措施应贴近生活,贴近实际,努力办成实事,尽量采用涉及面广、简单明了、群众参与度高并易于接受的形式。例如,对于社区居民而言,适宜采用寓教于乐、形式活泼、能够互动等形式的培训教育,如果单一的采用课堂教学法,由于居民文化程度、理解能力不同等原因,势必影响学习效果。

4. 注重过程评估和效果评估。在项目实施过程中,要注意各类过程信息的收集,尤其要注意伤害情况的监测。伤害数据是伤害干预效果的客观反映,通过伤害数据的记录、收集汇总、分析,可以帮助我们及时总结经验,发现问题,以调整计划和方案实现持续改进。

5. 要重视专业技术人员在伤害干预工作中的作用，如安全技术人员和医疗工作者，他们可以为高危人群提供卓有成效的技术指导与服务。

资料来源：欧阳梅.高危人群伤害干预——安全社区建设之关键内容[J].现代职业安全，2010(1)：109.

问题讨论

1. 为什么说高危人群伤害干预是安全社区建设的关键内容？
2. 在策划和组织实施高危人群伤害干预措施时应注意哪些问题？

本章延伸阅读文献

[1] 吴宗之.安全社区建设指南[M].北京：中国劳动社会保障出版社，2005.
[2] 马英楠.中国安全社区建设研究[D].北京：首都经济贸易大学，2005.
[3] 佟瑞鹏.中国安全社区建设方法与实践[M].北京：中国劳动社会保障出版社，2015.
[4] 刘旭.域外安全社区建设的主要做法与经验借鉴[J].信访与社会矛盾问题研究，2018(6)：130-139.
[5] 汤媛媛，王午阳，白春森.农村型国际安全社区建设——记顺义区马坡镇国际安全社区[J].现代职业安全，2018(9)：63-66.
[6] 汪伟全，陶东.我国安全社区建设新审视——以社区治理现代化为视角[J].长白学刊，2018(6)：121-127.
[7] 吴博，李伟.中小型城市安全社区建设探析[J].安全，2019，40(4)：62-65.
[8] 李金华.庄河市吴炉镇安全社区建设研究[D].大连：辽宁师范大学，2019.

第9章 韧性城市社区安全

CHAPTER

9.1 韧性社区概论

所谓的韧性社区,是指社区能够将风险灾害的损失控制在可接受范围,同时将风险灾害应对能力内化为自主治理能力,主动通过自组织进行自我调适与修复,以恢复社区的正常运行,并总结经验、提升对未来风险的适应性。韧性社区可以理解为"韧性"相关属性在"社区"空间上的具体体现。而社区韧性是指一个社区面对经常性的灾害或在突发灾害后,能建立、维持或重获一个预期的功能的范围,且这一功能的运作效果与灾害发生前相同或有所提升。韧性社区与韧性城市具有高度的相关性。**所谓的安全韧性城市**,是指城市自身能够有效应对来自外部与内部的对其经济社会、技术系统和基础设施的冲击和压力,能在遭受重大灾害后维持城市的基本功能、结构和系统,并能在灾后快速恢复、进行适应性调整、可持续发展的城市,见图9-1。

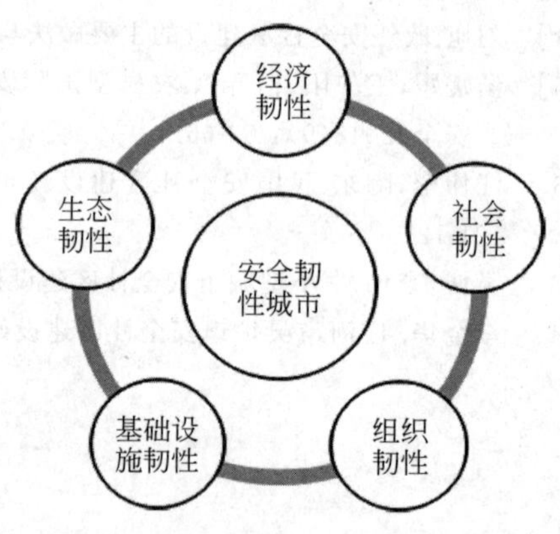

图9-1 安全韧性城市的表征模型

9.1.1 安全韧性社区的研究进展

1. 韧性研究范式的兴起

韧性(resilience),也译成弹性或恢复力,词源为拉丁词"resilio",意为"跳回",其学术概念最早起源于材料学领域(Mcaslan A,2010)。在19世纪中期工业革命时期,韧性概念被运用于机械学,用以描述金属结构受到外力作用产生变形后没有断裂的情况下恢复原状的能力,即工程韧性。1973年,生态韧性的概念最早由加拿大生态学家霍利提出,用来描述生态系统在受到外界干扰后继续保持平衡或平衡被打破后恢复至平衡状态的能力。1999 年，Mileti D.最早将安全韧性定义为一个地区在无巨大外界帮助下，经历极端自然灾害事件而不遭受毁灭性的损失、不损害生产力和生活质量的能力。2002 年，Gunderson L. H.和 Holling C. S.首次将生态系统韧性的概念运用于人类社会系统，并提出适应性循环模型，描述社会—生态系统(也称社会环境系统)中干扰和重组之间的相互作用及其韧性变化，并强调复杂的社会生态系统为回应压力和限制条件而激发的一种变化(change)、适应(adapt)和改变(transform)的能力，而不应该仅仅被视为系统对初始状态的一种恢复。2003 年，韧性的概念又被引入城市规划学(Brody S. D., et al.,2003)。2005 年，联合国国际减灾署将安全韧性定义为暴露于灾害下的系统、社区或社会为了达到并维持一个可接受的运行水平而进行抵抗或发生改变的能力。之后，韧性研究逐渐从自然生态学向人类生态学以及城市规划学、经济学、社会学等领域延伸。2008 年，Cutter S. L.等学者进一步将韧性引进灾害学领域，主张从脆弱性迈向韧性的灾害研究范式转型。Cimellaro G. P.(2010)提出了灾害韧性的定量分析框架；Mcmanus P.(2012)分析了社区韧性；Grinberger A. Y.(2015)、Doyle A.(2016)、Meerow S.(2016)、Klein B.(2017)和 Östh J.(2018)分析了韧性城市评估方法；Boschma R.(2015)分析区域韧性；Bozza A.(2015)和 Chelleri L.(2018)提出城市一体化灾害治理框架。相比国外，2010 年后韧性城市理论刚刚引起我国学者的关注。2013 年，郑艳等人提出了低碳韧性城市的概念；2016 年，黄浪等人首次提出安全韧性的定义，从 3 个维度构建系统安全韧性塑造体系的概念模型；2017 年，黄浪等人又提出了系统安全韧性定义，构建包括 2 个阶段 3 个状态系统安全韧性概念框架，标志着韧性理论与系统安全具有契合性，并衍生出安全韧性理论新的研究范式。

2. 安全韧性理论的初步探索

安全韧性概念的提出激发学术界众多学者的研究兴趣，在理论与实践方面的初步探索也取得了一定的新认识。金磊(2017)认为缺少韧性是中国城市安全度低的主要症结，并提出“韧性京津冀”区域协同安全设计理念；李鑫(2017)认为国际组织和发达国家在韧性城市建设实践与我国当前城市发展需求十分契合；郭小东(2016)提出了城市防灾韧性能力定量方法；王祥荣(2016)以上海为例，提出了气候变化韧性城市评估方法；周冯琦(2017)以上海为例，提出了弹性城市评价方法；黄弘(2018)提出城市安全韧性三角形模型；吴晓林(2018)开展韧性社区治理探索研究。

9.1.2　城市社区发展中面临的棘手问题

城市尺度上全面韧性的实现依赖于城市社区层面具体韧性的累积和传递。面对城市化、现代化、商业化等冲击与气候变化的不确定性所导致的风险，城市社区在以下几方面存在的挑战为韧性城市社区的构建带来很大影响。

1. 社区与城市文脉割裂

对于新建社区来讲，由开发商承包地块进行独立经营的居住区建设方式，往往在社区的规划上独善其身，并不考虑社区空间与当地自然及人文背景之间的关系；用地红线与住区围墙割裂了社区与周边城市环境在视觉、生态、文化、交通等方面的联系，造成了城市机理中社区空间的碎片化与孤岛化，导致新建社区无法作为城市社会生态系统中有机的组成部分发挥韧性的功能。

2. 社区空间与设施脆弱

中国的城市经过多年发展已经存在很多老旧社区，社区内部基础设施趋于老化，乱搭乱建、乱摆乱放等空间侵占现象屡见不鲜；很多老旧社区内部缺少消防通道、逃生路线、避难据点等必要的防灾空间与设施，公共空间及开放绿地面积也不充足。社区空间与设施类型的缺失、功能的不健全、布局的不合理等问题导致老旧社区的环境韧性严重不足。

3. 社区教育缺失与社区人口老龄化

不论对于中国新建社区还是老旧社区来说，目前都已经初步呈现老龄化特征，社区活力有待提升；加之大多数社区适老化设施不足，进一步限制了以老龄化居民为主的公众参与和邻里活动，导致社区人际关系网络不健全，社会韧性亟待加强。同时，社区在防灾教育方面的欠缺使居民在面临突发风险和灾害时，往往由于掌握的防灾避灾知识过少而无法及时采取正确的应对措施，实际行动能力低下，体现了社区管理韧性与个体韧性的低下。

9.1.3 韧性城市社区的主要特征

城市社区面对风险与灾害的适应性来源于也根植于城市社区的特征，明确城市社区特征是构建韧性城市的前提和依据。

1. 城市社区社会系统具有多样性和动态性

城市社区可以被视为一个由社区居民与社区生态环境共同组成，即由社会系统与生态系统彼此耦合、相互依存并协同进化的社会生态系统。作为一个复杂、多样的社会生态系统，城市社区在发展演进的过程中必然时刻伴随着难以预测的变化和不可避免的问题。正是这种多样性和动态性使城市社区能够通过适应各种变化与干扰获得自我平衡与自我更新的动力，从而形成系统的韧性。

2. 城市社区环境具有独特的物理特征和发展历史

作为城市整体社会生态系统的组成部分，城市社区与本地环境呈现出强烈的文化附属性和资源依赖性，并体现为社会性联系（social bonds）与资源的纽带（resource ties）。在发展与演变的过程中，城市环境任何的改变都会引起社区内部的连锁反应，并在其生态、环境、经济、社会、文化等各个方面留下变化的线索与痕迹。虽然城市社区无法控制所有与其相关联的物质或非物质要素，但仍然能够通过改变上述条件来获得更强的社区韧性。

3. 城市社区空间具有功能性和形态特征

作为行使居住功能且完整、独立的系统单元，城市社区的建设需要基于一定范围与规模的地理空间。总体空间的面积、形状、区位以及内部空间的布局、结构、数量等，是影响并决定社区景观视觉形象、绿色生态环境、居民行为心理等方面特征的关键，也是韧性得以表达与落实的载体。在一定程度上，社区空间的演变反映了城市社区对变化的环境与需求的适应。

4. 城市社区人口具有多样性和自组织性

社区中的人们形成了一个紧密的关系圈，其中的各个利益相关者都享有最终的决定权。社区居民不但是社区服务与福祉的享受者，也是建设、管理、改善社区的参与者。基于社区居民在性别、年龄、家庭背景、受教育程度等方面的多样性以及在对社区建设与发展愿景上的一致性，可将来自社区个人的能力、技能和知识以及来自社区群体的组织力、培训力和领导力视为一种可被开发和利用的人力资源，作为社区韧性的重要来源和提升韧性的可利用资源之一以及社区韧性的研究主体。

9.1.4　韧性城市社区表征维度

基于城市社区的本质特征，即体现出多样性、动态性和适应性的社会生态系统以及城市社区具有独特的自然及人文文脉，需要满足社区中变化的空间需求与偏好，并尊重和重视居民权利和能动性这几方面关键特征。

1. 环境支撑

韧性系统具有可变性，也有其变化范围，即弹性限度。可变性处于弹性限度内的系统才是能够通过变化和适应表现出韧性的系统。作为社会生态系统，城市社区是城市嵌套体的一部分，受到来自环境背景中各种要素的影响。这些背景要素在城市社区的规划设计中发挥着过滤与筛选的作用，从而形成了对城市社区系统可变范围的限定，同时也揭示出构建韧性须依赖的条件、资源和途径。将背景环境纳入城市社区规划设计的考量中,可以为城市社区赋予宝贵的独特性。因此,城市社区所处的自然环境背景(气候、地形、水文、土壤、植被、风速、日照等)与人文环境背景(人口结构、地方文化、传统习俗、政治环境、经济水平等)是社区适应性形成的基础与先决条件。

2. 空间多样

城市社区的本质是在一定地理区域内社会系统相互作用的整体,由一系列有形空间构成。社区空间的多样性源于社区内的空间或场地以及场地内限定了空间的环境构件,具有随着背景环境的特征变化的能力,例如根据需求在位置、结构、面积、形状或功能等方面做出调整,从而使社区系统具有结构和功能层面上的多样化选择。不再随着规划与设计方案的敲定便被一锤定音,遵循空间多样性原则的城市社区从一个整体化的恒定常量,转化为空间与构件等各个部分都具备多种可能性的可控变量,从而使整个社区获得"整体大于部分之和"的适应性。这一原则的具体实现途径包括:设置可移动的空间边界、易更换的场地材料、多样化的功能配置方案、多功能环境构件的使用、冗余韧性资源(如员工、设施、空间等)的预留等。

3. 以人为本

社区中构建的韧性表现为一种集体或集合的韧性,其结果是给社区所有成员带来福祉;同时,它的实现依赖于社区成员的共同行动,包括居民的需求与行为以及管理者的决策与目标。因此,人们的动机、参与和意见便成为社区进行适应的依据和源头,因为它们在两个方面对社区操作层面的适应性产生重要的影响:社区公共服务和管理机制。技术手段与多样化的服务动机,为满足多种需求提供了机会;积极的公众参与管理,能够带来良性的多边合作关系;充足且即时的意见收集和听取,保证了管理与维护过程中灵敏的反馈机制。遵循以人为本的原则,包容动机、鼓励参与、听取意见等策略提高了公共服务与管理的绩效;而高绩效的社区服务与管理则通过增强社区操作层面的适应性,赋予了社区集体的韧性。

9.2 韧性社区评估框架与制度的设计

9.2.1 韧性社区表征要素

在"韧性社区"的思想理念指导下,从"韧性"所需具备的属性与特征入手,结合"社区"的具体组成与功能,提出统一的韧性社区评估框架,为韧性社区的评判、改进和构建提供参考。韧性社区评估框架主要包括物理空间、组织结构、社会环境、经济运行、信息沟通、人口等六个方面,如图 9-2 所示。

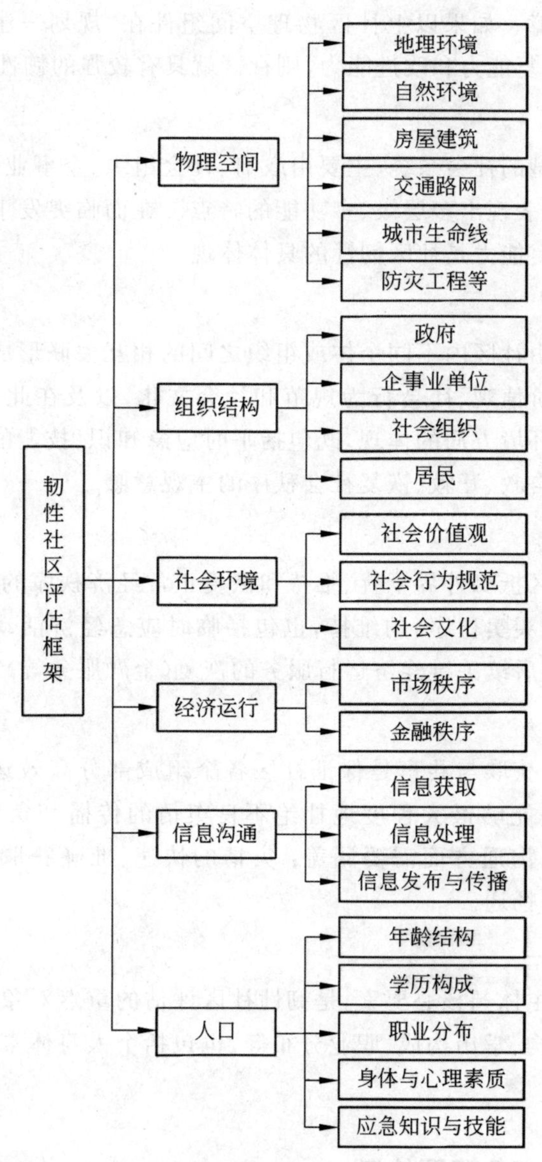

图 9-2　韧性社区表征要素示意图

1. 物理空间

社区的物理空间是客观存在的，主要包括：社区赖以生存的地理、自然环境，逐年演化形成的住宅群、交通路网、城市生命线、防灾工程等。其中，住宅是社区的主体结构；交通路网是各主体的连接路径；生命线是主体结构运行的动力；防灾工程则为社区安全运行构筑了一道物理屏障。如果以上社区物理空间组件在“规划—建设—运行”过程中具有较强的抗灾能力、恢复能力和改进能力,则社区就具有较强的韧性。

2. 组织结构

社区作为一个典型的社会系统,主要由政府、社会组织、企事业单位、居民等构成,具有特定的组织结构,且表现出多层级、多功能的特点。在面临突发事件时,组织结构的稳定性、协同性、自我恢复能力是社区韧性的具体体现。

3. 社会环境

社区的社会环境由社区内不同个体或组织之间的相互关联形成,包括在社区范围内被多数人认可的社会价值观、社会行为规范和社会文化,以及在此基础上形成的社会秩序。韧性社区在社会环境方面的体现,既包括平时应急知识、技能的积极宣传与教育,也包括突发事件发生时自救、互救、恢复社会秩序的主观意愿。

4. 经济运行

经济运行是指社区抵御外界干扰、维持和恢复正常经济秩序的能力。既包括受灾后基础经济活动(正常的买卖秩序)的维持,也包括临时应急经济活动的开展(生活必需品的供应与价格维护)和后续关键经济运行服务的恢复(金融服务等)。

5. 信息沟通

及时、准确的信息获取与共享是保证社区各个组成部分高效运转的基础条件之一,同时,良好的信息沟通能够最大程度地杜绝不良舆情的传播和负面情绪的积累、发酵。因此,韧性社区在信息沟通方面需要涵盖:灾情的快速、准确获取;信息处理能力的保持;发布与传播渠道的畅通。

6. 人口构成

人口作为社区的主体与核心要素,是韧性社区评估的重点对象之一。评估内容既包括社区人口的年龄结构、学历构成、职业分布等,也包括个人身体素质、心理素质、应急知识和技能等情况。

9.2.2 韧性社区的应急管理体制

社区作为基层组织,其“韧性”是城市整体韧性提升的根基,而这点又很大程度上取决于社区自身应急体制的健全程度。根据对“社区”概念的理解和认识,“社区”的实际管辖范围随着实际情况的不同会有所变化。将“社区”定义为街道乡镇层面,并进一步从韧性社区的应急管理单元及其职责角度,讨论相应的应急管理体制,如图 9-3 所示。

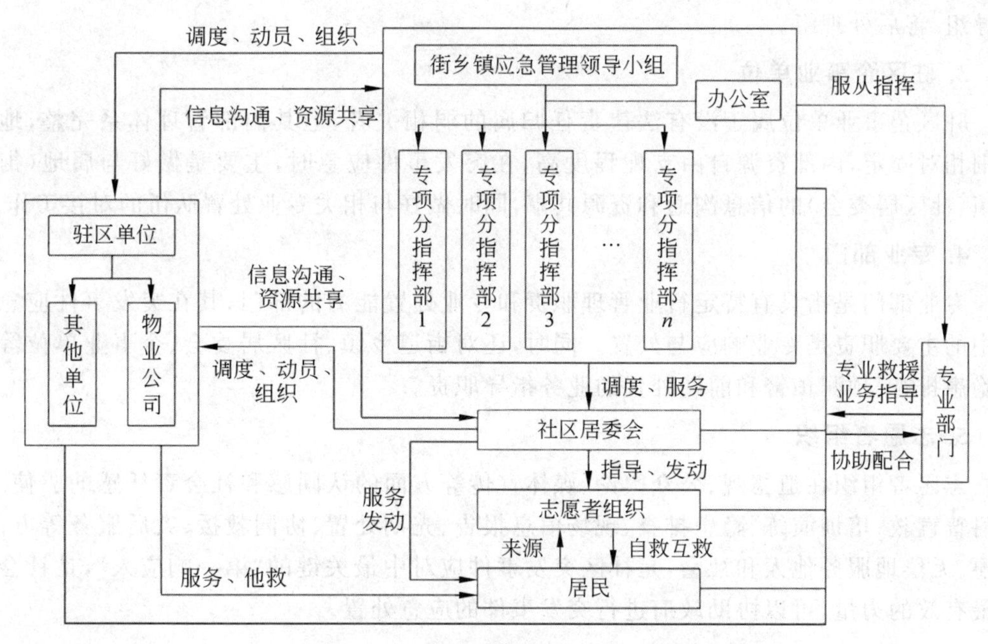

图 9-3　基于韧性的社区应急管理体制

1. 街道乡镇

街道乡镇作为区(县)的分应急指挥部,应成立街道乡镇应急管理领导机构,并确定相应的办事机构,建议设立副科级应急办,与党政办合并办公,在党委、政府的直接领导下开展工作,设置专职人员,按照责任清单落实应急责任。街道乡镇应急管理领导机构,下设各分指挥部,各分指挥部根据处置需要,服从区(县)专项指挥部的统一指挥,负责调度区域内的成员单位,及时协助配合区专项指挥部处置辖区内的突发公共事件。而对于应急职责的设置来说,应采取"谁主管、谁负责"的原则,强调在原有工作职责中增加相应应急职责,并将应急工作作为绩效考核的重要内容,由相应职能部门负责人任组长,负责本地区职责范围内的突发公共事件的上报、协调、配合处置工作。

2. 社区居委会

由社区居委会牵头,整合业主委员会、物业公司、驻区单位、社区团体和居民等社区应急力量,在预防阶段,开展应急知识宣教和培育等;在准备阶段,配合专业部门做好事前检查;在响应阶段,依靠专业部门处置,协助进行社会动员;在恢复阶段,向上级部门反映受灾情况,动员社会力量支持等。同时,社区居委会的应急管理工作应充分考虑和发挥其做群众工作的优势,同时充分发挥志愿者队伍的作用,可根据实际需要将工作人员和志愿者队伍划分成具有特定职能的小组,主要包括信息报告组、秩序维护组、专业队伍引导组、善后处理组。

3. 驻区企事业单位

驻区企事业单位属于没有法律责任归属的弱相关者,但其内部管理体系完整,地域范围相对固定,内部资源自由支配程度高,在突发事件应急时,主要是做好与属地(街道乡镇、社区居委会)的信息沟通和资源共享,同时做好与相关专业处置队伍的对接工作。

4. 专业部门

专业部门是指具有特定行业管理职责和专业处置能力的部门,其在突发事件应急管理中的主要职责是专业响应与处置。同时,还对街道乡镇、社区居委会、企事业单位等负有隐患排查、预测预警和前期处置的业务指导职责。

5. 志愿者组织

志愿者组织在道德观、公众舆论、媒体宣传等方面的认同感和社会责任感的驱使下,从科普宣教、培训演练、隐患排查、现场信息报告、先期处置、协同救援、灾后服务等方面,自愿、无偿地服务他人和社会,是社区突发事件应对中最关键的"第一响应人",是社会动员最有效的力量,可以协助政府进行突发事件的应急处置。

6. 社区居民

居民是基层应急管理体系中最重要的自救互救群体,应提高自身的应急意识,掌握应急知识,做到及时报警和自救互救等环节。

9.2.3 韧性社区的应急管理机制

合理的应急管理机制,是韧性社区能够高效运转的保障,只有不断提升韧性社区的自我调节能力与内部协同能力,才能逐步增强韧性。

1. 建立社区风险管控机制,预防并治理各类可能降低韧性的因素

建立社区风险管控机制是社区韧性的第一道防线,是基层突发公共事件应急管理工作的重要内容,也是编制好基层应急预案的基础,其主要内容包括:基层安全现状调查、危险源识别与分析、风险分级及管控措施,在良好的社区风险管理机制保障下,可以及时发现社区内部可能降低韧性的各类因素,这些因素可能来自于韧性社区的物理空间,也可能来自于社区组织结构等,通过提前辨识、尽早干预,可以持续保障社区具有良好的韧性。

2. 建立周密的社区监测预警机制,实时监测预警韧性因素的演化动态

建立和完善由政府部门、专业机构、监测网点、社区居委会和居民等构成的专业监测和社会监测相结合的突发事件监测体系,加强社区居委会和有关单位负责人的主体责任意识,明晰人员之间的职责分工;进一步推进基层应急信息报告员、社会公众报告和举报奖励制度建设,在社区建立信息直报点,配备专兼职应急工作信息员,加强相关人员监测预警能力方面的培训,形成高效、快捷、安全的信息报送体系。强化基层预警机制建设,逐步实现预警信息沟通共享。在充分利用多形式("村村响"、农村高音喇叭、社区预警工程等)、多备份的预警信息发布手段和扩大预警发布渠道的同时,充分利用社区的动员、联动能力,着力解决预警发布的"最后一公里"问题;重点要完善基层预警信息快速传递机制,规范和细化基层各类预警响应措施与协调联动机制。

3. 建立快速的应对机制,充分发挥社区在辅助处置和先期处置方面的优势

社区突发事件的应急响应强调基层的辅助处置和先期处置,并且以辅助处置为主,辅助处置应充分发挥社区在拥有良好群众关系和对辖区情况更加了解的优势,发挥好社区的社会动员能力,做好现场保护、协助处置和善后处置工作。此外,社区应进一步完善基层现场先期处置能力,加强与各专业部门的协调联动,建立起快速反应、合理调配、密切协作的工作机制,并将工作机制流程化、卡片化,使职责不仅停留在纸面上,更要落到实处。

4. 建立强有力的应急协同与合作机制,提高应急响应、处置与恢复效率

突发事件后,韧性社区需要抵御外界干扰,尽快恢复正常状态,需要空间、时间、功能结构上的多方协同与合作,在专项应急处置介入之前,社区的先期处置工作尤为重要,其快速的事件信息上报和有效的先期响应,有利于突发事件的有效控制;在事故处置过程中,由于社区掌握所属区域的各类信息,应急指挥部需要社区的协助,需要社区建立相关的协同合作机制,明确具体的职责分工,定期召开上级单位(区应急办)、专项应急指挥部办公室和社区之间的沟通联席会,理清各自在事件应急中的主要职责;根据机制和预案,定期开展应急演练,不断磨合,加强日常协调联动。

5. 建立有效的信息沟通机制,提升社区组织结构间的信息对称性

应建立有效的社区内信息交流制度,并通过高效的信息沟通渠道收集与发布信息。建立良好的社区外部信息沟通程序,保证社区与其他外部相关组织间的信息交互。建立并维护良好的通信网络,包括电话、电视和计算机网络等,保证社区 24 小时信息畅通。收集、反馈、上报的信息应包括:社区危险因素情况、社区应急资源状况、紧急和非紧急信息。最终,进一步降低社区组织结构间的信息不对称性。

6. 建立创新性的社区价值重构机制,营造全社会参与韧性提升的氛围

唤醒社会上的非政府组织与个人对社区韧性的关注,深入基层推崇社会公益、社会整体安全、公信等价值观,推动价值重构,以打破以经济取向为唯一目标的社会价值系统,营造全社会参与韧性提升的社会氛围。具体包括:在全体居民中广泛开展应急教育活动;广泛发动驻区企事业单位、社区团体和居民,积极做好突发事件的防范和应对准备;组建具有一定救援知识和技能的志愿者队伍,在第一时间减少灾害的损失;利用市场机制,组织动员社会力量参与应急管理和服务。

9.3 韧性社区建设的实践

9.3.1 韧性社区的建设试点与实践问题

1. 韧性城市建设逐渐起步

2011 年 8 月,在四川成都召开了"第二届世界城市科学发展论坛暨首届防灾减灾市长峰会",国内外多个城市参与并签署了《让城市更具韧性"十大指标体系"成都行动宣言》,这是"韧性"理念首次在中国城市建设中出现。

2014 年以来,先后有十余个城市参与了韧性城市建设的国际合作计划。这些合作计划为城市韧性建设提供资金和经验,促进城市间的协作建设。国内城市参与的主要是联合国减灾署(UNISDR)的"让城市具有韧性(Making Cities Resilient)"竞选计划和洛克菲克基金的"100 个韧性城市(100 Resilient Cities)"计划。UNISDR 的"让城市具有韧性"竞选计划开始于 2011 年,参与的城市分为参与者和行为榜样两种,目前已有 3 463 个城市加入。我国有河南宝丰、四川成都、河南洛阳、四川绵阳、海南三亚、陕西咸阳、青海西宁 7 个城市参与,其中成都在总结汶川大地震防灾、抗灾经验的基础上,进行地方政府韧性自评,成为行为模范。洛克菲勒基金会则于 2013 年 9 月开始"100 个韧性城市"计划,该项目将为全球 100 个城市提供 1.64 亿美元无偿经费资助。计划设计了首席韧性官制度,帮助协调城市出现的各种问题。目前我国有黄石、德阳、海晏和义乌 4 个城市入选该计划,并聘请了首席执行官。

另外,"韧性城市"建设的理念也逐渐融入国内预防自然灾害领域。2015 年以来,海绵城市、气候适应型城市的试点工作先后启动,旨在提升城市系统应对各种内外部风险冲击的能力,与提升城市韧性密切相关。

国家气候中心与中国社科院城市发展与环境研究所合作采用暴雨致灾危险性、综合适应能力等指标,构建了暴雨灾害下的城市韧性评估体系。

目前参与韧性城市建设国际合作并明确提出韧性规划的城市数量还非常少,而且主要是中小城市,一、二线大城市参与仍较少,只有少数大城市在长期规划中提到了"韧性"的概念。上海在《上海总体规划(2016—2040)》中提到了韧性城市建设的内容。

2. 韧性社区建设重视不够

相较于韧性城市建设实践,韧性社区建设更显迟缓。2015 年,纽约发布了新的气候韧性建设计划《一个纽约——一个强壮、适宜的城市》，要通过创新理念和聚焦重点领域加速和扩大“建设一个强壮而富有弹性的纽约城市”的计划，这些新理念和聚焦领域第一项就是“强化社区功能”，其余分别为更新气候项目、聚焦热播影响、土地利用政策和省级联邦议程。对比上海在其总体规划中提到的韧性城市建设内容，纽约重点关注了气候变化、生态问题、改善城市环境、完善城市安全保障等。两者内容有重合，但上海韧性城市建设缺乏对社区、居民财产的关注，以人为本理念在上海韧性城市建设中未能充分体现。

这种情况不仅出现在刚刚开始韧性城市建设的大城市，目前已经参与韧性城市国际计划的城市也存在“重硬件、轻软件”的问题，缺乏社区营造、社会参与机制的创新。比如先后参与了“100 韧性城市”的德阳、黄石、义乌、海盐 4 个城市，在韧性城市建设规划中：德阳市建设重点是基础设施建设、防灾减灾以及循环利用、绿色环保等产业的开发；黄石市重点推动城市向绿色经济转型，加强对老城区和棚户区的改造；义乌主要是建立了快速响应暴雨等灾害的组织系统；海盐县则建立了大量应急预案和公共服务入口。城市韧性的建设规划仍然从城市治理出发，缺少对韧性社区建设的关注，也未能体现韧性理论和韧性社区建设理论所要求的“系统性”思维。

此外，从总体来看，我国社区建设未能摆脱传统“工程学”规划思路，尤其是防灾减灾、公共安全方面等与社区韧性有关的建设，未能涉及经济发展、社会治理和民众参与等方面，缺乏战略性的、可持续的规划：一方面缺乏必要的风险评估体系，缺少完善的、统一的、多灾种的风险监测；另一方面缺乏灾害应对机制和其他常态管理机制间的相互协调，不能将灾害视为挑战，并转化为社区发展的机遇。

9.3.2　中国韧性社区建设的发展方向

1. 制定国家层面的韧性社区建设议程

气候变化引发许多无法预料的环境问题，许多国家或城市都提出了战略性的针对气候变化或者整体韧性建设的议案，比如英国伦敦在 2011 年 3 月发布了《国家韧性社区战略》，同年 10 月又发布了《管理风险和增强韧性》；2013 年 6 月，纽约市提出了《一个更强大，更有韧性的纽约》；南非德班市在 2010 年 11 月推出了《适应气候变化规划：面向韧性城市》。中国目前还缺少国家战略层面的韧性社区建设方面的规划，说明“韧性”的理念在政府层面还未引起足够重视。

2. 塑造开放性的社区公共空间体系

社区公共空间包括城市道路、公园、广场等多种形态的空间要素。统筹这些要素关系，构建点（社区公园等）、线（绿色廊道、河流等）、面（外围生态绿地）结合的多层次、多样化的社区公共空间系统，为社区居民提供活动、交流的场所增加集体认同感，促进社会融合,构建社交网络,同时增加社区的安全度,进而加强了社区社会韧性。

3. 协调统一城市规划与社区治理环节

我国城市公共服务设施一般按照居住区级、小区级和组团级三级配置,与之相矛盾的是城市管理时只有街道和居委会两级,城乡规划与社会管理框架相互脱节,造成规划实施的主体缺失,降低了基础设施的服务能力,减少了社区的“福祉”。加强城乡规划与社会管理的有效对接,是建设韧性社区的重要条件。

4. 构建“智慧社区”“海绵社区”

借“智慧城市”“海绵城市”建设的契机,建设“智慧社区”和“海绵社区”。“智慧社区”有助于实现灾害风险管理智慧化,通过建设社区智慧云平台,有效进行数据采集、分析处理工作,定制管理风险模块。同时云平台还可以用于居民风险教育、各类灾害预报等方面,紧急状态时也可加快应急响应。可以说,“智慧社区”是韧性社区的科技之路。而“海绵社区”是构建韧性社区的生态之路。海绵城市主要是利用生态景观学思想应对雨水内涝,在社区建设雨水花园、下沉式绿地、植草沟、透水路面等一系列措施,构建社区雨洪防御体系,提升社区生态韧性。

5. 增强社区自组织能力

中国社区本身自治意识比较薄弱,随着城市的扩张和资本在城市过度集中,农村与城市、大城市与小城镇的互补功能又进一步被削弱,区域的整体应对风险能力和抗灾能力相对很弱。中国这种人为的扩大城区面积和非经济发展主导型的城市化,很难形成自我管理的、自律型的城市市民社会。因此,必须增强社区自组织能力。

关键术语

韧性　韧性社区　韧性城市　安全韧性　安全韧性社区

复习思考题

1. 什么是韧性社区?简述城市社区的主要特征。
2. 简述韧性社区的评估框架。
3. 简述韧性社区的应急管理体制。
4. 简述韧性社区的应急管理机制。
5. 简述韧性社区的建设试点与实践问题。

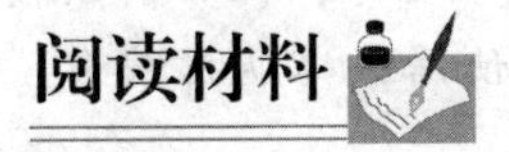

提倡韧性社区建设，重在参与

“韧性城市”对公众来说仍是一个陌生词语。这个最初从物理学演化而来的概念，自2012年引入我国以来，曾长期徘徊在学术界的案头文书里和研讨会席间，直到最近两三年，这一概念才得到了广泛关注。2017年6月，中国地震局提出实施的《国家地震科技创新工程》包含了四大计划，“韧性城乡”计划就是其中之一。目前，黄石、德阳、海盐、义乌、北京等城市正在进行韧性城市建设。北京作为全国首个把这一任务纳入城市总体规划的城市，地震安全韧性城市已进入实质性建设阶段，目标是能够抗御大震巨震的影响。在这样的背景下，开展韧性社区建设成为韧性城市建设的重中之重。

案例1　电科大社区的韧性社区建设活动

在第30个国际减灾日来临之际，为了增强辖区居民对防灾减灾工作的关注，提高居民防灾减灾意识和技能，2019年10月11日下午，电科大社区在社区大门口开展以“加强韧性能力建设，提高灾害防治水平”为主题的防灾减灾知识宣传活动。

活动中，社区工作人员发放防灾减灾宣传资料、现场讲解等方式，向社区居民介绍各种自然灾害、事故灾害、社会安全事件等身边常见灾害事故的应对防范措施，普及灾害常识和避灾自救技能，增强社区居民的防灾减灾意识，提高社区居民风险防范应对能力。活动现场发放防灾减灾宣传资料50余份。

此次宣传活动，不仅普及了防灾减灾知识和避灾自救的能力，而且让居民充分认识到防灾减灾的重要性。

资料来源：http://www.glgxq.gov.cn/lidongzixun/yaowen/gongzuodongtai/xiangbandongtai/2019/1011/33565.html.

案例2：汪塘社区的韧性社区建设活动

为了提高广大居民的防灾能力，在第30个国际减灾日来临之际，2019年10月10日，瑶海区方庙街道汪塘社区党群服务中心组织开展了“加强韧性能力建设 提高灾害防治水平”主题宣传活动。

活动现场，设立防灾减灾知识宣传展板、咨询台，党群志愿者为居民重点讲解突发事件的种类、特点和危害，防灾减灾、自救互救的基本技能、逃生手段和防护措施等知识，向居民发放市民防灾避险应急手册、《家庭地震应急三点通》等200多本，发放印有防灾减灾知识购物袋、毛巾等礼品200多份，就居民提出的防震、防火、灾害性天气等安全疑问进行了现场解答，提醒居民如何规避身边的风险，提高居民的风险应急能力。

现场开展了“增强防灾减灾意识 争做救灾志愿者”的招募活动，招募志愿者12人。

下一步,社区将在辖区宣传栏张贴防灾宣传画册,利用微信公众号、短信、QQ、微信群发布防灾知识,在社区营造良好的防灾减灾宣传氛围,通过多方位宣传使居民掌握防灾知识和技能,进一步增强居民防灾意识,提高自救互救能力。

资料来源:http://www.hfyaohai.gov.cn/m/ShowNews.aspx? NewsID=559028.

问题讨论

1. 为什么要重视基层韧性社区建设的效果问题?
2. 对比案例1和2,试论韧性社区建设的异同性。

本章延伸阅读文献

[1] 费新岸,卢文超,李琳.韧性城市的探索之路[M].武汉:武汉大学出版社,2017.

[2] 廖茂林,苏杨,李菲菲.韧性系统框架下的城市社区建设[J].中国行政管理,2018(4):57-62.

[3] 赵鹏霞,朱伟,王亚飞.韧性社区评估框架与应急体制机制设计及在雄安新区的构建路径探讨[J].中国安全生产科学技术,2018,14(7):12-17.

[4] 申佳可,王云才.韧性城市社区规划设计的3个维度[J].风景园林,2018,25(12):65-69.

[5] 何继新,贾慧.城市社区安全韧性的内涵特征、学理因由与基本原理[J].学习与实践,2018(9):84-94.

[6] 杨丽娇,蒋新宇,张继权.自然灾害情景下社区韧性研究评述[J].灾害学,2019,34(4):159-164.

[7] 孙美玲.基于自组织理论的雄安新区社区韧性提升策略研究[D].北京:北京建筑大学,2019.

[8] 王滢.韧性视角下的城市社区公共空间防灾问题研究[J].天水师范学院学报,2019,39(2):46-50.

第10章 农村社区安全

CHAPTER 10

10.1 农村社区概论

所谓的农村社区，是指聚居在一定地域范围内的农村居民在农业生产方式基础上所组成的社会生活共同体。科学理解农村社区的基本含义，还需要把握以下几个要点：一是农村社区是一个社会实体；二是农村社区具有多重功能；三是农村社区的主体是农村居民；四是农村社区的基础性经济活动是农业生产。如果说城市社区的经济基础是二、三产业的话，那么，严格意义上的农村社区的基础性经济活动则是农业生产。一部分农村社区转变为城镇型社区的根本原因在于社区二、三产业取代了农业生产的主体地位。

10.1.1 农村社区的一般特征

1. 正处在现代化、城镇化进程之中

农村产业结构从单一农业生产结构向农业生产基础上的一、二、三产业共同发展转变；大批农村劳动力向非农产业转移，进城务工经商；农村居民的物质文化需求日趋旺盛。这个特点要求我们，把发展乡镇企业，多渠道转移农民就业，促进农村城镇化健康发展，培育有文化、懂技术、会经营的新型农民作为农村社区建设的重要内容和目标。

2. 具有多元类型

从生产职能角度划分，也就是按照社区具有的主要生产职能进行分类，可大体划分为农村、林村、牧村、渔村。

从法定地位角度进行划分，也就是按照是否是一个法定性社区来进行分类，可大体划分为自然村和建制村。

按照不同村落的地位作用划分，还可以将农村社区大致划分为村落社区和集镇社区，以及基层村落社区和中心村落社区等不同类型。

3. 人口聚居规模相对较小

人口聚居规模是衡量一个社区发展水平的重要指标,通常是指聚落人口(居民点人口)的多少。与城市社区相比,农村社区人口聚居规模小是其显著特征之一。

4. 家庭功能比较突出

农村家庭不仅担负着生育、赡养、消费、文化娱乐等多项职能,而且还是农业生产的最基本单位和农村组织的重要构成单位。改革开放以来,我国广大农村实行了家庭承包经营制,农民家庭普遍地成为统分结合的双层经营体制下的农业生产基本单位。

5. 血缘、地缘关系依然具有基础性作用

当今我国农村社区中的血缘、地缘关系依然具有基础性作用,但业缘关系的作用日益凸显。自古以来,血缘、地缘关系就是农村社区具有基础性意义的社会关系,农村社区组织基本上是以这两种纽带结合起来的。时至今日,农民们遇到生产、生活困难,往往首先求助于亲族、邻里、街坊帮助解决。这些情况表明,血缘、地缘关系依然是农民生活的社会支持系统。不过,也应该看到,处在现代化、城镇化进程中的我国农村,由于经济社会的发展,农村居民的业缘关系正在不断扩充、增强,发挥着越来越重要的作用。这就要求我们在开展农村社区建设的过程中,既要进一步发挥血缘、地缘的良性功能,限制其负面功能,又要培育发展业缘关系,使其发挥更大、更好的作用。

10.1.2 农村社区的新特征

当然,以上对于农村社区特征的概括是一般化的。我们需要注意的是:第一,由于中国幅员广阔,各地区差异极大,因此不同地区的农村社区的特征也有很大不同。即便是在同一个区域内,也有“五里不同风,十里不同俗”的特点,也就是说,每一个农村社区,都可能有它某一方面的独特性。第二,在农村现代化过程中,农村社区出现了诸多新的特征。在社会学中对农村社区的特征表述为:地域特征(地缘关系)、人口特征、经济特征、文化特征、人际关系特征。

1. 地域特征方面,农村社区的自然边界日益模糊化

主要是指在沿海及经济发达地区的农村,由于工业化、城镇化,其耕地日渐减少(据中央电视台报道中国目前已有十几个省人均耕地不足0.8亩,有660个县人均耕地不足0.5亩),而新型的工商业建筑如工厂、商品交易市场、商店、旅馆、饭店和游乐场等大规模兴建,甚至已经毗连成片,以往村庄的自然边界即使还存在,农村社区也不再具有以往的意义了。特别是在一些城郊村,与城市的边界更加模糊甚至完全取消。

2. 经济特征方面,出现了农产品的基本市场化和产业结构的变化

如今的农村已经不再是自给自足的经济了,已经市场化。农民的种子、化肥、农业机械都是来自城市或城镇，甚至来自更遥远的地方。同时，在传统农业内部，市场经济对于社会分工和规模经济的要求，也改变了过去农民从事农业生产分工不细密、靠传统经验就可以进行生产的经济行为特征，全国各地都出现了许多在种植、养殖、农产品加工业方面的“专业县”“专业村”“专业户”。同时，农村产业结构发生了巨大变化，出现了包括工业、商业、建筑、运输、服务、旅游业等新型产业，甚至在一些发达地区的村庄，已经没有了传统的农业，一些乡村和农民创办的其他类型的企业，规模和水平已经十分现代化。

3. 人口特征方面，开始了剧烈的社会分层和大规模的流动

农村产业结构的变化引起了社会结构的变化。人民公社时期单一的“社员”，如今转变为农民、企业工人、农民企业家、私营业主、乡村管理者等，农村社会具有了多元性、复杂性和竞争性。整体来看，中国乡村的社会构成已经和正在发生重大变化。同时，中国农民开始了大规模的流动与迁徙。中国农村最大的特征之一就是有大量富余的劳动力，这些富余劳动力开始向城市转移。这种转移的农民开始是青壮年劳动力，季节性或阶段性地外出打工，也就是我们常说的“农民工”。后来，有一部分农民工就在城市定居甚至不限于青壮年农民，有的农民举家搬迁，成了新市民。由于众多青壮年农民外出打工，许多农村成了“空壳村”，留守的大多是妇女、老人和儿童，农村出现了与以往不同的新问题。

4. 在文化特征方面，日渐信息化和多元化

村庄开放带来与外界资源、信息的充分交流，特别是人口的流动，为过去相对稳定的村庄生活带来了诸多变量。这些变量不仅改变村民的日常生活，也在改变村庄内外部关系，改变乡村社会治理的过程和结构。同时，农村的文化在向现代化迈进的过程中，还有另外一个方面，就是找回并强化了某些传统的文化。特别是可以被称为文化遗产的那些传统文化形式，在式微了多年后，在现代化的过程中，又被挖掘出来，得到了重视，甚至得以振兴。

5. 在心理和人际关系特征方面，逐渐理性化与利益化

农民的职业分化导致了利益的分化，而利益分化则是利益表达的基础。如果从心理和人际关系角度看，许多学者特别提到了中国新农村的人际关系“理性化”的趋向。当年梁漱溟和费孝通先生曾以“伦理本位”和“差序格局”来指称中国传统社会的特征（所谓“差序格局”，与“伦理本位”意同，是指每个传统的中国人都被一层一层的人伦关系所笼罩，而人伦关系是一种人无可选择的血缘关系）。在今日农村，“差序格局”即使还存在，其内容也发生了变化，即原本紧紧地以血缘关系为核心的差序格局正在变得多元化、理性化，亲属之间关系的亲疏越来越取决于他们在生产经营中相互之间合作的有效和互惠的维持。而这种改变，极可能向农民日常生活渗透，其最终结果是“理性全面进入农民生活”。

综上所述,在新时期农村所出现的新的特征,从根本上说,是在国家和社会工业化、信息化、城市化的现代化进程中的时代背景下,自然而然地发生的。这种新的变化还在继续着。但无论如何,由于中国国情,农村和农民将始终存在,并始终是一个巨大的社会存在,所以,它必将始终保持自身独有的自然、社会、文化特征。同时,城乡二元结构虽然已经在全社会的进步中日益弱化,但也必然在相当时期存在。因此,农村社区的特征除了它自身天然具有的那些之外,也会长期带上社会政治的烙印。

10.1.3 农村社区建设的目标和要求

2000 年 11 月,中共中央办公厅、国务院办公厅转发的《民政部关于在全国推进城市社区建设的意见》指出:"社区建设是指在党和政府的领导下,依靠社区力量,利用社区资源,强化社区功能,解决社区问题,促进社区政治、经济、文化、环境协调和健康发展,不断提高社区成员生活水平和生活质量的过程。"**农村社区建设**主要是指在党和政府的领导下,动员各方面力量,整合社区资源,强化社区功能,解决社区问题,合力建设管理有序、服务完善、文明祥和的新型农村社会生活共同体的过程。

农村社区建设的主导力量是党和政府。这就是说,党和政府不一般的社团组织或民间组织;农村社区建设是事关国家稳定和发展的大事,而不是局部的无关紧要的小事。

农村社区建设的主体力量是农民。这是因为:第一,农村社区建设的基本力量蕴藏于农民之中,农民的积极性是农村社区建设的内因,因而农民是农村社区建设的主力军。第二,农民是农村社区建设的最终也是最大的受益者,农村社区怎么建设,建成什么样子,必须尊重他们的意愿。离开他们的现实需要,搞想当然,很可能要把好事办坏,出力不讨好。

建立健全新型的农村社区组织管理体制,建立健全完善的农村社区服务体系,构建和谐的农村社区文化,是农村社区建设的主要内容。也就是说,农村社区建设要创新体制机制,完善服务体系,发展和谐文化。

1. 农村社区建设的基本目标

农村社区建设的目标,就是党的十六届六中全会《中共中央关于构建社会主义和谐社会若干重大问题的决定》和党的十七大报告中所提出的"管理有序、服务完善、文明祥和"三句话十二个字。

(1) 管理有序。"管理"有统辖、约束、法治、控制之义。"有序"相对于"无序"而存在。战乱、纷争、打架、积怨、政出多门、政令不畅、宗派林立、上访不断、关系不顺等是无序的表现。管理有序的基本含义就是政府行政管理和社区自我管理有效衔接、政府依法行政和村民依法自治良性互动。农村社会的有序管理,说到底,就是正确处理政府特别是县和县以下乡镇政府与村民自治的关系。政府一方，积极改善和加强行政管理，坚持依法行政；村民委员会一方，搞好自我管理和依法自治。从我国目前的农村社会看，政府一方处于强势地位，村委会一方处于弱势地位。而在这一对关系中，一强一弱，是很难实现平衡、协调的，也不可能达到有效衔接和良性互动的最佳状态。因此，必须双向互动，即建设服务型政府和完善村民自治。

（2）服务完善。服务完善，是农村社区建设的第二大目标。完善服务，就农村社区来说，主要有相辅相成的四个方面：一是实现政府基本公共服务的全覆盖，如基础设施、义务教育、基本合作医疗、治安、社会救助等；二是大力发展村民之间的自助互助服务，如建立和发展各种群众组织，发展志愿服务等；三是农村社区自身向村民提供各种便民利民服务，如设立慈善超市等；四是引入市场机制，通过市场这只"无形的手"服务于农民，如商业网点向农村社区的延伸，农产品和农业生产资料供销活动在农村社区的开展。

（3）文明祥和。"文明"这个概念有广义和狭义之分。广义的"文明"，包括了物质文明、精神文明、政治文明、社会文明等诸方面；狭义的"文明"指精神文明。本讲意在后一种意义上使用"文明"概念。"祥和"的意思是吉祥、吉利、平和、慈祥等，也属于精神文明的范畴。主要包括以下内容：健全的村规民约；发达的农民教育；整洁的村容村貌；健康的生活方式；活跃的文化生活。

总之，农村社区建设的管理有序、服务完善、文明祥和这三大目标之间既相互区别又相互联系，统一于农村社区建设之中。目标就是方向，要牢牢把握这个大方向，推动农村社区建设健康快速发展。

2. 农村社区建设的基本原则

农村社区建设的基本原则主要包括：以人为本、因地制宜、整合资源、突出重点。

（1）以人为本。"以人为本"是科学发展观的核心和精神实质，集中体现了科学发展观的价值理念，既是农村社区建设的指导思想，又是必须遵循的基本原则。主要理由：一是农村社区建设为的是农民；二是农村社区建设依靠的是农民。

（2）因地制宜。因地制宜同实事求是、科学规划、分类指导等联系在一起。坚持因地制宜的原则，要把握以下几个要点：一是规划优先，科学规划；二是因地制宜，分类指导；三是禁绝一切形式的面子工程、形象工程、政绩工程。

（3）整合资源。把"整合资源"作为一条农村社区建设的原则，其理由如下：一是农村社区建设既是一项繁杂的系统工程，更是一项浩大的农村社会管理工程、造福农民的服务工程、新农村和谐社会的建设工程；二是建设节约型农村社区；三是有利于调动各方面的积极性。

（4）突出重点。没有重点就没有政策。眉毛胡子一把抓，什么也抓不到。当前乃至今后一个时期，农村社区建设需要重点解决以下一些问题：一是解决农村社区的活动场地问题；二农村社区的体制机制问题；三是解决好为农民服务的内容、途径、办法和方式问题。

10.1.4　农村社区建设实践类型

由于各地的社会、经济发展基础不同,农村社区建设也呈现出丰富多样的做法。综合目前各地已经出现的做法和经验,现阶段农村社区建设类型的划分标准主要有三种:以社区范围划分、以组织形式划分和以经济发展程度划分。

1. 以社区范围划分社区类型

(1) 一村一社区,以建制村为基础建立社区。所谓"一村一社区"的社区建设类型就是在一个建制村区域范围内开展农村社区建设的做法。这是我国大多数农村开展社区建设的做法,以山东省胶南市为典型。

(2) 一村多社区,以自然村落为基础建立社区。一村多社区是指在一个建制村内构成多个以自然村落为基础的社区。在我国一些山区丘陵地带,建制村辖区很大,一般覆盖方圆数十公里,一个建制村管辖十多个自然村。同时人口居住分散,一个自然村落只有几十户人家,离建制设置地很远。以湖北省秭归县杨林桥镇的农村社区建设实践为典型。

(3) 几村一社区,以乡镇为基础建立社区。几村一社区的类型通常是在东部沿海一些地方以乡镇或者中心村为单位建立农村社区,社区服务大厅建立在镇上,涵盖附近几个村,这些村的村民到镇上接受服务。山东省诸城市是几村一社区的典型代表。

2. 以组织形式划分社区类型

农村社区建设的组织管理模式可以分为以下几类:第一,以村委会为主体的农村社区建设;第二,以民间志愿组织和社会团体为主体的弥补并承担村委会功能的村落社区建设;第三,企业主导的社区建设。

(1) 以村民自治组织——村委会为基础的社区:以村委会为主导的社区建设通常是在村党支部的领导下,以村民委员会作为主要力量开展社区建设。比较典型的代表有山东省胶南市、南京市、重庆市的永川区。

(2) 以民间或其他志愿组织等为主导的社区

在一些地区,村委会、党支部并不是农村社区建设的主要力量,而是由村民自发地组织起来建设社区。前面提到的湖北省秭归县就属于这种类型。以民间组织的形式开展农村社区建设,最典型的是江西省探索的以"五老"志愿者队伍为主开展的村落社区建设。

(3) 以企业为主导的组织模式

山东省胶南市北高家庄社区应该是类似这种类型。在那里,形成了村企合一、社企合一的发展局面，村民大部分也是企业职工。在社区建设中，由企业统一规划全村的生活基础设施，例如住房的统一规划等。社会服务有统一的网络，村民基本共享统一的社会保障。

3. 经济发展程度不同的地区有不同的社区类型

改革开放 40 多年来，农村有了很大的变化。尽管中国区域发展很不平衡，经济发展水平参差不齐，但是，这并没有成为衡量农村社区建设是否可以启动发展的标准。经济发展水平的不同与自然条件的差异，导致了农村社区建设的内涵不一样。处在经济发展的不同阶段中，当地政府的发展任务和当地农民的需求也不一样。我们把这些社区的发展状况分为经济发达地区的社区、发展中地区的社区、欠发达地区的社区和城乡接合部的社区。

(1) 社区建设在经济发展水平较好的地区。在经济发展水平较好的地区，农村社区建设相应地取得了很好的发展。例如，山东、江苏、浙江等省已经取得城市社区建设的经验，在农村社区建设方面也正展开积极的探索。在这里，传统的城乡二元分割性特征已经不太明显。城乡社会的空间不断地向一体化转变。

(2) 社区建设在经济发展水平中等的地区。在经济处于发展中的地区已经有了一些公共设施，但是还不具备十分雄厚的经济实力来全面规划社区建设。在这样的地方，社区建设的中心任务是推动农村社区经济发展，为社区建设奠定雄厚的经济基础。山东省即墨市鲁家埠就是以经济为前提发展的农村社区建设的典型案例。

(3) 社区建设在经济欠发达的地区。经验证明，越是经济欠发达的地方，那里的人民群众对社区公共服务的需求就越是迫切。在经济欠发达地区，人民群众创造了社区建设的有利方式与内容，以江西省都昌县为典型。

(4) 城乡接合部地区的社区建设。在城乡接合部地区，由于城市化步伐加快，形成了农村社区与城市社区交织并存的状态。山东青岛的黄岛区、南京郊区、江苏省扬中市的城乡接合部的农村社区，都属于这种情况。

10.2 农村社区建设的主要内容

10.2.1 农村社区政治体制建设

开展农村社区建设，把农村社区建设成管理有序、服务完善、文明祥和的社会生活共同体，是党中央统筹城乡协调发展、推进社会主义新农村建设非常重要的组成部分。

1. 建设服务型乡镇政府

(1) 推进乡镇机构改革,转变政府职能。乡镇政府人员众多,是个大政府,却并不是强政府。导致这种"吃饭的人多、干活的人少"的原因在于,"传统"的乡镇政府存在两个重要缺陷:其一,政府职能主要定位于发展经济和社会管理上,欠缺公共服务的职能;其二,许多乡镇政府干部官僚作风严重,工作浮在表面,没有深入基层,而是过多地依赖村"两委"干部作为代理人开展工作。

(2) 有所为有所不为,建设服务型政府。党的十七大报告中明确提出要建设服务型政府。服务型政府把为公众服务作为其存在、运行和发展的根本宗旨。我国所建立的服务型政府,是指在社会主义民主与法治体系下建立的一种以公民为本位,以服务为理念,以公共利益为目标,以满足广大社会成员日益增长的公共需求和公共利益为己任的政府,追求的是社会的和谐和整体的进步,更有利于维护社会的公正。

(3) 工作重心下移,公共管理社区化。当前,农村地区面向普通农民的行政管理工作主要有计划生育管理、宅基地审批、土地承包、户籍登记、各类证件证明的开具、组织关系接转、村民自养、优抚安置等。面临新的形势,乡镇政府及职能部门要结合农村社区建设的发展,推动对广大农村和农民的公共管理转型,以农民为中心,建立县、乡、社区三级农村公共管理体系。

(4) 加强农村突发紧急事件应急管理机制建设。所谓应急管理机制是指应对农村经济社会中所发生的传染病、重大动植物疫情、自然灾害、交通事故、群体性事件等突发、紧急事件的应对机制。2007 年 7 月 31 日,国务院办公厅下发了《关于加强基层应急管理工作的意见》;2007 年 8 月 30 日,第十届全国人大常委会第二十九次会议通过了《突发事件应对法》。从县、乡政府来讲,应该加强预警、应急和责任机制建设,做好物质准备,组织开展突发事件应急处理。从村级组织来讲,农村社区中的村"两委"(村中国共产党支部委员会和村民自治委员会)应该在突发紧急事件中发挥重要的作用。与此同时,对于一些无法预测的突发事件,如交通事故、地震等自然灾害以及突发群体性事件等,应事先制定应急处理方案,将突发事件制定等级,不同等级启动不同的应急处理方案,做好物质、精神和组织上的准备,有备无患。在突发事件发生后,应及时总结经验教训,追查责任,属于人为责任应该因事追究,属于不可抗力的应该研究日后如何加强防范。要减少农村突发事件的发生,还需要以农村社区为基础,加强农村公共产品和公共服务体系建设,提高农村地区应对突发紧急事件的处理能力。同时,以农村管理为基础,扩大村级管理和信息沟通渠道。

2. 推动村民直接管理社区服务

(1) 进一步理顺乡村关系。乡村关系是村民自治的核心问题之一。农村社区建设以村民自治为基本原则,由此带来的是如何正确处理行政管理体系与农村社区自我管理体系的关系定位。主要包括：一是定位行政管理体系与社区自我管理体系间的关系。二是以公共服务为纽带，理顺乡村关系，建立政府行政管理和社区自我管理的有效衔接、政府依法行政和村民依法自治良性互动的农村社区管理体制。

(2) 大力推进农村社区村民自治。原有的村民自治工作也存在着一定的缺陷，传统的“乡政村治”的农村管理格局也正面临着新的发展“瓶颈”，主要体现在三个方面：一是农村村委会选举过程中的干扰因素较多，影响了民主选举的合法进行，也影响了村委会当选后为民服务的效果；二是“四个民主”(民主决策、民主管理、民主监督、民主选举)发展不平衡，重民主选举，轻民主决策，即所谓的“半拉子民主”普遍存在；三是乡村关系没有理顺，村“两委”的行政化、官僚化倾向严重，村委会在很大程度上成为乡镇政府及部门的办事机构，难以真正成为组织村民群众开展自我管理的自治组织；许多地区的村委会干部工作浮于表面，无法真正深入群众之中，难以有效地代表村民群众。

(3) 积极推动引导社区村民参与社区管理。农村社区建设离不开广大农村居民发自内心深处的认同和积极主动的参与，社区管理也依赖于广大农村居民所进行的自我管理、自我服务、自我教育、自我监督。“四个自我”是农村社区建设和自治的重要组成部分，主要包括：延伸农村社区村民自治网络，为搞好“四个自我”奠定基础；大力培育农村社区村民的自我管理功能；培育与发展农村社区各类中介组织。

(4) 积极运用市场和社会力量进行社区管理。一是社企合一型的市场化社区管理模式。在传统观念中，人们普遍认为社区的管理主要是依靠政府和社区自治组织。政府和村委会是重要的管理机构，而市场或企业是不能参与社会管理的。但实际上，在部分地区的社区建设中，市场力量不仅积极参与社区的管理和服务工作，而且做出了卓有成效的贡献。

二是村企合一型的农村社区管理模式。所谓村企一体化，主要是指在一些村办企业较为发达的建制村内，由村办企业或企业集团主导社区发展、建设和管理的社区管理模式。在这种模式中，镇村企业占据主导地位。这种模式在江苏、浙江等集体经济较为发达的农村社区较为普遍。

三是引导专业合作经济组织参与社区管理。农村社区建设事项繁多，单纯依靠政府或村委会都不能完全胜任社区管理和建设的工作。除了市场和企业的力量外，在农村社区建设和管理中还可以充分发挥社会力量，如农村中的 NPO 组织在社区管理中的积极作用，使它们成为社区管理中的积极因素。

10.2.2　农村社区文化建设

实现农村社区建设中“文明祥和”的目标，主要与农村社区文化建设相关，同时农村社区建设要达到“服务完善、管理有序”的要求，也必须加强农村社区文化建设。在某种程度上,可以说农村社区文化建设是农村社区建设的灵魂,在农村社区建设的各项工作中应当受到更高的重视。

1. 农村社区文化的含义与功能

在当前情况下,可以恰当地把我国整个社会文化系统区分为城市文化和农村文化两个子系统,这意味着它们既共同分享和拥有整体社会主义文化系统的一些相同因素,同时又具备某些各自不同的东西。尤需重视研究农村文化的独特性,在全面建设社会主义新文化的视野下不要忽视乃至抹杀农村文化的特点与特色。而农村社区文化可以说又是从属于农村文化系统的一个层次或部分。从综合的治理层次划分,也就是行政层次的划分来看,我国基本上以"县"作为农村来对待,县以上进入各级"市"的系列的,则作为城市来对待。换句话说,谈到农村文化的时候,可以说是全国所有的县的文化所组成的系统。而具体到某个县来看,全县域的文化是当地的农村文化系统,它内部又是再由各乡(镇)的文化组成的,即乡(镇)文化是它下一级的组成层次或子系统,然后再往下,乡(镇)这一文化系统又是由其各村的文化组成的,即村级文化是它再下一级。

那么具体来说,农村社区文化是指哪一个层次或层级呢?对此可以有两种方法来加以把握。一是遵循行政治理的架构层级,将农村社区与村级划等号,也就是说,村级以上都属于政府体制当中的,而村级作为村民自治的实施层次,当然也就等同于非政府的社区领域,因此农村社区文化就是指以建制村为单位的文化。更具体地说,农村社区文化就是指村委辖区范围内的那些文化及其组成的一个整体。二是不局限于行政治理的思维与操作中,从社区存在和运行的实际情形出发,来认定农村社区的界限与范围,并相应地确认农村社区文化的组成范围。

2. 农村文化建设存在的问题

(1) 各地之间农村社区文化建设发展水平极不平衡。东部沿海地区社区文化建设也走在了全国前列。而广大中西部地区,尤其是欠发达地区文化建设步履维艰,难以发挥很大的作用。

(2) 农村社区文化内部各部分之间发展很不平衡。我国当前的农村社区文化建设中,各级基层政府及农村社区均十分注重物质文化建设,即重视各种文化设施的建设,以及推动开展各种群众性的文化活动。这些物质文化设施在推动文化建设过程中是十分必要的。但同时也需要在行为规范、观念文化层面同步推进,相互配合、相互促进,只有这样才能达到良好的效果。而当前我国农村社区文化建设的实际情况却是,在行为规范及观念这两个方面,由于需要长时期才能显现效果,而且效果难以客观评定,所以,在政策落实上力度远远不够。

(3) 农村社区文化未发挥应有功能,起到应有的作用。农村社区文化应该发挥维持社区共同的道德行为模式、促进社区的稳定可持续发展的功能,发挥保持社区的健康良性运行的作用。然而，当前我国的社区文化建设离这些要求还有不小的距离，在农村社区，消极文化有抬头的趋势。

（4）不能很好满足广大农村社区成员的文化生活需要。虽然当前基层政府、农村社区加大了对文化设施的投入，但是这离农村社区居民不断增长的文化生活需要尚有不小的距离。一方面，这些文化设施还没有得到有效利用，没有真正进入社区群众的生活，而一些群众性活动社区成员参与面还较窄，没有形成浓厚的文化氛围；另一方面，一些格调低下的文化产品进入农村市场，一些带有封建迷信、淫秽、暴力等内容的图书、报刊、音像制品和电子出版物充斥，农村集市的录像厅、游戏厅、网吧等娱乐形式畸形发展，造成虚假繁荣。

总的来看，农村文化建设、社会主义新农村建设与全面建设小康社会奋斗目标的新要求还存在着较大距离，与广大农村社区成员对丰富精神文化生活的迫切愿望和需要还存在着较大距离。

3. 农村社区文化建设的内容

（1）文化建设。包括文化设施、设备、各种物质层面的改善和发展，也包括资源节约型和环境友好型农村社区建设（即农村社区生态文明建设）。这是当前各地区较重视的方面，但不应把这些视为农村社区文化建设的全部，它只是硬件的部分，离开了软件的支撑是不可能收到良好效应的。另外，也要注意和有关政府部门的规划与工程建设相结合，以便更好地开展和进行。

（2）文明风尚的培育和建设。这主要涉及行为规范文化部分，是比较重点的一个方面，同时也是较难的一方面。但这是农村社区成员普遍关注的方面，更容易获得群众支持，只要采取适宜的方式和方法，也能取得更好的效果。

（3）观念文化建设。狭义上的精神文明建设即观念文化建设的部分。在操作上这部分看起来比较虚，需要通过各种方法将其落实。比较有效的方法是开展各种教育活动，特别是适合农村社区特点的非正规教育和成人教育的方法，具体内容包括推广科学技术、法律和法制以及其他一般性的知识和观念。实际上，如果这些能与农村社区群众所关心的问题联系起来，也是能够取得好效果的。

10.2.3　农村社区的公共服务体系

社区公共服务是指在政府的倡导、扶持和推动下，以满足社区成员的物质文化需要、保持社会和谐稳定为宗旨，以基层街道（乡、镇）、社区为依托，由各类社会主体兴办，具有公益性、地缘性、福利性、经营性的多元化服务。

1. 基本的农村社区公共服务

公共服务，主要指政府为公众提供的各项服务，包括社会保障、公共卫生、公共安全、公共教育、公共基础设施建设与管理及与此相关的制度、政策等。社区公共服务是在社区层次上为社区居民提供的公共服务,广义上既包括社区公共设施、公共项目、公共政策等,也包括社区管理运行机制、公共意识和认同意识等。通常使用的是狭义上的社区公共服务内容,一般指社区公共设施、公共项目、公共政策等。

(1) 编制社区布局规划。农村社区公共基础设施的配备,既要强调公平,又要注重效率。根据管理人口适度、区域相对集中、资源配置合理、功能相对齐全的原则,科学编制社区(村庄)布局规划。

(2) 完善公共基础设施。各地应该根据经济发展水平,因地制宜提出公共基础设施的不同标准,既要防止标准过高、难以实施,又要避免标准过低、居民失望。

(3) 完善社会保障体系。以社会保险、社会救助、社会福利为基础,以基本养老、基本医疗、最低生活保障制度为重点,以慈善事业、商业保险为补充,完善社会保障制度,保障农村社区居民基本生活。

(4) 建设老年福利服务体系。逐步实施普惠型农村老年福利政策,统筹城乡老年人优惠措施,凡是城市老年人享受的优惠,农村老年人具有同等权利来享受。

(5) 构建公共安全体系。农村社区面临的公共安全形势,因经济发展、地理环境、风土人情、人口数量等因素而差别很大。维护农村社区安全,首先,要加强法制教育,完善村务公开民主管理制度,畅通农村各类居民利益表达渠道,从根本上减少矛盾纠纷的产生。其次,要加强人民调解工作,组建义务护村队、夜间巡逻队等群防群治组织,促进本地人口、外来人口的融合,调处矛盾纠纷,消除不安全因素。第三,改变传统的与农村居民疏远的农村警务,使警务工作的重点向农村社区延伸,建立符合当地实际的社区警务模式和运行机制。

(6) 强化社区医疗服务。农村生态环境变化和人口流动性增加,使农村公共卫生问题日益突出。农民生活水平迅速提高,对健康更为关心。但是,目前我国城乡卫生资源配置极不平衡,农村社区卫生亟须改善。

(7) 农村社区文化教育。农村社区的文化教育投入少、队伍缺、经常性活动不多,不能满足群众日益增长的文化生活需求。应该加强文化活动场所建设,鼓励将闲置校舍、旧礼堂、旧宗祠等改建为农村社区文化活动室。发掘、整理和保护民族民间文化资源,培育扶持民间艺术之乡、特色文化社区。

(8) 开展体育健身活动。实施农民体育健身工程,推进农村社区体育健身设施建设,普遍设立健身步道、篮球场、乒乓球台,让本地农民与外来人员一起就近就能享受体育活动带来的快乐。社区体育健身活动应从实际出发,平原、山地、沿海等不同地理条件的农村发展不同类型的体育活动。挖掘、整理和推广富有乡土气息和传统特色的民间民族体育项目。

(9) 提供农技推广服务。巩固农技推广队伍,由农技员为农民提供新技术、新成果、新产品的引进、试验示范、动植物疫病及农业灾害的监测、预报、防治和处置、农产品质量检验检测、农业市场信息发布和农民培训等服务。培育职业化的农民服务队伍，扩大农业内部就业，就地转移农村富余劳动力，缓解就业压力。

2. 便利的农村社区市场服务

农村社区不同于城市社区，它既是生活单元，又是生产单元。农村社区服务既要满足农民群众的生活需求，又要满足农民群众的生产需求。突出发展要务，促进农业增效、农民增收，是农村社区市场服务的显著特点。

(1) 发展农村社区商贸服务业。在计划经济时期，商品实行统购包销，广大农村地区的商贸流通网络主要以供销合作社的经营网络为主，村一级大多是供销社代购代销店。实行市场经济体制后，供销社在农村的营业网点大多已倒闭或转制，个体经营户大量涌现，杂货店、副食品店遍布农村各地。以传统农村小店为主的农村商贸服务业，容易导致品质次价位高，食品安全问题突出。

(2) 培育农民专业合作经济组织。随着以家庭承包经营为基础，统分结合的双层经营体制的确立，农民专业合作经济组织在我国大地悄然兴起，并以各种不同形式蓬勃发展。这种新型农民合作经济组织，以家庭承包经营和农民自愿为基础，按照“民办、民营，民享受”原则，组织农民共同从事农品生产加工、储藏和销售，为农民提供产前、产中、产后服务。

(3) 拓展城市社区信息化服务覆盖范围。在经济发达的农村，农村村民的社区服务需求呈现出与城市居民趋同的特点，对家政服务、中介服务等有旺盛的需求。因此农村的社区服务也应覆盖这些内容。

3. 多元的农村社区志愿服务

农村基层志愿服务是指社会组织和个人，利用自身的资金、技能等资源，自愿为农村公共事务、公益事业和农民群众提供帮助或服务的行为。农村社区的志愿服务应该以低保对象、五保对象、老年人、未成年人、残疾人、优抚对象、特困党员、外出务工人员家庭以及刑释解教人员、社区矫正人员为重点服务对象，以普及科技文卫和法律知识、扶贫开发、社会救助、优抚助残、敬老扶幼、治安巡逻、卫生保洁、环境保护、文艺演出等为重点服务领域，兴办农村社区公益事业和公共事务，改善农村生存环境和生活条件，解决农村困难群体的生产生活困难。

(1) 开展村民志愿互助服务。农村社区党组织和村委会应充分利用村民会议、村民代表会议、村务公开服务精神，倡导“授人玫瑰，手有余香”的观念，普及党员和有一技之长的村民积极参加志愿服务。社区民兵连、调解委员会、治保会等群团组织，老年人协会、科普协会等社区民间组织以及农村各种专业合作经济组织，是开展志愿服务的重要力量，应发挥各自的优势，组织其成员(会员)参加志愿服务。

（2）动员社会力量到农村社区开展志愿服务。积极动员社会力量到农村社区开展志愿服务活动。开展文化、科技、卫生“三下乡”和对口支援活动，发挥“大学生志愿服务西部计划”“青年志愿者扶贫接力计划”等已有志愿服务项目的综合效应；鼓励和组织科技人员到农村开展先进实用技术培训和推广，指导农村居民依靠科技发展经济；鼓励和组织文化工作者到农村辅导居民，活跃文化生活；鼓励各类学校到农村组织夜校，提高农村社区开展传播文化科技知识、扶贫济困等活动。驻农村社区的各类组织干部职工志愿者队伍，可以就近对口开展志愿服务，努力提供当地村民需要的服务，与农民群众一道共同建设社会主义新农村。

10.3 新农村社区的安全问题

党的十六届五中全会明确提出建设社会主义新农村的重大历史任务，并提出了“生产发展、生活宽裕、乡风文明、村容整洁、管理民主”的总体要求。党的十六届六中全会又把“建设社会主义新农村”作为构建社会主义和谐社会的重要内容，第一次将建设社会主义新农村作为一个系统的、完整的概念，列为国民经济和社会发展的首要任务并出现在党的文件中。建设社会主义新农村被称为一项事关中国发展全局和九亿农民福祉的伟大行动，标志着中国新农村建设进入一个崭新的阶段。然而，随着我国工业化和城镇化建设的加快，农村的各类灾害和事故案例呈现多发趋势，这不仅给广大农民生命财产造成严重损失，而且直接影响着新农村建设的进程。因此，实现中国新农村建设的可持续发展，首先要重视解决好农村安全问题。

10.3.1 新农村建设中的安全问题

1. 农业生产中的安全问题

长期以来，在自然经济状态下农业生产很少发生事故，于是滋生了一种观念：农业生产没什么大的安全问题。事实是这样吗？不是！农业生产在经历了漫长的原始农业阶段后，于19世纪末20世纪初，开始转变为现代农业。现代农业的基础是现代工业、现代科技和现代管理，其基本特征是科学化、集约化、商品化和市场化。然而，面对现代农业中农副产品品质的下降，生物多样性的减少，面对农业环境的退化，农作物病虫害的日益增多，人们不得重新审视现代农业的利弊。在农业生产中，特别是随着农业生产工具的改进，农用机械运输设备和农药等化学用品广泛使用，农产品生产、加工、流通日趋专业化和规模化，机械安全、农药化工产品存储使用等安全问题日益凸显，引起各国政府的高度重视。

2. 农村生活中的安全问题

评价农民生活质量好与坏的一个重要标准是看农民是否安居乐业。这就决定了社会主义新农村建设的核心是农村经济发展，成效的标准之一是农民达到“生活宽裕”，但由于我国东西部农村经济发展的基础和条件上存在很大差异，其标准也不能是简单划一的，而必须结合各地实际。事实上，在农村，教育、文化、医疗、社会保障、基础设施等社会事业没有及时跟上，农民群众的业余生活出现了明显的安全隐患。主要表现在：一是火灾隐患。农民防火意识薄弱，不少地方使用秸秆烧火做饭，麦田、麦场失火事故年年见诸报端。二是电力安全隐患。一些村庄电线质量差，有的老化严重，私拉乱接现象严重。某县开展了一次大规模的农村安全用电专项治理，共查出安全隐患 3 万多处，其中有严重安全隐患的 1 900 多处。三是沼气使用安全。在新农村建设中，大力推广使用沼气的同时，还需要加强安全指导。四是烟花爆竹安全。一些地区烟花爆竹销售不规范，有不少非正规渠道购进和非法生产的产品在乡村市场流通，存在隐患。此外，农村庙会、集市、大型集会安全问题也呈上升趋势。

3. 乡镇企业生产安全问题

当前，我国农村乡镇企业每年发生的生产安全事故，不论从数量上还是从造成的经济损失上，都不亚于工业生产，乡镇企业成事故的多发区。其主要表现为：一是生产活跃带来的运输安全。近年来，随着农民收入快速增加及生产、生活需要，农村交通运输基本上告别了黄牛拉车、人力拉车阶段，二轮摩托车、三轮载货汽车等农村“三小车辆”迅猛增加，相应地，农村道路交通事故亦呈上升势头。据统计，2005 年发生在农村公路上的交通事故和死亡人数占全国交通事故的 20%。二是火灾。当前我们面临的一个严峻现实是：随着农村经济尤其是第二、第三产业和城镇化的迅速发展，非传统消防安全问题和火灾因素大量增加，农村火灾形势十分严峻，农村火灾隐患重重。据公安部消防局的统计，2000—2005 年，全国农村累计发生火灾 48.1 万起，造成 9 692 人死亡、11 314 人受伤，直接财产损失 35.86 亿元，烧毁建筑 1 788 万平方米，26.5 万农户受灾，农村火灾各项指标均占同期全国火灾总数的 60%以上。在这些数字背后凸显的问题是：农村消防力量、消防基础设施建设和传统的消防管理机制已不适应建设新农村的需要。如此高发的火灾得不到有效的遏制和防控，势必影响新农村建设的进程和质量，势必会影响到农村的稳定。三是施工安全问题。农村中大部分施工队伍无资质、农村建房一般没有正规设计，建筑物资的起吊装、高空作业的防护等保障条件很差、从业人员普遍存在文化程度低、安全意识薄弱、缺少安全防范措施和应急能力等问题，从而造成农村拆建房事故屡屡发生。

4. 农村安全生产监管薄弱

在农村安全生产监管上，虽然我国 92%的县(市、旗)都建立了安全监管机构，配备了相应的工作人员。但由于我国的安全机构设置是上大下小的“倒金字塔型”，县级安监机构人数较少,主要承担县乡工矿商贸企业安全监管,无力顾及农村安全。乡镇一级基本上没有设置安全监察站(所),没有专职的安全监管员,基层行政村组更无安全员,致使农村安全生产监管长期存在"缺位",管理"真空"。同时,我国当前的安全生产法律法规对城市和企业等有组织的生产活动考虑过多,对农村的特殊情况考虑不够,也是影响农村安全监管薄弱的症结之一。同时,许多省市尤其是经济欠发达的省份,在农村公共领域,如农村公路基本上处于"不设防状态"。在 2003 年 10 月 28 日以前,我国实行的是道路交通管理条例,农村道路并不属于交警管理的范围。2004 年 5 月 1 日起实施的新的道路交通安全法,赋予了公安机关监管农村公路的职责,但交警的警力严重不足,而且交警绝大多数在城市,只能把有限的警力摆在国道、省道等主干公路上,给农村交通安全带来很大的隐患。

5. 农民及农民工的人身伤害及职业病

长期以来形成的日出而耕、日落而息,以及一家一户的农业生产生活方式,使得广大农民的思想意识、行为习惯还无法适应现代农业、社会化大生产和社会管理的需要,农民主要凭经验、习惯办事。农民外出打工,多集中在劳动条件相对较差、工伤事故多发的高危生产行业及"脏、累、险"的岗位。大量的农民丢下锄头,进入工矿商贸领域,未经职业技能培训,普遍缺乏安全这一课。2009 年 9 月农民工张海超"开胸验肺"事件正揭示:农民工自我保护意识在增强,职业安全健康权益得不到保障,而且维权难度大。他们不仅是违章作业的责任者,同时也是事故的受害者。

6. 农村社会治安问题

农村社会治安问题,是农民群众最关心的问题。安全稳定是构建和谐农村的前提,我国农村社会治安形势严峻,群体性事件和打架、偷盗等现象时有发生。同时,有关统计显示,不能与父母外出同行的农村留守儿童比例高达 56.17%,6~16 岁的农村留守儿童人数已达到 2 000 万人,其中的一部分儿童由于疏于管教,失学现象比较严重,成为农村社会中的闲散人员,经常违法滋事。此外,农村一些"村霸""乡霸"等横行霸道,加之地方宗族势力的存在,也会制造出各种违法犯罪活动,扰乱农村正常的社会秩序,对农村治安建设构成了巨大威胁。

10.3.2 新农村发展建设中安全问题产生根源

在社会主义新农村建设中,安全工作的覆盖面还不够广,仍存在着不少安全隐患需要认真加以研究和解决。

1. 对农村面临的"风险转嫁"问题认识不足

安全发展是工业生产中的一个重要安全生产理念。当前,建设社会主义新农村的实践中,发展是也成为首要任务。发展必须做到科学发展、安全发展。事实上,新农村建设正面临着新的安全挑战,存在明显的"危害转嫁"。所谓"危害转嫁"就是严重危害职工安全健康的有害行业随着金融资本的投向正由欧、美、日等发达国家进一步向中国转移,在国内则由城镇向农村转移,由国有企业向乡镇企业转移,由中国东部地区向中西部转移,导致当前我国新农村发展建设中面临很多安全问题。因此,必须提高对新农村建设中安全问题的理论与实践两方面的认识。

2. 农村公共基础设施存在问题和治理对策

一是农田水利基础设施方面。农业生产条件进一步劣化,耕地"占补"不平衡。资金投入不足,水库建设和除险加固、流域治理、围垦海涂等水利工程防洪体系不完善,农业抗御自然灾害的能力不强,更为严峻的是广大农村在城市化过程中出现了水安全问题。二是村容村貌治理方面。应扎实开展新农村建设,农村面貌不断改善,不要流于形式。改善农村面貌,促进传统村落向现代社区转变,是相对发达地区建设社会主义新农村的基本目标。政府在开展示范村建设的同时,更要重视"双整治""双建设"为重点的农村环境治理。在科学规划的基础上,因地制宜,分类指导,对不同类型的农村分别采取拆迁新建型、整理改建型和迁村移民型等整治模式,多层次、多形式地开展环境治理、村庄整理、旧村改造和新村建设。三是农村道路交通建设缓慢。对于农村交通建设要加大资金投入,切实改善农民出行条件。重点改善农村道路交通条件,在行政村通等级公路或实现路面硬化改造,进一步提高班车通村率,基本实现城乡客运公交化,有效地缓解农民出行难的问题。四是农村信息化建设。为适应农村生产生活的需求,应加大农村信息化建设投入力度,将农村信息网络建设纳入城乡一体化建设整体规划,不断缩小"数字鸿沟"。宽带网络、电话、有线广播电视应进入农村行政村,实现进村、进家、进户。五是农村文体设施建设。围绕农村社会进步和人的全面发展,各地加快了农村教育、卫生、文化、体育等社会事业发展,农村社会事业公共设施建设投入力度不断加强。农村中小学基础建设实现标准化,改善农村中小学办学条件,改善农村卫生基础设施滞后状况,不断丰富了农民精神文化生活。六是农村生态环境建设。全面开展水环境治理,积极实施农业面源污染防治,依托科技,大力改进先进农业技术和生产工艺,发展无公害、绿色和有机农业,减少农药化肥的施用,推进养殖小区规模化、标准化建设,远离生活区和水源地,推广畜禽粪便无害化处理;加强生态公益林建设;推进农村环境处理设施建设。

3. 农民及农民工安全意识淡漠

农民工主要集中在劳动密集型产业和劳动环境差、危险性高的劳动岗位,如建筑施工作业、井下采掘、有毒有害、餐饮服务、环卫清洁等。而且,许多企业使用缺乏防护措施的旧机器,噪声、粉尘、有毒气体严重超标,又不配备必需的安全防护设施和劳保用品,对农民工不进行必要的安全培训,致使其发生职业病和工伤事故的比例高。《中国农民工调研报告》显示,全国每年因工伤致残人员近 70 万人。其中农民工占大多数。农民工从业人数较高的煤炭生产企业,每年因事故死亡 6 000 多人。工伤和职业病已经成为一个重大的公共卫生问题和社会问题,农民工的意识差是重要原因之一。

4. 制约新农村发展的体制性障碍

建设社会主义新农村是一项长期而艰巨的历史任务。完成这项任务,要求进一步推动农村体制机制创新,以新的体制机制来保障新农村建设健康有序地进行。当前,制约新农村发展的体制性障碍有很多,具体表现为:一是法律体制障碍。由于长期存在城乡二元制结构,当前的安全生产法律法规对城市和企业等有组织的生产活动考虑较多,对农村的特殊情况考虑不够。比如《安全生产法》虽然明确村委会有举报隐患的责任,但如何实施却没有具体操作办法。二是监管体制障碍。当前安全监管机构设置是上大下小的倒金字塔型,县级安监机构一般只有十几人,主要承担县乡所有工矿商贸企业安全监管,无力顾及农村安全。三是经费筹措障碍。在农村,不论是机械设备、车辆、房屋等大多是农民私有财产,即使发现有重大隐患,如果农民自己没有资金整改,政府也不可能拿出专项资金对农民工进行安全培训,没有相应的优惠政策和资金支持,农民自己也不愿拿钱学习安全技能。四是产业结构障碍。随着经济社会发展,不安全、污染环境的生产企业,逐步由国外向国内转移、由东部向中西部转移、由城市向农村转移,河南省乡镇企业安全生产起点低、投入少、管理乱,农民工集中在建筑、煤矿开采等高危行业的高危险岗位,这种状况在短时期内很难改变。此外,还存在安全教育培训及其他障碍。

10.3.3 解决新农村发展建设中安全问题的基本对策

当前,在中国安全生产形势异常严峻的形势下,采取科学有效的方法手段来抑制新农村建设中的诸多安全隐患,防患于未然是落实科学发展观的重要体现,是科学解决新农村建设中安全问题的关键,必须选好切入点。

1. 完善农村安全生产法规体系

从农村安全生产监管暴露的问题来看,我国安全生产法律、法规没有将农村生产安全整体上纳入法律调整的范围,甚至被排斥到法律调整的关系之外。所以,要加快安全生产法规体系建设的步伐,推动农村的安全生产法治建设进程;进一步推动落实地方政府、各有关部门、各类经济组织和经营者的安全管理法律责任;切实加大安全执法力度,依法查处违反安全法规的行为,积极预防,强力推进安全专项排查整治。

2. 健全农村社会治安防控体系

加强新农村安全工作,必须要建立、健全农村治安防控体系和安全监管体系。县级政府综合治理委员会和安全生产委员会要加强对农村安全工作综合协调和监督检查。

完善农村安全管理网络,建议乡镇一级要逐步设立综治中心、安监站,依托村民委员会等农村基层组织,普遍建立村民自治的安全多户联防网络,积极发展农民安全协管员和调解员,乡镇企业也要合理设置安全管理机构和配备安全员。同时,县级政府要加大对乡镇政府安全员队伍建设的支持力度,提高乡镇政府安全员的配备率,不断创新农村社会安全管理体制、机制。要分阶段、有计划地开展基层安全员的培训,县级政府可设立专项培训费用,切实解决农村安全管理人才素质不高的问题。

3. 强化对农民工的安全教育与培训

建议由国家、省财政出资,拍摄安全专题片,普及农业生产、生活、交通运输、建房、矿山、危险化学品、烟花爆竹、集会、校园等方面的知识,增强广大群众的安全法制意识,普及安全常识和自救常识,建设新农村安全文化环境。各有关部门要编印安全手册和宣传资料,免费送到农村。将农民工安全培训放在突出位置,建议出台有关优惠政策,将农民工安全培训列入阳光工程,开展农民工电工、焊工等技能培训。狠抓企业职工三级安全教育,要求招收农民工必须严格进行岗前安全教育,重点岗位还要持证上岗。广泛开展安全村活动。制定安全村标准,每个乡镇都要树立1个安全村作为典型,树立安全村典型,取得经验后全面铺开,促进社会主义新农村安全发展。

4. 提高乡镇企业的安全监管力度

各级政府安全生产委员会要加强对农村安全工作综合协调和监督检查,完善农村安全管理网络,建议在工矿商贸企业较多的乡镇设立安监站,建议在行政村每个农村至少明确1名安全协管员,同时加强业务培训,协助具体负责安全工作,切实解决农村安全管理人才短缺的问题。各级政府必须把小煤矿、小矿山、危险化学品生产经营企业、烟花爆竹生产经营单位作为工矿商贸企业进行安全监管,推广非公有制企业安全管理的经验,切实将乡镇非公有制企业纳入监管范围。

5. 提高农村应急救援能力

我国安全生产的严峻形势和实施应急管理的实践表明,完备健全的应急管理体制对事故后果严重程度具有非常重要的影响,而我国应急管理体制还不很健全,特别是建立小城镇为核心的应急救援管理体制势在必行。随着农村道路、电话“村村通”工程的实施,农村医疗卫生机构特别是乡镇卫生院的建设,以及农村人员安全意识的增强,有力地提高了对农村事故的应急救援能力。

6. 推进新型农村社区建设

积极推进农村社区建设,是社会主义新农村建设的基点和平台。农村社区建设不仅解决一些实际问题,而且注重农村基层社会及其管理体制的重建和变革。当前,建设的农村社区不是以传统自然村落为基础的文化共同体,而是能够不断满足人们日益丰富的社会需要,提高人们生活质量的现代社会生活共同体。在农村社区建设过程中,必然要创新农村基层管理体制。由自然村落制度到社队村组制度,再向社区制度转变,可以整合资源,完善服务,实现上下互动、城乡一体,并建构起政府公共管理与社区自我管理良性互动,公共服务与社区自我服务相互补充的新型制度平台。

关键术语

农村社区　农村社区文化　农村社区安全隐患　农民工安全教育　农村应急救援　新农村建设　新农村安全

复习思考题

1. 什么是农村社区?简述新农村社区的一般特征和新特征。
2. 简述农村社区的基本类型及内涵。
3. 简述新农村社区建设的目标、原则和实践模式。
4. 简述社区文化与社区安全文化的区别和关系。
5. 简述新农村发展建设中安全问题产生根源及其解决对策。

阅读材料

重视新农村建设中的安全问题

随着我国工业化和城镇化建设的加快,农村的各类安全事故时有发生。农村安全事故的多发不仅给农民群众生命财产造成了严重损失,而且直接影响着新农村建设的进程。因此,解决新农村建设中的安全问题应该成为各级政府不容忽视的严峻课题。

1. 当前农村安全工作存在诸多问题

农村安全监管薄弱。在安全生产监管上,目前,虽然我国92%的县(市、旗)都建立了安全监管机构,配备了相应的工作人员。但由于我国的安全机构设置是上大下小的倒金字塔型,县级安监机构人数较少,主要承担县乡工矿商贸企业安全监管,无力顾及农村安全。乡镇一级基本上没有设置安全监察站(所),没有专职的安全监管员,基层行政村组更无安全员,致使农村安全生产监管长期存在"缺位",管理"真空"。同时,我国当前的安全生产法律法规对城市和企业等有组织的生产活动考虑过多,对农村的特殊情况考虑不够,也是影响农村安全监管薄弱的症结之一。

在公共安全监管上，许多省尤其是经济欠发达的省份，农村公路基本上处于“不设防状态”。在2003年10月28日以前，我国实行的是道路交通管理条例，农村道路并不属于交警管理的范围。2004年5月1日起实施的新的道路交通安全法，赋予了公安机关监管农村公路的职责，但交警的警力严重不足，而且交警绝大多数在城市，只能把有限的警力摆在国道、省道等主干公路上，给农村交通安全带来很大隐患。在农村消防安全上，由于公安消防部门警力有限，且主要集中在城市，无法开展分布极广的农村消防安全工作，以至有近70%的火灾和60%的火灾死亡人员发生在农村，严重威胁到农村的公共安全。

农村安全事故凸显。目前，我国农村每年发生的安全事故和灾害，不论从数量上还是从造成的经济损失上，都不亚于工业生产中的事故。根据有关部门的统计，将农村安全事故和灾害归结为以下三大方面。

一是消防安全问题。据公安部消防局的统计，2000—2005年，全国农村累计发生火灾50万起，造成9 600多人死亡、11 300多人受伤，直接财产损失36亿元，这在一定程度上直接影响了农村经济发展和社会和谐稳定。二是交通安全问题。近年来，随着农民收入快速增加及生产、生活需要，二轮摩托车、三轮载货汽车等农村“三小车辆”迅猛增加，相应地，农村道路交通事故亦呈上升势头。据统计，2005年发生在农村公路上的交通事故和死亡人数占全国的20%。三是建筑安全问题。农村中大部分施工队伍无资质、农村建房一般没有正规设计，建筑物资的起吊装、高空作业的防护等保障条件很差，从业人员普遍存在文化程度低、安全意识薄弱、缺少安全防范措施和应急能力等问题，从而造成农村拆建房事故屡屡发生。

除此之外，每年在农业生产、生活等方面发生的其他种类事故，也都为国家及受害者带来严重损失。

农民工安全问题严重。据有关部门统计，2005年全国进城务工和在乡镇企业就业的农民工总数已超过2亿人。从行业角度看，采掘业中农民工占从业人员的近80%，建筑业中占71%，加工制造业中占68%。而在采掘业和建筑业中，农民工伤亡相当严重，根据国家安全生产监督管理总局统计，2005年全国矿山共发生伤亡事故5 218起，死亡8 280人；建筑业共发生伤亡事故2 288起，死亡2 607人。这些事故中农民工死亡人数占75%以上。在加工制作业中，农民工的工伤和职业危害也相当严重，断指断手和职业中毒事件屡屡发生。

农民工超时劳动现象也十分严重，因疲劳作业酿成的工伤事故时有发生。每年职业伤害、职业病新发病例和死亡人员中，半数以上是农民工。

农村稳定安全难度加大。目前农村的治安虽然较好于城市，但各种复杂激烈潜在的矛盾却依然存在。群体性事件和打架、偷盗等现象时有发生。同时，有关统计显示，不能与父母外出同行的农村留守儿童比例高达56.17%，6～16岁的农村留守儿童人数已达到2 000万人，其中的一部分儿童由于疏于管教，失学现象比较严重，成为农村社会中的闲散人员,经常违法滋事。此外,农村一些“村霸”“乡霸”等横行霸道,加之地方宗族势力的存在,也会制造出各种违法犯罪活动,扰乱农村正常的社会秩序,对农村平安建设构成了巨大威胁。

2. 加强新农村平安建设的几点建议

习近平总书记在十九大报告中提出,实施乡村振兴战略,要坚持农业、农村优先发展,加快推进农业、农村现代化;要坚定走“生产发展、生活富裕、生态良好”的文明发展道路,建设美丽中国,为人民创造良好的生产、生活环境。在平安乡村建设上,统筹城乡发展,缩小城乡差距,保障人民群众生命财产成为建设和谐社会,促进农村经济社会全面进步的重要内容。为此,提出几点对策建议:

(1) 健全农村治安防控体系和安全监管体系。加强新农村安全工作,必须要建立健全农村治安防控体系和安全监管体系。县级政府综合治理委员会和安全生产委员会要加强对农村安全工作综合协调和监督检查。完善农村安全管理网络,建议乡镇一级要逐步设立综治中心、安监站,依托村民委员会等农村基层组织,普遍建立村民自治的安全多户联防网络,积极发展农民安全协管员和调解员,乡镇企业也要合理设置安全管理机构和配备安全员。同时,县级政府要加大对乡镇政府安全员队伍建设的支持力度,提高乡镇政府安全员的配备率,不断创新农村社会安全管理体制、机制。要分阶段、有计划地开展基层安全员的培训,县级政府可设立专项培训费用,切实解决农村安全管理人才素质不高的问题。

(2) 加快建立完善安全生产法规体系。在安全生产监管上,虽然《安全生产法》明确村委会有举报隐患的责任,但如何实施却没有具体操作办法。农村生产安全整体上没有纳入法律调整的范围,甚至被排斥到法律调整的关系之外。所以,要加快建立完善的安全生产法规体系步伐,推动农村的安全生产法治建设进程。在公共安全监管上,要进一步推动落实地方政府、各有关部门、各类经济组织和经营者的安全管理法律责任;切实加大安全执法力度,依法查处违反安全法规的行为,积极预防,强力推进安全专项排查整治。

(3) 加强安全监管。当前,我国农村的安全问题比较突出,农村的平安建设难度加大。在健全安全监管组织,加强安全监管队伍建设的前提下,还要下大力气抓好农村重点领域的安全监管工作:对农村建房,建设主管部门要纳入服务和管理范围,加强指导,提供技术支持;对烟花爆竹产业,要推行工厂化生产、专营批发配送和定点销售制度;对道路交通安全,公安、交通、安监部门要开展联合工作机制,加强对农用机械、车辆的技术指导,定期到农村进行宣传,上门帮助农民对车辆进行检测检修,搞好驾驶人员的教育培训。落实农村消防责任制,推动公共消防基础设施和消防装备建设由城市向农村延伸,确保乡镇、村庄消防安全布局合理。深入开展打黑除恶专项斗争,严密防范和严厉打击“两抢一盗”等严重影响群众生命财产安全的多发性犯罪,筑牢维护农村社会平安的第一道防线。

(4) 强化对农民工的培训工作。农民工广泛地分布在各行各业，与安全生产紧密相关。各有关部门和单位要按照职责分工，落实培训责任，严格培训要求，确保培训效果。强化对农民工的安全技能培训，做到全员培训与重点培训相结合，业余培训与集中培训相结合，安全业务培训与法律法规教育相结合。当前，农民工培训工作还处于起步阶段，建议要突出重点领域、重点地区和重点企业，首先从煤矿等农民工集中的高危行业做起，持久、规范、科学地开展下去。对未经培训或培训考核不合格就安排上岗作业的，要依法严肃查处，从源头上为农民工的安全保驾护航。

资料来源：褚福银，聂欣.重视新农村建设中的安全问题[J].中国发展观察，2007(1)：36-37.

问题讨论

1. 为什么要重视新农村建设中的安全问题?
2. 结合案例说明，试论城市社区和新农村社区安全问题的异同性。

本章延伸阅读文献

[1]　王胥.农村社区建设与管理[M].中国社会出版社，2008.
[2]　师坚毅.新农村社区建设与管理[M].北京：中国社会出版社，2010.
[3]　荣建华.浅议社会主义新农村建设之食品安全问题[J].华中农业大学学报(社会科学版)，2007(1)：46-48.
[4]　乔付忠."十二五"期间新农村建设中消防安全问题的研究[J].安全，2011(6)：45-46,49.
[5]　王继夏，魏宗媛，黑立扬.新农村建设视域下大学生村官存在的问题与对策[J].安徽农业科学，2013,41(1)：351-352,355.
[6]　秦宏毅，张雅君.农村社区安全治理机制建构研究[J].凯里学院学报，2016,34(4)：44-48.
[7]　张雅君，秦宏毅，肖丹丹.农村社区安全治理机制建构研究[J].农村经济与科技，2016,27(11)：228-230.
[8]　程建平.农村社区公共安全管理问题及对策探析[J].决策探索(下)，2019(8)：17-18.

附 录

APPENDIX

附件 1　国家安全监管总局关于深入开展安全社区建设工作的指导意见

各省、自治区、直辖市、计划单列市及新疆生产建设兵团安全生产监督管理局：

近年来，全国安全社区建设稳步推进、有序发展，效果明显。2006 年 2 月，国家安全监管总局发布了《安全社区建设基本要求》(AQ/T9001—2006)，规范了安全社区建设标准。同年，国务院办公厅印发的《安全生产"十一五"规划》和国家安全监管总局印发的《"十一五"安全文化建设纲要》都提出了建设安全社区的任务和目标。但是，目前全国的安全社区建设工作发展还不平衡，一些地区对开展安全社区建设工作认识不足，对安全社区理念理解不够，有的持观望态度，工作进展缓慢。

为进一步推动安全社区建设，提高全员安全意识和防范能力，最大限度地降低和减少各类事故与人员伤害，依据安全社区标准，结合安全社区建设的进展情况和经验，提出以下指导意见。

一、指导思想

1. 以科学发展观为统领，坚持以人为本，贯彻"安全第一、预防为主、综合治理"的方针，促进安全发展、健康发展、和谐发展。紧紧围绕全国安全生产中心工作，以加强安全生产基层基础工作(以下简称"双基"工作)为切入点，建设安全社区，促进安全生产长效机制建设。

二、加强安全社区建设组织领导工作

2. 国家安全监管总局负责指导安全社区建设工作，组织制定和发布安全社区建设规划和标准。

3. 推动安全社区建设的有序、健康发展，有关部门和单位应承担如下工作：

(1) 在国家安全监管总局宣传工作领导小组领导下，由中国职业安全健康协会负责组织开展全国安全社区建设工作。

一是负责全国安全社区推进工作，组织指导各地开展安全社区创建活动；

二是为安全社区建设提供技术支持，宣传贯彻安全社区理念，培训安全社区建设骨干；

三是研究拟定安全社区建设发展规划，规范安全社区创建工作，依据安全社区标准，制定相关实施要求和管理办法；

四是负责全国安全社区评审、协调管理以及证后管理工作。

(2) 地方各级安全监管部门负责指导本地区安全社区建设工作。

(3) 各社区按照安全社区标准要求，结合本社区实际情况，针对重点场所、重点人群，实施安全促进，实现安全发展。

(4) 各级安委会成员单位、社会单位、民间组织，应积极参与安全社区创建，实现共建、共享。

三、建设安全社区工作原则和实施依据

4. 全国安全社区建设工作遵循以下原则：

(1) 国家鼓励、支持和指导各种功能型社区创建安全社区，使其成为加强安全生产“双基”工作的有效平台。

(2) 安全社区建设在地方政府领导下开展，纳入安全生产长效机制建设。

(3) 符合安全社区标准要求和达到“全国安全社区”基本条件的社区，可按照《安全社区评定管理办法》申报，安全监管部门做好审查和推荐工作。

5. 全国安全社区建设实施依据：

(1)《安全社区建设基本要求》(AQ/T9001—2006)；

(2)《安全社区评定管理办法》；

(3)《安全社区评定指标》；

(4) 其他有关要求。

四、工作目标和计划

6. 努力实现《安全生产“十一五”规划》提出的广泛开展安全社区建设和《“十一五”安全文化建设纲要》提出的“十一五”期间创建安全社区的目标要求。

7. 各级安全监管部门要加强对安全社区建设工作的监督检查，结合实际，精心组织，分类指导、科学创建。争取到2010年在省会及重点城市有10个以上的社区单位开展创建，有较多的企业主导型社区参与创建，有部分农村乡镇开展创建。

五、坚持政府部门主导，整合各类资源，建立健全安全社区推进机制

8. 各地安全监管部门要在地方党委和政府领导下，指导和协调相关部门和其他社会资源，开展各类安全进社区、进企业、进学校、进农村、进工地、进家庭活动，积极参与安全社区建设工作,提供必要的技术支撑和资源支持。

9. 创建单位要依据标准建立跨部门合作的安全社区创建组织,明确职责,制定社区安全规划,组织策划和实施安全促进项目,评估安全绩效,持续改进,实现安全目标。

10. 建立安全社区建设激励机制。对于本地区安全社区建设工作成果好,群众满意度、参与度不断提高的单位和个人应予以表彰,有条件的可以适当给予奖励。

11. 建立安全社区建设约束机制。已经命名的全国安全社区,要坚持不断改进和完善。发生不符合《安全社区评定管理办法》中"证后管理"要求的,将按规定撤销命名。

12. 建立安全社区推进长效机制。各级安全监管部门和创建单位要长期、有效推进安全社区建设工作,切忌运动化和形式主义,切忌搞成政绩工程和形象工程。

13. 建立全员参与机制。创建单位要组织社区企业、单位、社会组织、志愿者和广大群众参与安全促进活动,充分发挥他们的优势,形成全员参与机制,提高社区成员安全认同度和知晓率。

六、加强社区安全生产管理工作

14. 加强社区安全生产管理工作。各地安全社区推进机构要结合当地实际情况,积极创造条件,做好安全生产管理、信息、资料和宣传工作。

15. 通过加强安全社区建设,努力实现基层安全生产管理工作较全面覆盖。对于较小规模的生产经营单位和商贸网点,创建单位要建立台账,了解其安全生产状况,整合基层社区各类安全监管力量,实施综合管理。

七、积极推进各类社区的安全社区建设

16. 积极推进城市安全社区建设。城市社区社会资源丰富,公共设施较为完善,要充分协调和利用各类资源,实行部门联动。要将安全内容有机融入各类社区建设项目和工作中。要调动和发挥社会单位、志愿者组织、专业技术部门和居民的积极性,形成共建、共享安全与健康的创建机制。

城市一般应以街道办事处为单位开展安全社区创建工作。

17. 在建设社会主义新农村过程中,逐步推进农村安全社区建设。当地安全监管部门要加强乡镇企业生产安全管理,充分考虑农村安全特点和重点,指导村(居)针对农村用电安全、农机安全、涉水安全、农药中毒预防、火灾预防等问题开展安全促进活动。

农村地区一般应以乡、镇为单位开展安全社区创建工作。

18. 积极推进企业主导型安全社区建设。企业主导型社区指由企业自主管理的社区,其居民成分主要为企业员工及家属。企业尤其是大型企业要围绕企业的安全生产和企业发展开展创建工作。创建单位要致力于服务一线的安全生产,关注企业员工居住和生活环境安全,结合社区特点,开展各类安全促进活动,构建安全生产保障基础。企业要积极与当地政府及部门沟通,充分利用社会资源,促进企业主导型社区的安全、健康、和谐。

各类社区尤其是城市社区要注意小规模(型)商场、学校(幼儿园)、医院、餐馆、旅馆、歌舞娱乐场、网吧、美容洗浴、生产加工等场所的综合安全管理。

八、规范安全社区建设方法,提高社区安全绩效

19. 科学运用风险管理模式。创建单位要在安全监管部门和专家的指导下,正确使用事故和伤害风险识别方法,建立隐患排查整改等方面的制度,完善安全管理机制。

20. 逐步建立和完善事故与伤害监测机制。创建单位要规范生产、交通、消防和社会治安等方面的事故与伤害记录和统计工作。有条件的地方,应依靠专业部门,选择适用的伤害监测方法,为全面评估安全绩效提供依据。

21. 制订切实可行的安全目标和计划。创建单位要制订安全社区创建目标和计划,并结合事故和伤害重点因素,制订事故和伤害预防控制目标以及相应计划。目标和计划要切实可行,能够指导安全促进项目的制定,体现持续改进的要求。

22. 策划实施安全促进项目。创建单位应结合社区安全情况和社区条件,有针对性地策划实施安全促进项目,实现既定目标和计划。安全促进项目可以通过多种措施包括安全管理、安全宣传教育培训、安全服务、安全设施和产品、安全工程等手段实现。

23. 加强社区应急能力建设。创建单位要针对社区潜在的自然灾害、事故灾难、公共卫生事件和社会安全等突发事件,制订具有可操作性的应急响应预案或计划,配备应急设施和器材,加强应急管理工作。组织应急知识、宣传普及活动和必要的应急演练,使社区居民具备基本的自救互救知识和能力。

24. 加强信息交流,强化监督检查。创建单位要建立、畅通外部信息交流和内部信息交流渠道。创建单位要选择和实施适用的监督检查方法。对隐患排查、监督检查工作中发现的问题,要认真分析原因,有针对性地制定和实施纠正措施和预防措施。

25. 中国职业安全健康协会和地方各级创建机构要指导社区采用定性或定量的方法,对安全社区创建过程、安全促进项目、事故与伤害发生发展情况、社区成员安全认知情况以及满意度等进行检查和评估,实现持续改进。

国家安全生产监督管理总局

二〇〇九年一月十四日

附件 2 安全社区建设基本要求(AQ/T 9001—2006)

前 言

本标准的制定依据中国社区特点、安全社区和安全文化建设要求提出,参考了“平安社区”“绿色社区”“文明社区”等社区建设的有关要求和我国安全生产相关标准。

本标准的制定参考了世界卫生组织社区安全促进合作中心的安全社区准则的技术内容、国际劳工组织 ILO/OSH2001《职业安全健康管理体系 导则》和 GB/T28001—2001《职业健康安全管理体系 规范》中相关条款内容的要求。

本标准未规定具体的社区安全绩效指标,其目的在于强调持续改进理念,使本标准具有广泛适用性。

本标准由国家安全生产监督管理总局提出并归口。

本标准起草单位:中国职业安全健康协会。

本标准主要起草人:吴宗之 欧阳梅 佟瑞鹏

1. 范围

本标准规定了安全社区建设的基本要求,旨在帮助社区规范事故与伤害预防和安全促进工作,持续改进安全绩效。

本标准适用于通过安全社区建设,最大限度地预防和降低伤害事故,改善社区安全状况,提高社区人员安全意识和安全保障水平的社区。

本标准供从事安全管理、事故与伤害预防和社区工作的人员使用。

2. 规范性引用文件

下列文件中的条款通过本标准的引用而成为本标准的条款。凡是注日期的引用文件,其随后所有的修改单(不包括勘误的内容)或修订版均不适用于本标准,然而,鼓励根据本标准达成协议的各方研究是否可使用这些文件的最新版本。凡是不注日期的引用文件,其最新版本适用于本标准。

2.1 ILO/OSH2001:职业安全健康管理体系 导则,国际劳工组织;

2.2 世界卫生组织 2002:安全社区准则;

2.3 GB/T28001—2001:职业健康安全管理体系 规范。

3. 术语

3.1 安全 safety

免除了不可接受的事故与伤害风险的状态。

3.2 社区 community

聚居在一定地域范围内的人们所组成的社会生活共同体。

3.3 安全社区 safe community

建立了跨部门合作的组织机构和程序，联络社区内相关单位和个人共同参与事故与伤害预防和安全促进工作，持续改进地实现安全目标的社区。

3.4 安全促进 safe promotion

为了达到和保持理想的安全水平，通过策划、组织和活动向人群提供必须的保障条件的过程。

3.5 伤害 injury

人体急性暴露于某种能量下，其量或速率超过身体的耐受水平而造成的身体损伤。

3.6 事故 accident

造成人员死亡、伤害、疾病、财产损失或其他损失的意外事件。

3.7 事件 incident

导致或可能导致事故与伤害的情况。

3.8 危险源 hazard

可能造成人员死亡、伤害、疾病、财产损失或其他损失的根源或状态。

3.9 事故隐患 accident potential

可导致事故与伤害发生的人的不安全行为、物的不安全状态、不良环境及管理上的缺陷。

3.10 风险 risk

特定危害性事件发生的可能性与后果的结合。

3.11 风险评价 risk assessment

评价风险程度并确定其是否在可接受范围的全过程。

3.12 绩效 performance

基于安全目标，与社区事故与伤害风险控制相关活动的可测量结果。

3.13 目标 objectives

社区在安全绩效方面要达到的目的。

3.14 不符合 non-conformance

任何与工作标准、惯例、程序、法规、绩效等的偏离，其结果能够直接或间接导致事故、伤害或疾病，财产损失、工作环境破坏或这些情况的组合。

3.15 持续改进 continual improvement

为了改进安全总体绩效，社区持续不断地加强事故与伤害预防工作的过程。

4. 安全社区基本要素

4.1 安全社区创建机构与职责

建立跨部门合作的组织机构，整合社区内各方面资源，共同开展社区安全促进工作，确保安全社区建设的有效实施和运行。

安全社区创建机构的主要职责包括：

① 组织开展事故与伤害风险辨识及其评价工作；

② 组织制订体现社区特点的、切实可行的安全目标和计划；

③ 组织落实各类安全促进项目的实施；

④ 整合社区内各类资源，实现全员参与、全员受益，并确保能够顺利开展事故与伤害预防和安全促进工作；

⑤ 组织评审社区安全绩效；

⑥ 为持续推动安全社区建设提供组织保障和必要的人、财、物、技术等资源保障。

4.2　信息交流和全员参与

社区应建立事故和伤害预防的信息交流机制和全员参与机制。

① 建立社区内各职能部门、各单位和组织间的有效协商机制和合作伙伴关系；

② 建立社区内信息交流与信息反馈渠道，及时处理、反馈公众的意见、建议和需求信息，确保事故和伤害预防信息的有效沟通；

③ 建立群众组织和志愿者组织并充分发挥其作用，提高全员参与率；

④ 积极组织参与国内外安全社区网络活动和安全社区建设经验交流活动。

4.3　事故与伤害风险辨识及其评价

建立并保持事故与伤害风险辨识及其评价制度，开展危险源辨识、事故与伤害隐患排查等工作，为制订安全目标和计划提供依据。

事故与伤害风险辨识及其评价内容应包括：

① 适用的安全健康法律、法规、标准和其他要求及执行情况；

② 事故与伤害数据分析；

③ 各类场所、环境、设施和活动中存在的危险源及其风险程度；

④ 各类人员的安全需求；

⑤ 社区安全状况及发展趋势分析；

⑥ 危险源控制措施及事故与伤害预防措施的有效性。

事故与伤害风险辨识及其评价的结果是安全社区创建工作的基础，应定期或根据情况变化及时进行评审和更新。

4.4　事故与伤害预防目标及计划

根据社区实际情况和事故与伤害风险辨识及其评价的结果制定安全目标，包括不同层次、不同项目的工作目标以及事故与伤害控制目标，并根据目标要求制订事故与伤害预防计划。计划应：

a）覆盖不同的性别、年龄、职业和环境状况；

b）针对社区内高危人群、高风险环境或公众关注的安全问题；

c）能够长期、持续、有效地实施。

4.5　安全促进项目

为了实现事故与伤害预防目标及计划，社区应组织实施多种形式的安全促进项目。

4.5.1　安全促进项目的重点应针对高危人群、高风险环境和弱势群体，并考虑下列内容：

① 交通安全；

② 消防安全；

③ 工作场所安全；

④ 家居安全；

⑤ 老年人安全；

⑥ 儿童安全；

⑦ 学校安全；

⑧ 公共场所安全；

⑨ 体育运动安全；

⑩ 涉水安全；

⑪ 社会治安；

⑫ 防灾减灾与环境安全。

4.5.2　安全促进项目的实施方案内容应包括：

① 实施该项目的目的、对象、形式及方法；

② 相关部门和人员的职责；

③ 项目所需资源的配置和实施的时间进度表；

④ 项目实施的预期效果与验证方法及标准。

4.6　宣传教育与培训

社区应有安全教育培训设施，经常开展宣传教育与培训活动，营造安全文化氛围。宣传教育与培训活动应针对不同层次人群的安全意识与能力要求制定相应的方案，以提高社区人员安全意识和防范事故与伤害的能力。

宣传教育与培训方案应包括：

① 与事故和伤害预防的目标及计划内容一致；

② 充分利用社会和社区资源；

③ 立足全员宣传和培训，突出对事故与伤害预防知识的培训和对重点人群的专门培训；

④ 考虑不同层次人群的职责、能力、文化程度以及安全需求；

⑤ 采取适宜的方式，并规定预期效果及检验方法。

4.7　应急预案和响应

对可能发生的重大事故和紧急事件,制定相应的应急预案和程序,落实预防措施和具体应急响应措施,确保应急预案的培训与演练,减少或消除事故、伤害、财产损失和环境破坏,在发生紧急情况时能做到:

① 及时启动相应的应急预案,保障涉险人员安全;

② 快速、有序、高效地实施应急响应措施;

③ 组织现场及周围相关人员疏散;

④ 组织现场急救和医疗救援。

4.8　监测与监督

制定不同层次和不同形式的安全监测与监督方法,监测事故与伤害预防目标及计划的实现情况。建立社区内政府和相关部门的行政监督,企事业单位、群众组织和居民的公众监督以及媒体监督机制,形成共建社区和共管社区的氛围。

安全监测与监督内容应包括:

① 事故与伤害预防目标的实现情况;

② 安全促进计划与项目的实施效果;

③ 重点场所、设备与设施安全管理状况;

④ 高危人群与高风险环境的管理情况;

⑤ 相关安全健康法律、法规、标准的符合情况;

⑥ 社区人员安全意识与安全文化素质的提高情况;

⑦ 工作、居住和活动环境中危险有害因素的监测;

⑧ 全员参与度及其效果;

⑨ 事故、伤害、事件及不符合的调查。

监测与监督结果应形成文件。

4.9　事故与伤害记录

建立事故与伤害记录制度,明确事故与伤害信息收集渠道,为实现持续改进提供依据。事故与伤害记录应能提供以下信息:

① 事故与伤害发生的基本情况;

② 伤害方式及部位;

③ 伤害发生的原因;

④ 伤害类别、严重程度等;

⑤ 受伤害患者的医疗结果;

⑥ 受伤害患者的医疗费用等。

记录应实事求是,具有可追溯性。

4.10　安全社区创建档案

建立规范、齐全的安全社区创建档案，将创建过程的信息予以保持，包括：

① 组织机构、目标、计划等相关文件；

② 相关管理部门的职责，关键岗位的职责；

③ 社区重点控制的危险源，高危人群、高风险环境和弱势群体的信息；

④ 安全促进项目方案；

⑤ 安全管理制度、安全作业指导书和其他文件。

⑥ 安全社区创建活动的过程记录。包括：创建活动的过程、效果记录；安全检查和监测与监督的记录等。

安全社区创建档案的形式包括文字(书面或电子文档)、图片和音像资料等。

社区应制定安全社区创建档案的管理办法，明确使用、发放、保存和处置要求。

4.11　预防与纠正措施

针对安全监测与监督、事故、伤害、事件及不符合的调查，制定预防与纠正措施并予以实施。对预防与纠正措施的落实情况应予以跟踪，确保：

① 不符合项已经得到纠正；

② 已消除了产生不符合项的原因；

③ 纠正措施的效果已达到计划要求；

④ 所采取的预防措施能防止同类不符合的产生。

社区内部条件的变化(如场所、设施及设备变化、人群结构变化等)和外部条件的变化(如法律法规要求的变化、技术更新等)对社区安全的影响应及时进行评价，并采取适当的纠正与预防措施。

4.12　评审与持续改进

社区应制定安全促进项目、工作过程和安全绩效评审方法，并定期进行评审，为持续不断地开展安全社区建设提供依据。

评审内容应包括：

① 安全目标和计划；

② 安全促进项目及其实施过程；

③ 安全社区建设效果。

④ 确定应持续进行或应调整的计划和项目；

⑤ 为新一轮安全促进计划和项目提供信息。

社区应持续改进安全绩效，不断消除、降低和控制各类事故与伤害风险，促进社区内所有人员安全保障水平的提高。

附件3　安全社区评定管理办法(试行)

第一章　总　则

第一条　根据中央综合治理委员会办公室、国家安全监管总局联合下发的《关于在安全生产领域深入开展平安创建活动的意见》(安监总协调〔2006〕67号)要求,为了促进安全社区建设,规范安全社区评定管理,特制定本办法。

第二条　安全社区评定是依据国家安全生产监督管理总局颁布的《安全社区建设基本要求》(AQ/T9001—2006)标准,对申请社区实施评定,确认申请社区已基本满足标准,并命名国家级安全社区称号的过程。评定遵循科学、公正、公平、公开的原则进行。

第三条　凡符合《安全社区建设基本要求》"社区"定义的城市区域、街道、社区(居委会),或企业主导型社区、开发区、工业园区和县、乡镇、村等均可提出申请。

第四条　受国家安全生产监督管理总局委托,中国职业安全健康协会(国家安全社区促进中心)(以下简称促进中心)在国家安监总局协调司的领导下,负责指导、协调和监督安全社区评定与管理工作。安全社区评定管理工作的具体实施由促进中心办公室负责。

第五条　申请安全社区评定的社区必须具备两个基本条件:

(一)按照国家安全生产监督管理总局颁布的《安全社区建设基本要求》,持续进行安全社区建设两年以上;

(二)有效地预防、减少事故和伤害的发生,生产安全事故及其他各类事故与伤害连续两年控制在当地政府下达的考核指标内;

注:凡启动安区社区建设的社区应在启动20天内呈报促进中心备案。

第六条　促进中心依据《安全社区建设基本要求》编制《安全社区评定指标》作为安全社区评定的工作标准。

第七条　安全社区评定程序包括材料初审、组建评定组、现场评定、综合评定和证后管理。

第二章　申请及初审

第八条　符合申请条件的社区向促进中心提出申请,按要求填写《安全社区评定申请书》并经社区所在地上级政府综合安全监督管理部门或上级行政主管部门审核、确认、同意并盖章后寄送促进中心。

第九条　社区提交申请书的同时应向促进中心提交三份工作报告,并提交电子版,主要内容应包括:

(一)社区概况,包括地域、社区特点、人口及构成、安全现状、已获得的各级与安全相关的命名及命名时间等；

（二）有证据的安全社区建设启动时间；

（三）按照《安全社区建设基本要求》所进行的各项工作，可参考《安全社区评定指标》编制；

（四）安全社区建设项目的评估方法、结果以及持续改进的证据；

（五）社区联系方式，包括地址、电话、网址、电子信箱和联系人等。

第十条　促进中心收到社区提交的申请材料后于20个工作日内对申请材料进行初步审查，提出初步审查意见报国家安监总局协调司认可。

第三章　现场评定准备

第十一条　经初步审查合格的社区，由促进中心组建现场评定工作组依据《安全社区建设基本要求》和《安全社区评定指标》对其进行现场评定。

第十二条　现场评定准备包括组建评定组、编制评定计划和编制评定工作文件。

第十三条　评定组成员一般为3～5名，根据评定工作量的大小而定，可以将评定组分为若干个小组。

第十四条　评定组成员的职责：

（一）编制相关工作文件；

（二）全过程参加现场评定工作；

（三）负责现场评定工作并与申请社区领导进行沟通；

（四）将个人的现场评定发现及时与组长或其他成员沟通；

（五）对申请社区的安全促进工作做出评价；

（六）负责社区整改情况的跟踪评定。

评定组长对现场评定的有效控制负全面责任。

第十五条　评定组成员除具备必须的培训、教育、工作经历和从事安全社区建设工作经历外，还应该具备以下几个方面的知识：

（一）相关法律法规知识以及与申请社区性质有关的安全专业知识；

（二）安全社区评定程序和评定标准方面的指示，能从评定现场的各种现象和文件记录中做出整体判断，给出合理的分析和客观评价；

（三）善于交往，评定成员应具备较强的适应环境的能力，与申请方各个层次的人能够很好地相处，营造一种融洽的气氛，以取得理想的评定效果；

（四）与申请方没有直接利益关系，保证评定结果客观公正。

第十六条　安全社区评定人员应客观公正、严谨务实、清廉自律。如有违反，经查实后予以严肃查处。

第十七条　编制评定计划

评定计划是对评定工作的规范性要求，通常包括以下内容：评定目的、评定范围、评定标准、评定组成员、现场评定的起止日期以及评定日程安排等。评定计划在评定前应通知申请方并应得到申请方确认。

第十八条 编制评定工作文件

评定工作文件的主要目的是帮助评定组在实施评定过程中控制评定的进程,进行评定记录和对安全社区建设情况进行评价,包括:评定检查表、会议记录、调查问卷、指标评定汇总表等。

第四章 现场考察

第十九条 现场评定程序

现场评定包括召开首次会议、现场考察、汇总分析和召开末次会议。

第二十条 首次会议的主要内容包括:

(一) 介绍双方人员;

(二) 介绍评定计划以及所采用的方法;

(三) 申请社区汇报安全社区创建过程、安全促进计划及项目实施结果;

首次会议由评定组长主持,参加人员为评定组全体人员、社区负责人及安全社区创建机构负责人。

第二十一条 现场考察

首次会议后即转入现场评定,现场考察包括:

(一) 听取现场部门或场所的情况介绍;

(二) 查阅安全社区建设档案,重点为事故与伤害发生情况、安全计划、安全促进活动方案和实施效果;

(三) 现场人员访谈和问卷调查;

(四) 随机抽样评估现场安全管理、安全环境和其他安全绩效。具体指标的评定按照《安全社区评定指标》执行。

第二十二条 在末次会议之前,评定组要对评定结果进行一次汇总分析,以便对申请社区的安全社区建设总体情况作一次总体评价。

安全社区评定指标共设有12个一级评定指标,45个二级评定指标。对安全社区评定指标的判定按下列标准执行:

(一) 45个二级评定指标中;A级指标个数≥30个的评定为合格。

(二) B级指标缺陷经整改、并经专家组两个月内复审达到A级后且满足(一)要求的,评定为合格。

(三) 出现C级指标评定为不合格;

(四) 若某一级指标下的二级指标评定均为B,则安全社区评定视为不合格。

第二十三条 末次会议

现场评定结束后,应召开末次会议,主要内容包括:

（一）向申请方报告评定发现；

（二）评价申请方的安全社区建设所取得的成绩，使申请方了解安全社区建设中存在的问题；

（三）宣布现场评定结论性意见，并提出对评定发现问题的整改要求。

第二十四条　评定过程的控制

评定组长对现场评定的质量控制负全面责任。

现场评定时，要严格按照评定计划中有关日程和时间的安排，无特殊意外不应随便改变评定计划。应恰当、合理地抽取评定样本，针对最能反映社区安全社区建设绩效的部门和项目进行评定。判定不符合事实要以客观事实为基础，以评定标准为依据，并与申请方共同确认事实。

第二十五条　申请方有如下权利：

（一）与国家安全社区促进中心协商确定现场评定时间；

（二）对不适宜参加本次评定的人员提出异议，但应有合理的理由；

（三）对现场评定结果有争议时，应与评定组协商，若协商仍不能达成一致意见，申请方可向国家安全社区促进中心提出申诉或投诉。

第二十六条　申请方应履行如下义务：

（一）按现场评定要求提供评定所需文件和资料；

（二）为现场评定工作组提供评定工作必要的条件；

（三）允许评定人员实施评定时进入相关现场，调阅相关记录和访问有关人员。

（四）申请方安排一名工作人员陪同评定组进行评定，以便及时把相关消息进行反馈。

第五章　综合评定

第二十七条　现场评定结束后，评定组应撰写出评定报告。评定报告由通常包括以下内容：

简述评定过程、方法、评定的项目、查阅的资料、随机调查结果、指标评定结果、存在问题、整改要求以及对申请社区总体情况的评定，并提出是否推荐命名的意见。

第二十八条　评定组将评定报告报促进中心，促进中心在20个工作日内根据材料审查和现场评定情况进行总评。

第二十九条　促进中心将总评价结果以书面形式上报国家安监总局协调司。

第三十条　根据国家安监总局协调司的意见，促进中心于20个工作日内向被评定社区反馈评定意见并抄送其申请认可部门。

第六章　确认与命名

第三十一条　总评合格的申请社区，由促进中心授予“国家安全社区”称号。

第三十二条　被授予“国家安全社区”称号的社区，一般在安全社区会议期间举行命名仪式,也可以在当地举行命名仪式。证书和证牌和旗帜一般在命名仪式上颁发。

第三十四条 总评未获通过的社区,整改后可在一年以后重新提出申请。

第七章 证后管理

第三十五条 “国家级安全社区”称号保持时间为五年。届满六个月前应该重新提出申请,促进中心将派评定组进行现场复评,以确定是否继续保持称号。复评为不合格的取消其称号。

第三十六条 保持“国家级安全社区”称号的单位应于每年1月30日之前向促进中心递交工作报告,内容包括上年度安全促进工作情况和本年度持续改进计划。促进中心视情况抽检。

第三十七条 连续两年未提交工作报告者,促进中心将进行调查,确定其是否继续保持称号。

第三十八条 五年到期未提出申请者,视为自动放弃称号,促进中心将在媒体予以公布,撤销其称号。

第三十九条 保持“国家级安全社区”称号期间发生重大事故或者影响特别恶劣的事件者,应及时通报促进中心。促进中心将视情况进行现场考察以确定是否保持称号。

第四十条 本评定管理办法由中国职业安全健康协会(国家安全社区促进中心)负责解释。

附件 4 北京市安全社区管理办法(修订版)

第一章 总 则

第一条 根据北京市安全监管局、北京市教委等七部门联合下发的《关于开展安全社区建设工作的实施意见》(京安监发〔2010〕140 号)、北京市安全生产委员会发布的《北京市安全社区建设五年规划(2016—2020)》(京安发〔2016〕9 号)等有关文件精神,为进一步加强全市安全社区建设管理工作,促进安全社区建设规范、有序开展,特制定本办法。

第二条 市安全社区建设促进委员会(以下简称安全社区促委会)由市安全监管局会同市教委、市民政局、市城市管理委员会、市卫生计生委、市社会办、市质监局、市公安局公安消防局、市公安局公安交通管理局等九部门组成,负责指导全市安全社区建设工作,组织制定安全社区建设规划,负责建设标准和管理规范的审定,协调相关部门全面落实本市安全社区建设任务。安全社区促委会可适时吸纳相关政府部门或机构为成员单位,承担相关工作任务。

第三条 安全社区促委会下设办公室,设在北京市安全生产宣传教育中心(以下简称促委会办公室)。促委会办公室负责联系安全社区促委会成员单位,负责组织安全社区建设标准制定、申请受理、现场评审、日常管理、业务培训等工作。

第四条 安全社区建设以"普遍号召,鼓励申请,政府支持"为原则。促委会办公室应于每年制定安全社区建设工作计划,加强对申报单位的工作指导,不断提高安全社区建设质量。

第二章 安全社区的启动与备案

第五条 安全社区以街道、乡镇或工业园区为建设单位。

第六条 建设单位应通过召开会议、下发文件等形式启动安全社区建设,并留有档案,评审时可查阅追溯。

第七条 建设单位应填写《北京市安全社区建设申请表》,并附《北京市安全社区建设工作方案》(含安全社区建设组织机构及人员名单),由区安全监管局审核后,送促委会办公室。审核通过后,促委会办公室反馈《北京市安全社区备案申请回执表》。审核未通过,则须告知申报单位存在的问题和整改建议。申报单位安全社区建设的启动时间以《北京市安全社区备案申请回执表》中的备案时间为准。

第三章 安全社区建设

第八条 安全社区建设应以《北京市安全社区评审标准(修订版)》为依据。

第九条 促委会办公室对建设单位实行建设库、储备库分类管理,对建设满一年并向促委会办公室提交《安全社区建设中期评估报告》的单位。由促委会办公室组织专家对其安全社区工作进行评估与指导。现场评估后促委会办公室综合审定进行划库,列入建设库单位将重点推动、跟踪指导,符合基本条件后可申请现场评审,列入储备库的单位可参加安全社区建设理论与实践培训。

第十条 建设单位根据社区安全诊断结果,策划并实施生产安全、交通安全、消防安全、社会治安、燃气安全、居家安全、校园安全、老年人安全等领域安全促进项目。

第十一条 建设单位应广泛吸纳辖区居民和社会力量参与安全社区建设工作。

第十二条 各区安全监管局应对辖区内各单位的安全社区建设工作进行监督和指导。

第四章 评审申请与初审

第十三条 申请单位向促委会办公室提出评审申请时,须符合《北京市安全社区评审标准(修订版)》中“申请评审前的基本条件”。

第十四条 凡列入建设库并符合评审申请条件的建设单位,应填写《北京市安全社区评审申请表》,经所在的区安全监管局审核同意,出具推荐意见并盖章后,向促委会办公室提出评审申请。同时提交《北京市安全社区建设工作报告》,工作报告应符合《北京市安全社区建设工作报告要求》。

第十五条 促委会办公室对申请材料进行审查并提出初审意见,以书面形式通知申请评审单位。申请评审单位须按照初审意见修改工作报告直至报告审查合格。

第五章 现场评审

第十六条 报告审查通过后,促委会办公室从专家库中随机抽取3～5人组成评审组,根据《北京市安全社区评审标准》(修订版)进行现场评审。现场评审实行组长负责制,并对现场评审的质量控制负全面责任。现场评审时间一般为两天,并根据社区规模和实际情况做相应调整,原则上不少于一天。

第十七条 参加现场评审人员的条件:

(一)具有本科以上的学历或高级以上相关专业技术职称;

(二)熟悉安全相关法律法规、安全社区评审程序和评审标准,具备安全领域和行业的专业技术特长;

(三)有丰富的安全生产或安全社区工作经验和经历;

(四)具有北京市安全社区评审工作要求相适应的观察、分析、判断能力,能够独立或者协助开展现场评审活动。

(五)身体健康,年龄一般不超过65岁,能够有效履行职责。

(六)对达不到以上所列条件和要求,但有突出专业特长,在相关领域具有较深的专业造诣和一定的权威性的专家,经促委会办公室审核通过后,可认定为评审专家。

(七)与申请方没有直接利益关系。

第十八条 安全社区评审组组长须由具有高级技术职称的安全专家或具有丰富安

全社区建设工作经验的人员担任。

第十九条　现场评审按照首次会议、现场验证验证和末次会议的规定程序进行。

第二十条　首次会议由申请单位介绍安全社区建设工作情况，评审组就工作报告与申请单位进行交流。

第二十一条　现场验证以对安全社区评审点进行验证的方式开展，评审点的确定采用社区推荐与评审组抽查相结合的方式进行，抽查比例不低于50%。评审组通过听取介绍、交流问询、查阅档案、随机访谈、现场查看等方法，了解安全社区建设情况，验证安全促进效果，并填写《北京市安全社区现场评审记录表》。

第二十二条　末次会议由评审组向申请单位反馈评审开展情况，评价安全社区建设的成绩和不足，提出纠正意见和预防措施。

第二十三条　评审组完成现场评审工作任务后，应在15个工作日内向促委会办公室提交《北京市安全社区现场评审记录表》《北京市安全社区评审工作报告》《北京市安全社区评审打分表》。

第二十四条　促委会办公室参考评审组提出的整改意见，综合考虑各项因素，提出整改工作要求。申请单位应根据促委会办公室的要求在规定的时间内向其提交《北京市安全社区整改报告》。

第六章　综 合 评 审

第二十五条　安全社区现场评审结束后，促委会办公室应当组织召开安全社区综审会，并提出是否推荐通过评审的意见。

第二十六条　评审结果经市安全监管局审议同意后命名并授牌。

第七章　日 常 管 理

第二十七条　已命名的北京市安全社区应按照建设计划，推动安全工作的持续改进，加强安全社区建设成果的交流和共享，不断提高安全社区建设工作的覆盖面。

第二十八条　促委会办公室每年按照一定的比例对已获得命名的单位进行抽查。

第二十九条　“北京市安全社区”有效期为五年。期满后，持证单位应向促委会办公室提出复评申请，并提交《北京市安全社区复评申请表》和《北京市安全社区复评工作报告》，促委会办公室将根据报告情况，对申请复评单位进行抽查。

第三十条　有下列情形之一的，由促委会办公室撤销“北京市安全社区”命名，予以摘牌并通告：

（一）抽查发现不能满足安全社区评审标准要求的；

（二）到期未提出复评申请、复评不合格或未落实复评整改意见的；

（三）被查出申报、建设、评审过程中弄虚作假的；

（四）其他应当撤销“北京市安全社区”命名的情形。

第三十一条　被撤销“北京市安全社区”命名的建设单位，自撤销之日起3年内不得申报。

第三十二条 已成为“全国安全社区”的建设单位，视同“北京市安全社区”，执行本管理办法的“日常管理”条款。

第三十三条 开展“国际安全社区”建设的单位，须在获得“北京市安全社区”命名满一年且符合“国际安全社区”申报条件和要求的，可通过促委会办公室协调申请“国际安全社区”认证事宜。

第三十四条 已成为“国际安全社区”的建设单位，期满后须通过促委会办公室协调复评事宜。

第八章 附 则

第三十五条 本管理办法由北京市安全生产监督管理局负责解释。

第三十六条 本管理办法自公布之日起开始实施。

参考文献

[1] Holling C S. Resilience and Stability of Ecological Systems[J]. Annual Review of Ecology & Systematics, 1973, 4(4): 1-23.

[2] Pawlak Z. Rough sets[J].International Journal of Information and Computer Science,1982,11(5): 341-356.

[3] Holling C S. Engineering Resilience versus Ecological Resilience[M]. Washington DC: National Academy Press,1996.

[4] Mileti D. Disasters by Design: A Reassessment of Natural Hazards in the United States[M]. Washington D C: Joseph Henry Press,1999.

[5] 付永红.公共安全服务制度研究[D].郑州：郑州大学,2001.

[6] Gunderson L H, Holling C S. Panarchy: Understanding Transformations in Human and Natural Systems[M]. Washington, D C: Island Press, 2002.

[7] 吴宗之,高进东,魏利军.危险评价方法及其应用[M].北京：冶金工业出版社,2002.

[8] 曹秀英,梁静国.基于粗集理论的属性权重确定方法[J].中国管理科学,2002,10(5): 9-10.

[9] 高贵如.城市社区建设与管理现状及对策研究[D].保定：河北农业大学,2002.

[10] Brody S D, Godschalk D R, Burby R J. Mandating Citizen Participation in Plan Making: Six Strategic Planning Choices[J].Journal of the American Planning Association, 2003,69(3): 245-264.

[11] 张薇.社会转型时期城市社区治安综合治理研究[D].汕头：汕头大学,2003.

[12] 中国行政管理学会课题组.中国转型期群体性突发事件对策研究[M].北京：学苑出版社,2003.

[13] 吴宗之,刘茂. 重大事故应急救援系统及预案导论[M]. 北京：冶金工业出版社,2003.

[14] 王洪凯,姚炳学,胡海清.基于粗集理论的权重确定方法[J].计算机工程与应用,2003,39(36): 20-21.

[15] 吴宗之,刘茂.重大事故应急预案分级、分类体系及其基本内容[J].中国安全科学学报,2003,13(1): 15-18.

[16] Walker B, Holling C S, Carpenter S R, et al. Resilience, Adaptability and Transformability in Social-ecological Systems[J]. Ecology & Society, 2004, 9(2): 3438-3447.

[17] 郭济.中央和大城市政府应急机制建设[M].北京：中国人民大学出版社,2004.

[18] 郭济.政府应急管理实务[M].北京：中共中央党校出版社,2004.

[19] 徐永祥.社区工作[M].北京：高等教育出版社,2004.

[20] UN/ISDR. Hyogo framework for 2005 — 2015: Building the resilience of the nations and communities to disasters[R]. UN/ISDR,2005.

[21] 李学举.灾害应急管理[M].北京：中国社会出版社,2005.

[22] 向德平.城市社会学[M].北京：高等教育出版社,2005.

[23] 吴宗之.安全社区建设指南[M].北京：中国劳动社会保障出版社,2005.
[24] 马英楠.中国安全社区建设研究[D].北京：首都经济贸易大学,2005.
[25] 邢娟娟,郑双忠,郝秀清.企业重大事故应急管理与预案编制[M]. 北京：航空工业出版社,2005.
[26] 蔡禾.社区概论[M].北京：高等教育出版社,2005.
[27] 孟固,白志刚.社区文化与公民素质[M].北京：中国社会出版社,2005.
[28] 周永红.安全社区评价指标及方法研究[D].北京：首都经济贸易大学,2005.
[29] 刘燕华,葛全胜,吴文祥.风险管理：新世纪的挑战[M].北京：气象出版社,2005.
[30] 刘铁民.应急体系建设和应急预案编制[M].北京：企业管理出版社,2005.
[31] 计雷,池宏.突发事件应急管理[M].北京：高等教育出版社,2006.
[32] 欧阳梅,陈文涛,段淼.创建安全社区之伤害调查与风险辨识方法探讨[J].中国安全科学学报,2006,16(11)：92-97.
[33] 聂婷.我国社区公共安全评价指标体系研究[D].大连：大连理工大学,2006.
[34] 上海市虹桥镇创建安全社区工作项目办公室.虹桥镇安全社区创建总评估报告[R].上海：上海市爱卫办,2006.
[35] 娄成武,孙萍.社区管理学(第二版)[M].北京：高等教育出版社,2006.
[36] Walker B & Salt D. Resilience Thinking：Sustaining Ecosystems and People in a Changing World [M]. Washington D C：Island Press,2006.
[37] 薛岩松,邱法宗.公共管理：案例解读与分析[M].北京：中国纺织出版社,2006.
[38] 杨桂英,杜文.社区及家庭公共安全管理实务[M].北京：化学工业出版社,2006.
[39] 郭瑞.奥运安全社区与本地化方案研究[D].北京：北京化工大学,2006.
[40] 肖鹏军.公共危机管理导论[M].北京：中国人民大学出版社,2006.
[41] 廖敏.江西省城市社区建设与发展研究[D].南昌：南昌大学,2006.
[42] 刘彪.城市社区居委会服务质量居民满意度评价研究——以杭州为例[D].杭州：浙江大学,2006.
[43] 夏保成.西方公共安全管理[M].北京：化学工业出版社,2006.
[44] 夏保成.美国公共安全管理导论[M].北京：当代中国出版社,2006.
[45] 陈红.中国煤矿重大事故中的不安全行为研究[M].北京：科学出版社,2006.
[46] 孙斌,王立杰.基于粗糙集理论的权重确定方法研究[J].计算机工程与应用,2006(29)：216-217.
[47] 陈坤.公共卫生安全[M].杭州：浙江大学出版社,2007.
[48] 刘丽斌.中国安全社区建设研究[D].上海：上海交通大学,2007.
[49] 国家安全生产应急救援指挥中心.安全生产应急管理[M].北京：煤炭工业出版社,2007.
[50] 战俊红,张晓辉.中国公共安全管理概论[M].北京：当代中国出版社,2007.
[51] 周炜.昆明市社区警务工作居民满意度研究[D].杭州：浙江大学,2007.
[52] 孙斌.公共安全应急管理[M].北京：气象出版社,2007.
[53] Sheffi Y. Building a resilient organization[J].The Bridge,2007,37(1)：1-17.
[54] Cutter S L, Barnes L, Berry M, et al. A place-based model for understanding community resilience to natural disasters[J]. Global Environmental Change, 2008, 18(4)：598-606.
[55] 程根银.安全科技概论[M].北京：中国矿业大学出版社,2008.

[56] 肖振峰.北京城市社区居民安全行为能力评价指标体系研究[D].北京：北京化工大学，2008.

[57] 钟琪，戚巍.基于态势管理的区域弹性评估模型[J].经济管理，2010(8)：32-37.

[58] 刘敏.北京市海淀区城市社区居民对体育服务的满意度分析[D].北京：首都体育学院，2008.

[59] 杨凯凯.乡村旅游对目的地居民社区满意度的影响研究[D].杭州：浙江大学，2008.

[60] 杨建松，粟才全.社区灾害管理[M].北京：气象出版社，2008.

[61] 夏保成.中国的灾害与危险[M].长春：长春出版社，2008.

[62] 陈珍国.学校安全管理[M].上海：复旦大学出版社，2008.

[63] 贾光，江威.社区常用流行病学调查方法[M].北京：军事医学科学出版社，2008.

[64] 钟嘉鸣，李订芳.基于粗糙集理论的属性权重确定最优化方法研究[J].计算机工程与应用，2008，44(20)：51-53.

[65] 司磊.青岛市安全社区建设研究[D].大连：中国海洋大学，2009.

[66] 邢娟娟.企业事故应急管理与预案编制技术[M].北京：气象出版社，2009.

[67] 郑孟望.社区安全管理与服务[M].长沙：湖南大学出版社，2009.

[68] 菅强.中国突发事件报告[M].北京：中国时代经济出版社，2009.

[69] 董会敏，马新颜，闫玉英，李正光.伤害预防控制与安全社区[J].现代预防医学，2009，36(4)：683-687.

[70] 李丹妮.我国城市宜居社区评估研究[D].大连：大连理工大学，2009.

[71] 鲍新中，张建斌，刘澄.基于粗糙集条件信息熵的权重确定方法[J].中国管理科学，2009，6(3)：131-135.

[72] 万鹏飞，王贤乐，王进.安全社区创建指导手册[M].北京：中国社会出版社，2009.

[73] 陈安，陈宁，倪慧荟，等.现代应急管理理论与方法[M]. 北京：科学出版社，2009.

[74] 党庆华.从汶川大地震看"安全社区"建设[J].防灾博览，2009(5)：62-65.

[75] 陈晓红，刘益凡.基于区间数群决策矩阵的专家权重确定方法及其算法实现[J].系统工程与电子技术，2010，10(10)：2128-2131.

[76] Mcaslan，A. The concept of resilience understanding its origins，meaning and utility[J]. Torrens Resilience Institute，2010：1-13.

[77] Cimellaro G P，Reinhorn A M. Framework for analytical quantification of disaster resilience[J]. Engineering Structures，2010，32(11)：3639-3649.

[78] 师坚毅.新农村社区建设与管理[M].北京：中国社会出版社，2010.

[79] 袁振龙.社区安全的理论与实践[M].北京：中国社会出版社，2010.

[80] 王书梅.社区伤害预防和安全促进理论与实践[M].上海：复旦大学出版社，2010.

[81] 许国章.社区现场调查技术[M].上海：复旦大学出版社，2010.

[82] 周珂，林潇潇.环境保护也需未雨绸缪——对突发环境事件应急预案评估标准的研究[J].环境保护，2011(13)：50-52.

[83] 全国干部培训教材编审指导委员会组织编写.突发事件应急管理[M].北京：人民出版社，党建读物出版社，2011.

[84] 杨丽君.校外青少年预防艾滋病同伴教育指导手册[M].北京：中国人民公安大学出版社，2011.

[85] Ahern J. From Fail-Safe to Safe-to-Fail: Sustainability and Resilience in the New Urban World [J]. Landscape and Urban Planning,2011,100(4): 341-343.

[86] 张勇涛.暴雨突袭揭示城市"韧性"不足[J].今日中国论坛,2011(7): 80.

[87] 郑艳.适应型城市:将适应气候变化与气候风险管理纳入城市规划[J].城市发展研究,2012, 19(1): 47-51.

[88] 许若群.论西南少数民族地区的地震应急救援模式[J].云南行政学院学报,2012(4): 49-54.

[89] 夏保成,牛帅印,张永领,吴晓涛.我国专项应急预案完备性评估指标与方法探讨[J].河南理工大学学报(自然科学版),2012,31(1): 19-24.

[90] Mcmanus P, Walmsley J, Argent N, et al. Rural Community and Rural Resilience: What is important to farmers in keeping their country towns alive? [J]. Journal of Rural Studies, 2012, 28(1): 20-29.

[91] 郑艳,王文军,潘家华.低碳韧性城市:理念、途径与政策选择[J].城市发展研究,2013,20(3): 10-14.

[92] 邓芳,刘吉夫.高原地震协同应急方法研究——以玉树地震为例[J].中国安全科学学报,2012,22(3): 171-176.

[93] Uday P, Marais K B. Resilience-based System Importance Measures for System-of-Systems[J]. Procedia Computer Science, 2014, 28: 257-264.

[94] Boschma R. Towards an Evolutionary Perspective on Regional Resilience[J]. Regional Studies, 2015, 49(5): 733-751.

[95] Bozza A, Asprone D Manfredi G. Developing an integrated framework to quantify resilience of urban systems against disasters[J].Natural Hazards,2015,78(3): 1729-1748.

[96] Brakman S, Garretsen H, Van Marrewijk C. Regional resilience across Europe: on urbanisation and the initial impact of the Great Recession[J]. Cambridge Journal of Regions Economy & Society, 2015, 8(2): 309-312.

[97] Martin R, Sunley P. On the notion of regional economic resilience: Conceptualization and explanation[J]. Journal of Economic Geography, 2015, 15(1): 1-42.

[98] Grinberger A Y, Lichter M, Felsenstein D. Simulating urban resilience: Disasters, dynamics and (synthetic) data[J]. Lecture Notes in Geoinformation and Cartography,2015,213: 99-119.

[99] 佟瑞鹏. 中国安全社区建设方法与实践[M].北京:中国劳动社会保障出版社,2015.

[100] 石婷婷.从综合防灾到韧性城市:新常态下上海城市安全的战略构想[J].上海城市规划, 2016(1): 13-18.

[101] 郭小东,苏经宇,王志涛.韧性理论视角下的城市安全减灾[J].上海城市规划,2016(1): 41-44.

[102] 黄浪,吴超,王秉.系统安全韧性的塑造与评估建模[J].中国安全生产科学技术,2016,12(12): 15-21.

[103] 王祥荣,谢玉静,李瑛,等.气候变化与中国韧性城市发展对策研究[M].北京:科学出版社,2016.

[104] 高恩新.防御性、脆弱性与韧性:城市安全管理的三重变奏[J].中国行政管理,2016(11):

105-110.

[105] 金磊.韧性城市设计乃安全建设之本[J].上海城市管理,2017,26(3): 93-96.

[106] 金磊."韧性京津冀"协同安全设计的思考[J].城乡建设,2017(15): 30-33.

[107] 周冯琦,汤庆合.上海资源环境发展报告(2017): 弹性城市[M].北京: 社会科学文献出版社,2017.

[108] 王义保,许超,曹明.江苏省城市公共安全蓝皮书(2017)[M].徐州: 中国矿业大学出版社,2017.

[109] 汪辉,徐蕴雪,卢思琪,等.恢复力、弹性或韧性?——社会—生态系统及其相关研究领域中"Resilience"一词翻译之辨析[J].国际城市规划,2017,32(4): 29-39.

[110] 李彤玥.韧性城市研究新进展[J].国际城市规划,2017,32(5): 15-25.

[111] 金磊."韧性京津冀"协同安全设计的思考[J].城乡建设,2017(15): 30-33.

[112] 李鑫,罗彦.基于城市公共安全的韧性城市构建和规划思考[J].城市,2017(10): 41-48.

[113] 任利生.建设韧性城市,共筑北京安全之都[J].城市与减灾,2017(4): 41-48.

[114] Doyle A. Urban resilience: The regeneration of the Dublin Docklands[J]. Proceedings of the Institution of Civil Engineers: Urban Design and Planning,2016,169(4): 175-184.

[115] Meerow S, Newell J P. Stults M. Defining urban resilience: A review[J]. Landscape and Urban Planning,2016,147(3): 38-49.

[116] Klein B, Koenig R, Schmitt G. Managing Urban Resilience: Stream Processing Platform for Responsive Cities[J]. Informatik-Spektrum,2017,40(1): 35-45.

[117] 黄浪,吴超,杨冕,等.韧性理论在安全科学领域中的应用[J].中国安全科学学报,2017,27(3): 1-6.

[118] 翟国方,黄唯.开展韧性城市建设让城市更安全宜居[J].城市与减灾,2017(4): 5-9.

[119] 胡啸峰,王卓明.加强"韧性城市建设"降低公共安全风险[J].宏观经济管理,2017(2): 35-37.

[120] Najmeddin A, Keshavarzi B, Moore F, et al. Source apportionment and health risk assessment of potentially toxic elements in road dust from urban industrial areas of Ahvaz megacity, Iran [J]. Environmental Geochemistry and Health,2018,40(4): 1187-1208.

[121] Hernandez-Pellon A, Nischkauer W, Limbeck A. et al. Metal(loid) bioaccessibility and inhalation risk assessment: A comparison between an urban and an industrial area[J]. Environmental Research,2018, 165(8): 140-149.

[122] Rana I A, Routray J K .Integrated methodology for flood risk assessment and application in urban communities of Pakistan[J]. Natural Hazards,2018,91(1): 239-266.

[123] Chelleri L. Barcelona Experience in Resilience: An Integrated Governance Model for Operationalizing Urban Resilience[J]. Lecture Notes in Energy,2018, 65(1): 111-127.

[124] Osth J, Dolciotti M, Reggiani A, Nijkamp P. Social Capital, Resilience and Accessibility in Urban Systems: a Study on Sweden[J].2018,18(2): 313-336.

[125] 汪洋,黄金辉,付姗姗,等.系统安全的思维转型: 风险与韧性的比较研究[J].2018,28(1),62-68.

[126] 吴晓林,谢伊云.基于城市公共安全的韧性社区研究[J].天津社会科学,2018(3): 87-92.

[127] 戴慎志.增强城市韧性的安全防灾策略[J].北京规划建设,2018(2): 14-17.

[128] 丁明智,张浩.领导非权变惩罚对员工安全操作行为的影响——情绪枯竭和心理韧性的作用[J].华南师范大学学报(社会科学版),2018(3):57-64.

[129] 滕五晓,罗翔,万蓓蕾,等.韧性城市视角的城市安全与综合防灾系统——以上海市浦东新区为例[J].城市发展研究,2018(3):39-46.

[130] 吴晓林,谢伊云.基于城市公共安全的韧性社区研究[J].天津社会科学,2018(3):87-92.

[131] 黄弘,李瑞奇,范维澄,闪淳昌.安全韧性城市特征分析及对雄安新区安全发展的启示[J].中国安全生产科学技术,2018,14(7):5-11.

[132] 李钢,卢艳强.虚拟社区知识共享的"囚徒困境"博弈分析——基于完全信息静态与重复博弈[J].图书馆,2019(2):92-96.

[133] 王兴兰.大学生虚拟学习社区用户生成行为实证研究[J].图书馆学研究,2019(6):73-80.

[134] 李徐铭."互联网+"背景下微信在社区治安防控中的应用初探[J].新闻世界,2019(3):87-91.

[135] 罗祥.基于城市独居老人的智慧社区服务系统设计研究[J].设计,2019(19):25-27.

[136] 刘公博.智慧城市背景下智慧社区养老模式研究[J].中国集体经济,2019(29):3-4.

[137] 孙星峰.智慧社区视频监控系统建设[J].有线电视技术,2019(9):72-73.

[138] 黄焕炤,袁晓梅.农村居民食品安全知识、态度、行为及影响因素[J].医疗装备,2019,32(1):41-42.

[139] 库婷,刘永峰,解少勇,高婷.陕西省韩城市城区居民食品安全问卷调查分析[J].食品工程,2019(3):57-61.

[140] 陆明,张岩,刘晓霞,白梓锋.社区公共空间安全视角下城市居民安全心理感知研究[J].现代城市研究,2019(8):125-130.

[141] 王文献.大型群众性活动中的消防安全保卫工作研究[J].消防界(电子版),2019,5(14):54.

[142] 王雨情,李笑然.基于博弈论的大型活动安全费用投入研究[J].中国商论,2019(17):218-219.

[143] 霍媛.大型展会活动消防安全管理责任矩阵研究[D].天津:天津商业大学,2019.

[144] 王筱,李磊.我国城市综合体演变趋势探究[J].山西建筑,2019,45(3):17-18.

[145] 刘潇.城市综合体发展现状、问题及建议研究——以Z省为例[J].建筑经济,2019,40(10):112-115.

[146] 王晓峰.对城市综合体灭火救援技战术的应用分析[J].化学工程与装备,2019(9):256-257.

[147] 郑蕾,赵培培.城市综合体消防安全分析及研究[J].今日消防,2019,4(8):38-39.

[148] 兰韵,李晓盈.智慧型应急避难场所建设模式探索[J].智库时代,2019(9):204,214.

[149] 陈刚,付江月,何美玲.考虑居民选择行为的应急避难场所选址问题研究[J].运筹与管理,2019(9):6-14.

[150] 李玟玟,王媛,陈安,陈晶睿.城市安全观背景下中国应急避难场所现状[J].科技导报,2019,37(16):38-47.

[151] 李琼,杨洁,詹夏情.智慧社区项目建设的社会稳定风险评估——基于Bow-tie和贝叶斯模型的实证分析[J].上海行政学院学报,2019,20(5):89-99.

[152] 霍玉蓉,刘杰.基于公众风险感知的社区应急响应能力评估研究[J].时代金融,2019(21):94-95.

[153] 刘丰金.基于投影寻踪模型的社区脆弱性评价研究[D].天津:天津理工大学,2019.

[154] 吴博,李伟.中小型城市安全社区建设探析[J].安全,2019,40(4):62-65.

[155] 李金华.庄河市吴炉镇安全社区建设研究[D].大连:辽宁师范大学,2019.

[156] 杨丽娇,蒋新宇,张继权.自然灾害情景下社区韧性研究评述[J].灾害学,2019,34(4):159-164.

[157] 孙美玲.基于自组织理论的雄安新区社区韧性提升策略研究[D].北京:北京建筑大学,2019.

[158] 王滢.韧性视角下的城市社区公共空间防灾问题研究[J].天水师范学院学报,2019,39(2):46-50.

[159] 程建平.农村社区公共安全管理问题及对策探析[J].决策探索(下),2019(8):17-18.